遗迹化石图集及油气勘探应用

［德］ Dirk Knaust ◎著

张 友 郑兴平 朱可丹 齐井顺 孙海航 张君龙 张 顺 庞玉茂 刘 寅 程燕君 张新元 倪良田 杨 果 梁 婷 李 强 ◎等编译

沈安江 牛永斌 张建勇 ◎审校

中国石化出版社

著作权合同登记　图字 01－2021－6959 号

图书在版编目（CIP）数据

遗迹化石图集及油气勘探应用/（德）德克·克努斯特（Dirk Knaust）著；张友等编译．—北京：中国石化出版社，2021.12
书名原文：Atlas of Trace Fossils in Well Core
ISBN 978－7－5114－6514－6

Ⅰ．①遗…　Ⅱ．①德…　②张…　Ⅲ．①痕迹化石－图集　②痕迹化石－应用－油气勘探－研究　Ⅳ．①Q911.28－64　②P618.13

中国版本图书馆 CIP 数据核字（2021）第 253092 号

中国石化出版社出版发行
地址：北京市东城区安定门外大街 58 号
邮编：100011　电话：(010)57512500
发行部电话：(010)57512575
http://www.sinopec-press.com
E-mail：press@sinopec.com
北京科信印刷有限公司印刷
全国各地新华书店经销
*
787×1092 毫米 16 开本 16.25 印张 266 千字
2022 年 1 月第 1 版　2022 年 1 月第 1 次印刷
定价：128.00 元

编　委　会

关于著者

Dirk Knaust 是沉积学专家，在挪威国家石油公司的研究与技术部门工作。他曾作为地质学家在一家地下矿山工作，在德国获得地质学博士学位（碳酸盐沉积学、地层学和三叠系古生物学）。1997 年他受邀到挪威石油和天然气行业的勘探和油田开发部门工作。从那以后，他经常观察大量的钻井岩芯。作者对遗迹化石和遗迹学的多个方面进行了研究，这些研究被记录在大约 60 篇学术论文和学术专刊中。他是《遗迹化石作为沉积环境的指示标志》（Elsevier）一书的共同编辑，此外，他还是《Ichnos》杂志副主编，是待版的《无脊椎动物古生物学》专著修订版“遗迹化石”卷的主要作者。

作者在葡萄牙侏罗系碳酸盐岩泥坪上观察恐龙足迹

很难说哪个研究生将会成为他们领域的大师。1997 年，我在圣萨尔瓦多第四届国际遗迹组构研讨会上认识了 Dirk Knaust 时，他还只是一名研究生，显然他非常聪明，像其他人一样有很多发表的论文。随着时间的推移，Dirk 在遗迹学方面的工作提速并最终成熟了，而且他很明显是一个完美主义者。在博士学位论文研究 Muschelkalk（三叠纪介壳灰岩）的基础上，他将研究范围由北海扩大到其他的许多区域。我们都知道，最好的遗迹学家是见过最多遗迹化石的人。他在成熟期发表了一系列的论文，修订了 *Asteriacites*、*Rhizocorallium*、*Balanoglossites*、*Pholeus*、*Oichnus* 和其它遗迹属（Knaust，2002、2008、2013；Wisshak 等，2015；Knaust 和 Neumann，2016），引起了业内对 Muschelkalk 中异常保存的造迹生物的关注（Knaust，2010a，b），并阐明了生物扰动与储层质量之间的联系（Knaust，2009a、b；Knaust 等，2014）。

Dirk 近几年最重要的努力就是和 Richard G. Bromley 一起整理和编辑《遗迹化石作为沉积环境的指示标志》，厚厚的书卷把遗迹学带给沉积学家和其他地质学家，也把沉积学带给了遗迹学家（Knaust 和 Bromley，2012）。2012 年他把这本书的预发本带到了 Ichnia（遗迹学大会），在去纽芬兰 Avalon 半岛实地考察的长途车路上在众多遗迹学家中引起了轰动。复印件慢慢地被车上的人轮流递到车的后部，又传回车的前部。我觉得他肯定在几个小时内卖给了巴士上的 40 多人。

目前，Dirk 正在和我一起主持修订《无脊椎动物古生物学》论著的遗迹化石卷。正如他在 Ichnia（2016）的主题报告中所指出的，自 Walter Häntzschel 于 1975 年修订以后，已命名的无脊椎动物遗迹属的数量增加了一倍多。在 Bertling 等（2006）就最好的遗迹分类标准达成共识之后，Dirk 将其系统地应用于整个无脊椎动物遗迹化石库，用它们来定义关键类别（Knaust，2012）——这项工作需要考虑对每一种遗迹种属的判定及大修。他推断属于同一类别的遗迹属是潜在的同义词，也确实用这种方法找到了一些遗迹化石。关键是在共识标准下的大量有效测试可以产生预测作用，否则无法调查。在造迹生物行为和古环境的相关联背景下，这个方法指导遗迹学家朝向一个可行的利用遗迹化石的分类。在最近的一篇论文中，Dirk 建立了一个新的遗迹科 *Siphonichnidae* 以适应双壳类的活动，与 *Paraheantzschelinia*、*Scalichnus* 和 *Hillichnus*（Knaust，2015）中的记录一样多样化。他还关注到小底栖生物作为生物扰动的重要媒介，甚至在某些情况下也能识别出遗迹化石的造迹生物（Knaust，2010a、b）。

手头这本书是在一系列内部研讨会的基础上经过多年发展起来的，Dirk 从 2011 年起就一直是领导者。很明显，这项工作来源于想法和陈述的长期酝酿。它包括两个部分：第一，简要介绍，使读者熟悉遗迹学的基本知识，特别是其在石油地质学中的应用。其次，在书的主体部分，分别讨论 39 类属的遗迹化石及其相关特征。对于每一个遗迹属，都给出了它们的形态、充填和大小、遗迹学分类、底质、岩芯中的形貌、相似遗迹化石、造迹生物、行为学（习性）、沉积环境、遗迹相、年代，以及最终的储层质量，伴随大量的插图。本书经过凝练，应用了广泛的文献知识以及丰富的个人经验。许多插图是新的，其他的是引自最好的文献。对许多遗迹属的主要遗迹种给出了鉴别标准，并密切关注可能的造迹生物和它们的习性。这样的细节有必要吗？不是每个专题都这样，但关注遗迹种的研究确实提供了更精细的沉积环境细节，胜过那些只将遗迹化石识别到属或者完全忽略遗迹分类的研究。

本卷中选择处理的遗迹化石包括所有常在岩芯中发现的遗迹属，无论是用于学术研究还是经济目的，再加上 Dirk 所熟悉的地质环境中常见的遗迹属。这里不仅是岩芯遗迹化石的最新信息汇编，也是遗迹学的一种进步，例如许多遗迹学家在他们自己的材料中没有认识到 *Phoebichnus*。

任何想在岩芯或露头使用遗迹化石的人都可以从阅读本书中获益，特别是那些想知道遗迹化石是如何决定岩石孔隙度和渗透率的人会发现它特别有用（Knaust，2014）。Dirk 提供了每一个遗迹属可能影响储集层岩石性质的具体信息，无论是否促进或者阻碍孔隙流体的流动。

我需要提醒读者控制石油流动的因素也适用于地下水吗？水文地质学家和环

境地质学家可能会惊喜地发现，通过参考遗迹学可以更好地了解含水层和隔水层的性质。这是一个几乎没有被触及但将变得越来越重要的科学领域，因为水平面下降和工程项目对环境变化作出反应。例如，迈阿密地下的石灰岩渗透性部分是由其遗迹化石决定的。如果遗迹化石的地层分布最终决定了随着海平面上升佛罗里达不同地区的命运，这也不值得大惊小怪。

你手里的这本权威的书，将在未来多年对无论是无脊椎动物遗迹学还是沉积学、石油地质学和环境地质学领域产生影响。它建立在遗迹学研究团体和 Dirk Knaust 本人数十年的工作基础上，是研究遗迹化石的科学家们的合适指南。

Andrew K. Rindsberg

西阿拉巴马大学

利文斯顿

2016 年 7 月

参考文献

[1] Bertling M, Braddy S J, Bromley R G, et al. Names for trace fossils: a uniform approach [J]. Lethaia, 2006, 39: 265 – 286.

[2] Knaust D. Ichnogenus Pholeus Fiege [J], 1944, revisited. J Paleontol, 2002, 76: 882 – 891.

[3] Knaust D. BalanoglossitesMägdefrau, 1932 from the Middle Triassic of Germany: part of a complex trace fossil probably produced by boring and burrowing polychaetes [J]. Paläontologische Zeitschrift, 2008, 82: 347 – 372.

[4] Knaust D. Ichnology as a tool in carbonate reservoir characterization: a case study from the Permian – Triassic Khuff Formation in the Middle East [J]. GeoArabia, 2009a, 14: 17 – 38.

[5] Knaust D. Characterisation of a Campanian deep – sea fan system in the Norwegian Sea by means of ichnofabrics [J]. Mar Pet Geol, 2009b, 26: 1199 – 1211.

[6] Knaust D. Remarkably preserved benthic organisms and their traces from a Middle Triassic (Muschelkalk) mud flat [J]. Lethaia, 2010a, 43: 344 – 356.

[7] Knaust D. Meiobenthic trace fossils comprising a miniature ichnofabric from Late Permian carbonates of the Oman Mountains [J]. Palaeogeogr Palaeoclimatol Palaeoecol, 2010, 286: 81 – 87.

[8] Knaust D. Trace – fossil systematics [C]//Knaust D, Bromley R G. Trace fossils as indicators of sedimentary environments. Developments in Sedimentology, 2012, 64: 79 – 101.

[9] Knaust D. The ichnogenus Rhizocorallium: classification, trace makers, palaeoenvironments and evolution [J]. Earth Sci Rev, 2013, 126: 1 -47.

[10] Knaust D. Classification of bioturbation - related reservoir quality in the Khuff Formation (Middle East): towards a genetic approach [C]//Pöppelreiter M C. Permo - Triassic Sequence of the Arabian Plate. EAGE, 2014: 247 -267.

[11] Knaust D. Siphonichnidae (new ichnofamily) attributed to the burrowing activity of bivalves: ichnotaxonomy, behaviour and palaeoenvironmental implications [J]. Earth Sci Rev, 2015, 150: 497 -519.

[12] Knaust D, Bromley R G. Trace fossils as indicators of sedimentary environments [M]. Developments in Sedimentology. Oxford: Elsevier, 2012, 64: xxx +960 pp.

[13] Knaust D, Neumann C. Asteriacites von Schlotheim, 1820—the oldest valid ichnogenus name—and other asterozoan - produced trace fossils [J]. Earth Sci Rev, 2016, 157: 111 -120.

[14] Knaust D, Warchoł M, Kane I A. Ichnodiversity and ichnoabundance: revealing depositional trends in a confined turbidite system [J]. Sedimentology, 2014, 62: 2218 -2267.

[15] Wisshak M, Kroh A, Bertling M et al. In defence of an iconic ichnogenus—Oichnus Bromley, 1981. Ann Soc Geol Pol, 2015, 85: 445 -451.

这本书为读者提供了鉴定岩芯和露头遗迹化石的大量高质量照片、图解和相关文字。遗迹学资料在沉积学和古环境解释中越来越重要，不仅在油气勘探开发方面，还有储水层的表征和科学钻探等。主要特色包括识别和解释岩芯和露头中的遗迹化石，沉积学—遗迹学综合岩芯记录，以及烃类储层表征。这本书是为学术界的研究生、专业人员和工业界的油藏地质学家准备的，涵盖沉积学、古生物学和石油地球科学领域。

在介绍了岩芯遗迹化石研究和遗迹学基础、原则和概念后，本书提供了39类常见遗迹属详尽的描述和解释以及反复出现的相关特征，如离散的生物扰动结构、植物根系及其遗迹、钻孔和假遗迹化石等。遗迹化石在钻孔岩芯中突出表现出来，并用大量原始照片加以说明，辅以从文献中精心挑选绘制的示意图。这一独特的信息得到了露头遗迹化石实例以及现有工作中的相关图解的补充。

每章都采取统一的编排方式，标题陈述遗迹属的名字和命名者，然后是关于形态、充填和大小、分类、底质、岩芯中的形貌、相似遗迹化石、造迹生物、行为学特征、沉积环境、遗迹相、年代和储层质量的部分。最后附有一份详尽的目录供进一步阅读参考。这本书的素材来源于在过去的二十年作者连续不断的工作，主要对岩心上遗迹化石的研究。

本书选取的钻孔岩芯实例主要来源于挪威大陆架，那里在过去的半个世纪进行了广泛的石油天然气勘探开发，来自世界其他地区的资料也添加进来了。基于此，与碳酸盐岩相比，硅质碎屑岩的比例过高，且大部分物质来自中生代地层；但所有主要的古环境均被论及。所呈现的遗迹化石和相关特征只是岩芯中可能存在的例子，其他区域或地层单元中可能会提供另外有趣的遗迹学结果。我希望这本书能促进本领域的进一步研究。

许多同事和朋友在过去的几年里分享了他们的想法、标本和文献；按字母顺序包括：Andrea Baucon（米兰），Zain Belaústegui（巴塞罗那），Markus Bertling（明斯特），

Richard G. Bromley（哥本哈根），Luis A. Buatois（萨斯卡通），Richard H. T. Callow（斯塔万格），Kevin J. Cunningham（迈阿密），H. Allen Curran（北安普敦），Andrei V. Dronov（莫斯科），Allan A. Ekdale（盐湖城），Christian C. Emig（马赛），Christian Gaillard（里昂），Jorge F. Genise（布宜诺斯艾利斯），Jean Gérard（马德里），Jordi de Gibert（巴塞罗那，已故），Murray K. Gingras（埃德蒙顿），Roland Goldring（雷丁，已故），Murray R. Gregory（奥克兰），Hans Hagdorn（英格尔芬根），Geir Helgesen（斯塔万格），William Helland－Hansen（卑尔根），Günther Hertweck（威廉港）、Sören Jensen（巴达霍兹），Jostein Myking Kjærefjord（卑尔根），Christian Klug（苏黎世）、Kantimati Kulkarni（普纳），James A. MacEachern（本纳比），M. Gabriela Múngano（萨斯卡通），Anthony J. Martin（亚特兰大），Allard Martinius（特隆赫姆），Duncan McIlroy（圣约翰），Renata Meneguolo（斯塔万格），Radek Mikuláš（普拉哈），Masakazu Nara（高知），Carlos Neto de Carvalho（爱达荷州），Renata G. Netto（圣利奥波多），Christian Neumann（柏林），Jan Kresten Nielsen（奥斯陆），Eduardo B. Olivero（乌斯怀亚），Arjan BergeØygard（卑尔根），S. George Pemberton（埃德蒙顿），John E. Pollard（曼彻斯特），Lars Rennan（特隆赫姆），Andrew K. Rindsberg（利文斯顿），Francisco J. Rodríguez－Tovar（格拉纳达），Jennifer J. Scott（卡尔加里），Koji Seike（东京），Adolf Seilacher（蒂宾根，已故），Andrew M. Taylor（诺斯威奇），Roger T. K. Thomas（兰开斯特），Alfred Uchman（克拉科夫），Lothar Vallon（法克塞），MichałWarchoł（卑尔根），Andreas Wetzel（巴塞尔），Max Wisshak（威廉沙文），Beate Witzel（柏林）和 Lijun Zhang（焦作）。

有些观点来源于国际遗迹学大会和遗迹组构研讨会，还有室内岩芯讨论、专门项目和遗迹化石分析教学。感谢挪威国家石油公司，特别是 Sture Leiknes（卑尔根），Frode Hadler－Jacobsen（特隆赫姆），Kjell Sunde（卑尔根），Jacob Hadole 和 Ole Jacob Martinsen（卑尔根）提供了研究大量岩芯遗迹化石的机会，能够出版这些知识的选定部分。本书从 Andrew K. Rindsberg（利文斯顿）和 Andreas Wetzel（巴塞尔）的审核中受益匪浅，非常感谢他们及时的建议。

Dirk Knaust

挪威斯塔万格

2016 年 8 月

目录

CONTENTS

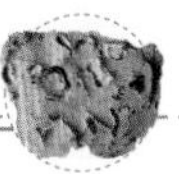

1 绪 论

受油气勘探开发的驱动，遗迹学的价值自石油和天然气工业的早期阶段以来就得到了认可。因此，在地下数据的地质解译中，岩芯样品和相关露头类似物的遗迹化石分析发挥了关键作用也不足为奇。遗迹化石对不同类型沉积学的解译也被认为越来越重要，大量出版物一直致力于这一主题，（如 Crimes 和 Harper，1970、1977；Frey，1975；Basan，1978；Ekdale 等，1984；Curran，1985；Bromley，1990、1996；Maples 和 West，1992；Pemberton，1992；Donovan，1994；Pemberton 等，2001；McIlroy，2004、2015；Seilacher，2007；Miller，2007；Bromley 等，2007；MacEachern 等，2007；Avanzini 和 Petti，2008；Hasiotis，2010；Buatois 和 Mángano，2011；Knaust 和 Bromley，2012）。

从工业岩芯取样开始，以德国煤炭勘探为例，遗迹化石与其他化石一起通常被视为生物地层学观点（如 Gothan，1932；Jessen，1950；Fiebig，1956）。差不多同时，Senckenberg 研究所的学者（如 Schäfer，1952、1956；Reineck，1958、1963）开发了一种箱形芯取样方法，应用于德国北海浅海沉积物研究，这使得一起观察生物潜穴及其造迹生物成为了可能。这种成功的手段后来应用于海岸系统（佐治亚州的 Sapelo 岛；例如 Howard 和 Dörjes，1972；Howard 和 Frey，1973、1985）以及其他地方（如 Howard 和 Reineck，1981；Howard 和 Scott，1983），也与 Weimer 和 Hoyt（1964）以及 Howard 和 Frey（1973）美国西部内陆盆地相似古环境的研究密切相关。

几种数据来源，包括岩芯数据，促进了 Seilacher（1967）提出的具有深远意义的遗迹相概念的发展。遗迹相解译通常是在大范围的广阔相带中进行（例如海岸线、大陆架、大陆斜坡或深海；如 Knaust 和 Bromley，2012），非常适合数据欠缺的情况，比如新的勘探区域。遗迹组构分析补充了遗迹相方法，遗迹相手段被辅以遗迹组构分析，这个概念综合了沉积学特征和遗迹学信息（Ekdale 等，2012）。因此精细描述和解译生物扰动的沉积物和沉积岩变得尤为重要，尤其是在岩芯中。

广泛的科学钻探始于深海钻井项目（DSDP，1968 年至 1983 年运行）及其后继者，海洋钻探计划（ODP，1985 年至 2004 年运行），以及综合海洋钻探项目（IODP，从 2003 年开始运行）。这些项目为基于岩芯的遗迹学分析提供了另一种重要的推动力和全面的数据源。通过这些活动获得了数百公里长的岩芯，并得到了几十个包含遗迹学信息的报告（如 Warme 等，1973 年；Chamberlain，1975；Ekdale，1977、1980；Fütterer，1984；Wetzel，1987）。应用这一独特的数据集，Chamberlain（1978）发表了一篇岩芯遗迹化石综述，还构建了现代岩芯遗迹化石分析的基础。

在 Chamberlain（1978）杰出工作的基础上，岩芯遗迹化石的研究很快成为石油和天然气工业的一个特殊领域。例如挪威的石油和天然气公司 Statoil 有着基于岩芯的遗迹化石分析的悠久历史。来自挪威近海巨型油气田 Troll 的广泛岩芯资料，为 Bockelie 和 Howard（1984）完成第一个广博的遗迹化石图集提供了足够的材料，这在当时是为挪威海德鲁研究中心准备的。这卷书很好地介绍了岩芯遗迹化石的研究，根据形态和古环境讨论了 35 个遗迹分类，精细的展示了大量的素描图和岩芯照片。三十多年来，这卷书成为行业内部标准以及很多岩芯描述的基础，尽管这项研究只有一小部分已进入公共领域（Bockelie，1991、1994）。20 世纪 90 年代，Frederic Bockelie 和后来的 Elf 公司（现在的 Total）的 Jean Gérard 曾经和 Richard Bromley 一同研究北海侏罗系岩芯资料，这影响了 Bromley（1990）《遗迹化石》的内容，后来发表在一个遗迹组构图集中（Gerard 和 Bromley，2008）。类似工作由在北海英国部门的 Roland Goldring、John Pollard 和他们的学生 Duncan McIlroy、Andrew Taylor、Stuart Gowland 和 Stuart Buck 完成。1991 年，基于岩芯的第一届国际遗迹组构学术研讨会在卑尔根和奥斯陆市召开，后续系列研讨会在世界各地每两年举办一次（Ekdale 等，2012）。

20 世纪 80 年代以来，现代遗迹学作为勘探开发中岩芯描述和岩相解译的组成部分进入了油气行业。北美乔治亚州 Robert Frey 和 James D. Howard 和他们的学生以及合作者（S. George Pemberton，Andrew K. Rindsberg，Anthony J. Martin）进一步发展了遗迹学。特别是 George Pemberton（埃德蒙顿）和他的学生（如 Murray Gingras 和 James MacEachern）在阿尔伯塔的白垩系就石油和天然气行业的应用方式进行了集中研究（如 Pemberton，1992；Pemberton 等，2001；MacEachern 等，2007）。

近年来，含水层的表征变得更加重要和先进，并为遗迹学分析提供了岩芯样品之外的来源（如 Cunningham 等，2009、2012；Cunningham 和 Sukop，2011、2012）。同样，遗迹学在石油和天然气工业方面的应用研究从岩相重建扩展到解译储层质量与生物扰动的关系上（如 Pemberton 和 Gingras，2005；Gingras 等，2012；Knaust，2014）。

岩芯遗迹化石分析的应用是多方面的，有三个突出的主要用途：①历史上，最相关的应用可能是作为以岩相解译和古环境重建为目的综合研究（地层学，沉积学，古生物学和岩石学）的一部分。②遗迹化石对地层关键界面的识别以及层序地层精细划分和古环境重建的用处至关重要。③当前的进展是遗迹化石和生物扰动结构对岩石物性的影响（如孔隙度和渗透率）以及流体动态（连通性），类似于生物工程和生态学中相关的和已经建立的

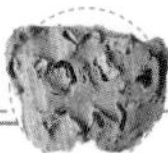

生物扰动和沉积物特性的知识。

由于这些原因，充满信心地鉴定遗迹化石比以往任何时候都更加重要，但同时也面临着旧的挑战。岩芯遗迹化石的早期汇编已经设法解决这些问题，并对最常见的类型提出了一个可靠的概述（如 Chamberlain，1975、1978；Bockelie 和 Howard，1984；Taylor，1995；Pemberton 等，2001；Gerard 和 Bromley，2008）。然而从当前的角度来看，除了容易辨认的潜穴之外，还有几百种生物潜穴遗迹属的很多其他形式（Knaust，2012），这当然也发生在取芯岩石样品中。除了更常见的遗迹属（它们中许多没有被过时的《无脊椎古生物学》（遗迹化石卷）所涉及；Häntzschel，1975）之外，那些罕见的类型可能含有重要信息并帮助古环境重建。

参考文献

[1] Avanzini M, Petti F M. Italian ichnology. Studi Trentini di Scienze Naturali [J]. Acta Geol, 2008, 83: 347.

[2] Basan P B. Trace fossil concepts [C]. SEPM Short Course Notes, 1978, 5: 201.

[3] Bockelie J F. Ichnofabric mapping and interpretation of Jurassic reservoir rocks of the Norwegian North Sea [J]. Palaios, 1991, 6: 206 – 215.

[4] Bockelie J F. Plant roots in core [M]// Donovan S K. The palaeobiology of trace fossils. Chichester: Wiley, 1994: 177 – 199.

[5] Bockelie J F, Howard A. Systematic description of Jurassic trace fossils as they would appear in cored sections [R]. Norsk Hydro Research Centre, internal report, unpublished, 1984: 337 pp.

[6] Bromley R G. Trace fossils, biology and taphonomy [M]. London: Unwin Hyman, 1990: 280 pp.

[7] Bromley R G. Trace fossils: biology, taphonomy and applications [M]. London: Chapman and Hall, 1996: 361 pp.

[8] Bromley R G, Buatois LA, Mángano G et al. Sediment—organism interactions: a multifaceted ichnology [C]. SEPM Special Publication, 2007 88: 393 pp.

[9] Buatois L A, Mángano M G. Ichnology. Organism – substrate interactions in space and time [M]. Cambridge: Cambridge University Press, 2011: 347 pp.

[10] Chamberlain C K. Trace fossils in DSDP cores of the Pacific [J]. J Paleontol, 1975, 49: 1074 – 1096.

[11] Chamberlain C K. Recognition of trace fossils in cores [R]//Basan P B. Trace fossil concepts. SEPM Short Course Notes, 1978, 5: 133 – 183.

[12] Crimes T P, Harper J C. Trace fossils [C]. Geol J, Special Issue 3, 1970: 547 pp.

[13] Crimes T P, Harper J C. Trace fossils 2 [C]. Geol J, Special Issue 9, 1977: 351 pp.

[14] Cunningham K J, Sukop M C. Multiple technologies applied to characterization of the porosity and permeabil-

ity of the Biscayne Aquifer, Florida [R]. USGS, Open – File Report 2011 – 1037, 2011: 8 pp.

[15] Cunningham K J, Sukop M C. Megaporosity and permeability of *Thalassinoides* – dominated ichnofabrics in the Cretaceous karst – carbonate Edwards – trinity aquifer system, Texas. U. S. [R]. Geological Survey, Open – file report 2012: 4 pp.

[16] Cunningham K J, Sukop M C, Huang H, et al. Prominence of ichnologically influenced macroporosity in the karst Biscayne aquifer: stratiform "super – K" zones [J]. GSA Bull, 2009, 121: 164 – 186.

[17] Cunningham K J, Sukop M C, Curran H A. Carbonate aquifers [C]//Knaust D, Bromley R G. Trace fossils as indicators of sedimentary environments. Developments in Sedimentology, 2012, 64: 869 – 896.

[18] Curran H A. Biogenic structures: Their use in interpreting depositional environments [C]. SEPM Special Publication, 1985, 35: 347 pp.

[19] Donovan S K. The palaeobiology of trace fossils [M]. Chichester: Wiley, 1994: 308 pp.

[20] Ekdale A A. Trace fossils in worldwide Deep Sea Drilling Project cores [C]//Crimes T P, Harper J C. Trace Fossils 2. Geol J, Special Issue 9, 1977: 163 – 182.

[21] Ekdale A A. Trace fossils in Deep Sea Drilling Project Leg 58 cores [R]//de Vries, Klein G, Kobyashi K, et al. Initial Reports of the Deep Sea Drilling Project 58, 1980: 601 – 605.

[22] Ekdale A A, Bromley R G, Pemberton S G. Ichnology: the use of trace fossils in sedimentology and stratigraphy [C]. SEPM Short Course Notes, 1984, 15: 1 – 317.

[23] Ekdale A A, Bromley R G, Knaust D. The ichnofabric concept [C]// Knaust D, Bromley R G. Trace fossils as indicators of sedimentary environments. Developments in Sedimentology, 2012, 64: 139 – 155.

[24] Fiebig H. Einige Bemerkungen zum Vorkommen von Planolites ophthalmoides Jessen im Ruhroberkarbon [M]. Monatshefte: Neues Jahrbuch für Geologie und Paläontologie, 1956: 214 – 221.

[25] Frey R W. The study of trace fossils: a synthesis of principles, problems and procedures in ichnology [M]. New York: Springer, 1975: xiv + 562 pp.

[26] Fütterer D K. Bioturbation and trace fossils in deep sea sediments of the Walvis Ridge, southeastern Atlantic, Leg 74 [C]//Moore T C, Rabinowitz P D. Initial Reports of the Deep Sea Drilling Project 74, 1984: 543 – 555.

[27] Gerard J R F, Bromley R G. Ichnofabrics in clastic sediments—application to sedimentological core studies: a practical guide [M]. Madrid: Jean R. F. Gerard, 2008: 100 pp.

[28] Gingras M K, MacEachern J A, Dashtgard S E et al. Estuaries [C]/ Knaust D, Bromley R G. Trace fossils as indicators of sedimentary environments. Developments in Sedimentology, 2012, 64: 463 – 505.

[29] Gothan W. Paläobotanisch – stratigraphische Arbeiten im Westen des Ruhrreviers (mit Ausblicken auf die Nachbarreviere) [J]. Arbeiten aus dem Institut für Paläobotanik und Petrographie der Brennsteine, 1932, 2: 165 – 206.

[30] Häntzschel W. Trace fossils and problematica [M] Teichert C. Treatise on invertebrate Paleontology, Part W, Miscellanea Supplement 1. Geological Society of America/ Boulder/Lawrence: University of Kansas

Press,, 1975: W1 - W269.

[31] Hasiotis S T. Continental trace fossils [C]. SEPM Short Course Notes, 2010, 51: 1 - 132.

[32] Howard J D, Dörjes J. Animal - sediment relationships in two beach - related tidal flats; Sapelo Island, Georgia [J]. J Sediment Petrol, 1972, 42: 608 - 623.

[33] Howard J D, Frey R W. Characteristic physical and biogenic sedimentary structures in Georgia Estuaries [J]. AAPG Bull, 1973, 57: 1169 - 1184.

[34] Howard J D, Frey R W. Physical and biogenic aspects of backbarrier sedimentary sequences, Georgia coast, U. S. A [J]. Mar Geol, 1985, 63: 77 - 127.

[35] Howard J D, Reineck H - E. Depositional facies of high - energy beach - to - offshore sequence: comparison with low - energy sequence [J]. AAPG Bulletin, 1981, 65: 807 - 830.

[36] Howard J D, Scott R M. Comparison of Pleistocene and Holocene barrier island beach - to - offshore sequences, Georgia and Northeast Florida coasts, U. S. A [J]. Sediment Geol, 1983, 34: 167 - 183.

[37] Jessen W. "Augenschiefer" - Grabgänge, ein Merkmal für Faunenschiefer - Nähe im westfälischen Oberkarbon [J]. Zeitschrift der Deutschen Geologischen Gesellschaft, 1950, 101: 23 - 43.

[38] Knaust D. Trace - fossil systematics [C]//Knaust D, Bromley R G. Trace fossils as indicators of sedimentary environments. Developments in Sedimentology, 2012, 64: 79 - 101.

[39] Knaust D. Classification of bioturbation - related reservoir quality in the Khuff Formation (Middle East): towards a genetic approach [C]//Pöppelreiter M C. Permo - Triassic sequence of the Arabian Plate. EAGE, 2014: 247 - 267.

[40] Knaust D, Bromley R G. Trace fossils as indicators of sedimentary environments [M]. Developments in Sedimentology, Oxford: Elsevier, 2012, 64: 960 pp.

[41] MacEachern J A, Bann KL, Gingras M K et al. Applied ichnology [C]. SEPM Short Course Notes, 2007, 52: 380 pp.

[42] Maples C G, West R R. Trace fossils [C]. Short Courses in Paleontology, 1992, 5: 238 pp.

[43] McIlroy D. Ichnofabrics and sedimentary facies of atide - dominated delta: Jurassic lle Formation of Kristin Field, Haltenbanken, offshore Mid - Norway [C]//McIlroy D. The application of ichnology to palaeoenvironmental and stratigraphic analysis, Geological Society of London, Special Publications, 2004, 228: 237 - 272.

[44] McIlroy D. Ichnology: Papers from ICHNIA III [C]. Geological Association of Canada, Miscellaneous Publication, 2015, 9: iii + 272 pp.

[45] Miller W. Trace fossils: concepts, problems, prospects [M]. Amsterdam: Elsevier, 2007: 632 pp.

[46] Pemberton S G. Applications of ichnology to petroleum exploration [C]. A core workshop. SEPM Core Workshop, 1992, 17: 429 pp.

[47] Pemberton S G, Gingras M K. Classification and characterizations of biogenically enhanced permeability [J]. AAPG Bull, 2005, 89: 1493 - 1517.

[48] Pemberton S G, Spila M V, Pulham A J, et al. Ichnology and sedimentology of shallow to marginal marine systems [C]. Ben Nevis and Avalon Reservoirs, Jeanne d'Arc Basin. Short Course Notes. Geological Association of Canada, 2001, 15: 343 pp.

[49] Reineck H - E. Wühlbau - Gefüge in Abhängigkeit von Sediment - Umlagerungen [J]. Senckenb Lethaea, 1958, 39 (1 -23): 54 -56.

[50] Reineck H - E. Sedimentgefüge im Bereich der südlichen Nordsee [J]. Abhandlungen der Senckenbergischen Naturforschenden Gesellschaft, 1963, 505: 1 -138.

[51] Schäfer W. Biogene Sedimentation im Gefolge von Bioturbation [J]. Senckenb, 1952, 33: 1 -12.

[52] Schäfer W. Wirkungen der Benthos - Organismen auf den jungen Schichtverband [J]. Senckenb Lethaia, 1956, 37: 183 -263.

[53] Seilacher A. Bathymetry of trace fossils [J]. Mar Geol, 1967, 5: 413 -428.

[54] Seilacher A. Trace fossil analysis [M]. Berlin: Springer, 2007: 226 pp.

[55] Taylor A M. Atlas of trace fossils in core - expression [C]. Ichron. Statoil report 95/004/S, 1995: 28 pp (internal report, unpublished).

[56] Warme J E, Kennedy W J, Scheidermann N. Biogenic sedimentary structures (trace fossils) in Leg 15 cores. In: Edgar NT, 1973.

[57] Saunders J B, et al. Initial Reports of the Deep Sea Drilling Project 15 [R], pp 813 -831.

[58] Weimer R J, Hoyt J H. Burrows of Callianassa major Say, geologic indicators of littoral and shallow neritic environments [J]. J Paleontol, 1964, 38: 761 -767.

[59] Wetzel A. Ichnofabrics in Eocene to Maestrichtian sediments from Deep Sea Drilling Project Site 605, off the New Jersey coast [C]//Hinte J E, Wise Jr S W, et al. Initial Reports of the Deep Sea Drilling Project 93, 198: 825 -835.

2 遗迹学基础、原理和概念

2.1 术语和定义

遗迹学是研究生物（动物、植物和微生物）在底质上或者底质内产生的遗迹学科。它涉及处理现代（新遗迹学）和遗迹化石（古遗迹学）、生物扰动和生物侵蚀的所有方面，是综合沉积学、古生物学、生物学和生态学方法的交叉学科（Bromley，1996）。遗迹学是对沉积学解译的补充和约束，是油藏描述的有力工具。

古遗迹学的主题是遗迹化石（也称为遗迹化石），是产生于底质中的化石构造，范围从未成岩的沉积物到沉积岩或生物活动有机物（包括贝壳、骨头、木头和泥炭）。生物的遗迹可以根据底质类型和来源方式分类（图 2.1）。

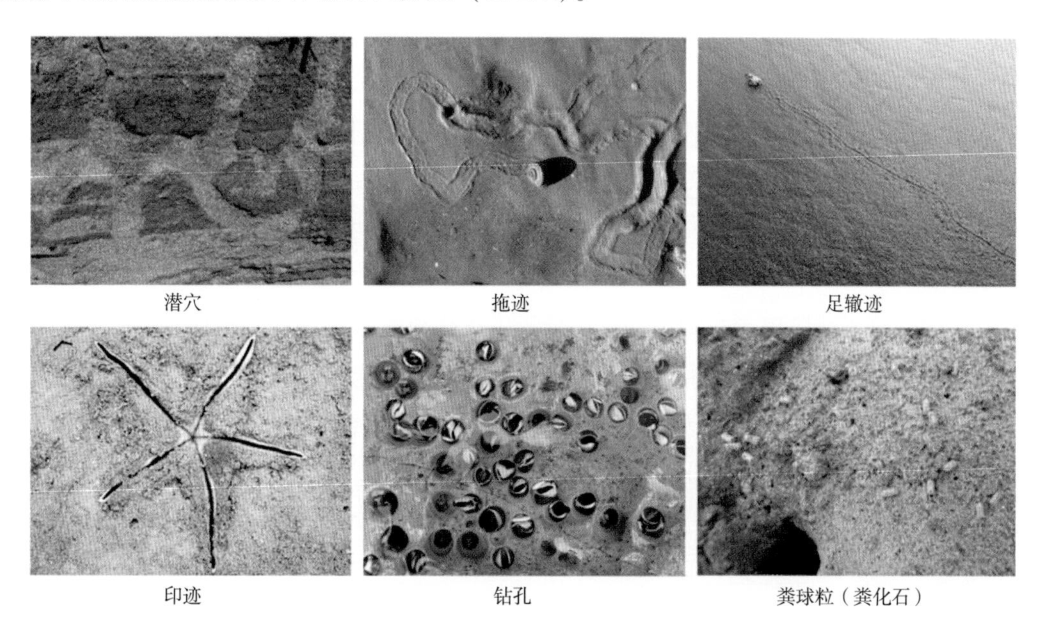

图 2.1　石化后可能成为遗迹化石的主要遗迹类型。层理面视图，但左上潜穴是垂直剖面。图片由 H. Allen Curran（北安普敦）提供

• 生物潜穴：最常见的遗迹化石类别，包括廊道、巷道、竖井、房室等，由生物在松散的底质中挖掘而成。

• 生物侵蚀遗迹化石：如果挖掘发生在固结和岩化的底质，产生的遗迹是一种生物侵蚀遗迹化石，如钻孔或抓痕。

• 拖迹：拖迹是表面特征，是造迹生物在移动时其身后留下的一条连续的轨迹。

• 足辙迹：与拖迹相比，足辙是源自行走动物的不连续轨迹。足辙中的单个印记称为足迹。

• 植物根迹：虽然大多数遗迹与生物活动有关，但植物也可以通过它们的根系留下遗迹。

就本书的目的而言，还有许多其他种类的遗迹不那么重要，其中包括粪化石（如化石粪便）可能是最重要的。Bertling 等（2006）给出了公认的遗迹群落的概述。

生物扰动是沉积物原生构造和属性被生活在其中的生物改造的过程，这可能会导致沉积物混合（Bromley，1996）。后一种表达通常是广泛地应用于这一过程的产物，这更好的定义了生物扰动构造这一术语（Frey，1973）。相反，生物侵蚀包含了生物体对硬底底质的机械或生物化学破坏过程。从沉积学的观点来看，生物扰动、生物侵蚀、生物沉积和生物地层层理构造可以组合成生物成因沉积构造（Frey，1973）。

遗迹相这一概念是由 Seilacher（1967）根据他和其他人的早期研究基础上提出的。遗迹化石群落（遗迹群落）与整体海洋形貌联系起来，主要与造迹生物在食物供给中的水深梯度的行为反应有关。当在较大的规模（如盆地规模）和筛选新的区域时，遗迹相代表了一种强有力的工具，可以从宽相带方面粗略解译古环境。遗迹相概念不断更新、完善并扩展到大陆领域。目前 Buatois 和 Mángano（2011）、MacEachern 等（2012）和 Melchor 等（2012，大陆遗迹相）对其提供了概述和讨论。

遗迹组构概念涉及由生物扰动造成的沉积物内部构造和结构的方方面面（Ekdale 和 Bromley，1983、1991；Bromley，1986）。它是在岩相划分上发展起来的，不同的交切关系可以与连续的殖居或阶层分布相关，可以分析生物扰动的演化过程。相比之下，遗迹相概念强调对反复出现的遗迹化石群落和相带的识别，而遗迹组构的目的主要是分析所包含在生物扰动岩石中的特定片段中的不同阶段。因此遗迹组构是详细解译岩芯样品的一个有价值的工具（Taylor 等，2003；Ekdale 等，2012）。

2.2 基本原理

遗迹化石研究与下列重点提到的各种挑战相关：

• 一物多迹：例如，假如某种特定的昆虫，能进入底质中建造潜穴，也可以在沉积物

表面移动留下一条足辙迹，或在休息时留下印痕，进食时刮擦坚硬的底质（如木头），繁殖时建造房室，然后以粪球粒的形式留下排泄物。其他例子包括许多种类的甲壳动物和软体动物，能产生特性迥异的不同遗迹和潜穴（图 2. 2，另见图 5. 85）。

图 2. 2　石鳖（多板纲）产生的各种遗迹

• 异物同迹：无分支的简单垂直潜穴（如 *Skolithos*）是一个很好的例子，因为它们可以由许多不同的生物所建造，如无足类、海参类、多毛虫类、帚虫、甲壳类、珊瑚虫类、昆虫、蜘蛛甚至植物根（图 2. 3）。

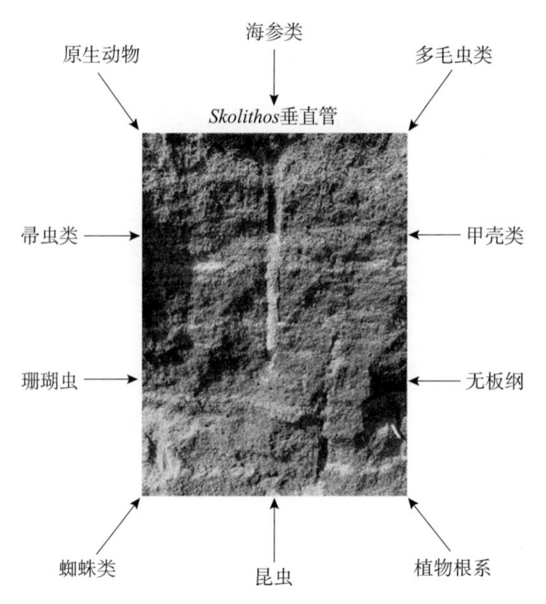

图 2.3　*Skolithos* 是一种非常简单的遗迹，可能由不同类群、不同环境的多种生物产生

• 造迹生物鲜为人知：尤其是对于许多遗迹化石来说，造迹生物只在罕见的情况下得到保存（例如特异保存的化石或化石沉积，图 2.4；另见图 5.103 和 5.133）。在大多数情况下，造迹生物可以在更高的分类等级上推测，带有一定的不确定性，例如通过分析遗迹的特定特征（如构造、抓痕和粪便粒）或重建它的功能形态。

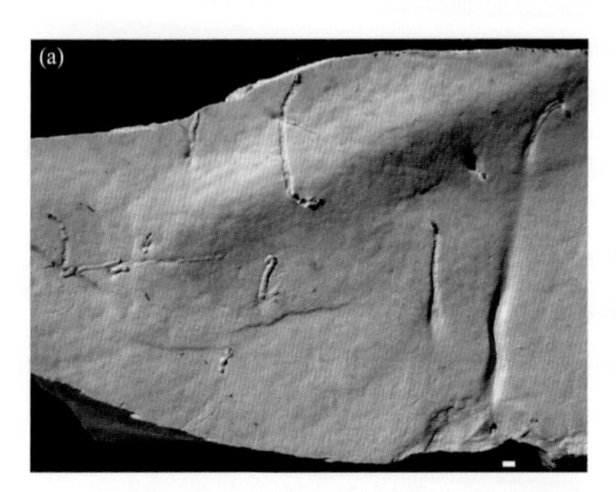

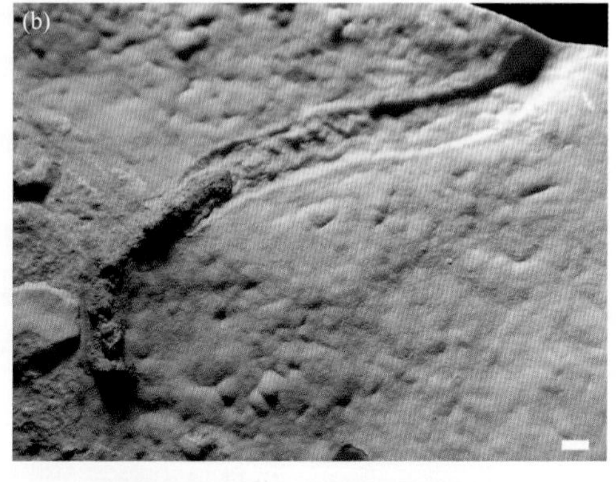

图 2.4　遗迹化石实例（主要为拖迹和浅层潜穴），在遗迹终点保留了它们的造迹生物。非常细粒的（微晶的）沉积物，有利于埋葬和成岩环境（如微生物生长、氧合降低），阻止有机物质的完全丧失，促成化石的特异保存，可识别出更高的门类。德国图林根州中三叠统（Anisian－Ladinian 阶）Meissner 组（Muschelkalk）。比例尺 = 1mm。有关详细信息见 Knaust（2007、2010、2015）。(a) 层面上有许多拖迹和潜穴，其中大部分以风化的硫化物聚集体（例如节肢动物、纽虫、线虫）或方解石晶体（如渐卷虫科有孔虫、涡虫扁形动物）的形式在遗迹终点处保存了它们的造迹生物。(b) 由于微生物改造而产生的带有脓疱的波状起伏层理面，并伴随拖迹及其假定造迹生物，保存为褐铁矿集合的纽形动物（带状蠕虫）。注意轻微弯曲的一行排泄物

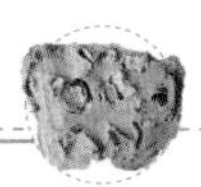

•相同遗迹在不同底质里保存状况不同：不同类型的底质（例如软底，固底和硬底）中同一造迹生物所造的遗迹以不同的方式保存。*Rhizocorallium* 遗迹属就是一个例子（图 2.5），其中可能是由多毛虫类形成广泛的水平蹼状构造潜穴，偶尔分枝，主动充填（*Rhizocorallium* 群落，可能是食沉积生物所造），而在固底底质上潜穴较短又倾斜不分枝，开放潜穴，被动充填（*R. jenense*，可能是由食悬浮生物所造）。

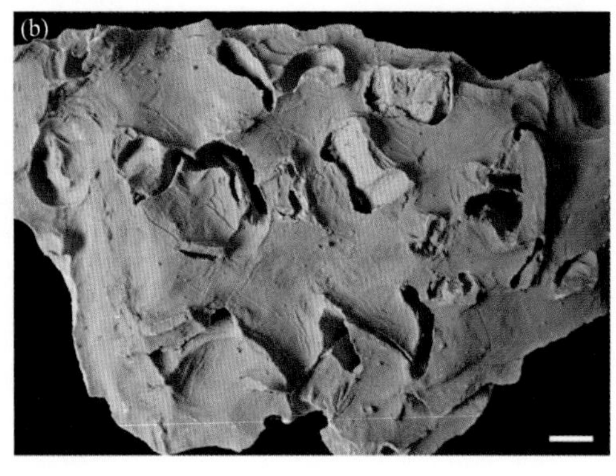

图 2.5 *Rhizocorallium* 仅有两个确认的遗迹种，不同的形态特征主要是因为底质条件差异。比例尺 = 1cm。(a) 软底中的 *Rhizocorallium* 群落，广泛水平潜穴中间发育主动形成的蹼状构造和粪球粒、偶有分支。(b) 固底上发育的 *Rhizocorallium Jenense*，狭窄袋状倾斜潜穴，被动充填，潜穴边缘有密集的抓痕。Knaust (2013) 之后，经 Elsevier 许可重新出版；通过版权清算中心传递许可。另见图 5.117

•组合、复合和复杂的遗迹化石：遗迹化石建造可能因不同造迹生物或者行为差异较大的造迹者之间相互作用而复杂化。组合遗迹化石由遗迹分类学不同部分的中间过渡形式组成，如 *Thalassinoides* - *Ophiomorpha* - *Spongeliomorpha*（图 5.85）。复合遗迹化石起源于遗迹分类学不同部分的融会贯通，这可以通过它们的交切关系来识别。复杂遗迹化石具有形态复杂的结构，包括组合遗迹化石，其特点是高度组织性，例如 *Zoophycos* 和 *Hillichnus*。

•多个殖居阶段和界面、阶层和交切关系导致的复杂遗迹组构：遗迹很少单独出现，具有鲜明对比特征的不同世代遗迹之间相互作用是正常现象（图 2.6）。这可能导致部分或完全的生物扰动底质，这样可以在散开的（生物扰动）环境顶部保存离散的遗迹。底栖生物群落的相互作用也可能导致后续造迹生物在现有潜穴的基础上再次掘穴。

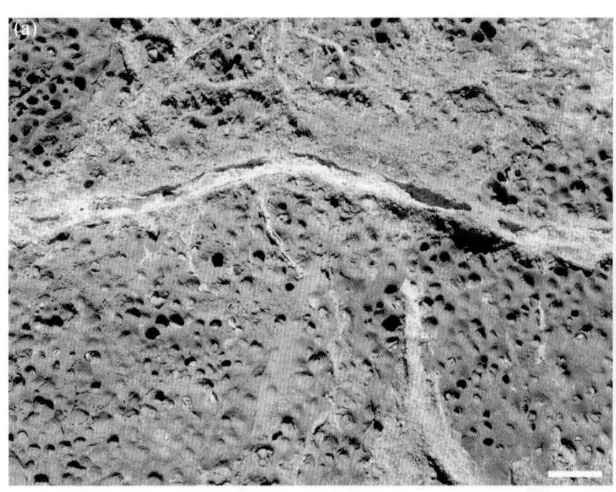

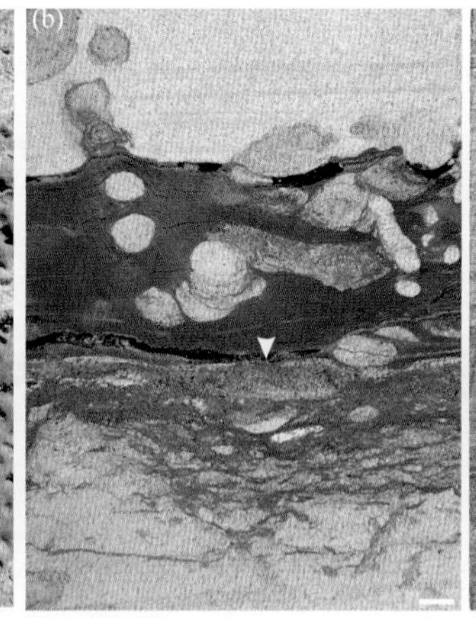

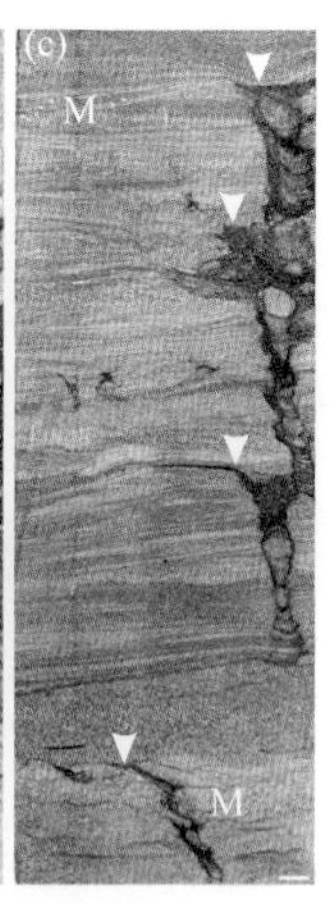

图 2.6 露头和岩芯中的遗迹组构具有许多殖居面。比例尺 =5cm（a）和 1cm（b，c）。
（a）显示硬底特征的灰岩层面露头照片，钻孔的密集发育由浅海环境中钻孔的双壳类（在有些地方保存）所造的遗迹化石 *Gastrochaenolites* isp.。钙化的植物根系遗迹网记录了同一表面的第二次殖居，属于上覆风成砂岩。这个表面是一个区域性的角度不整合面，位于白垩纪台地碳酸盐岩与上新世至更新世风成沙丘沉积物（褐色的沙块）之间。摩洛哥西部 Taghazout 以南的悬崖剖面。
（b）垂直岩芯剖面中，两砂质浊积层的一部分与半深海泥岩互层，下部浊积岩的顶面是一个殖居面（如箭头所示），其在下部是由于反复生物扰动所形成的一层混合的绿色黏土矿物层。其上的泥岩层中发育了大量砂质主动充填的大型潜穴（*Thalassinoides* 和 *Ophiomorpha*），作为穿过上覆沙岩（浊积岩）深阶层掘穴的一部分。上白垩统（Maastrichtian 阶）Springar 组（深海），挪威海（6604/10 - 1 井，约 3647.5m）。（c）垂直岩芯剖面中，波状层理细砂岩中间间隔有 *Macaronichnus segregatis*（*M*）。该砂岩显示了多种殖居面（如箭头所示），其中泥质蹼状构造潜穴 Teichichnus zigzag 穿过下覆沉积物，表明快速沉积（砂质潮坪沉积物）。该序列被下部中粒砂岩层打断，可能是风暴沉积（风暴岩）。挪威北海 Oseberg Sør 油田中侏罗统（Bathonian 阶）Tarbert 组（砂质潮坪）（30/9 - F - 26 井，约 4466.8m）

参考文献

[1] Bertling M, Braddy S J, Bromley R G, et al. Names for trace fossils: a uniform approach [J]. Lethaia, 2006, 39: 265 - 286.

[2] Bromley R G. Trace fossils: biology, taphonomy and applications [M]. London: Chapman and Hall, 1996: 361 pp.

[3] Bromley R G, Ekdale A A. Composite ichnofabrics and tiering of burrows [J]. Geol Mag, 1986, 123: 59 - 65.

[4] Buatois LA, Mángano M G. Ichnology. Organism - substrate interactions in space and time [M]. Cambridge: Cambridge University Press, 2011: 347 pp.

[5] Ekdale A A, Bromley R G. Trace fossils and ichnofabric in the Kjølby Gaard Marl, uppermost Cretaceous, Denmark [J]. Bull Geol Soc Den, 1983, 31: 107 - 119.

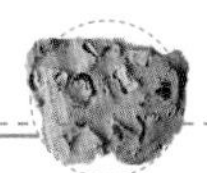

[6] Ekdale A A, Bromley R G. Analysis of composite ichnofabrics: an example in the uppermost Cretaceous chalk of Denmark [J]. Palaios, 1991, 6: 232 – 249.

[7] Ekdale A A, Bromley R G, Knaust D. The ichnofabric concept [C]// Knaust D, Bromley R G. Trace fossils as indicators of sedimentary environments. Developments in Sedimentology, 2012, 64: 139 – 155.

[8] Frey R W. Concepts in the study of biogenic sedimentary structures [J]. J Sediment Petrol, 1973, 43: 6 – 19.

[9] Knaust D. Meiobenthic trace fossils as keys to the taphonomic history of shallow – marine epicontinental carbonates [M]//Miller W III. Trace fossils: concepts, problems, prospects. Amsterdam: Elsevier. 2007: 502 – 517.

[10] Knaust D. Remarkably preserved benthic organisms and their traces from a Middle Triassic (Muschelkalk) mud flat [J]. Lethaia, 2010, 43: 344 – 356.

[11] Knaust D. The ichnogenus Rhizocorallium: classification, trace makers, palaeoenvironments and evolution [J]. Earth Sci Rev, 2013, 126: 1 – 47.

[12] Knaust D. Grazing traces (Kimberichnus teruzzii) on Middle Triassic microbial matground [C]//McIlroy D. Ichnology: Papers from ICHNIA III, vol 9. Geological Association of Canada, Miscellaneous Publication. 2015: 115 – 125.

[13] MacEachern J A, Bann K L, Gingras M K et al. The ichnofacies paradigm [C]//Knaust D, Bromley R G. Trace fossils as indicators of sedimentary environments. Developments in Sedimentology. 2012. 64: 103 – 138.

[14] Melchor R N, Genise J F, Buatois L A et al. Fluvial environments [C]//Knaust D, Bromley R G. Trace fossils as indicators of sedimentary environments. Developments in Sedimentology. 2012, 64: 329 – 378.

[15] Seilacher A. Bathymetry of trace fossils [J]. Mar Geol, 1967, 5: 413 – 428.

[16] Taylor A, Goldring R, Gowland S. Analysis and application of ichnofabrics [J]. Earth Sci Rev, 2003, 60: 227 – 259.

3 遗迹化石分析的应用

在储层预测和表征方面，遗迹学有三个主要方面的贡献，分别是相解译、地层学和储层质量。

3.1 相解译

沉积相和沉积环境的解译可能是遗迹化石和生物扰动构造最被认可的应用。根据现有数据、研究区域大小和调查对象，遗迹相和遗迹组构概念可以与其他方法综合应用，尤其是沉积学（图3.1）。例如，在进入新盆地或勘探新的油气区带的情况下，通常可用的数据有限，可使用遗迹化石分析描绘出整体沉积环境（如深海还是陆架）。数据覆盖率较高的较小区域可以根据其古环境进行区分，并在古地理地图中进行总结。可以通过识别控制因素，如缺氧、盐度波动和降低、光有效性、水动力、底质稠度、有机质有效性等，获得巨大的价值。

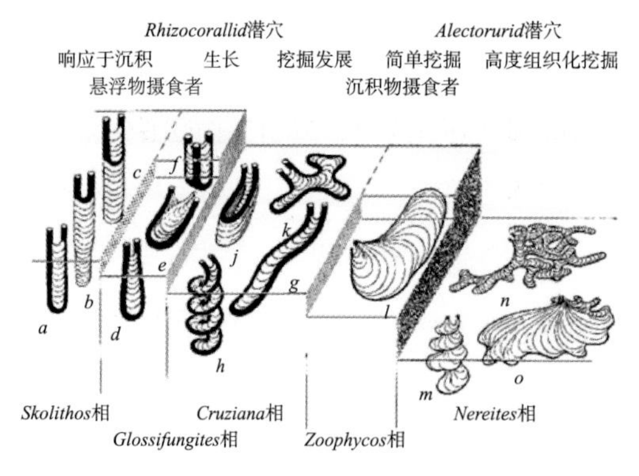

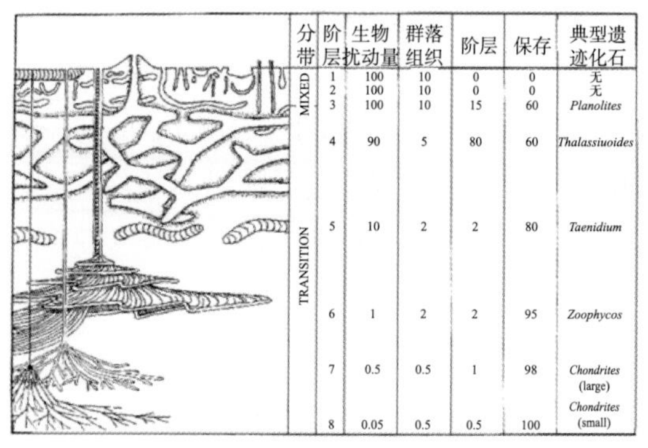

图3.1 遗迹相（a）和遗迹组构（b）概念，是两种利用遗迹学信息的耀眼的、经常使用的和仍存在争议的的方法。遗迹相概念最初是为描绘宽相带的遗迹化石而设计的，适用于数据相对较少的地区，而遗迹组构概念整合了剖面单元中的各种遗迹学信息，从而提供了广泛的信息。转载自 Seilacher（1967）（a），转载经 Elsevier 许可，通过版权清算中心获得许可；以及 Bromley（1990）（b），经 Springer 许可转载

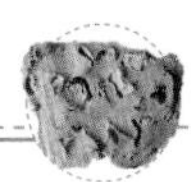

3.2 地层学

一般而言，遗迹化石不是很好的地层学标志。然而，某些时期（例如早古生代）已经通过遗迹化石（如 *Cruziana* 遗迹种）成功地确定了年代。这种方法可能有助于资料相对较少的大型盆地勘探活动，例如北非。更常见的是在层序地层学中使用遗迹化石和生物扰动构造，可以识别和对比特殊层段和关键地层界面（图 3.2）。除了许多其他方法外，遗迹学分析在约束层序地层学解译时很重要，并可解决以下的一系列问题：

- 通过在露头和地下数据（如岩芯和钻井图像）中获取的遗迹学标志，描绘层序地层学界面。
- 相重建和相邻相类型的特征描述，以识别沉积物变化以及连续相变的差异（如沃尔索相律）。
- 垂向相变趋势，反映向上变浅或加深以响应于自循环或异循环过程，通常通过生物扰动和遗迹化石含量的变化程度来识别。（这一点在相对均一的岩性中至关重要，例如碳酸盐岩系统。）
- 一般而言，如生物扰动强度、遗迹化石组合、遗迹多样性等，相比其他更有助于描绘特定体系域。

3.3 储层质量

储层内的流动特性取决于储层质量，储层质量反过来又是孔隙度、渗透性和连通性的函数。有许多因素对储层质量起作用，包括岩石成分、沉积构造、胶结作用和溶解作用，以及裂缝（图 3.3）。此外，生物扰动（生物/沉积物相互作用）及由此产生的结构以及遗迹化石已被证明是沉积物沉积后改造的重要因素（图 3.4）。

生物扰动的过程导致了高度变化的结构和构造，这可能增加或减少岩石孔隙度，从而影响储层质量（图 3.5）。在许多情况下，强烈的生物扰动会导致相交互沉积物的均一化，甚至由于黏土矿物的引入而增加泥质含量，在某些情况下，可能有助于保护现存的孔隙度。然而更多的情况是，生物成因引入了泥，减少了孔隙度，降低了储层质量。重组的岩石组构和不连续的遗迹化石可以作为可溶矿物相的首选流体通道起作用，早期成岩胶结作用导致孔隙损失。相比之下，开放和砂质充填的竖井（shaft）和廊道（galleries）潜穴系统能显著提高孔隙度，把流体屏障变成储层。最后，生物扰动结构和遗迹化石是泥岩和页岩的重要组成部分，由于粉砂和砂粒的混合，可能导致非均质性增加。后者的过程对页岩气储层的产能和性能起着重要的作用。

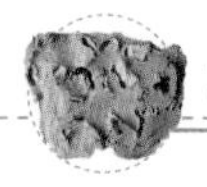

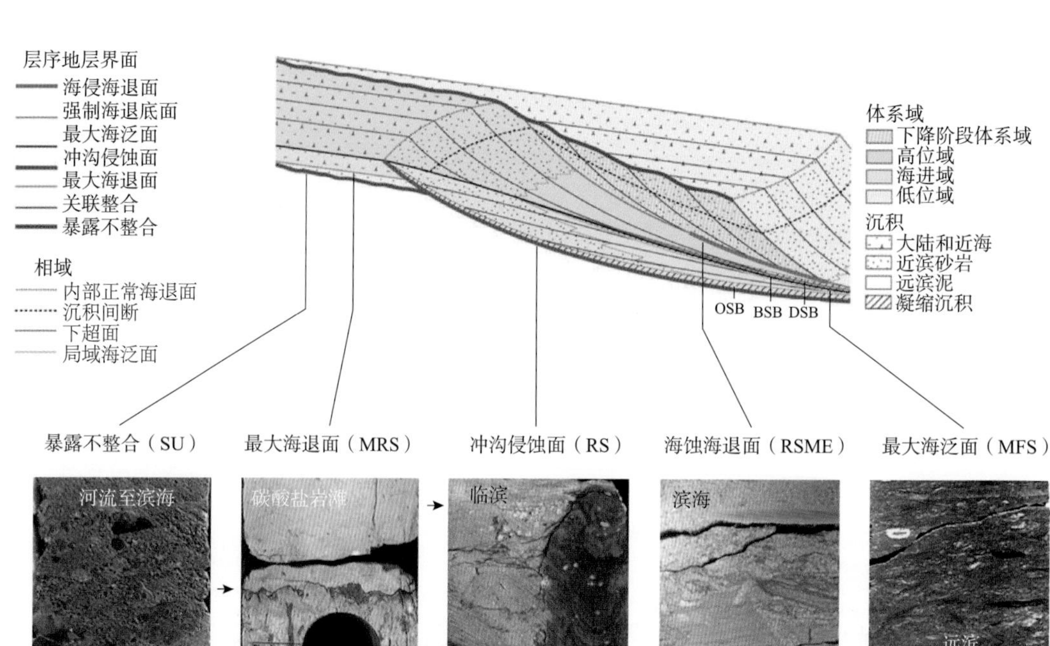

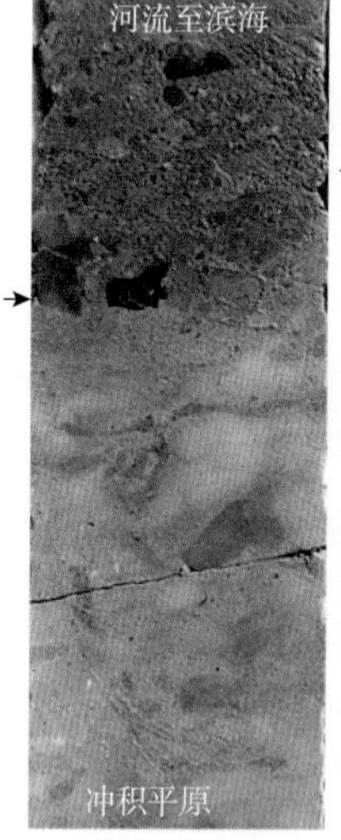

Hegre群（上三叠统）与Statfjord（下侏罗统）之间的边界。图片下部的Hegre群由硅质-碳酸盐岩混合而成，具有钙质层特征，在坚实的底面发育裂缝和复杂潜穴系统，以及*Taenidium*遗迹(未认定)。这是冲积环境成土作用的结果。上覆Statfjord群弱层状粗粒砂岩，含复矿碎屑和砾石的底部滞留沉积，没有生物扰动结构。它是由河流过程引起的。Johan Sverdrup油田，挪威北海（16/2–15井，约1972.7m）

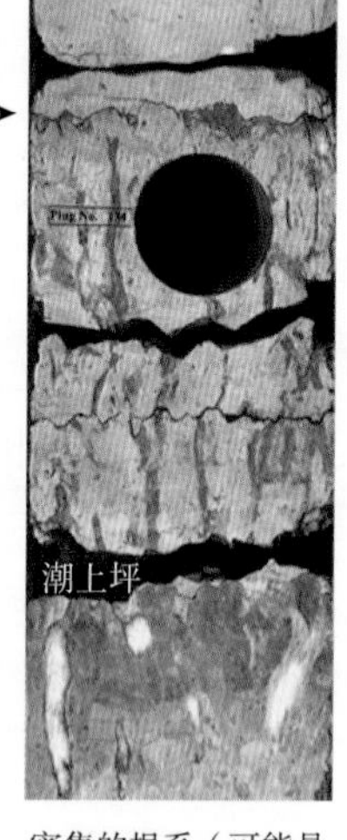

密集的根系（可能是Cordaitales造成的）深深穿透腐蚀发黑表面，充填了有机质沉积物、白云石和石膏。与上覆鲕粒灰岩突变接触。上二叠统Khuff组碳酸盐台地，伊朗近海South Pars油田（SP10井，2937.5 m）

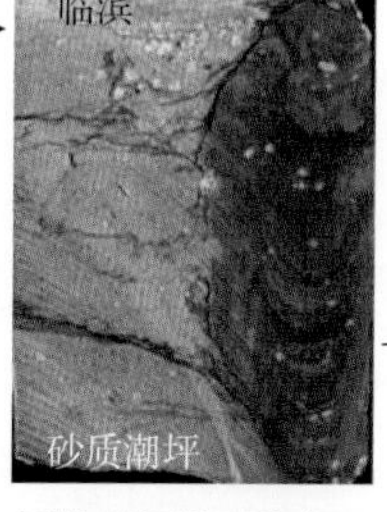

图像顶部附近的表面将砂质潮坪的生物扰动砂岩与其上方较深的海洋沉积物分开，通过菱铁矿质spreiten（蹼状构造）潜穴的出现来划分，*Diplocraterion*（双杯迹）和大量再作用石英卵石（滞后沉积物）由于生物扰动部分混入潜穴和邻近的围岩。中侏罗统Hugin组，挪威北海Sleipner油田（15/9–1井，约3660.35 m）

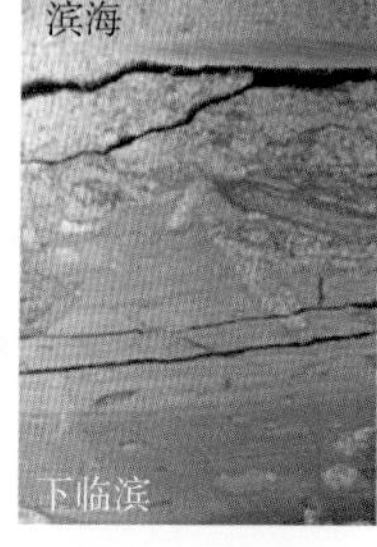

具稀疏*Phycosiphon*（藻管迹）的纹层状粉砂岩在顶部突然侵蚀，被含碎裂碎屑的粗粒砂岩覆盖。这种侵蚀面地表区域性发生，并与穿透力强、充满沙土、未压实潜穴相关，指示坚实底面(舌菌迹*Glossifungites*面)缺失。下侏罗统Cook组，挪威北海（35/10–1井，约3655.8m）

全部被生物扰动的层，非常细粒度的砂岩，包括*Phycosiphon*、*Cylindrichnus*、*Planolites*、*Schaubcylindrichnus*和*Siphonichnus*等遗迹。挪威海Skarv油田（6507/5–1井，约3538.6m）

图 3.2 关键地层界面的岩芯解释示例（中间和下面的部分用箭头表示），层序地层框架中的关系由 Zesshin 和 Catuneanu 提供（2013，上半部分，刊印经 Elsevier 许可；通过版权清算中心（Copyright Clearance Center，Inc.）获得许可。岩芯图像宽度约为 10cm

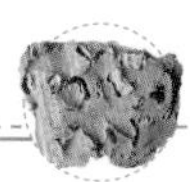

图 3.3　导致沉积岩储层小规模非均质性的重要过程和产物。在储层的演化中，每个过程孤立或者与其他过程的组合都可能对储层质量施加影响。据 Knaust（2013）修改

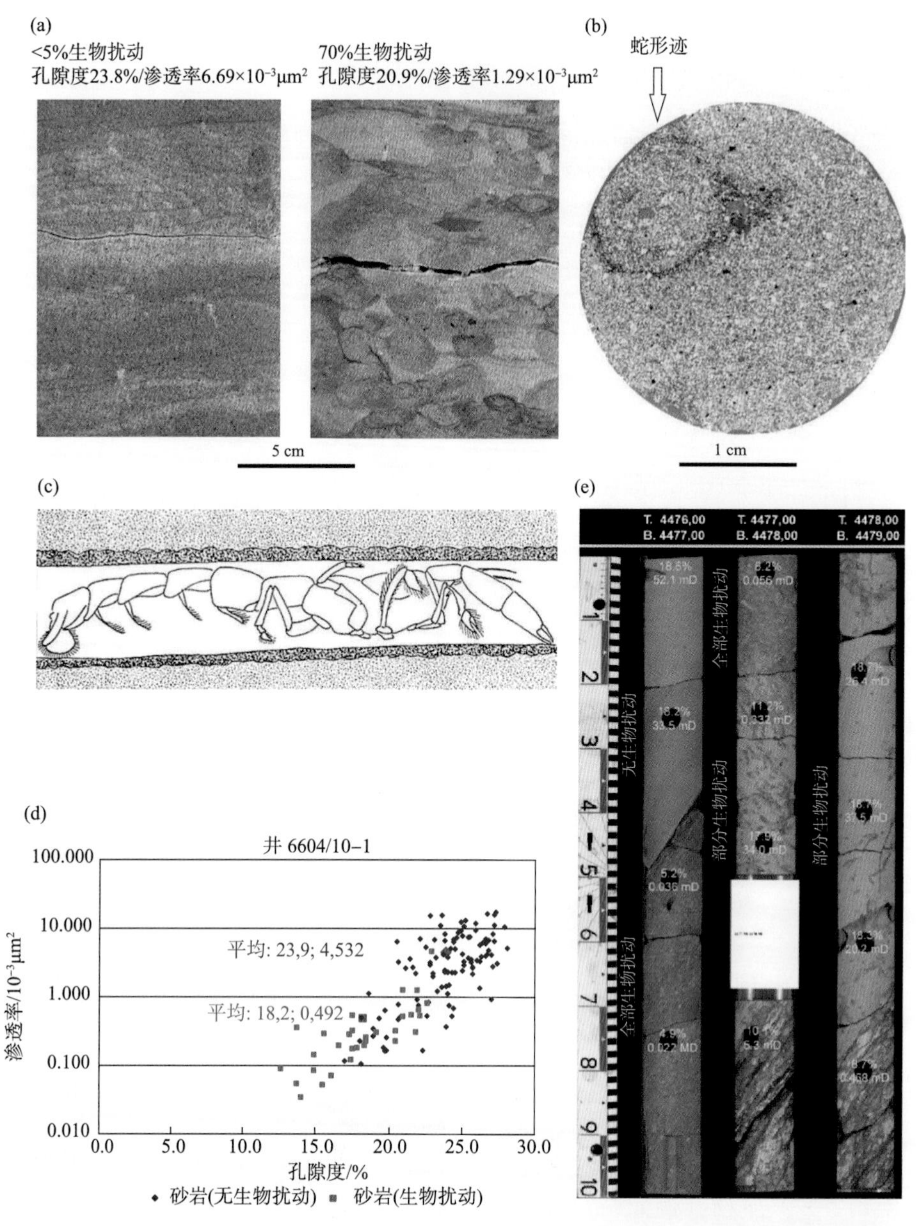

图 3.4　生物扰动对含气储层质量的影响，以挪威海 Vøring 盆地上白垩统深海浊积岩为例。（a）几乎没有生物扰动的岩芯样品与强烈生物扰动砂岩岩芯样品，及其相应孔隙度和渗透率测量值（基于水平岩芯数据）对比，这表明生物扰动砂岩的品质降低。Springar 组（Maastrichtian 阶，6604/10－1 井）。（b）均匀结构的砂岩薄片，含有黏土矿物，勾勒出不连续的蛇形迹（*Ophiomorpha rudis*）的衬壁轮廓。与（a）相同的井。（c）Callianassid 科虾在其有衬壁的潜穴中，与 *Ophiomorpha*（蛇形迹）类似。摘自 Bromley 和 Asgaard（1972），刊印经 GEUS 许可。（d）渗透率和孔隙度交会图，显示生物扰动砂岩与非生物扰动砂岩的特性对比，如（a）所示（基于水平芯柱塞测量）。生物扰动砂岩的孔隙度和渗透率明显降低，后者大约降低了一个数量级。（e）厚层浊积砂岩，生物扰动（*Ophiomorpha rudis* 蛇形迹）向上增加，朝向一个突变的顶部层理面（约 4476.45m），与之密切相关的是，由于掺入泥而使孔隙度和渗透率降低。上覆砂岩单元无生物扰动，具有相当高的物性。Kvitnos 组（Santonian 阶，6707/10－2A）

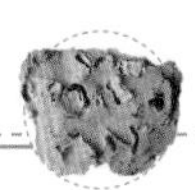

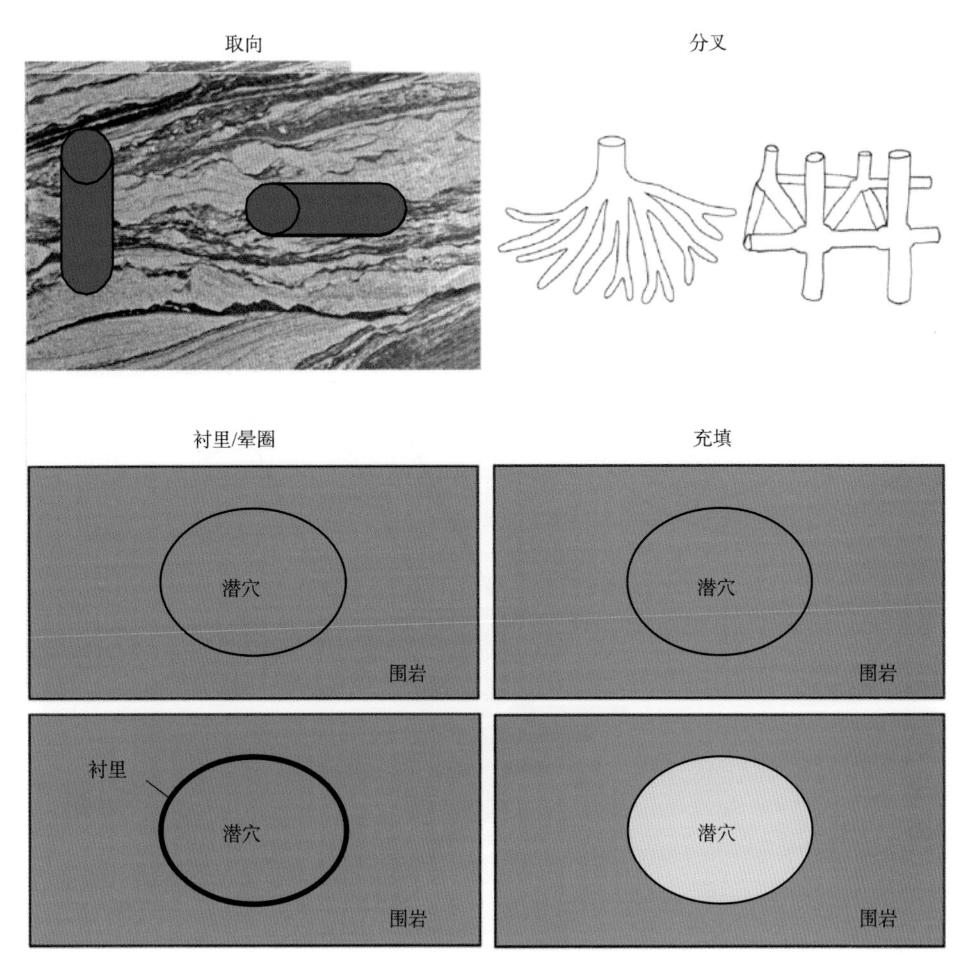

图 3.5　潜穴的建筑元素和特性，可能会对储层质量有影响，
如潜穴相对于层的取向（如水平、垂直、倾斜），分支
（如不分枝的、分枝的、二分的、网络的、箱式），有无衬里或覆盖物，
以及相对于围岩（如砂、泥）的潜穴充填（如主动、被动）。修改自 Knaust（2013）

种类繁多的底栖生物建造潜穴的风格迥异是众所周知，有些建造复杂的生物扰动构造和遗迹组构。一些生物（例如甲壳类动物）改造沉积物并破坏原生层理，形成各向同性的均一组构。其他动物（如某些多毛虫类）则更有选择性，有选择地以沉积物为食的同时，他们会反复改造沉积物。结果使岩石组构的非均质性更强，在特定方向具有优势连通性（图 3.6）。更先进的建筑师（例如某些蠕虫、双壳类和虾）负责相当复杂的潜穴系统，具备三维分支、衬壁和主动充填。因此，这些生物扰动者使沉积物变得高度不均匀。

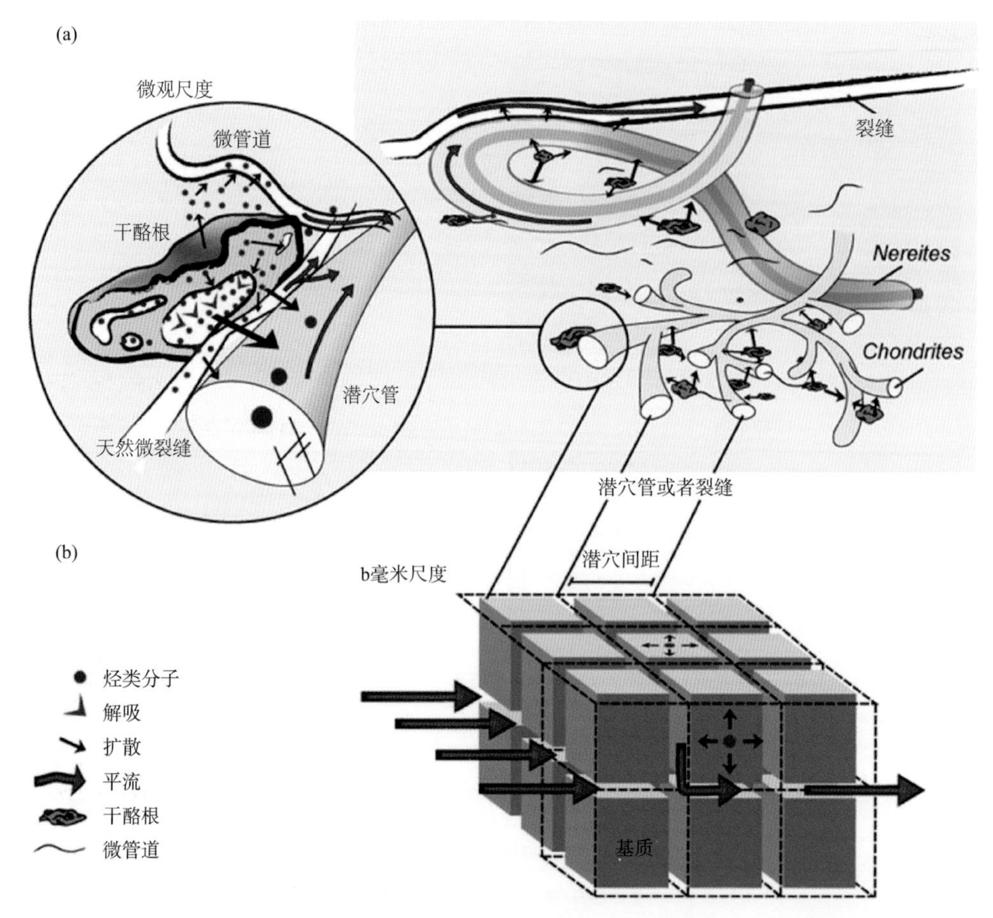

图 3.6　在生物扰动的含气致密泥岩中的流体流动阶段示意图。据 Bednarz 和 McIlroy（2015），刊印经 Elsevier 许可，通过版权清算中心获得版权。（a）微观尺度。当压力下降，烃类分子通过孔壁和干酪根物质的解吸进入有机质孔隙。如果孔隙连通（微）裂缝或（微）通道，分子通过传导流路移动到井筒。如果没有裂缝和微通道与有机孔隙相连，分子通过扩散移动到裂缝网络或者渗透流路径。（b）毫米尺度。扩散迁移分子进入裂缝网络的流动效率依赖于从充油或充气孔隙到最近裂缝或渗透流路的距离。通过以可渗透的和脆性的粉砂质管道分割围岩，密集的遗迹组构网络缩短扩散流的距离，也可改善裂缝间距和/或复杂性。

参考文献

[1] Bednarz M, McIlroy D. Organism - sediment interactions in shalehydrocarbon reservoir facies—Three - dimensional reconstruction of complex ichnofabric geometries and pore - networks [J]. Int J Coal Geol, 2015, 150 - 151: 238 - 251.

[2] Bromley R G. Trace fossils: biology and taphonomy [M]. London: Unwin Hyman, 1990: 293 pp.

[3] Bromley R G, Asgaard U. Notes on Greenland trace fossils, 1. Freshwater Cruziana from the Upper Triassic of Jameson Land [J], East Greenland. Grønlands Geologiske Undersøgelse, Rapport, 1972, 49: 7 - 13.

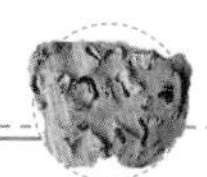

[4] Bromley R G, Ekdale A A. Composite ichnofabrics and tiering of burrows [J]. Geol Mag, 1986, 123: 59 – 65.

[5] Knaust D Bioturbation and reservoir quality: towards a genetic approach [C]. AAPG Search and Discovery Article #50900. 2013.

[6] Seilacher A. Bathymetry of trace fossils [J]. Mar Geol, 1967, 5: 413 – 428.

[7] Zesshin M, Catuneanu O. High – resolution sequence stratigraphy of clastic shelves I: units and bounding surfaces [J]. Mar Pet Geol, 2013, 39: 1 – 25.

4 遗迹岩芯描述方法

取芯是获取地下地质状况信息的一种昂贵但有价值的方法，包括遗迹学研究在内的多方面分析可给出强有力的解译。调查的数量和推荐的工作流程取决于目标、岩芯（如保存、长度、制备、岩相等）、手头上的任务（如应提取什么样的信息和细节），以及调查人员的技能。在最佳的情况下，遗迹学数据是与其他相关数据和信息集成的，例如区域地质、沉积学、岩石物理学等。基于自己的经验，可以执行以下总体步骤并应对不同的任务，但也可能相互依赖。

（1）界面识别和生物扰动量化。

（2）关键遗迹化石的鉴定和记录。

（3）潜穴大小和阶层样式分析。

（4）遗迹歧异度和遗迹丰度的定量化。

（5）先进技术和方法。

（6）新遗迹学方法和模拟研究。

步骤（1）和（2）与（宽泛的）遗迹相分析最相关，而步骤（3）和（4）在（狭义的）遗迹组构研究中具有潜力。步骤（5）和（6）为加强解释添加某些信息。

4.1 界面识别和生物扰动量化

沉积是一个不连续的过程，经常被不沉积或侵蚀的时期打断。这些和其他的界面可以用不同方法表征，其中遗迹学内容可以综合其他特性进行鉴定和表征调查。对比特定界面下方和上方的遗迹化石组合，以及基于被动充填潜穴（*Glossifungites* 和 *Trypanites* 遗迹相）的固底和硬底的鉴别，这两个例子有助于细分所调查岩芯段的成因单元（见 3.2 节）。

沉积地质学家所执行的最初描述步骤之一是生物扰动的量化，这是一个影响底生动物群落状况的指标。有不同的尺度和方法，例如半定量野外分类遗迹组构（Droser 和 Bottjer，1986），以及层面上的生物扰动（Miller 和 Smail，1997）。广泛得到应用和不同研究间具有可比性的是生物扰动规模，Reineck（1963；另见 Taylor 和 Goldring，1993），划分

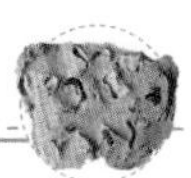

范围从0级（无生物扰动）到6级（层理完全破坏）。这七级生物扰动（0~6级）包含非常不同的值，范围为0级（0%），1级（1%~4%），2级（5%~30%），3级（31%~60%），4级（61%~90%），5级（91%~99%）至6级（100%）（图4.1）。因为这个量表是用来描述出现在箱形芯中的现代生物扰动，并被明确地限于狭窄的层段区间（例如箱芯的分米范围），最多适用于不受反复生物扰动、无沉积、侵蚀和压实影响的个别（小尺度）遗迹组构。然而从地质学和古遗迹学的角度来看，Reineck（1963）量度的应用受限，推荐采用生物扰动不同等级线性分布方案（Knaust，2012）。这样的细分线性刻度等分类别取决于描述尺度和层段长度。生物扰动构造增量为10%或20%的间隔是常见的（如比例为1：10~1：50），而更大的描述尺度（如1：200）则可较好的三分。线性标度的主要优点是对不同单元定量和统计分析的适用性（如Martin，1993；Knaust，2010）。

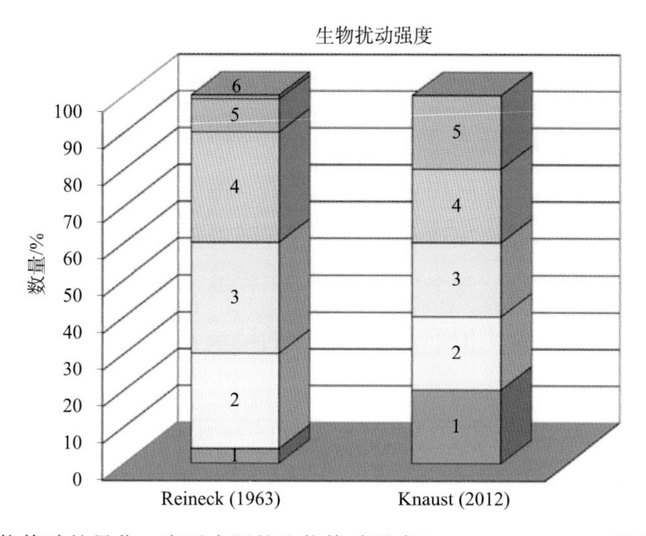

图4.1　生物扰动的量化。广泛应用的生物扰动量表（Reineck，1963），类别比例不同，相比Knaust（2012）提出的线性分布方案。据Knaust（2012）修改

4.2　关键遗迹化石的鉴定和记录

第二个重要步骤是鉴定和记录遗迹化石。这项具有挑战性的任务往往对负责的工作人员造成障碍，最坏的情况是信息被忽视了。下一节所选遗迹化石的概述将减少这一障碍，在一定程度上促进负责执行这项任务调查员的工作。

当然，描述和命名的遗迹化石数量很多：有几百种无脊椎动物遗迹属，只有很小的一部分在剖切岩芯上能被有把握地认出来，而大部分遗迹脱离了传统的岩芯描述过程，原因是其沿层面的产状、尺寸问题以及无外表特征。因此在利用遗迹化石进行解译前，意识到收集数据的选择性和偏差是重要的。也要强调遗迹化石名单可能因地区和地层单元而异。

最后是岩芯描述者和解译者的目的和经验对遗迹化石记录的结果起主要作用。

暴露在外的表面区域对于显示调查的生物潜穴是很重要的，例如丰富的岩芯或剖开的岩芯。如果岩芯是剖开的，另一半也值得研究，因为它通常显示出一个稍微不同的部分从而有利于三维重建。形态复杂的遗迹化石仅部分显示，可能被误认为是其他更简单的生物潜穴。即便如此，形态学细节例如潜穴充填、衬壁结构、截面和球粒等，可能为遗迹化石鉴定提供重要线索。当处理不同尺寸类别遗迹化石时，岩芯的大小是一个重要制约条件。岩芯通常是在接近垂直的方向获取(倾斜或水平钻孔和倾斜层面除外)，从而过度呈现这个方向的信息。在大多数情况下，如果没有更多的特殊识别特征揭露，遗迹化石仅能鉴定到遗迹属的层次。这一事实影响随后的相解译，当然结果是没有遗迹种更精细。还有，我们不能忘了，岩芯观察遗迹与从露头所获信息相比总是受到限制的。

从实用的观点来看，岩芯描述(包括遗迹化石)可以手工绘制，然后使用绘图软件数字化，或直接记录在专门为该任务设计的应用程序中(图 4.2)。潜穴表现和生物扰动强度描述携手并进(见上文)。而有些工作者更喜欢依据惯例为每一种遗迹化石绘制不同的符号，其他人基于遗迹分类系统的名字应用首字母缩略语。鉴于岩芯中的潜穴通常是零碎的，并且经常要顾及不同的任务，好的描述和素描应该伴随着记录条目。对于更高级的研究，在剖切岩芯正上方的透明板上绘制整个遗迹组构，不仅揭示了不同的潜穴及其特征，还有他们的交切关系。最后，高分辨率摄影是一种标准的记录方式，尽管在遗迹化石分析中可能不如精细的素描图更具说服力。

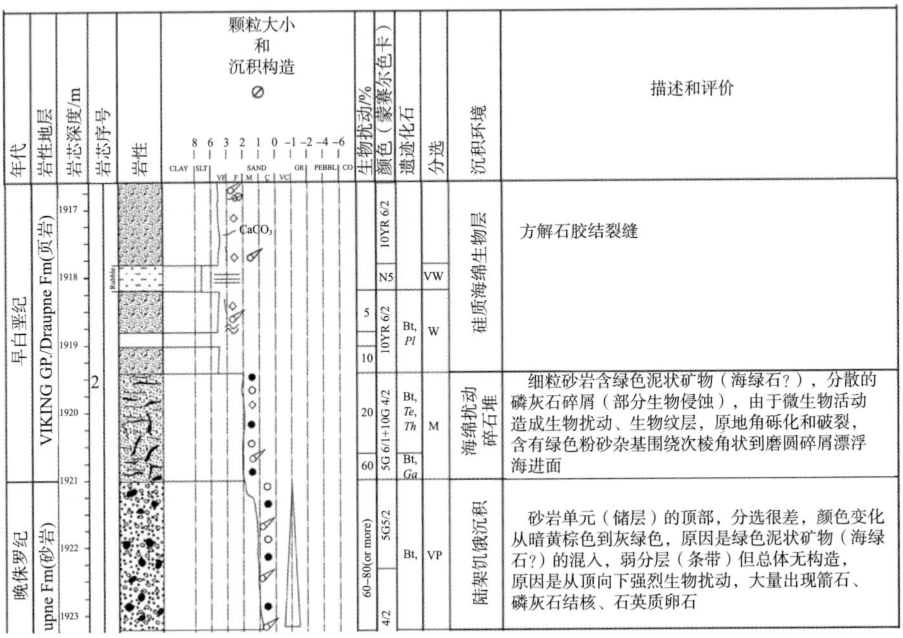

(a)手绘并随后重新绘制的岩芯剖面

图 4.2　包含遗迹信息的岩芯描述示例

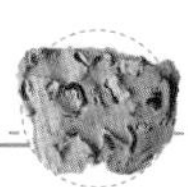

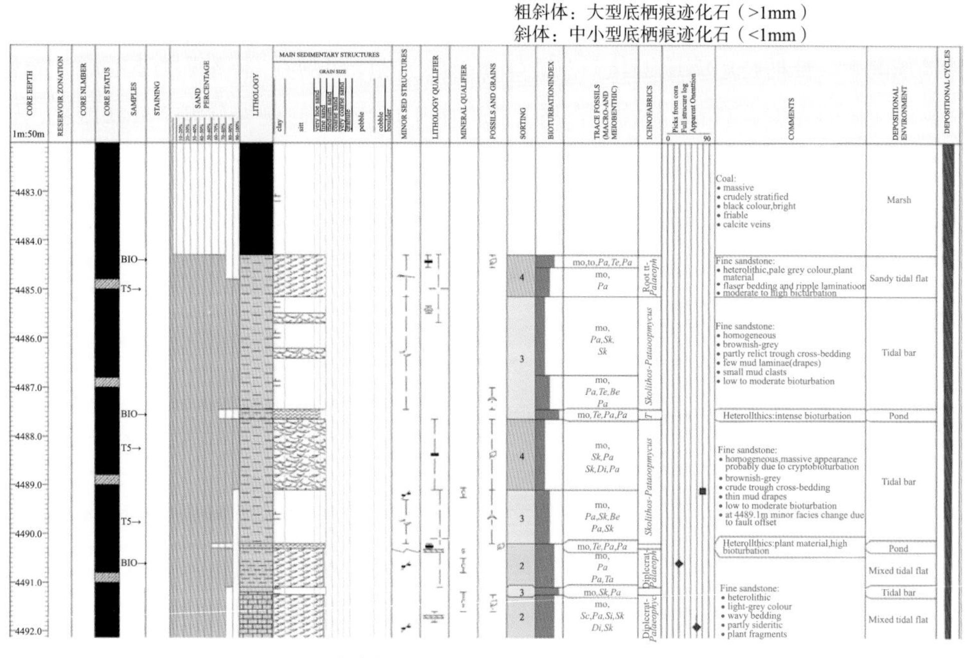

(b)直接在岩芯描述应用程序中记录岩芯剖面

图 4.2　包含遗迹信息的岩芯描述示例(续)

4.3　潜穴大小和阶层样式分析

在描述关键遗迹化石之后，可以从岩芯获得额外的信息。重要信息包括遗迹化石和生物扰动结构的分析，这与关键的地层界面、殖居序列以及交切关系相关。遗迹组构方法在此类调查中非常有用，广泛应用于岩芯和露头(如 Knaust，1998；图 4.3)。

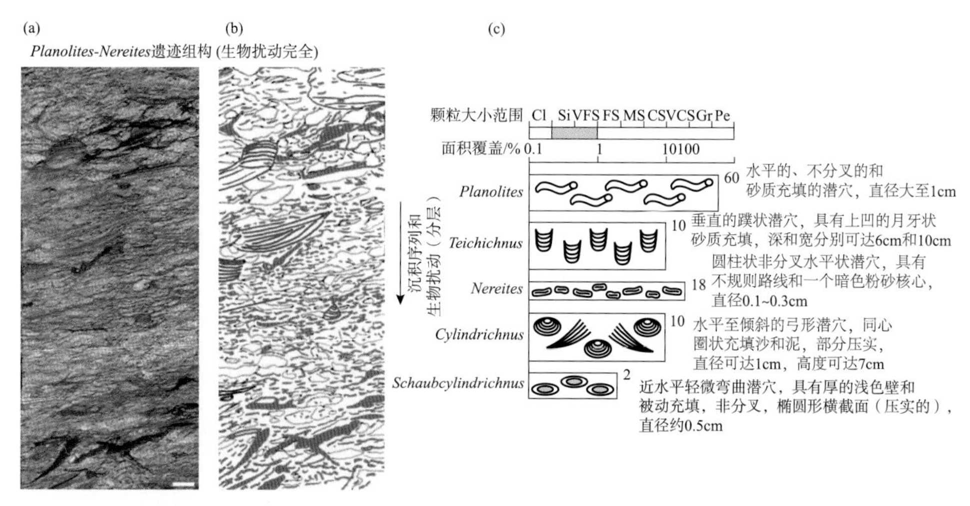

图 4.3　基于岩芯剖面(a)的遗迹组构分析示例，比例尺 =1cm，
在覆盖的透明纸(b)上用不同的颜色绘制主要潜穴，最后显示在遗迹组构组成图(c)中

事实证明，潜穴的大小可能取决于环境因素，因此在解译中至关重要，尤其是在缺乏其他替代物的情况下。任何特定的遗迹化石（如 *Chondrites*）可以出现在“标准”尺寸范围，需在“标准”条件下（如开放的海洋环境）经校准合格，或者由于环境影响（例如贫氧、低盐度）大幅减小潜穴的直径。尺寸等级的变化可能突变，也可能渐变，各种情况都必须将其记录在案。

岩芯中遗迹化石相对完整的列表通常对特定项目有益。除了一些很容易辨认的关键遗迹化石，识别不太常见的类型也有价值。这样遗迹谱系增加了，能够自信地比较不同岩芯段之间遗迹化石组合。

4.4 遗迹歧异度和遗迹丰度的定量化

在获取生物扰动强度并鉴定遗迹化石之后，下一步可以揭示所辨识的遗迹化石的数量和丰度信息。尽管遗迹歧异度不能与生物歧异度相混淆，但同时期潜穴的数量是沉积期间沉积界面主要条件的一个良好指标。遗迹歧异度经常在案例研究中进行评估，传统方法是将已识别的遗迹化石总数细分为等级，通常将遗迹歧异度划分三到六个等级。遗憾的是，得到的这种结果仅反映特定遗迹化石的存在，但没有提供有关丰度的信息。因此遗迹丰度可以从特定岩芯层段计算，是遗迹歧异度（例如遗迹化石数目）和它们丰富性的综合。根据一个记录的遗迹化石丰富性，可以按指数增长因子细分为不同的等级（关于详情和案例研究见 Knaust 等，2014；图 4.4）。

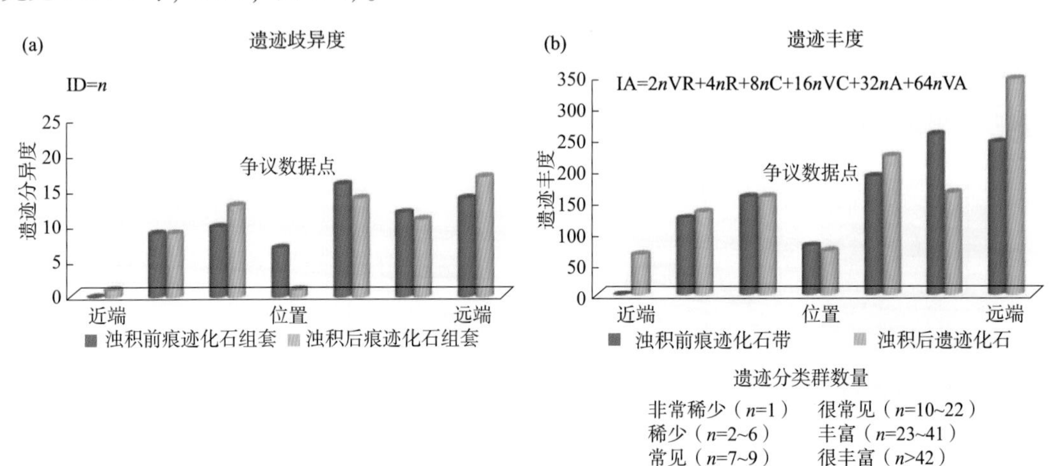

图 4.4 记录的遗迹歧异度（a）与计算的遗迹丰度（b），数据集来自法国东南部始新世 Grès d'Annot 组局限性深海浊积岩系统。遗迹歧异度只是每个地方的遗迹分类（丰富度）的计数，不考虑每种遗迹分类（本例是遗迹属）的丰度。相反，遗迹丰度是由指数增长因子（反映底栖生物数量动态）与每种等级（从非常稀有到非常丰富）的丰度（频率）乘积相加。两种方法比较的结果揭示了遗迹丰度的显著趋势，例如此沉积体系从近端到远端位置的增加，而在遗迹歧异度图表几乎没有反映。

改编自 Knaust 等（2014），刊印经 Wiley 许可；通过版权清算中心获得许可

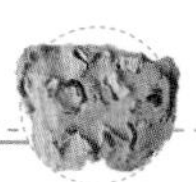

4.5 先进技术和方法

遗迹学岩芯描述的既定规程可以延伸到岩芯数据具有挑战性或需要加强解译的研究中。各种技术和方法可用于不同的任务，这里只提到一些常见的（另见 Taylor 等，2003；Gingras 等，2011）。

生物扰动强度的半定量估计可以通过放置一张透明的网格纸在剖分的岩芯表面，用遇到生物扰动的命中点计数来实现。（Marenco 和 Bottjer，2010；Knaust，2012）。网格大小（如厘米级）在某种程度上取决于潜穴的平均大小，计数数量（如 300）必须对被调查对象层段具有代表性。另一种计算方法是借用图像分析软件中的数字提取（Dorador 和 Rodriguez－Tovar，2015）。

在某些情况下显示遗迹化石和生物扰动结构可能是困难的，例如颜色对比度低、粒度、岩性等。紫外线代替可见光可能是一个很好的途径，还有 CT 扫描（图 4.5）。在更宽尺度上，钻井图像分析可能揭示特别的生物扰动模式（Knaust，2012）；而在较窄的尺度上，基于薄片的微组构分析可能显示生物扰动有关的紊乱层理和重新定向的颗粒（Garton 和 McIlroy，2006）。最后，专门的微型渗透仪测量已经证实有助于潜穴与基质的储层物性对比评价（Gingras 等，2012）。

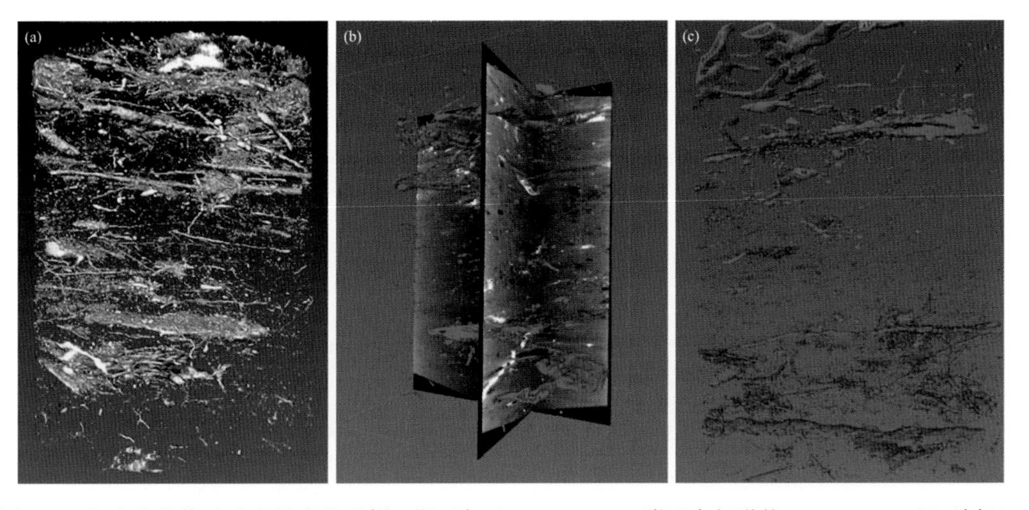

图 4.5　彻底生物扰动砂岩的岩芯示例，斯瓦尔巴 Longyearbyen 附近古新世格 Grumantbyen 组（陆架），经 CT 扫描后处理。岩芯直径约 6cm。图片由 Lars Rennan（特隆赫姆）和 Ørjan Berge Øygard（卑尔根）提供。（a）整体 CT 扫描揭示大量弥散的潜穴，由于密度差异在生物扰动构造中显示出来。（b）正交切片 CT 扫描被弥散的潜穴部分覆盖（蓝色颜色）。（c）去除小斑点后的潜穴片段

4.6 新遗迹学方法和模拟研究

作为最后一步，将收集到的数据与随后的解译联系起来，比较由新遗迹学证据发现的岩芯遗迹与文献描述的相似案例，以及综合遗迹学和沉积学信息进行模拟研究(图4.6)。

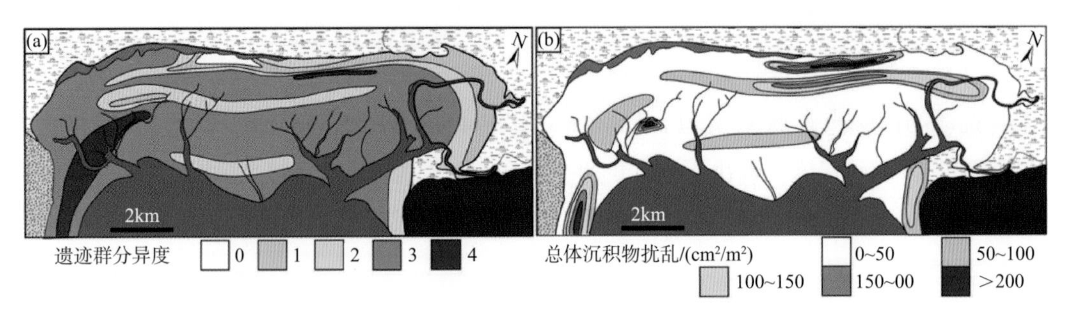

图4.6 用于比较的新遗迹学数据集示例。现代砂质潮坪(三角洲前缘)平面图，加拿大西部不列颠哥伦比亚省弗雷泽河三角洲(Boundary 海湾)，显示遗迹歧异度(a)和由海底生物活动引起的沉积物扰乱(b)。摘自 Dashtgard(2011)，刊印经 Elsevier 许可；通过版权清算中心获得许可

参考文献

[1] Dashtgard S E. Neoichnology of the lower delta plain: Fraser River Delta, British Columbia, Canada: implications for the ichnology of deltas[J]. Palaeogeogr Palaeoclimatol Palaeoecol, 2011, 307: 98 - 108.

[2] Dorador J, Rodriguez - Tovar F. Ichnofabric characterization in cores: a method of digital image treatment[J]. Ann Soc Geol Pol, 2015, 85: 465 - 471.

[3] Droser M L, Bottjer D J. A semiquantitative field classification of ichnofabric[J]. J Sediment Petrol, 1986, 56: 558 - 559.

[4] Garton M, McIlroy D. Large thin slicing: a new method for the study of fabrics in lithified sediments[J]. J Sediment Res, 2006, 76: 1252 - 1256.

[5] Gingras M K, Baniak G, Gordon J, et al. Porosity and permeability in bioturbated sediments[M]// Knaust D, Bromley R G. Trace fossils as indicators of sedimentary environments. Developments in Sedimentology. 2012. 64: 837 - 868.

[6] Gingras M K, MacEachern J A, Dashtgard J E. Process ichnology and the elucidation of physico - chemical stress[J]. Sediment Geol, 2011, 237: 115 - 134.

[7] Knaust D. Trace fossils and ichnofabrics on the Lower Muschelkalk carbonate ramp (Triassic) of Germany: tool for high - resolution sequence stratigraphy[J]. Geol Rundsch, 1998, 87: 21 - 31.

[8] Knaust D. The end - Permian mass extinction and its aftermath on an equatorial carbonate platform: insights

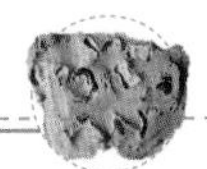

from ichnology[J]. Terra Nova, 2010, 22: 195 -202.

[9]Knaust D. Methodology and technique[C]//Knaust D, Bromley R G. Trace fossils as indicators of sedimentary environments. Developments in Sedimentology. 201, 64: 245 -271.

[10]Knaust D, Warchoł M, Kane I A. Ichnodiversity and ichnoabundance: revealing depositional trends in a confined turbidite system[J]. Sedimentology, 2014, 62: 2218 -2267.

[11]Marenco K N, Bottjer D J. The intersection grid technique for quantifying the extent of bioturbation on bedding planes[J]. Palaios, 2010, 25: 457 -462.

[12]Martin A J. Semiquantitative and statistical analysis of bioturbate textures, Sequatchie Formation (Upper Ordovician), Georgia and Tennessee, USA[J]. Ichnos, 1993, 2: 117 -136.

[13]Miller M F, Smail S E. A semiquantitative field method for evaluating bioturbation on bedding planes[J]. Palaios, 1997, 12: 391 -396.

[14]Reineck H -E. Sedimentgefüge im Bereich der südlichen Nordsee[J]. Abhandlungen der Senckenbergischen Naturforschenden Gesellschaft, 1963, 505: 1 -138.

[15]Taylor A M, Goldring R. Description and analysis of bioturbation and ichnofabric[J]. J Geol Soc, London, 1993, 150: 141 -148.

[16]Taylor A, Goldring R, Gowland S. Analysis and application of ichnofabrics[J]. Earth Sci Rev, 2003, 60: 227 -259.

5 从岩芯和露头精选的遗迹化石

这部分包含许多众所周知的遗迹化石，还有一些不太了解的遗迹类别，其中一些在过去的 10 ~ 15 年中才刚刚发现。本章尝试以标准化的方式全面概述每种遗迹化石，从形态、充填物和大小开始，还有露头外观，遗迹状态评价，以及发育的底质。第一部分补充了露头、收藏样品和文献的关键插图。每节的主要内容是论述岩芯上遗迹化石的外观，包括描述文字和岩芯样品图像，以及与相似遗迹化石的比较。这部分主要是基于挪威近海的材料，但也有其他地方的样品。每节的最后一部分概述了其他相关信息，包括造迹生物及其行为的解译(行为学)，还有非常重要的是，基于个人观察和公开证据解译沉的积环境。最后是关于遗迹相的评论，遗迹化石的时代范围及其对储层质量的影响。图 5.1 总结了本文中所论及的全部遗迹属，包括它们的丰度、遗迹种的数量、相似的遗迹化石、推测的造迹生物和古环境。

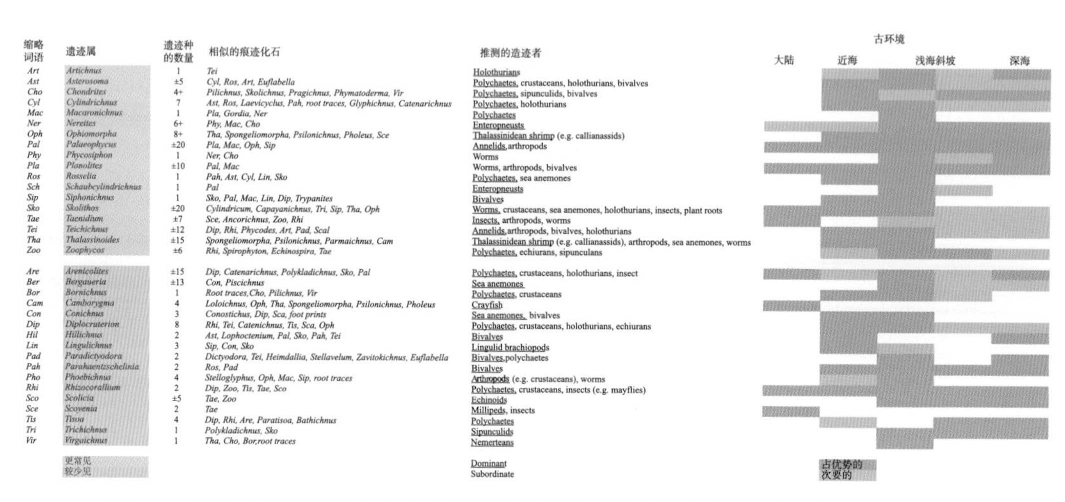

图 5.1　岩芯中观察到的和本书中描述的遗迹化石的丰度概述，包括它们的一些特征

5.1 潜穴分类

在岩芯切片上鉴定遗迹化石并非直截了当，关于完整形态通常只能得到有限的信息，

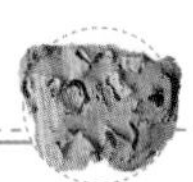

特别是复杂的遗迹化石。相比之下，通过潜穴的不同切面可以非常精确地揭示形态细节，如衬壁构造、充填物、横截面和球粒等。这些情况需要一个命名法以适用于岩芯遗迹分类鉴别，很多案例仅能鉴定到遗迹属的层次，这当然也影响了古环境解译的精度。因此很明显，从岩芯获得的遗迹观测结果与从露头上得到的并不完全具有可比性。例如，深海扇体系亚环境的遗迹化石特点在各种露头研究中是众所周知的，而这些体系的垂直岩芯切面展示了迥异的遗迹化石系列。这也与以下事实相符，远端深海沉积的所谓 graphoglyptids(雕画迹)在浊积岩层底部得到更好保存，这很难在岩芯里研究。

对于岩芯中遗迹化石的实际鉴定操作，有经验的研究者可以依靠他或她的模式识别能力，用这种方法也许能够识别最常见的遗迹类别。另一种手段是遵循一个确定的要诀(图 5.2)，其中识别标准(例如遗迹分类基础)按层次顺序排列，从而可以根据主要形态特征进行遗迹化石鉴定。此要诀遵循 Knaust(2012a)提出的遗迹化石形态学分类，包括所有按字母顺序排列的潜穴，下面将进一步详细说明。除此之外，随后添加进来层级更高的遗迹化石种类(生物扰动构造，植物根系及其遗迹，以及假遗迹化石)。图 5.3 显示了在盆地剖面图上遗迹化石组合及其与特定遗迹相的关系。

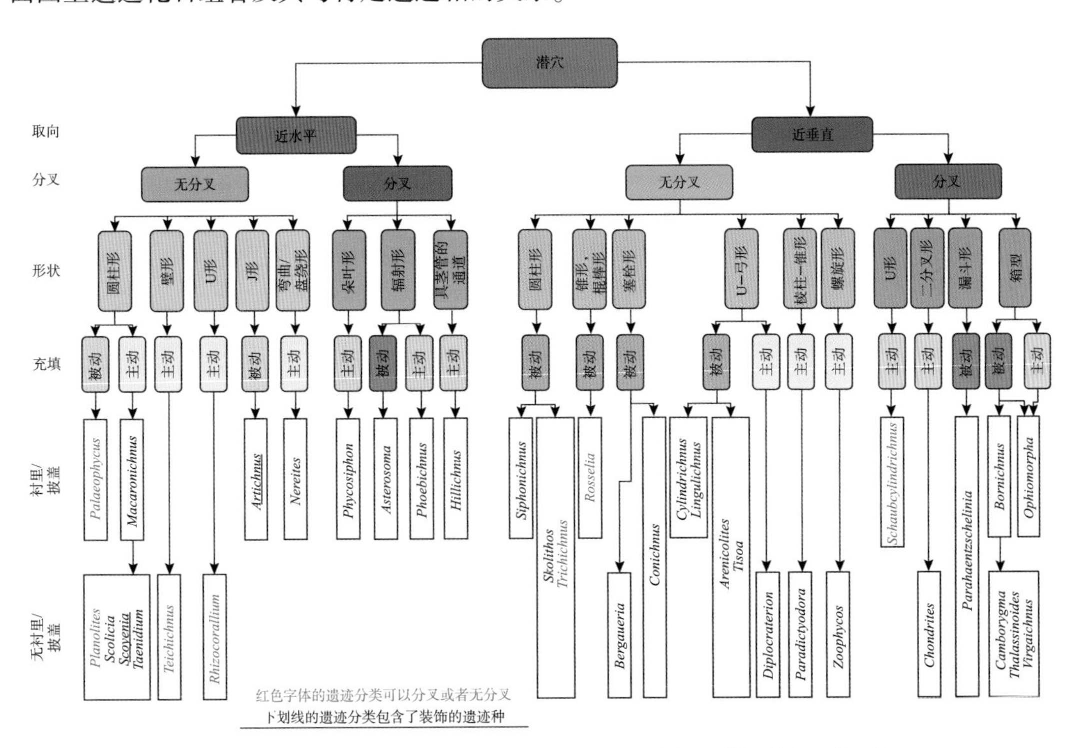

图 5.2 岩芯中观察到的潜穴的形态分类，遵循层级排列的识别标准(据 Knaust 修改，2012a)。以下各节中描述和图示的潜穴按字母顺序列出

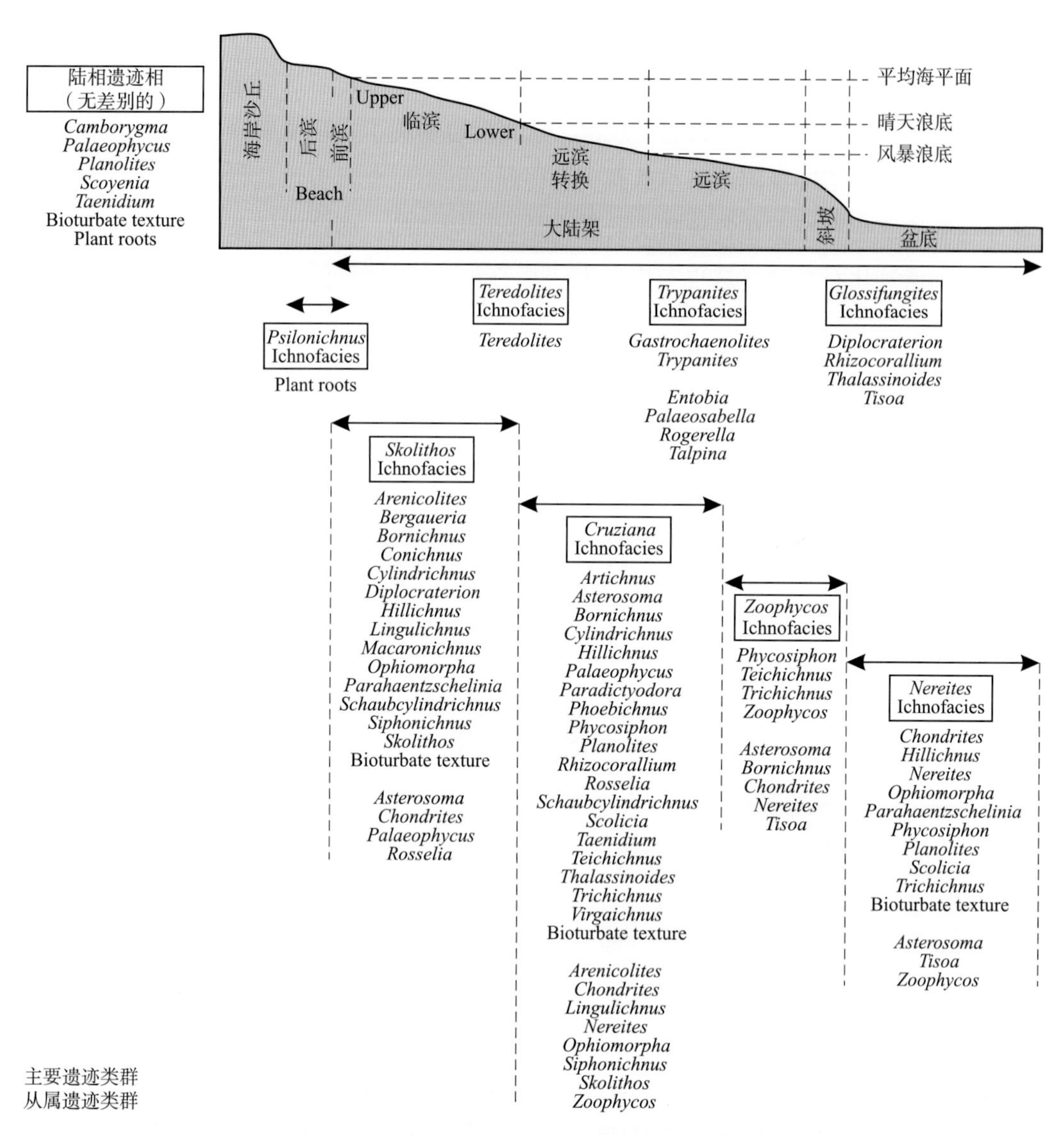

图 5.3　本书中论及的遗迹化石组合及其在特定遗迹相中的分布

5.2　*Arenicolites* Salter，1857

形态、充填物和尺寸：*Arenicolites* 为不分枝的 U 形潜穴，具有近垂直取向，有或无衬里和被动充填[Rindsberg 和 Kopaska - Merkel，2005；Bradshaw，2010；图 5.4、图 5.5，另见图 5.138(c)，(d)]。可能出现次生连续分枝(例如 *A. carbonarius*)，当造迹生物垂向调整时可以发展出一种薄的蹼状构造。崩塌的 *Arenicolites* 也会造成这样的蹼状特征，类似 *Diplocraterion*(双杯迹)。潜穴管直径通常在几毫米的范围内，管道之间的距离以及潜穴深度范围从几毫米到几个厘米。

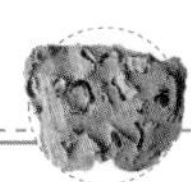

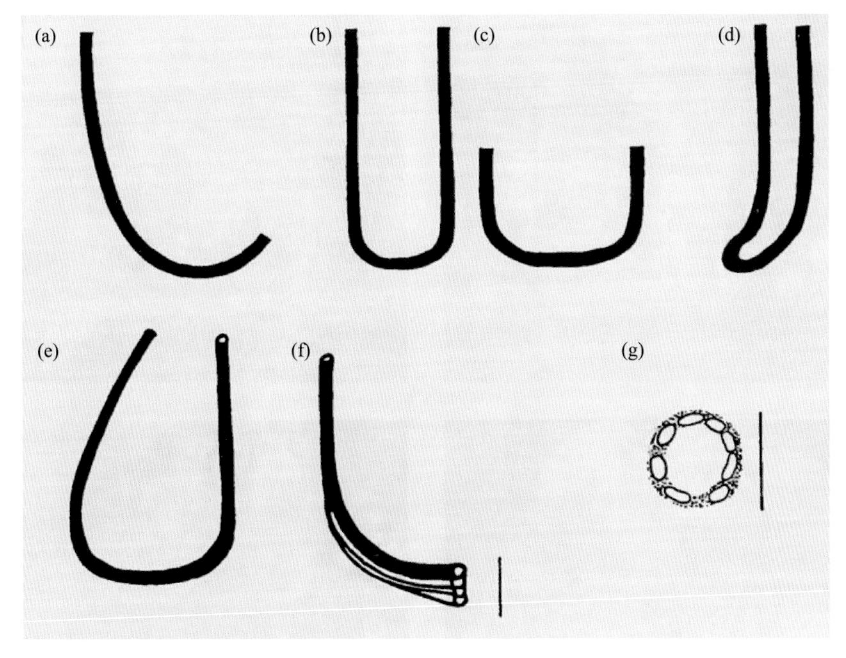

图 5.4 *Arenicolites variabilis* 的形态变化特征[(a)~(f)，比例尺 =5cm)]，和鲕粒状的洞壁[(g)，比例尺 =1cm]，据 Fürsich(1974a)

遗迹分类学：在文献中约有 15 个遗迹种进行了描述，其中有许多悬而未决受的批判性评论。区分标准包括次级分叉(*A. carbonarius*)和枝干的取向(垂向的 *A. sparsus*，最具特征的遗迹种；倾斜的 *A. curvatus*；可变的 *A. variabilis*；近水平的 *A. longistriatus*)，以及有无衬壁(Rindsberg 和 Kopaska Merkel，2005)。

底质：*Arenicolites* 是砂质(硅质碎屑和碳酸盐岩)底质的一种特征性潜穴，但也出现在泥质沉积物中。

岩芯上的外观：*Arenicolites* 因其简单的 U 形形态在岩芯截面上易于识别[图 5.6，另见图 5.146(d)]。尽管完整的潜穴很少暴露在外，单个洞穴部分可见垂直、J 形、椭圆形和圆形的截面，取决于潜穴的截面取向。这种潜穴被动充填以及出现泥质衬壁可能会增强其外观。

相似的遗迹化石：*Arenicolites* 的简单 U 形形态与 *Diplocraterion*(双杯迹)相似，可以依据它们的蹼状构造进行区分；尽管有些塌陷的 *Arenicolites* 与 *Diplocraterion* 非常类似，可能令人非常困惑。另一种 U 形的潜穴 *Catenarichnus* 呈现宽的弧形(Bradshaw 2002)。部分保存的 *Polykladichnus*(上部)可能被误认为是 *Arenicolites*，而后者不完整的岩芯截面可能类似于 *Skolithos*(垂直管)或 *Palaeophycus*(水平管)。压实的 *Arenicolites* 可能与 *Palaeophycus* 相似。

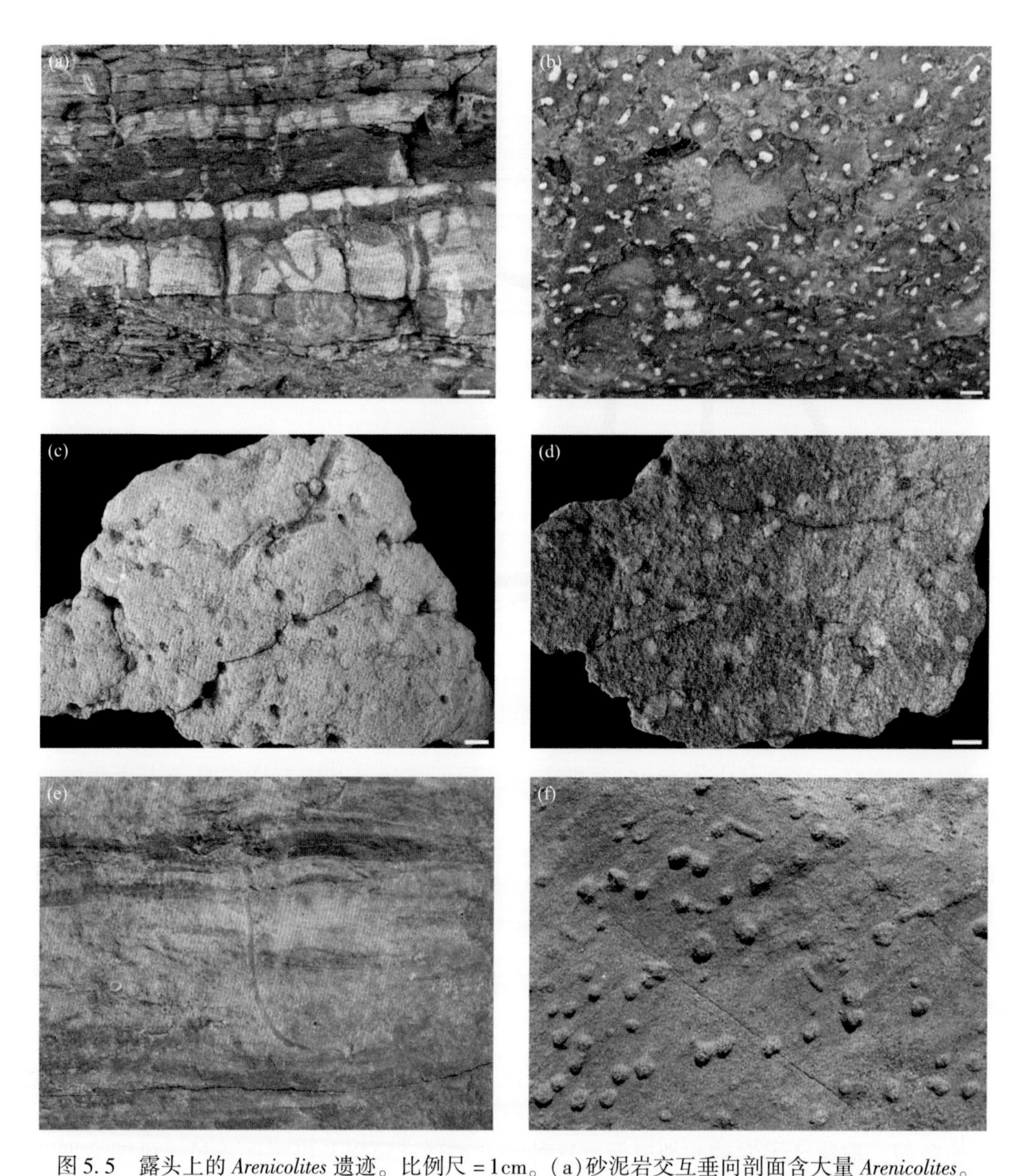

图 5.5　露头上的 *Arenicolites* 遗迹。比例尺 = 1cm。(a)砂泥岩交互垂向剖面含大量 *Arenicolites*。德国图林根 Kahla 下三叠统 Buntsandstein 群(河流相)。(b)(a)段的顶层(下层面)，显示出许多填沙的潜穴孔径。(c)含 *A.* cf. *variabilis* 潜穴孔径的岩块层面，以及风化的水平潜穴，可能属于 *Palaeophycus* isp.(古藻迹未定种)，丹麦博恩霍尔姆上三叠统 Kågeröd 组(河流相)。据 Knaust(2015b)。(d)与(c)中相同的岩块(约 2 ~ 3cm 厚)，下表面有 *A.* cf. *variabilis*(垂直潜穴)和 *Palaeophycus* cf. *alternatus*(水平潜穴)。据 Knaust(2015b)。(e)砂岩垂直截面显示大部分 *A.* sparsus 潜穴(浊积后)。法国东南部布劳克斯始新世 Grès d'Annot 组(深海局限浊积岩体系)。据 Knaust 等(2014 年)，经 Wiley 许可再版；通过 Clearance Center，Inc. 授予版权。(f)砂岩层面保存成对的栓塞，*A.* cf. *sparsus*(浊积前)充填的开口。法国东南部的查鲁菲始新世 Grès d'Annot 组(深海局限浊积岩体系)。据 Knaust 等(2014 年)，经 Wiley 许可再版；通过 Clearance Center，Inc. 授予版权。

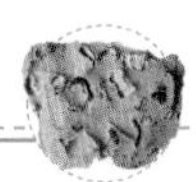

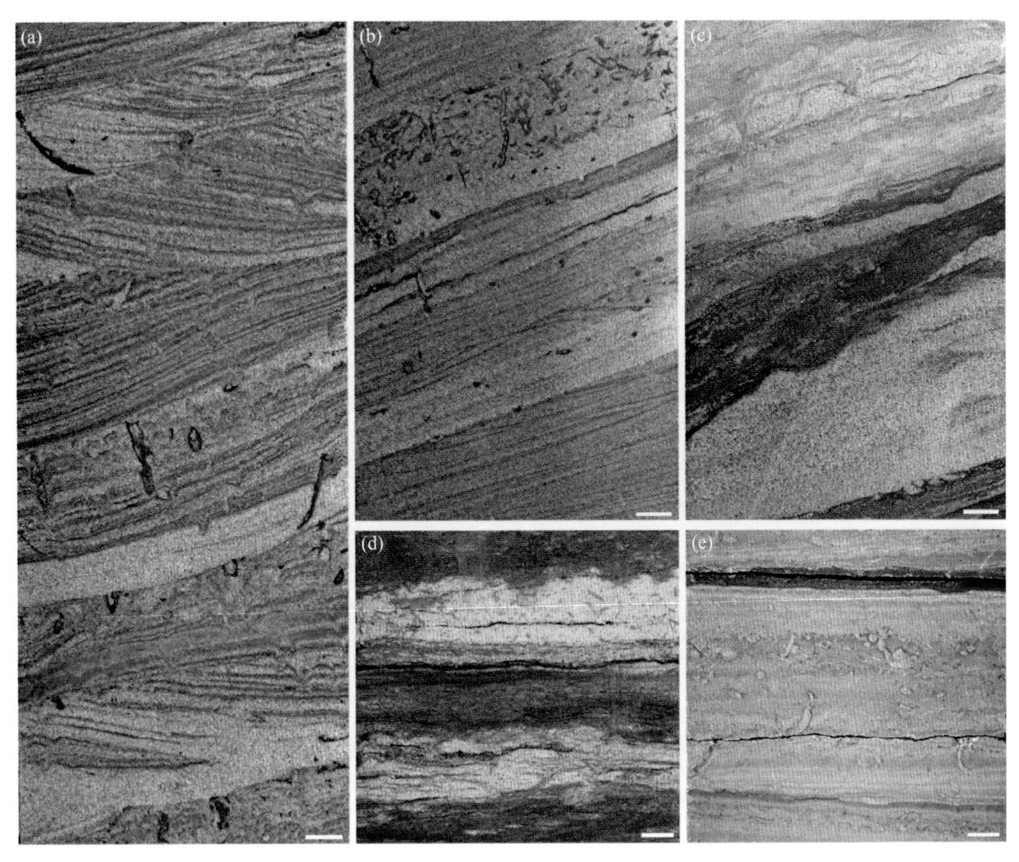

图5.6 剖切岩芯中的 *Arenicolites*。比例尺 = 1cm。(a)，(b)具有再作用面的交错层理砂岩，泥质衬壁、被动充填、U 形的 *Arenicolites*(仅部分可见)穿透底质。它们伴随着生物扰动结构和小的等长遗迹。上三叠统(Norian 阶)Fruholmen 组(河流到三角洲泛滥平原)，Skavl Discovery，Johan Castberg 地区，挪威巴伦支海(7220/7 - 2S 井，约 1385.9m 和 1395.9m)。(c)具有波纹层理和粉砂层的杂砂岩，显示带有漏斗形孔的 U 形潜穴。上三叠统(Rhaetian 阶)至下侏罗统(Hettangian 阶)Tubåen 组(边缘海相，潮汐影响)，Skavl Discovery、Johan Castberg 地区，挪威巴伦支海(7220/7 - 2S 井，约 1156.5m)。(d)砂岩—泥岩交互，泥质充填的 *Arenicolites* 部分保存，从顶部穿透砂岩层。上侏罗统(Kimmeridgian 阶)Heather 组(近海)，Fram 油田，挪威北海(35/11 - 11 井，约 2577.5m)。(e)白云质泥晶岩和粒泥岩，一个平层具有泥衬里 U 形潜穴。下三叠统(Olenekian 阶)Khuff 组(碳酸盐台地局限潟湖)，伊朗波斯湾 South Pars 油田(SP - 9 井，约 2866.5m)。据 Knaust(2009a)，经 GulfPetroLink 许可再版

造迹生物：多毛虫类和角足类甲壳动物是海洋环境现代似 *Arenicolites* 潜穴最常见的造迹生物(Gingras 等，2008；Bradshaw，2010；Baucon 等，2014；图 5.7)，尽管其他海参类、星虫类和棘球绦虫等生物也可能产生 *Arenicolites*(Smilek 和 Hembree，2012；Baucon 和 Felletti，2013；Baucon 等，2014)。昆虫也可在大陆环境中产生类似的遗迹(Rindsberg 和 Kopaska - Merkel，2005)。

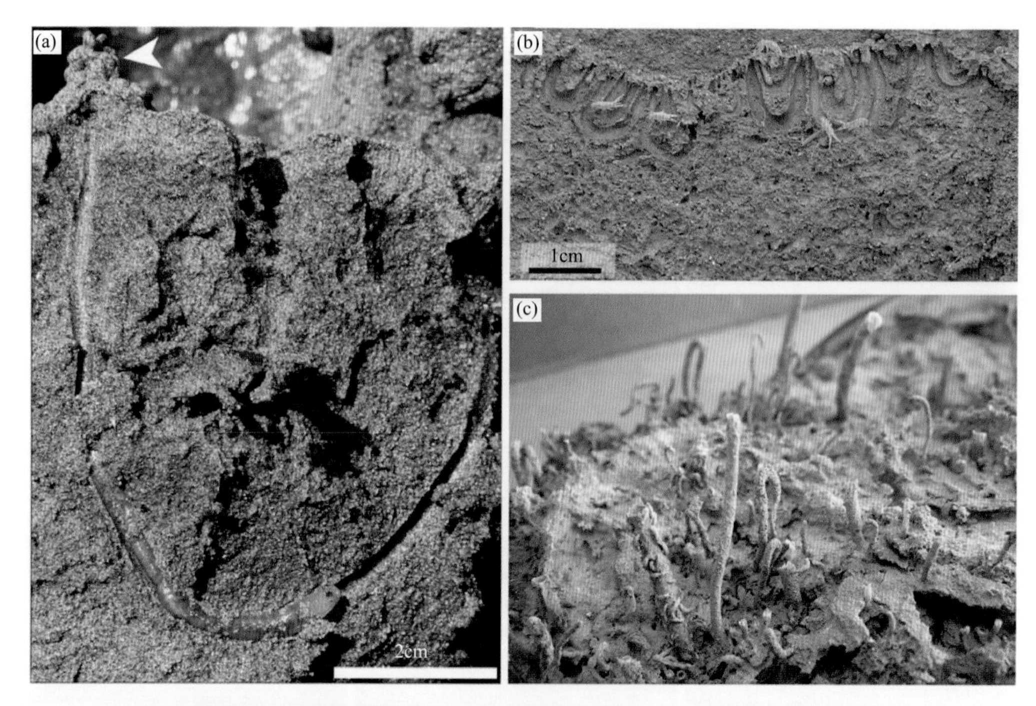

图 5.7　在现代沉积物中生物体产生 *Arenicolites* 状潜穴的示例。(a)多环节海蚯蚓 *Abarenicola pacifica* 在它的 U 形潜穴里。注意沉积物表面上方的粪便丘(箭头)。据 Dashtgard 和 Gingras(2012),得到 Elsevier 爱思唯尔的许可再版;通过 Copyright Clearance Center Inc. 传递版权许可。(b)*Arenicolites* 状潜穴的单一品种集合体及其造迹生物,片足甲壳类 *Corophium volutator*。加拿大芬迪湾。据 Gingras 等(2012a),得到 Elsevier 爱思唯尔的许可再版;通过 Copyright Clearance Center Inc 传递版权许可。(c)来自北海南部箱式岩芯的树脂铸模,*C. volutator* 制造的 *Arenicolites* 状潜穴(从上到下,长达 3 厘米)。原件来源于德国 Wilhemshaven Senckenberg Hans – Erich Reineck。据 Knaust(2012b),得到 Elsevier 爱思唯尔的许可再版;通过 Copyright Clearance Center Inc 传递版权许可

行为学:大多数 *Arenicolites* 由居住地的(领地的)悬浮摄食生物活动造成。

沉积环境:已知 *Arenicolites* 产自大陆到深海环境的广泛范围,常与其他遗迹化石伴生[图 5.9(b)]。*Arenicolites* 通常与高能沉积相关,例如风暴沉积(下临滨到中临滨)和迁移沙丘。低歧异度 *Arenicolites* 的大量出现是受压环境的指示标志,例如盐度降低和波动或有机生产力增加,以及反映机会主义的殖居(Price 和 McCann,1990;Bradshaw,2010)。

遗迹相:*Arenicolites* 属于 *Skolithos* 遗迹相,其次是 *Cruziana* 遗迹相的一部部分。事件层的机会性殖居(例如风暴沉积)最初被 Bromley 和 Asgaard(1991)称为“*Arenicolites* 遗迹相”,但这种遗迹化石群落现在被记入 *Skolithos* 遗迹相中。

出现年代:早寒武世(Crimes 等,1977)至全新世(Baucon 和 Felletti,2013)。

储层质量:鉴于其被动充填,通常含砂,高丰度的 *Arenicolites* 可能会增强储层质量。然而,沿潜穴边缘出现的泥质衬壁可能会对储层质量造成负面影响。

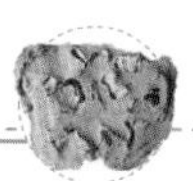

5.3 *Artichnus* Zhang 等，2008

形态、充填物和大小：*Artichnus* 是一种宽的 J 形潜穴，有一个狭窄的向上变细的杆，末端变细至盲端(图 5.8 和图 5.9)。这个潜穴管呈层状叠置，并伴有蹼状构造，在潜穴下部最发育。在经典文献中，*Artichnus* 的大小变化比较大，长度 5 ~ 15cm，宽度 2 ~ 5cm 宽度(Zhang 等，2008)。

遗迹分类学：被发现的遗迹种仅有 *A. pholeoides* 和 *A. giberti*。

底质：*Artichnus* 常见于富泥底质中，例如混杂沉积。

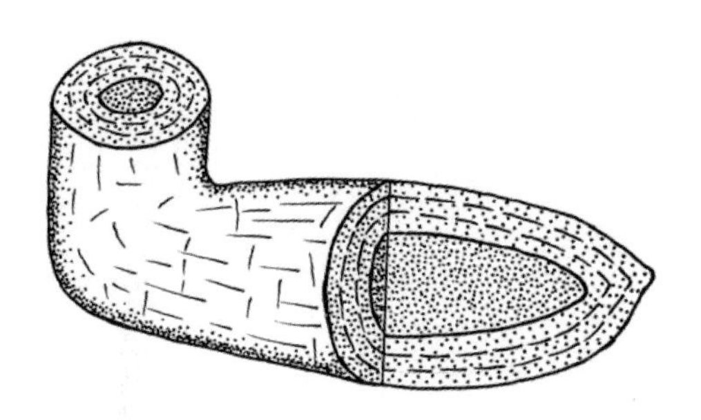

图 5.8 *Artichnus* 重建示意图，基于对法国东南部始新世 Grès d'Annot 组素材的观察(见图 5.9)

图 5.9 法国东南部始新世 Grès d'Annot 组(深海，浊流)的 *Artichnus*。比例尺 = 1cm。(a)纵向潜穴部分(左下)和两个轴(中间)显示厚的潜穴纹层。据 Knaust 等(2014)，得到 Elsevier 爱思唯尔的许可再版；通过 Copyright Clearance Center Inc 传递版权许可。(b)纺锤形外观的三个标本(箭头)，与 *Scolicia*(*S*)和 *Arenicolites*(*A*)共生。

岩芯外观：尽管在二维岩芯截面上很难见到 *Artichnus* 的 J 状形态，这些蹼状构造的潜穴通常表现为典型的后退型蹼状构造元素(通常占主导地位)和被动充填的管腔(原管)(图

5.10；另见 Ayranci 和 Dashtgard，2013；Ayranci 等，2014）。纵切面可能呈现 J 状形态，而在横切面和斜切面，管腔分别显示圆形和椭圆形。管腔直径只有几个毫米，长度几厘米。整个潜穴平躺通常是厘米级范围。

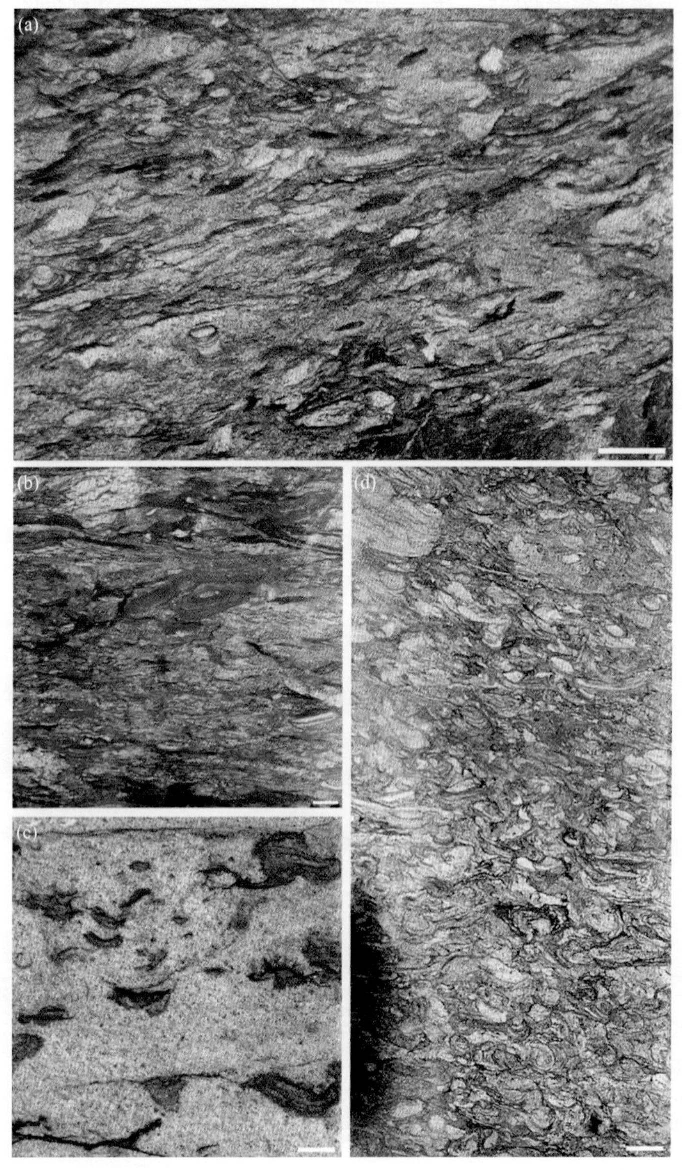

图 5.10　杂砂岩岩芯切面上的 *Artichnus*。比例尺 = 1cm。(a)大量潜穴密集的遗迹组构，显示管腔的纵截面和横截面，以后退型蹼状构造元素为主。下侏罗统(Pliensbachian－Toarcian 阶)Cook 组(浅海)，挪威北海(34/5－1S 井，约 3658.5m)。(b)厚层潜穴(上半部分)伴随着蹼状构造(右下)。下侏罗统(Toarcian－Aalenian 阶)Stø 组(远滨)，Snøhvit 油田，挪威巴伦支海(7120/8－3 井，约 2211.75m)。(c)砂岩层，大量以泥为主的小型标本。下侏罗统(Hettangian－Sinemurian)Nansen 组(边缘海相)，Oseberg Sør 油田，挪威北海(30/9－16 井，约 3464.9m)。(d)密集遗迹组构显示单个潜穴有厚层管腔，截面有纵向、倾斜和横向的。上白垩统 San Antonio/San Juan 组，LaVieja，macal Tacata，委内瑞拉

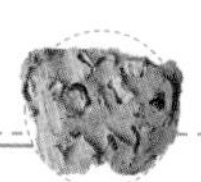

相似的遗迹化石：*Artichnus* 与 *Teichichnus* 的蹼状构造潜穴强相似，许多情况下无疑是搞混了。区分两种遗迹类别在岩芯中并非简单明了，依赖于整体形态的识别（J 形与壁状）以及出现被一些薄层包围的厚管腔。此外，*Artichnus* 相对于 *Teichichnus* 通常具有较短的垂直延伸。

造迹生物：*Artichnus* 被解释为由穴居 *holothurians*（海参）产生的，可能属于 *Apodida* 目（Zhang 等，2008；Ayranci 和 Dashtgard，2013；图 5.11）。

行为学：*Artichnus* 的 J 状形态及厚壁特征表明其是摄食悬浮物或碎屑造迹生物的栖身（领地）遗迹。

沉积环境：底栖海参，如 Apodida，在沿海到深海环境中穴居。迄今相关的遗迹化石已在深海沉积中发现（Zhang 等，2008；Knaust 等，2014）。Ayranci 和 Dashtgard（2013），以及 Ayranci 等（2014）记载了来自现代三角洲前缘和前三角洲的 *Artichnus* 状遗迹，并假设在岩石记录中这种遗迹可作为稳定盐水条件的证据，尤其是在风暴浪基面之下的沉积和殖居。

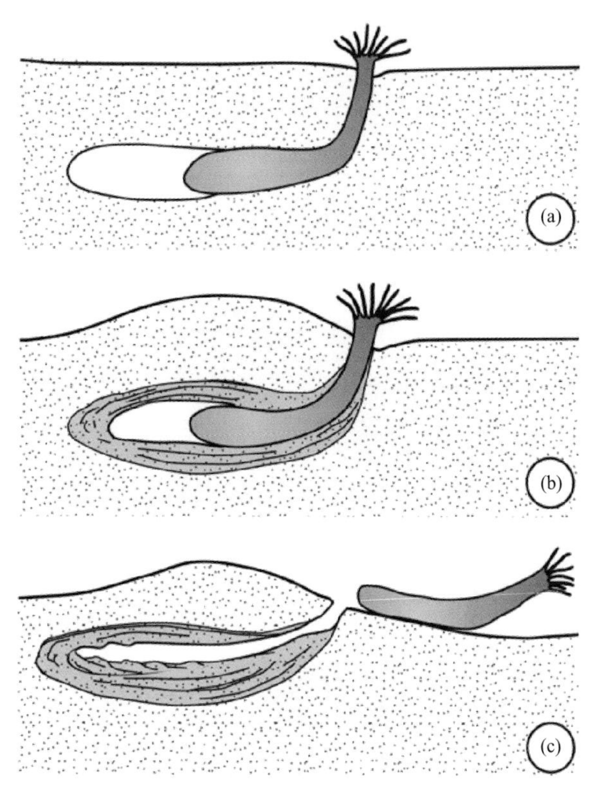

图 5.11 海参亚目 Apodida 示意图，是 Artichnus 的潜在造迹生物。据 Zhang 等（2008）。（a）初始潜穴的开发。（b）发育良好的潜穴，显示中心管腔被一层厚的边缘包围。（c）遗弃的潜穴，稍有压实作用

遗迹相：*Artichnus* 很适合出现在 *Cruziana* 遗迹相中。

年代：除上述侏罗纪和白垩纪出现之外，*Artichnus* 从始新世和现代沉积都有记载。因为这个遗迹属是最近命名的，在不久的将来它的年代范围看起来将延长。

储层质量：可以认为含 *Artichnus* 的沉积岩储层质量普遍降低，原因是充填泥质的薄层和蹼状构造，尤指在它们高密度出现的的地方。

5.4 *Asterosomavon* Otto，1854

形态、充填物和大小：*Asterosoma* 是一种形态上可变的遗迹化石。它由许多类似手臂的、球根状的潜穴构成，从中心轴向外辐射，向末端逐渐变细，可延伸到非常精细的廊道（Schlirf，2000；Bromley 和 Uchman，2003；Bradshaw，2010；图 5.12）。潜穴在尺寸、数

量和方向上可变，可显示张性破裂以及微弱的墙壁装饰(图 5.13)。

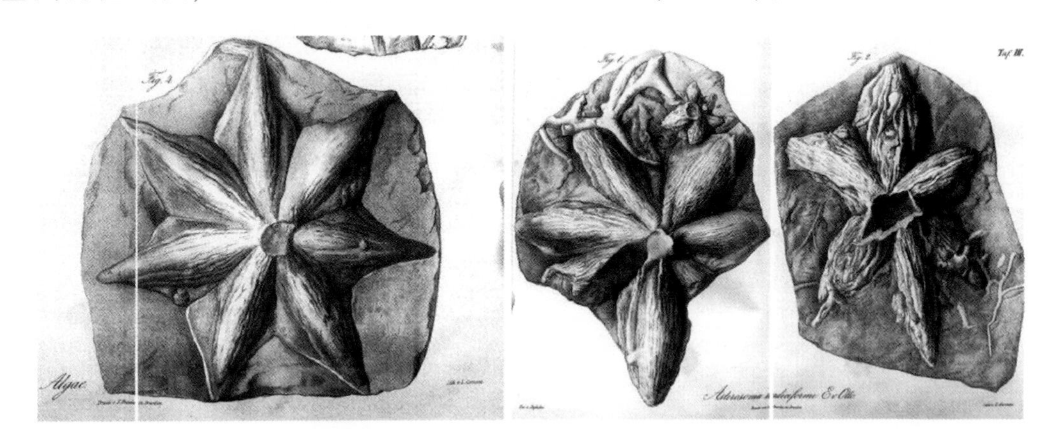

图 5.12　*Asterosoma* 遗迹种 *A. radiciforme* 的历史画像，由 von Otto(1854)最初描述

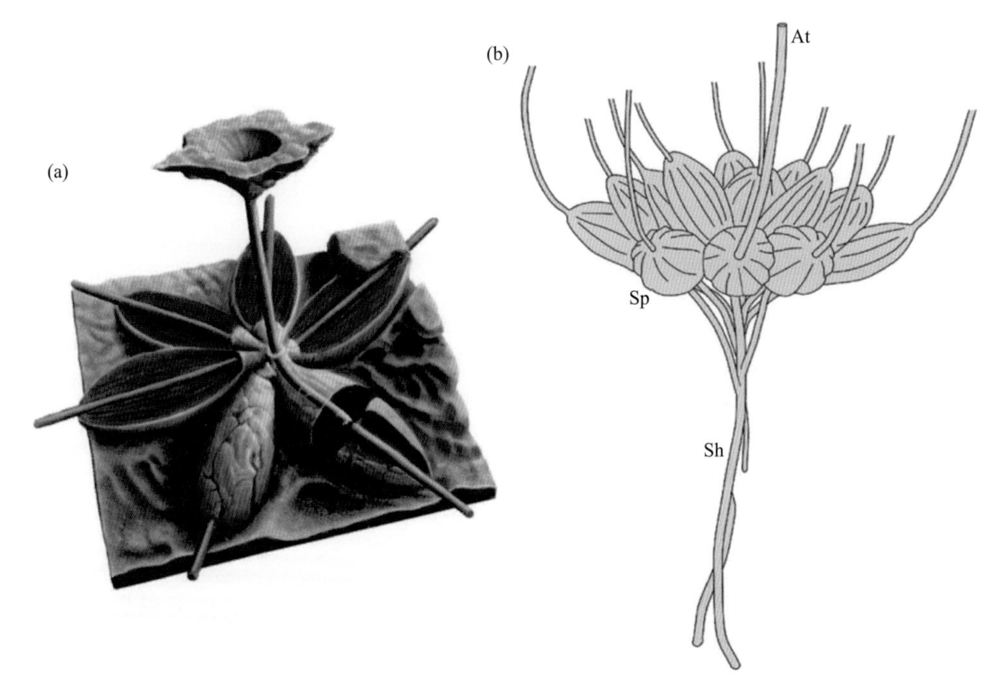

图 5.13　*Asterosoma* 的重建。(a)*Asterosoma* 结构的示意图。据 Pemberton 等(2001)，经加拿大地质协会许可再版。(b)*Asterosoma* 来自下—中侏罗统，丹麦 Bornholm。柄杆(*Sh*)向上通向一组扇形相交的、倾斜的纺锤(*Sp*)，其中有几个显示中央管腔呈上升状管(*At*)出露。全长约 35 厘米。Bromley 和 Uchman(2003)重建，经丹麦地质局许可再版

遗迹分类：迄今已有约 *Asterosoma* 的五个遗迹种被发现，其中 *A. radiciforme* 和 *A. ludwigae* 可能最为常见(图 5.14、图 5.15)。

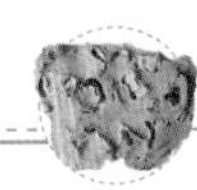

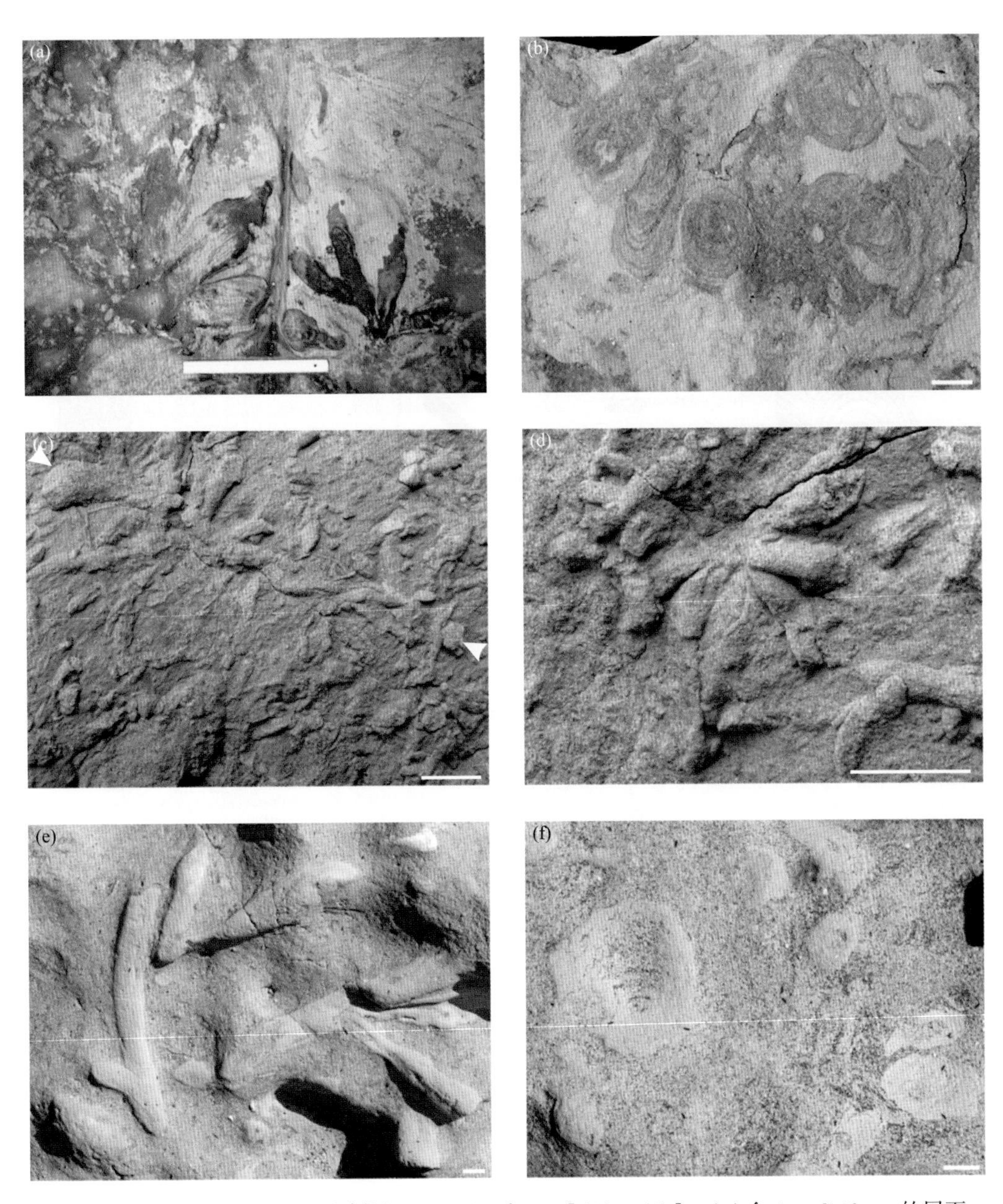

图 5.14　露头的 *Asterosoma*。比例尺 =22cm(a)和 1cm[(b)～(f)]。(a)含 *A. radiciforme* 的层面。上中新统(浅海洋)，East Cape，新西兰北岛。(b)垂向截面显示一簇有厚层泥质衬壁的 *Asterosoma* 臂，围绕着一根细的、被动充填的管子。下侏罗统(Hettangian 阶)Höganäs 组(近岸)，瑞典南部赫尔辛堡。(c)含 *A. ludwigae*(箭头之间)的下层面。始新世 Grès d'Annot 组(深海，浊积岩)，法国东南部。据 Knaust 等(2014)，经 Wiley 许可再版，通过版权许可中心有限公司获得许可。(d)含 *A. radiciforme* 下层面。始新世 Grès d'Annot 组(深海，浊积岩)，法国东南部。据 Knaust 等(2014)，经 Wiley 许可再版，通过版权许可中心有限公司获得许可。(e)(f)海绿石砂岩层面上的 *A. ludwigae*。上白垩统(Coniacian－Santonian 阶)Bavnodde Greensand(大陆架)，靠近 Rønne，丹麦博恩霍姆

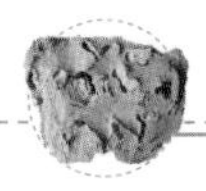

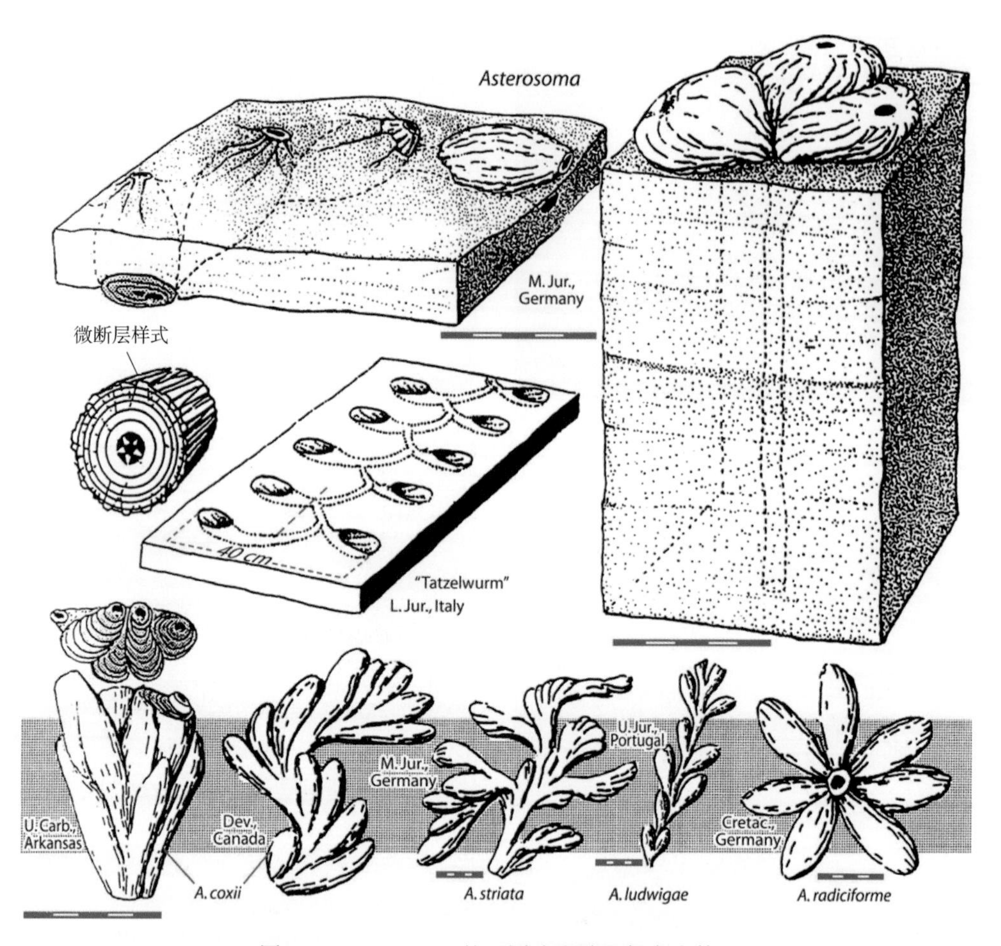

图 5.15　*Asterosoma* 的不同遗迹种和保存变体。
摘自 Seilacher(2007)，经 Springer 许可重新出版

底质：*Asterosoma* 同样出现在硅质碎屑岩和碳酸盐岩中，尽管造迹生物似乎更喜欢砂质底质。

岩芯中的形貌：通常仅有整个潜穴系统的一小部分暴露在岩芯截面上(图 5.16)。这些潜穴部分通常呈成簇的“球茎”，其中泥层围绕着一个被动的、经常砂质充填的管腔内。部分杆茎和上升管可能与球茎潜穴部分有关。

相似的遗迹化石：岩芯中的 *Asterosoma* 遗迹种可能与其他具有同心圈层充填物的潜穴相混淆，如 *Cylindrichnus*(锥形潜穴，通常不分枝)，*Rosselia*(主要是垂直潜穴)，*Artichnus*(J 形潜穴)，*Hillichnus*[砂质充填管，图 5.64(a)]和 *Eulabella*(蹼状掌形潜穴)。这些形状之间的转换可能发生，也可能与相同的或相似的造迹生物有关。

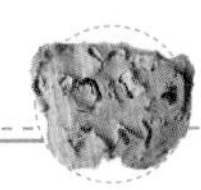

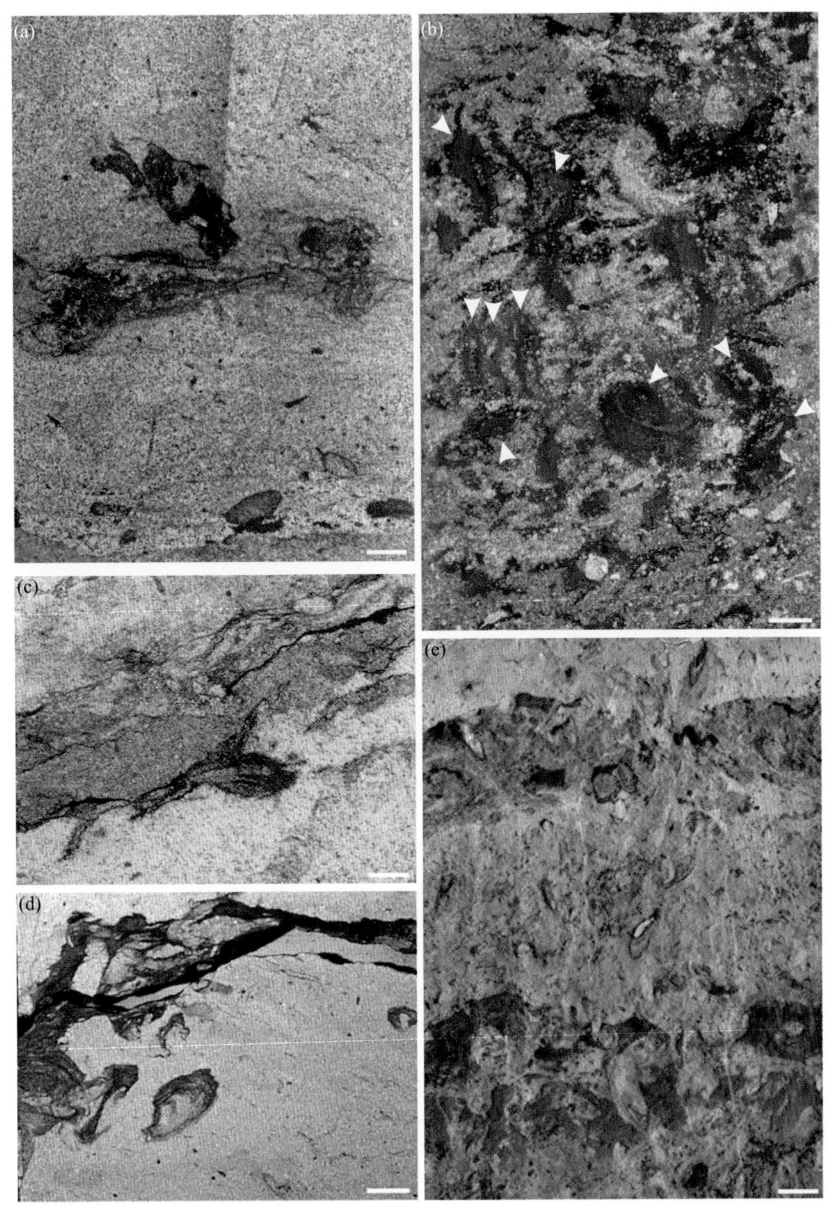

图 5.16 剖切岩芯中的 *Asterosoma*。比例尺 = 1cm。(a)砂岩具底部卵石滞留沉积和一簇带泥质衬壁的球茎状 *Asterosoma*。下侏罗统(Pliensbachian 阶)Nordmela 组(潮坪),挪威巴伦支海 Iskrystall Discovery(7219/8 - 2 井,约 3019.1 米)。(b)含混合颗粒和生物碎屑的砂岩(海侵单元),部分方解石胶结,显示 *Asterosoma* 遗迹组构,具有水平和倾斜潜穴段的(一些由箭头表示)。中侏罗统(Bathonian - Oxfordian 阶) Hugin 组(临滨),挪威北海 Ivar Aasen 油田(16/1 - 16 井,约 2398.5m)。(c)杂砂岩和海绿石砂岩显示部分 *Asterosoma* 系统。下侏罗统(Pliensbachian - Toarcian 阶)Tofte 组(扇三角洲),Åsgard 油田,挪威海(6506/12 - I - 2H 井,4867.6m)。(d)砂岩含成群 *Asterosoma*,斜向切面。下到中侏罗统(Toarcian - Aalenian 阶)Ile 组(潮汐影响三角洲),挪威海(6406/8 - 1 井,约 4388.2m)。(e)白云质灰岩,具有密集的 *Asterosoma* 遗迹组构。上二叠统 Khuff 组(泥质潮坪 - 颗粒浅滩过渡),South Pars 油田,波斯湾伊朗(SP9 井,约 3025.15m)。摘自 Knaust(2009a),经 GulfPetroLink 许可再版

造迹生物：对于 *Cylindrichnus* 和 *Rosselia*，多毛虫类和其他蠕虫类是 *Asterosoma* 的潜在造迹生物（Chamberlain，1971；Bromley，1996；Pemberton 等，2001；Dashtgard 和 Gingras，2012；Monaco，2014）。基于其表面沟纹的出现，其他作者将 *Asterosoma* 归因于甲壳纲动物的运动（Müller，1971；Gregory，1985；Schlirf，2000；Neto de Carvalho 和 Rodrigues，2007）。这种解释不那么确凿，因为甲壳类动物以外的其他生物（包括蠕虫类）也能产生划痕（Knaust，2008），这种特征更像是张性破裂而不是沟纹（Monaco，2014）。此外，还可以考虑其他生物群作为 *Asterosoma* 的造迹生物。例如，Ayranci 和 Dashtgard（2013）描述了现代三角洲沉积中多个小型洞穴有海参生物产生的厚层衬壁；在剖切的岩芯上这些潜穴类似于 *Asterosoma*（Dashtgard 和 Gingras，2012）。相反的，Percival（1981）将类似 *Asterosoma* 的星状潜穴解释为 *tellinid* 双壳类摄食活动的结果。

行为学：*Asterosoma* 通常被认为是食沉积物（Schlirf，2003；Bradshaw，2010）或者食悬浮物（Neto de Carvalho Rodrigues，2007）的摄食轨迹（fodinichnion 觅食迹）。

沉积环境：*Asterosoma* 经常被报道发生于从从近海到深海的广阔环境。在很多情况下，确定遗迹分类学不低于遗迹属的层次，因此对单个遗迹种的环境意义知之甚少。*Asterosoma* 通常是下临滨至远滨过渡带（或碳酸盐岩中的远端缓坡）的常见组成分子，但也发生在陆架的其他部分（Farrow，1966；Howard，1972；Gowland，1996；MacEachern 和 Bann，2008；Joseph 等，2012；Pemberton 等，2012）。同样，它在三角洲层序中也很常见，最常出现在三角洲前缘和前三角洲沉积物中（McIlroy，2004；MacEachern 等，2005；Gani 等，2007；Carmona 等，2008、2009；Dafoe 等，2010；Tonkin，2012）。某些 *Asterosoma* 造迹生物容忍盐度减少和波动性，出现在微咸水条件，包括河口、海湾三角洲和其他滨海矿床（Greb 和 Chesnut，1994；Hubbard 等，2004；MacEachern 和 Gingras，2007；Bradshaw，2010；Leszczynski，2010；Gingras 等，2012a；Joeckel 和 Korus，2012；Pearson 等，2013）。*Asterosoma* 甚至发生在潮坪上（Miller 和 Knox，1985；Knaust，2009a；Knaust 等，2012）。*Asterosoma* 出现在深海环境与斜坡、扇和盆底沉积有关（Pickerill，1980；Powichrowski，1989；Heard 和 Pickering，2008；Uchman 和 Wetzel，2011；Hubbard 等，2012；Knaust 等，2014；Monaco，2014）。一般来说，*Asterosoma* 与含氧量高的环境有关，但有例外存在（Neto de Carvalho 和 Rodrigues，2007）。

遗迹相：*Asterosoma* 主要是 *Cruziana*（二叶石）遗迹相的组分，尽管它也出现在 *Skolithos*（石针迹）、*Zoophycos*（动藻迹）和 *Nereites*（类沙蚕迹）遗迹相。

年代：*Asterosoma* 已被从早寒武世（Desai 等，2010）至全新世的整个显生宙地层中发现（Dashtgard 等，2008）。

储层质量：*Asterosoma* 是一种主动充填（泥质为主）的潜穴，这对储层质量和流体迁移不利（La Croix 等，2013；Knaust，2014a）。

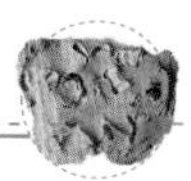

5.5　*Bergaueria* Prantl，1946

形态、充填物和大小： *Bergaueria* 被定义为半球形到浅圆柱形、具有圆形底座的垂直遗迹化石（Alpert，1973；Pemberton 等，1988；图 5.17）。其直径一般大于或等于它的长度。潜穴壁光滑无毛刺；尽管可能存在衬壁，并且底座可能包含中央浅凹陷和放射状或双放射状脊(Alpert，1973；Pemberton 等，1988)。潜穴充填通常是无结构的，最常附着与上覆岩层有成因关系的沉积物，形成凸形低浮雕保存状态(Pemberton 等，1988；Mata 等，2012)。*Bergaueria* 直径和深度的大小范围从不到 1cm 到 10cm 以上。

遗迹学分类： 依据形态差异建立起来大约 12 个 *Bergaueria* 遗迹种(图 5.17、图 5.18)。

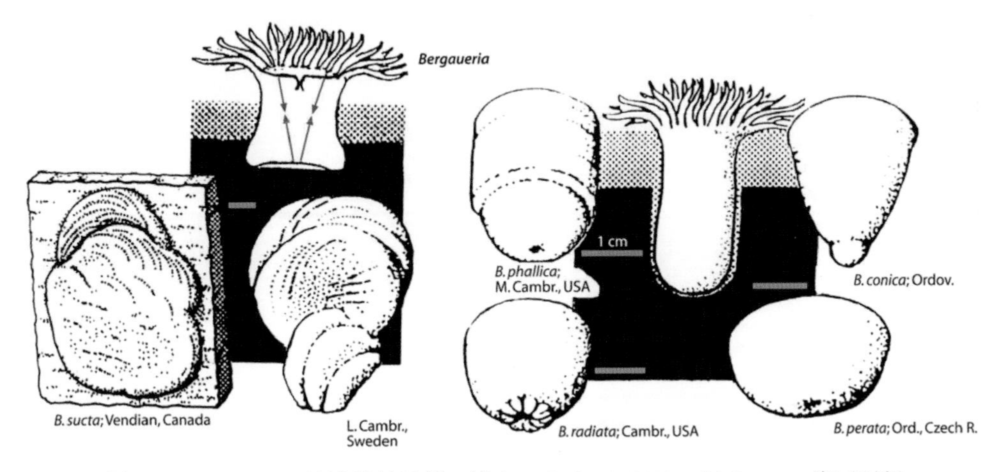

图 5.17　*Bergaueria* 遗迹种的示例。摘自 Seilacher(2007)，经 Springer 许可再版

底质： *Bergaueria* 在软底来源的硅质碎屑沉积物中常见，最容易在砂岩层底部辨认出来。它也出现在碳酸盐岩中。

岩芯中的形貌： 在岩芯样品中，*Bergaueria* 通常呈现为沿砂岩层基底的塞状凹陷(图 5.19)。如果暴露在轴向位置，可见潜穴底部的中心凸峰[图 5.19(c)]。*Bergaueria* 可单独或成群出现。

相似的遗迹化石： 其他的塞状潜穴可能与 *Bergaueria* 混淆。尤其是 *Conichnus* 可与 *Bergaueria* 相似，但其呈锥形，形态向下逐渐变细，通常比 *Bergaueria* 大，可能有类似的制造者和建造方式。另一个形状与 *Bergaueria* 相似的潜穴是 *Piscichnus*，这是筑巢和觅食活动结果的一部分，一般比 *Bergaueria* 大。除了潜穴外，也有沉积侵蚀等特征，例如坑洞(或罐钵模)，可类似于 *Bergaueria*。然而，其铸模不仅比 *Bergaueria* 更大，而且与之不同的是，在其底部有扩大的趋势，具有更不规则的形状。

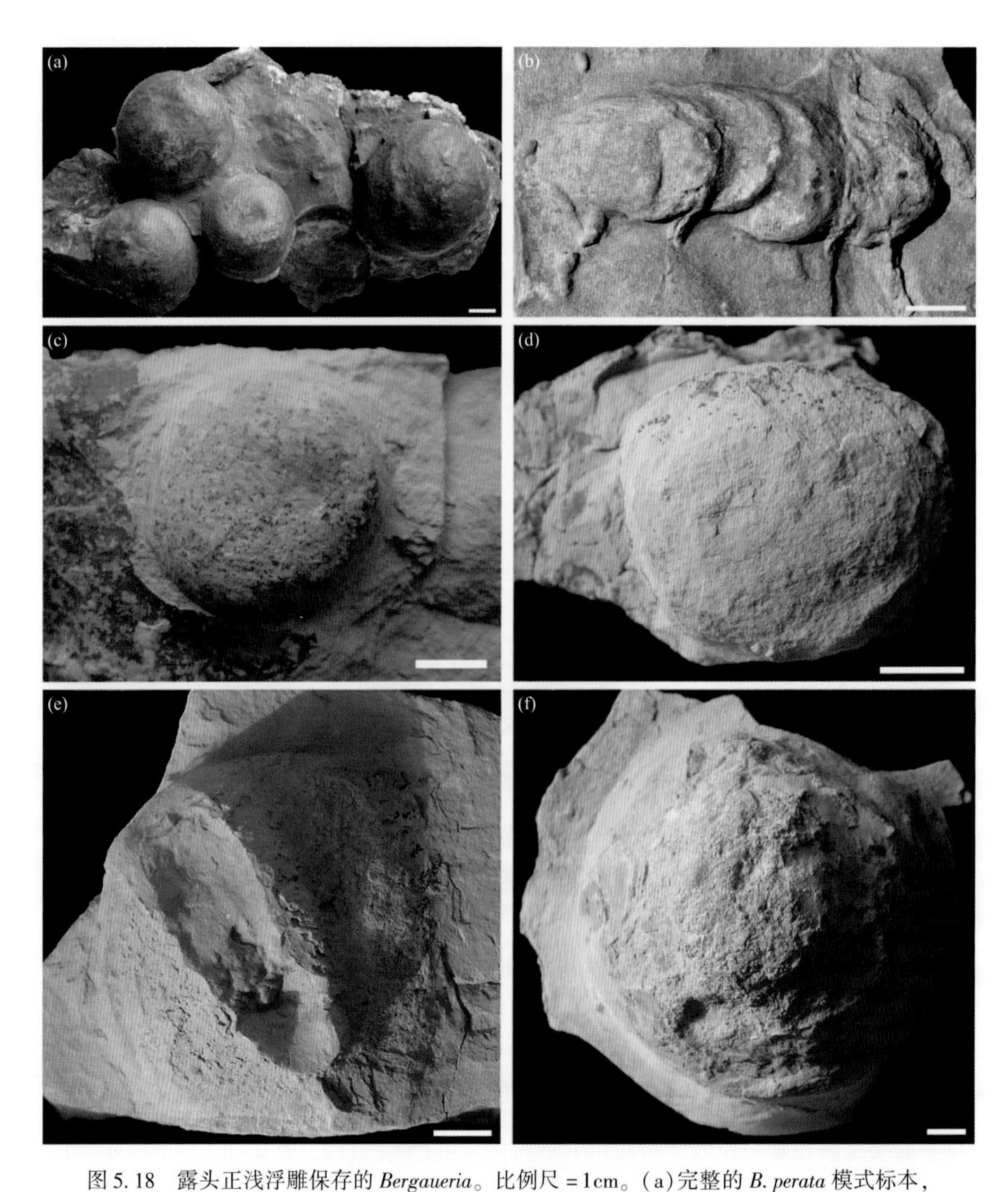

图 5.18　露头正浅浮雕保存的 *Bergaueria*。比例尺 = 1cm。(a)完整的 *B. perata* 模式标本，最初由 Prantl (1946)设计。上奥陶统 Letná 组，捷克共和国贝隆 Zdice。原件在 Praha 国家博物馆。据 Mikuláš(2006)，经作者许可重新出版。(b)砂岩层上的 *B. sucta*，来自波兰南部 Holy Cross 山脉圣城 Wikniówka Duża 上寒武统。(c)~(f)*B. perata*(c)，*B. hemispherica*(d)和 *B. elliptica*[(e)(f)]，产自中三叠世(Anisian - Ladinian 阶)的碳酸盐岩，德国图林根 Meissner 组(Muschelkalk)。注意压溶的轻微影响，特别是在(e)和(f)。摘自 Knaust(2007b)，经 SEPM 许可重新出版

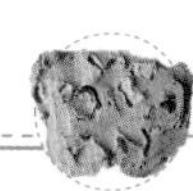

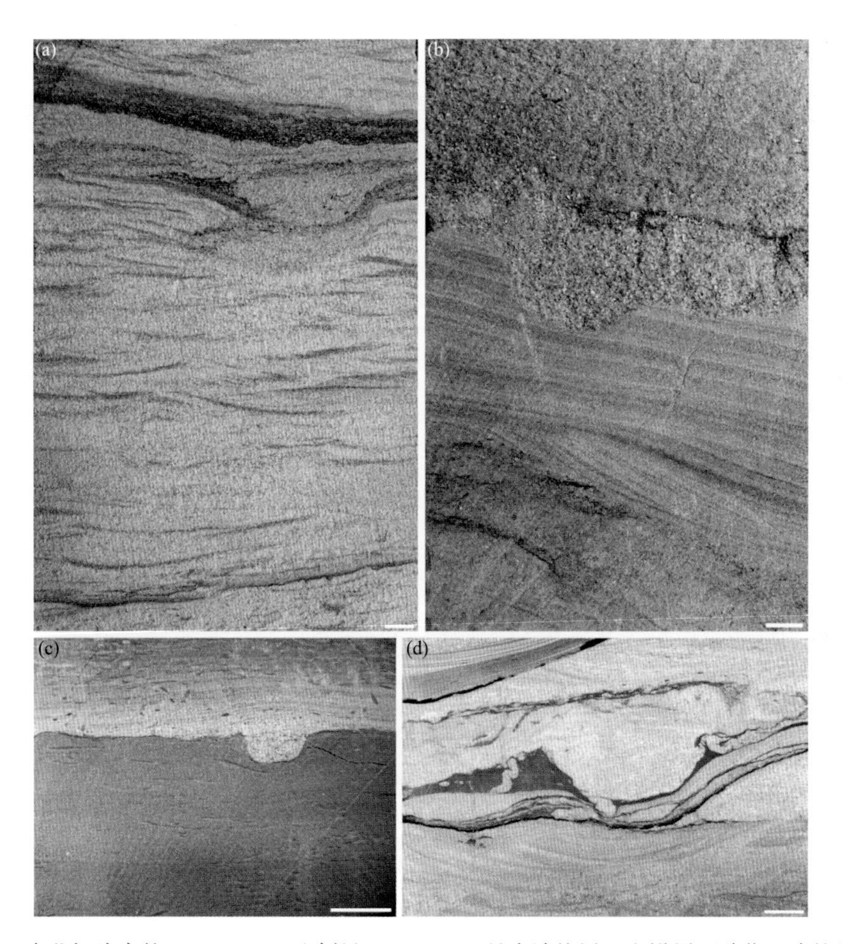

图5.19 岩芯切片中的 *Bergaueria*。比例尺 = 1cm。(a)具有波纹层理和沿层面移位凹陷的杂砂岩，由 *Bergaueria* 造迹生物垂向调整造成。下侏罗统(Sinemurian – Pliensbachian 阶)，挪威海 Heidrun 油田 Tilje 组(砂质潮坪)(井 6507/7 – A – 38，约 2789.5m)。(b)交错层理细粒砂岩上覆中粒砂岩，*Bergaueria* 在界面处。下侏罗统(Sinemurian – Pliensbachian 阶)Tilje 组(砂质潮坪)，挪威海 Heidrun 油田(6507/7 – A – 27 井，约 3195.5m)。(c)含 *Phycosiphon* 的粉砂质泥岩，被 *Bergaueria* 截切，上覆交错层理砂岩(也有 *Phycosiphon*)。注意潜穴底部的中央凹陷。下侏罗统(Hettangian – Pliensbachian 阶)Amundsen 组(下临滨)，挪威北海 Fram 地区(35/10 – 1 井，约 3655 米)。(d)带泥帘和波纹层理的砂岩，有一个 *Bergaueria* 伴随脱水裂缝。中侏罗统(Bajocian)阶 Ness 组(三角洲平原)，挪威北海 Valemon 油田(34/10 – 23 井，约 4197.8m)

造迹生物：海葵(*Actiniaria*)在现代沉积物中产生类似 *Bergaueria* 的遗迹(Schäfer，1962；Bromley，1996)。例如 *Cerianthus*(角海葵)能深深地挖洞到在沉积物—水界面下方，延伸触角和嘴在沉积物表面进食(Frey，1970a；Dashtgard 和 Gingras，2012；图 5.20)。在受到干扰时(如由于暴风雨)，动物能够缩回身体的大部分向下进入沉淀物中寻求庇护(图 5.21)。海葵利用不同的挖穴策略，包括垂向调整，从而导致塌陷的、V 字形的遗迹，以及附着于被埋的坚硬的基底(如砾石)，其只有有限的垂向移动(Dashtgard 和 Gingras，2012)。

图 5.20　栖居的海葵作为 *Bergaueria* 的潜在造迹生物，产于加利福尼亚太平洋海岸的沙质潮坪上。(a)出现在沙质表面的单一标本，只有触角。(b)两个标本由于触角的活动堆积成环状结构的碎片

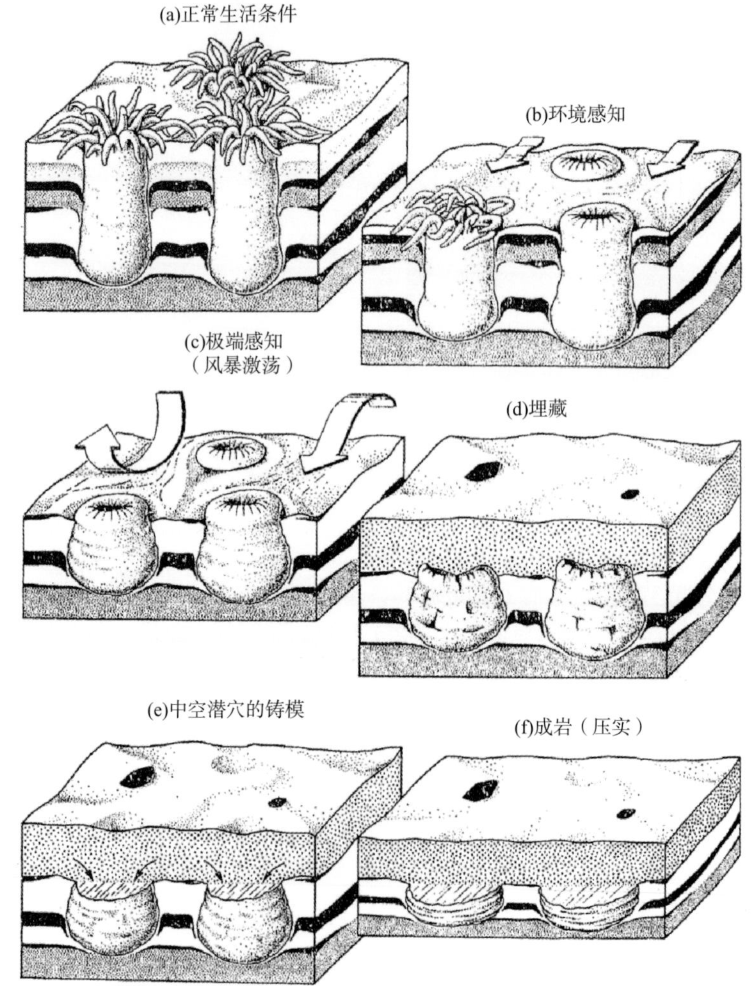

图 5.21　海葵的穴居造成的 *Bergaueria*(="*Alpertia*")的环境和埋藏史。基于对波兰中泥盆统地层的观察。据 Orłowski 和 Radwański(1986)

行为学： *Bergaueria* 被解释为海葵的栖息迹或停息迹（domichnion 或者 cubichnion）（Pacześna，2010）。

沉积环境： *Bergaueria* 通常与高能近岸环境相关，如海滩和砂质潮坪，但也发生在下至深海的其他海洋环境（Książkiewicz，1977）。

遗迹相： *Bergaueria* 通常出现在 *Skolithos* 遗迹相。

年代： *Bergaueria* 发现于早寒武世（Pacześna，2010；Mata 等，2012）至全新世（Frey，1970a）。埃迪卡拉系沉积报道了一些可疑的形式（Fedonkin 1981；Narbonne 和 Hofmann，1987；Seilacher，2007）。

储层质量： 由于被动砂质充填，*Bergaueria* 的出现对储层质量通常有轻微的积极影响。

5.6 *Bornichnus* Bromley 和 Uchman，2003

形态、充填物和大小： 由拥挤的一堆毫米级衬壁的管子构成的小潜穴，具有紧密而曲折的分枝（图 5.22）。整个遗迹化石占据了几厘米厚的卵形沉积物区域（Bromley 和 Uchman，2003），而管径通常在 1～2mm 以内。此外，*Bornichnus* 也包含分枝排列较松散的潜穴，具有弯曲度较小、线状管较多的特点。

遗迹分类学： *B. tortuosus* 是发现的仅有遗迹种。具有相似特点和尺寸松散组织的潜穴也会出现，可能会被认定为一种新的遗迹种。

底质： *Bornichnus* 已知产自砂质底质。

岩芯中的形貌： 这些直径只有 1～3mm 管状的小遗迹化石很容易被忽视，但出现在岩芯的簇状（卵圆形区域）或松散区域，含有深灰色潜穴[图 5.23、图 5.118(a)]。厚泥质衬壁可能导致完全泥质充填的潜穴，尽管在某些情况下明显可见被动充填。形态和分枝模式是相当多变，包括松散缠绕的潜穴组成 T 形分叉和二分叉。常与 *Ophiomorpha* 潜穴相伴而生。

相似的遗迹化石： *Bornichnus* 与其他相似的小遗迹化石可能混淆，如支根（植物根系遗迹），*Chondrites*（主动充填且无衬壁的二歧分枝潜穴），*Pilichnus*（具有二歧分枝的水平潜穴）和 *Virgaichnus*（具有挤压和膨胀潜穴直径的箱形结构）。

造迹生物： 已知各种现代多毛虫类能产生类似 *Bornichnus* 的遗迹，如 *Capitomastus* cf. *aciculatus*，*Scoloplos armiger* 和 *Heteromastus filiformis*（Schäfer，1962；Hertweck，1972；Hertweck 等，2007；图 5.24）。然而，*Bornichnus* 与 *Ophiomorpha* 的共生可能暗示了这些遗迹化石之间的密切关系。例如，发现类似 *Bornichnus* 的小潜穴源于与大型 *Ophiomorpha* 潜穴相关的孵卵巢穴，由幼虾产生（Forbes，1973；Bromley 和 Frey，1974；Curran，1976；Verde 和 martinez 2004；图 5.25）。或者，这种大小潜穴的关系也可能是共栖的结果，例如 Gibert 等（2006）认为的在多毛虫类和甲壳类动物之间。

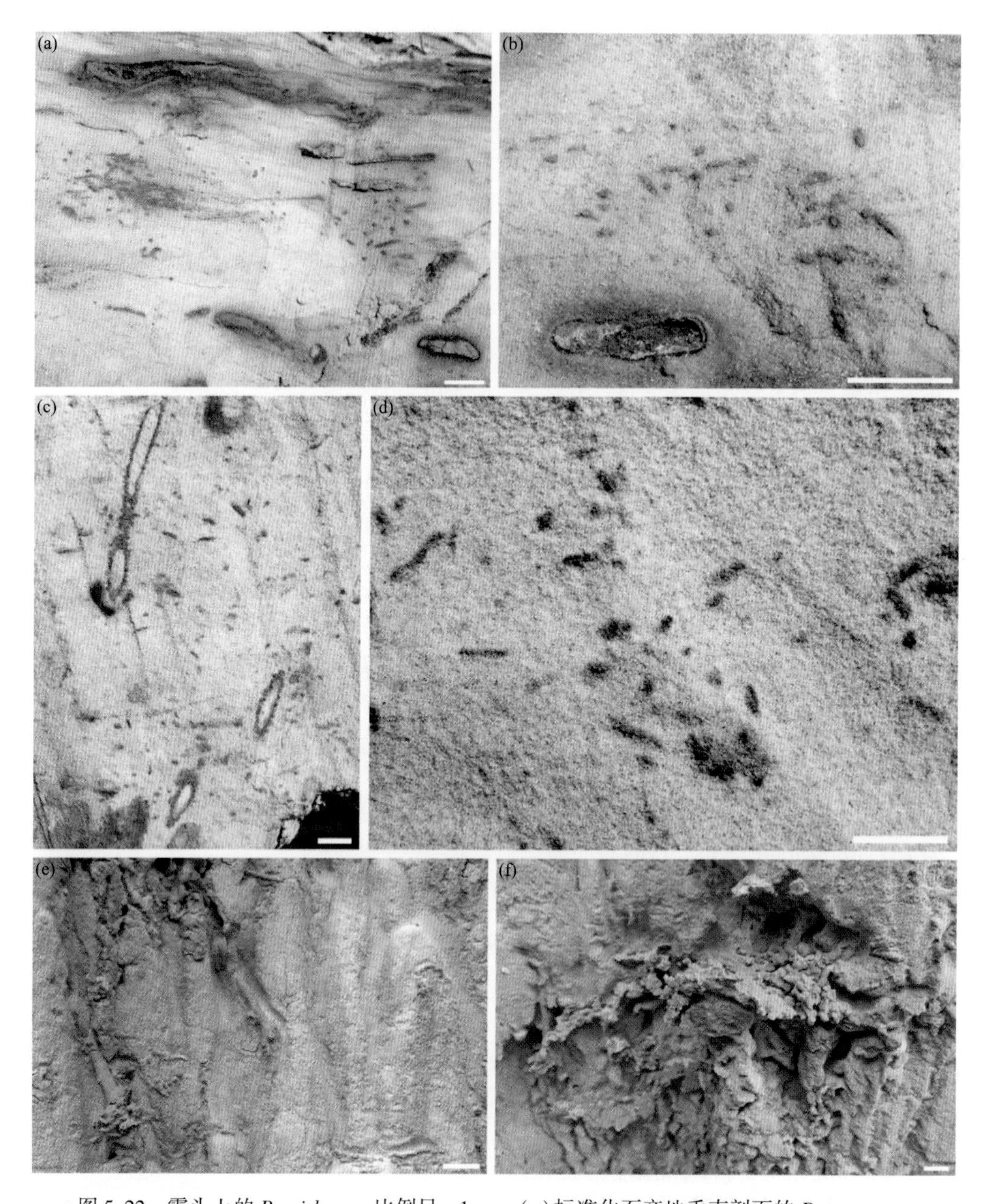

图 5.22　露头上的 *Bornichnus*。比例尺 = 1cm。(a)标准化石产地垂直剖面的 *B. tortuosus*。两个卵形簇群松散缠结潜穴，产自海绿石交错层理砂岩，含褐铁矿质泥质条带(砂质潮坪)。下侏罗统(Pliensbachian – Toarcian 阶)Sortha 地层(边缘海相)，丹麦 Bornholm 靠近 Rønne。参见 Bromley 和 Uchman (2003)中的细节。(b)如(a)所示，卵形簇状的特写图，由许多微小的潜穴构成，被褐铁矿化突出显示。(c)砂岩垂向剖面，含 *Ophiomorpha nodosa* 茎秆与相关的 *B. tortuosus*。下白垩统(Berriasian 阶)Robbedale 组(浅海)，丹麦 Bornholm Rønne 附近的 Madsegrav。参见 Nielsen 等 (1996)。(d)具厚衬壁的杂乱潜穴。与(c)的位置相同。(e)垂向剖面的 *B. tortuosus*，孤立出现或连接甲壳类潜穴(如 *Thalassinoides*，*Gyrolithes* 和 *Spongeliomorpha*)。厚衬壁的潜穴里混杂了铁质，因此容易看到。上中新世，西班牙西南部 Huelva Lepe 附近。参见 Belaústegui 等(2016b)了解地质背景信息。(f)密集缠绕的厚衬壁管簇群在甲壳类动物潜穴周围(中间)。与(e)的位置相同

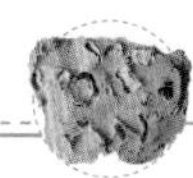

行为学：可以推断出 *Bornichnus* 造迹生物的摄食沉积物行为(fodinichnial 觅食迹)。

沉积环境：*B. tortuosus* 最初发现于潮坪沉积物(Bromley 和 Uchman，2003)。图 5.23 的示例扩展范围到临滨、陆架和斜坡，造迹生物殖居在那里在砂质事件沉积物里(如风暴岩和浊积岩)。

遗迹相：数据太少无法确定 *Bornichnus* 从属的遗迹相，但已有的研究结果表明多发育在 *Skolithos* 和 *Cruziana* 遗迹相中，也从属于 *Zoophycos* 遗迹相。

年代：新研究纪录把起源的侏罗纪(Pliensbachian 至 Toarcian 阶)延伸至古新世。

储层质量：由于潜穴中泥质含量高，相对于其他洁净砂岩，*Bornichnus* 有可能降低储层质量。

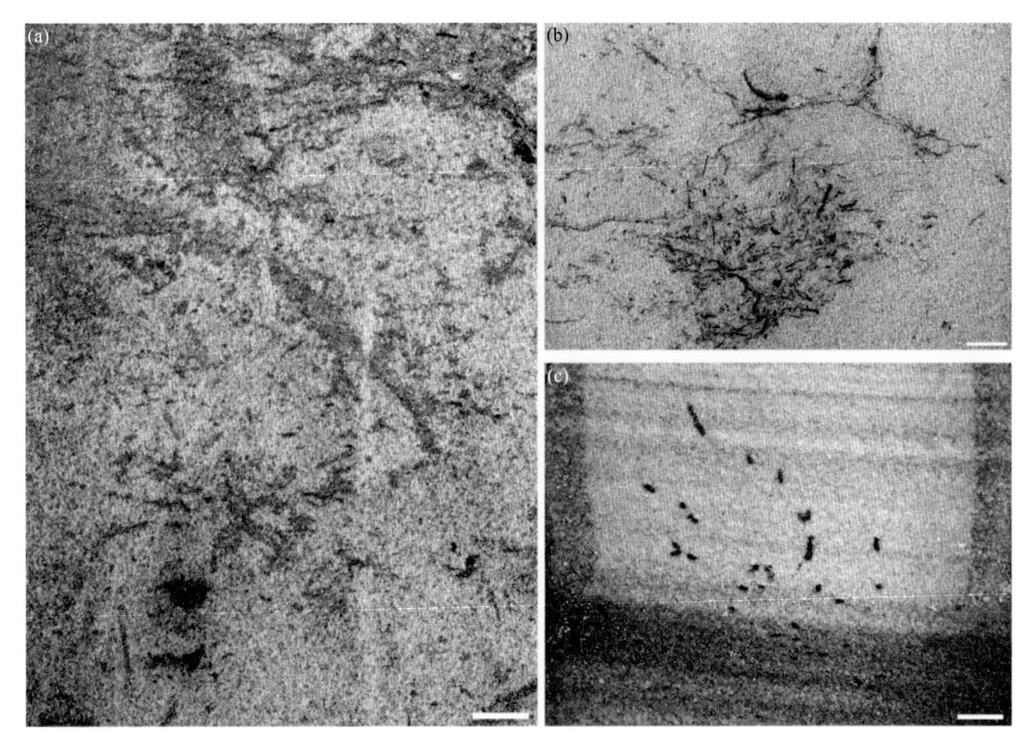

图 5.23 剖切岩芯中的 *Bornichnus*。比例尺 =1cm。(a)*Bornichnus* 遗迹组构，具厚的泥质衬壁簇群，部分充泥小潜穴。中侏罗统((Bajocian – Oxfordian 阶)Hugin 组(浅海)，挪威北海(25/10 –12ST2 井，约 2161m)。(b)*B. Tortuosus*，具有缠结和分枝潜穴的卵圆形区域，其中一些呈砂质被动充填，周围有厚的泥质衬壁。中侏罗统((Bajocian – Oxfordian 阶)Hugin 组(浅海)，挪威北海 Sleipner Vest 油田(25/10 –12ST2 井，约 2161m)。斯莱普纳 Vest 油田，挪威北海(15/9 –5 井，约 3592.5m)。(c)浊积砂岩中 *Bornichnus* 簇群，具有厚的衬壁。坦桑尼亚外海古新世(深海，朵叶复合体)

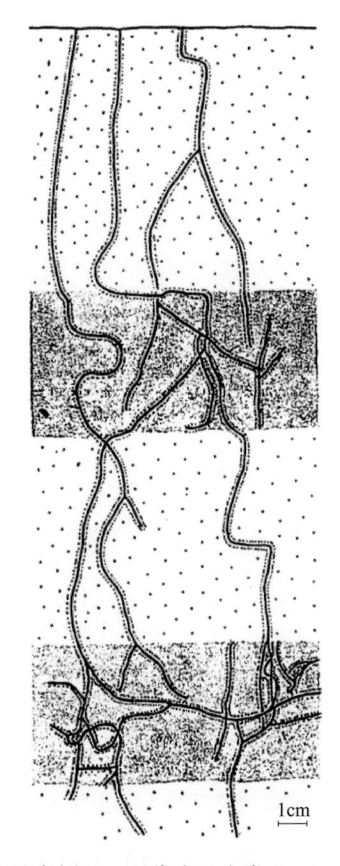

图 5.24　细砂粉土夹层的垂直剖面，现代多毛虫类 *Capitomastus* cf. *aciculatus* 的潜穴，美国佐治亚州海岸地区 Sapelo 岛的近滨带(2～10m 水深)。摘自 Hertweck(1972)，经 Schweizerbart 许可再版(www.schweizerbart.de/home/senckenberg)

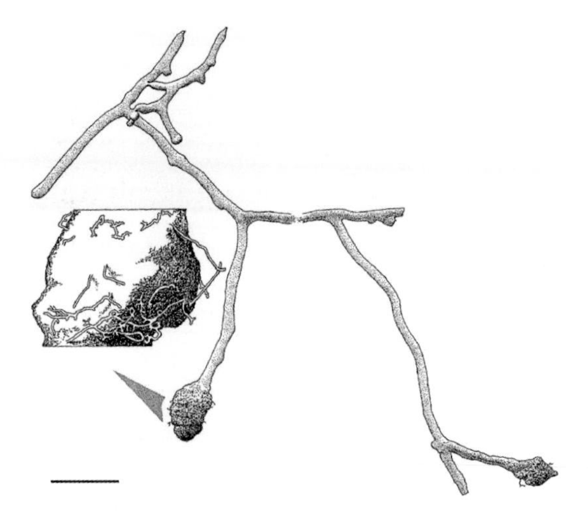

图 5.25　潜穴的树脂铸模，现代 *Upogebia affinis* 虾潜穴(类似于 *Ophiomorpha* 和 *Thalassinoides* 遗迹化石)，在佐治亚州萨佩洛岛上的潮汐溪取样。一些潜穴终端是表面粗糙的膨大腔室，从中可以看到许多小潜穴(直径约 1mm)出现(插图)。比例尺 =10cm。据 Bromley 和 Frey(1974)，经丹麦地质学会许可再版

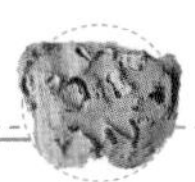

5.7 *Camborygma* Hasiotis 和 mitchell，1993

形态、充填物和大小：*Camborygma* 包括简单到复杂的潜穴系统，具有近垂直杆茎、近水平的廊道和腔室(Hasiotis 和 Mitchell，1993；图 5.26)。它们可以是带有基底硐室的简单垂向杆茎，或横向向下分支系统(Hasiotis，2010；图 5.27)。取决于潜穴建造的复杂性，它们的长度可以从 10cm 到超过 400cm，洞穴直径从 1 到 14 厘米(Hasiotis，2010)。潜穴壁可能有生物抓痕(例如划痕、擦痕)。在特殊情况下，由球粒状沉积物组成的塔(烟囱)可以保存在古地表上面。

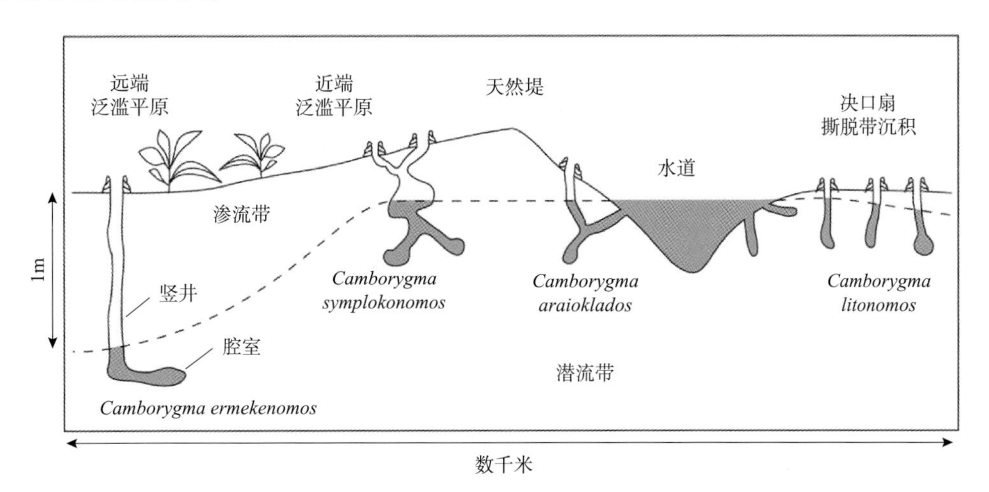

图 5.26 *Camborygma* 不同遗迹种的结构形态，与其在泛滥平原的位置和水位的深度相关。*C. litonomos* 由具少分枝、少腔室的简单茎秆构成，意味着地下水位高，周期性连通开放水源，以及短期的潜穴占用。复杂潜穴有多个竖井和腔室或深部分叉的长洞，表明地下水位较低，减少了进入地表水的机会，以及长期潜穴占据。改自 Hasiotis 和 Honey(2000)，Smith(2007)

遗迹学分类：根据潜穴结构辨别了 *Camborygma* 的 4 个遗迹种(Hasiotis 和 Mitchell，1993；图 5.26)。

底质：龙虾潜穴(*Camborygma* 和类似遗迹属)通常与硬化的和富碳酸盐岩的古土壤有关，出现在各种碎屑岩基底中(如砂岩、泥岩、火山碎屑沉积，等等)。

岩芯中的形貌：*Camborygma* 等龙虾潜穴在岩芯中被广泛忽视，仅零星定为此类(Hasiotis，2010)，因为复杂潜穴系统通常只有一小部分暴露在岩芯切片中(图 5.28)。潜穴特点是直径大(1cm 或更大)，通常有清晰的边缘(因为古土壤基质坚硬)，与围岩形成对比的被动充填(碎屑)。圆形至略椭圆形巷道横截面很常见，偶尔伴有竖直的轴杆，在极少数的情况下，腔室状延伸。由于与季节性潮湿土壤有关，*Camborygma* 通常与根迹和 *Taenidium* 相关联，某些潜穴部分可能会受到钙化作用影响。

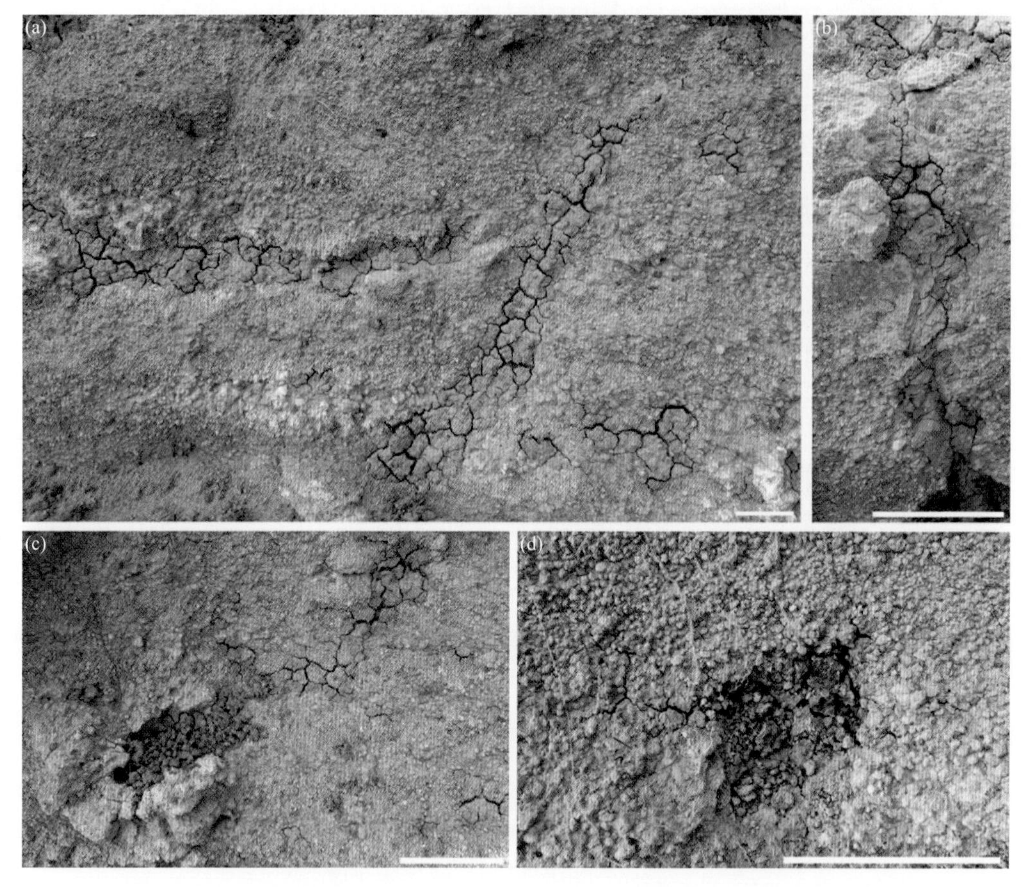

图 5.27　含砾钙质砂岩至砾岩中的 *Camborygma*，（河漫滩上的冲积物）上三叠统（Carnian 阶）丹麦博恩霍尔姆 RisebæK 的 Kågeröd 地层。比例尺 =5cm。据 Knaust(2015b)。潜穴被动充填绿色的泥，后者由于干燥而开裂。(a)纵断面(左)和横截面(右)的斜杆具水平巷道；(b)竖杆；(c)Y 形倾斜分枝(上部)和室状延伸(下部)；(d)潜穴横截面

相似的遗迹化石：由于复杂的潜穴结构，*Camborygma* 可能与形态学类似的甲壳类动物潜穴相混淆，不可能在岩芯里做清晰区别。*Loloichnus* 是另一种产自大陆沉积的龙虾潜穴，与 *Camborygma* 区别在于其缺失腔室、常见的廊道和多茎杆(Bedatou 等，2008)。其他十足甲壳动物潜穴(*Ophiomorpha*，*Thalassinoides*，*Spongeliomorpha*，*Psilonichnus*，*Pholeus* 及其他)可能部分类似于龙虾潜穴(Martin 等，2008)，但仅限于海洋环境。

造迹生物：*Camborygma* 是龙虾(陆地十足甲壳动物)的潜穴，具有现代对应物(图 5.29)。

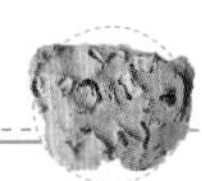

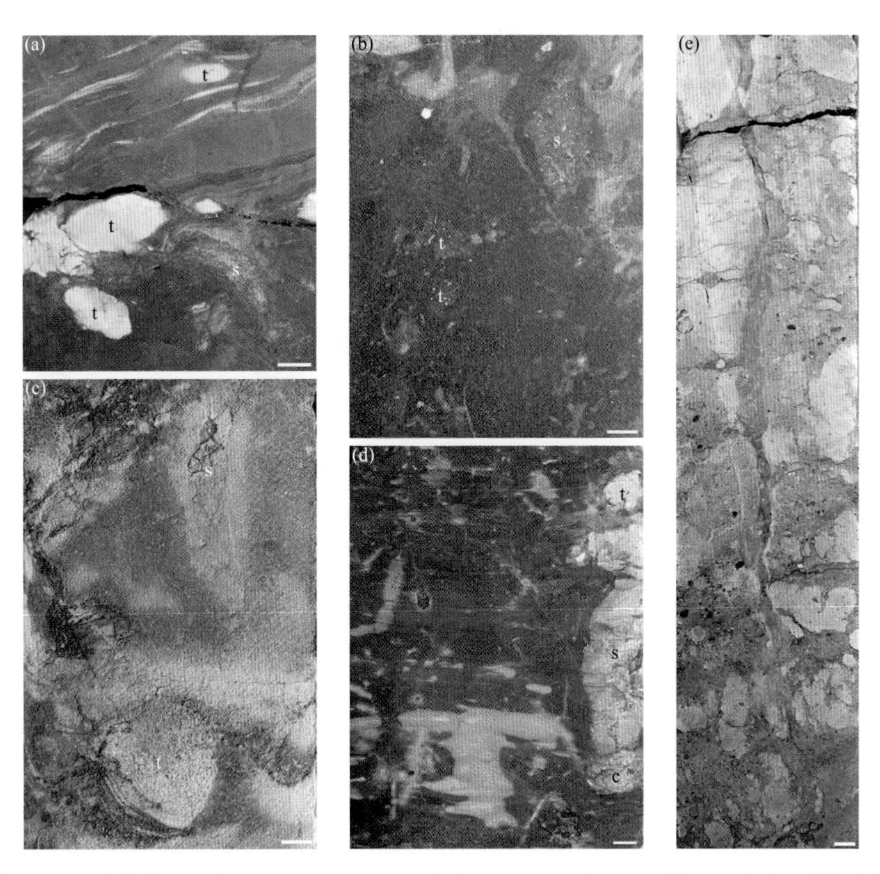

图 5.28　剖分岩芯中的 *Camborygma*，上三叠统(Norian－Rhaetian 阶) Lunde 组(河流相) Snorre 油田[(a)～(d)]，上三叠统—下侏罗统 Hegre 组(冲积扇相)Johan Sverdrup 油田(e)。比例尺＝1cm。(a)细粒砂岩，含钙质化廊道元素(*t*)和填砂的茎秆(*s*)(34/7A－4H 井，约 2872.5m)。(b)泥岩古土壤含根迹和砂质充填竖井和廊道(*t*)(34/7A－9H 井，约 2736.5m)。(c)砂岩古土壤，有被动充填的茎秆和腔室状延伸廊道(*t*)(34/7A－9H 井，约 2595.5m)。(d)泥岩古土壤，有根迹、钙质化廊道(*t*)、竖井(*s*)和基底腔室(*c*)(34/7－1 井，约 2532.5m)。(e)破裂的石灰岩伴随复杂潜穴系统，显示出具水平分支的垂向长茎秆，钙质沉积中充填绿色泥岩(16/2－17S 井，约 2028.5m)

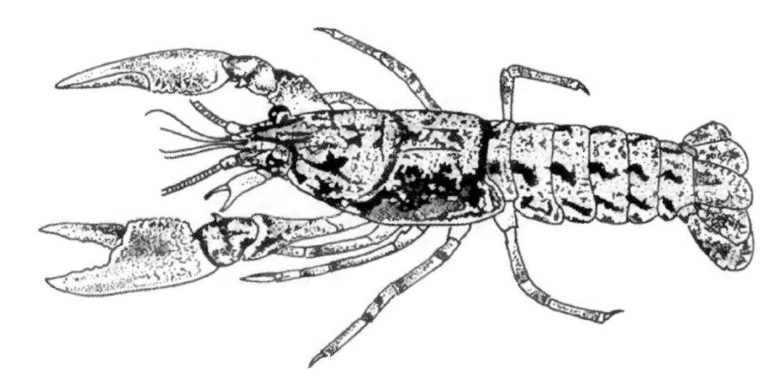

图 5.29　*Cambarus*(*Puncticambarus*)*georgiae*，来自美国乔治亚州的现代穴居龙虾(据 Hobbs，1981)。整个长度约 7～8cm

行为学：*Camborygma* 是一种用于居住和繁殖的痕迹(domichnion 居住迹；Hasiotis，2010)。

沉积环境：*Camborygma* 寒武纪为陆相遗迹化石，通常与弱至发育良好的古土壤有关，形成于冲积和湖相边缘环境的近端至远端(河道、堤坝和漫滩，泛滥平原)。高丰度的穴居小龙虾出现在潮湿到炎热的季节性潮湿气候(Hasiotis，2010)，尽管大陆和半干旱气候也有报道(Knaust，2015b；Fiorillo 等，2016)。从顶部的不连续表面开始，潜穴茎秆穿透渗流带，通常在水位下分叉，具有适应潜流带的腔室(图 5.26 和图 5.30)。亲水性的潜穴结构和深度反映了古地下水位的深度和波动(Hasiotis 和 Mitchell，1993)。潜穴的密度和尺寸变化是重建古环境的其他方面。潜穴密度的横向变化可以反映地下水位和土壤水分水平的空间非均质性，而从河道向漫滩龙虾的个头增大(Kowalewski 等，1998)。只要数据密度足够这种尺寸沿着环境梯度的分化可直接用于储层预测。

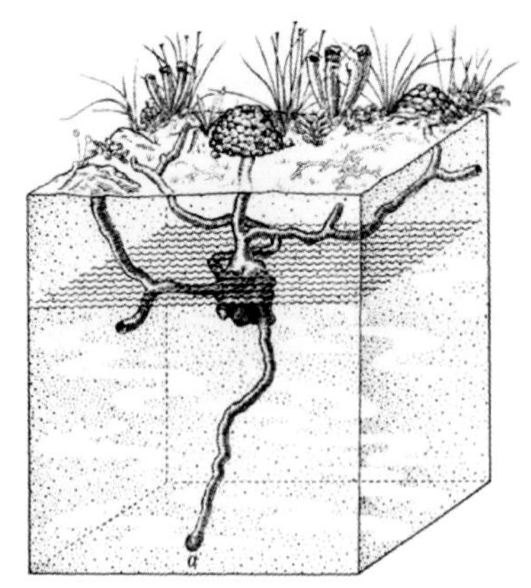

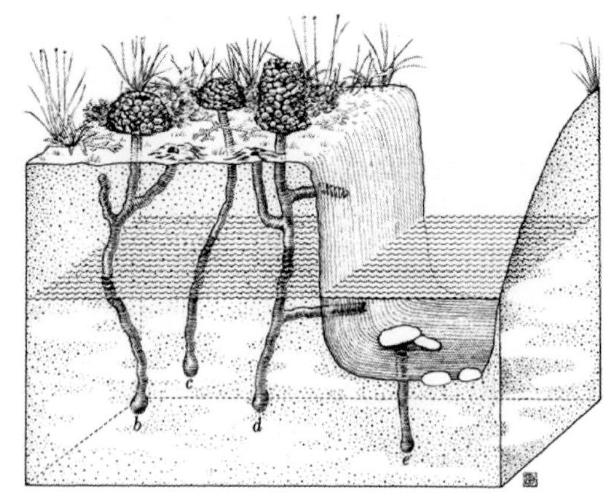

图 5.30　相对于地下水位常见的龙虾洞穴(摘自 Hobbs，1981)

遗迹相：*Camborygma* 是大陆遗迹相的常见组分，包括 *Scoyenia*、*Coprinisphaera* 和 *Celliforma* 遗迹相(Buatois 和 múngano，2011；Melchor 等，2012)。

年代：二叠纪进化的龙虾及其潜穴，如 *Camborygma*，从二叠纪至全新世的陆相沉积物都有记录(Hasiotis，2010)。

储层质量：考虑到大尺寸和被动充填，*Camborygma* 通常有助于改善储层质量和连通性[图 5.28(b)(c)]。潜穴充满河道沙，可以增加河道边缘沉积(如堤坝和漫滩沉积物)的横向连通性。但是，由于在成土过程中，这种潜穴也可以作为富含碳酸盐岩溶液的管道，以成土碳酸盐岩的形沉淀[图 5.28(a)(d)]。那样的话，钙化潜穴会降低储层品质和连通性。

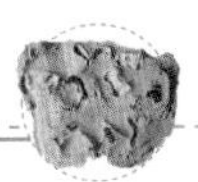

5.8 *Chondrites* von Sternberg，1833

形态、充填物和大小： *Chondrites* 是一种常见且分布广泛的遗迹化石；由于其根状外观，最初被解释为植物化石(图 5.31)。它由管状系统构成，具有单个或少量主杆茎，想必是开放通向表面，以锐角随深度分叉，形成树突或根状系统(Osgood，1970；Fu，1991；图 5.32)。大多数潜穴呈主动充填，有时部分保留回填纹结构。潜穴没有衬壁。潜穴不同部分的管状直径保持不变，通常是在小于 1mm 到几毫米的范围。个别潜穴系统的横切面范围从几个厘米到分米以上，尽管不同潜穴系统之间的延续部分出现密集的生物扰动层。潜穴系统可能达到几厘米纵深，由于保存不完整和随后的压实作用，真正的垂向延伸通常不确定。

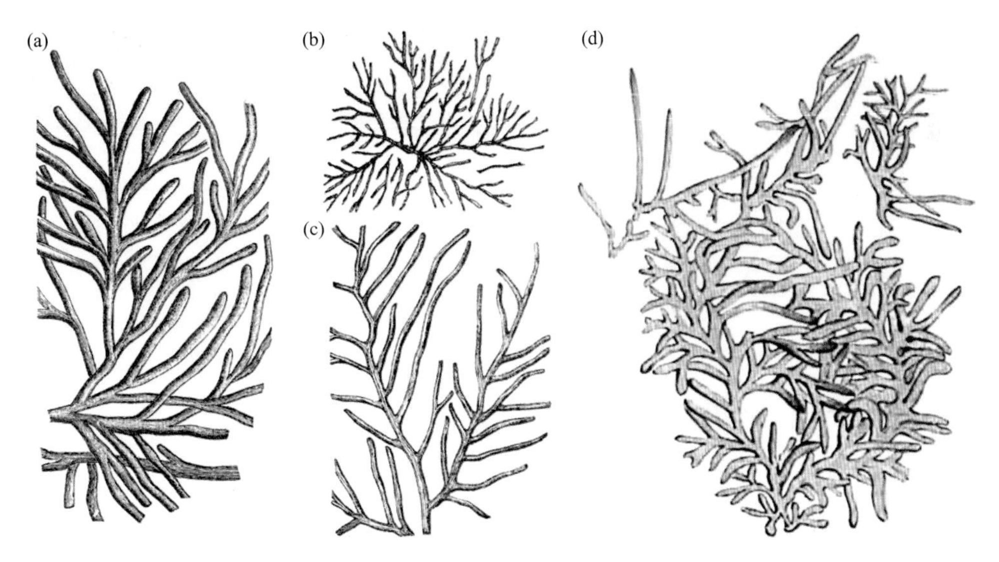

图 5.31　*Chondrites* 标本的历史图形，起初解释为植物化石(藻类，岩藻)。来自 Steinmann [1907，(a)～(c)]和 Saporta[1873(d)]。潜穴直径范围通常为几毫米。(a) *C. bollensis*(现为 *Phymatoderma granulata*)，下侏罗统，德国。(b) *C. intricatus*，渐新世，瑞士。(c) *C. targionii*，渐新世，瑞士。(d) *C. bollensis*(现 *P. granulata*)，侏罗纪，法国

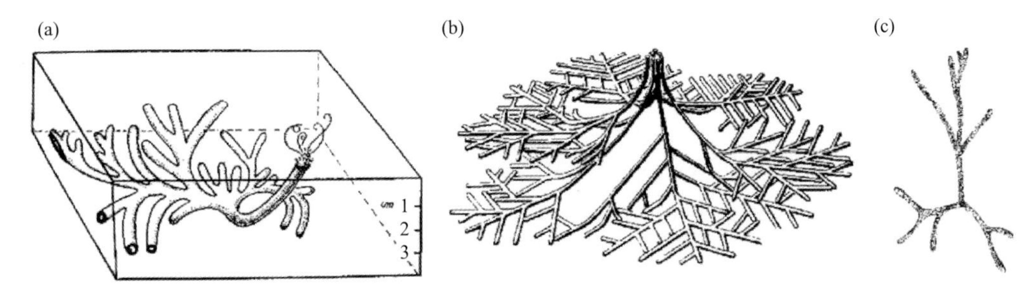

图 5.32　不同形态的 *Chondrites*。(a)据 Tauber(1949)，经奥地利地质调查局许可重新出版；(b)据 Simpson(1956)；(c)据 Staub(1899)

遗迹分类学：*Chondrites* 形态广泛，已建立了150种遗迹种。在修订了 *Chondrites* 遗迹属之后，Fu(1991)总结只有四个遗迹种是有效的(*C. targionii*，*C. Descendius*，*C. patulus* 和 *C. recurvus*；图5.33、图5.34)，尽管这种观点仍然存在争论(Uchman，1999)，追加的遗迹种被随后引入。

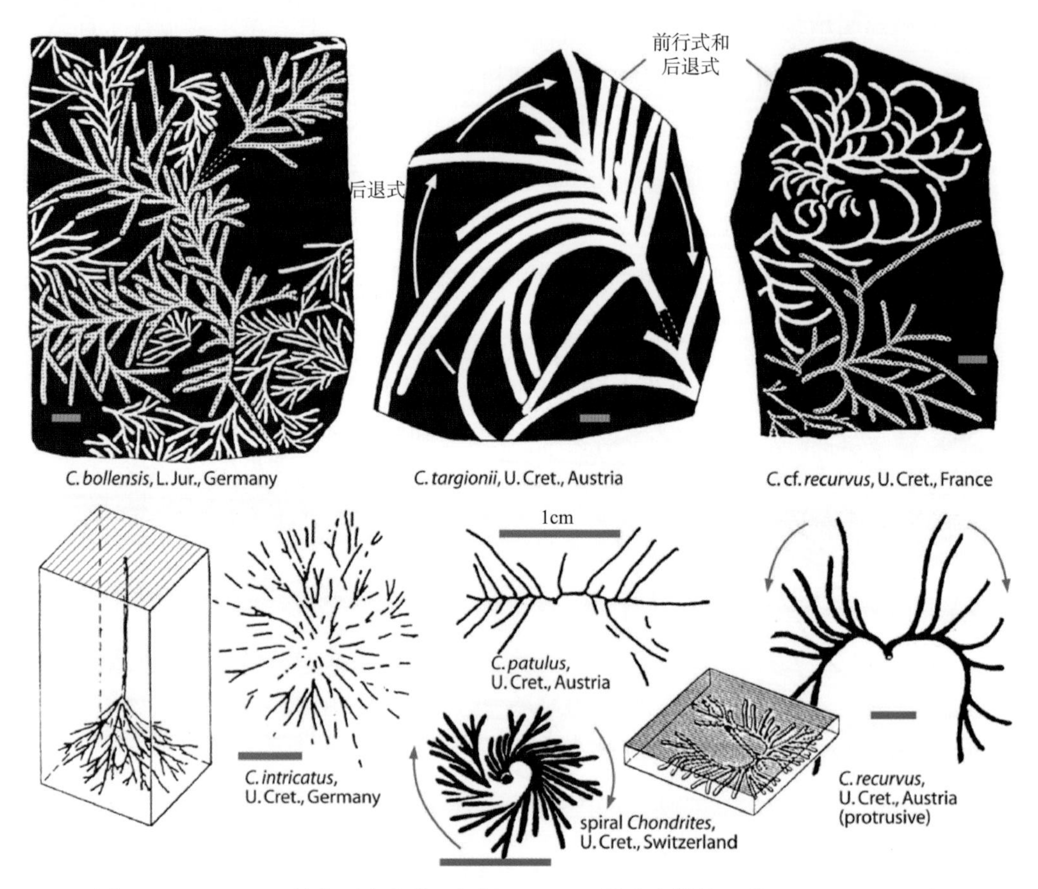

图5.33　*Chondrites* 的典型遗迹种，包括 Fu(1991)认为有效的四种。*C. bollensis* 现在被分配到 *Phymatoderma granulata*。据 Seilacher(2007)，经 Springer 许可重新出版

底质：*Chondrites* 优先发育在细粒软底，未经压实的标本表明其偶尔也出现在相对粘性的底质。*Chondrites* 产于硅质碎屑沉积(如泥岩，泥灰岩和砂岩)和碳酸盐岩(包括泥屑石灰岩和白垩)。

岩芯中的形貌：岩芯切片上 *Chondrites* 呈现直径相似的潜穴群。一些潜穴以锐角显示典型的分支。单个潜穴的截面的方向，可见圆形(横切面)、椭圆形(倾斜切面)和拉长(纵向切面)图形[图5.35；也可参见图5.50(a)、图5.121(a)和图5.161(f)]。近水平潜穴方向最常见。在复合遗迹组构中，*Chondrites* 占据最深的阶层，而横切原先的遗迹，如 *Zoophycos*，*Phycosiphon* 和 *Thalassinoides*[Ekdale 和 Bromley，1991；图3.1(b)]，尽管在现代沉积物中 *Thalassinoides* 和 *Zoophycos* 的可穿透的深度超过 *Chondrites*。由于这种关系，

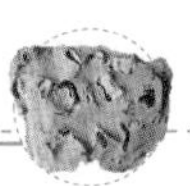

*Chondrites*经常发育在先前存在的潜穴中(*Thalassinoides*, *Zoophycos*, *Planolites*), 造迹生物已再次挖穴。

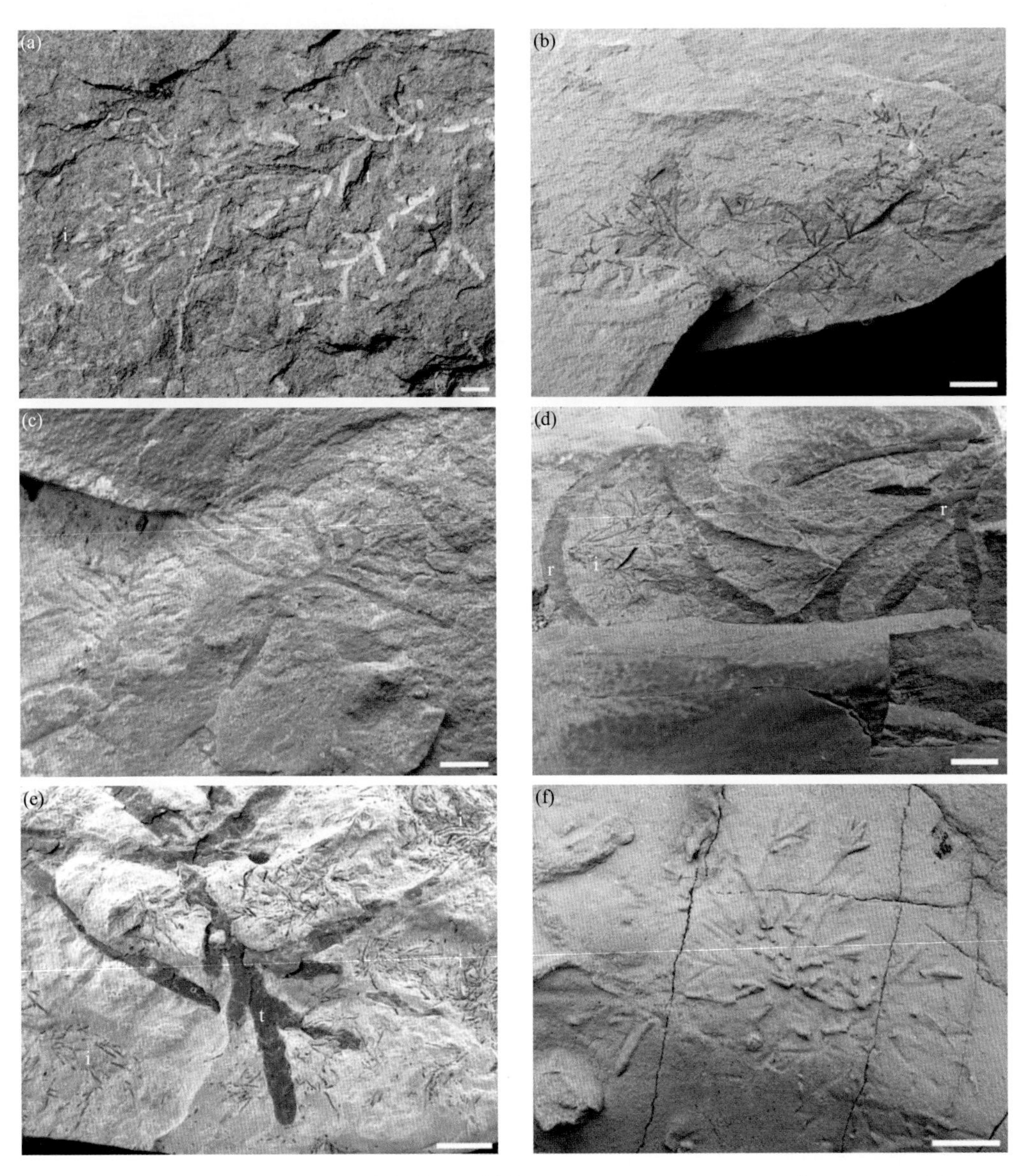

图 5.34　露头上的 *Chondrites* 遗迹种。比例尺 = 1cm。(a) *C. intricatus*(*i*)和 *C. targionii*(*t*)。Hamrat Duri 群(深海)的三叠纪部分, Hajar 山脉, 阿曼。(b) *C. Intricatus*。白垩纪泥灰岩(复理石), Ligurian Alps(Albenga 以东), 意大利北部。(c) *C. patulus*。与(b)中的位置相同。(d) *C. intricatus*(*i*)和 *C. recurvus*(*r*)。与(b)中的位置相同。(e) *C. intricatus*(*i*)和 *C. targionii*(*t*)。白垩纪泥灰岩(复理石), Salzburg Alps (Muntigl), 奥地利。科尔柏林国家博物馆。图片由 Beate Witzel(柏林)提供。(f) *C. intricatus*。中三叠统(Anisian 期)石灰岩(浅海), 德国西部 Trier 附近的 Udelfangen 组

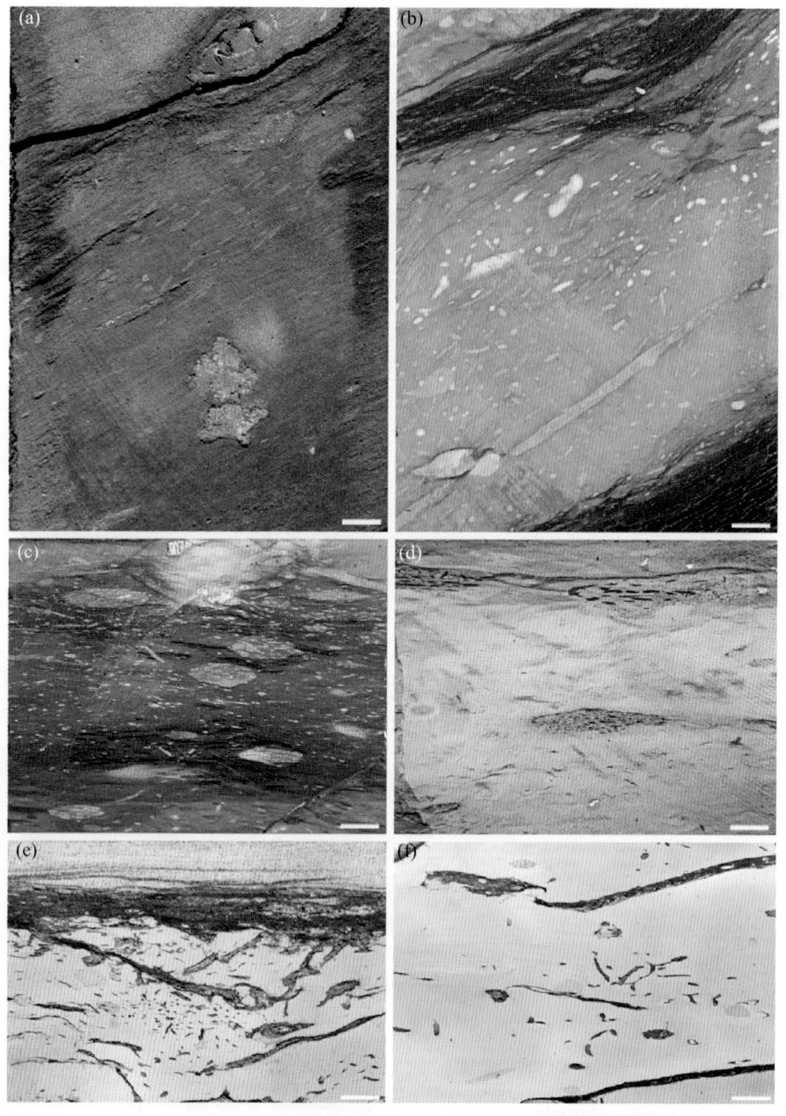

图 5.35　剖分岩芯中的 *Chondrites*。比例尺 = 1cm。(a)深灰色纹层状泥岩，砂质充填的 *Chondrites* 是仅有的遗迹化石，还有黄铁矿结核。注意一些潜穴以锐角分叉。中侏罗统(Callovian 阶)Vestland 群(浅海，局限盆地)，挪威北海 Johan Sverdrup 油田(16/2 – 16AT2 井，约 2341.5m)。(b)含不同大小 *Chondrites* 的泥灰岩，横切 *Zoophycos* 蹼状构造(下半部分)。下白垩统(Berriasian 阶)Åsgard 组(碳酸盐岩陆架)，挪威北海 Sverdrup 油田(16/2 – 11A 井，约 2169.5m)。(c)泥灰岩(轻微断裂)，含大小不同等级的 *Chondrites*，其中一些仅限于大型 *Thalassinoides* 和 *Zoophycos* 潜穴的沉积物充填。下白垩统(Berriasian 阶)Åsgard 组(碳酸盐岩陆架)，挪威北海 Johan Sverdrup 油田(16/5 – 2S 井，约 1946m)。(d)泥灰岩，生物扰动彻底，显示出不清晰的 *Zoophycos* 蹼状构造潜穴，其中一些被不同大小等级的 *Chondrites* 强烈生物扰动。注意 *Chondrites* 的深灰色泥充填。下白垩统(Berriasian 阶)Åsgard 组(碳酸盐岩陆架)，挪威北海 Johan Sverdrup 油田(16/5 – 2S 井，约 1948.5m)。(e)白垩含 *Zoophycos – Chondrites* 遗迹组构，由表面定殖、条纹状的 *Zoophycos* 蹼足潜穴和斑点状 *Chondrites* 构成。上白垩统 Shetland 群(碳酸盐岩陆架，异地)，挪威北海 Oseberg 油田(30/9 – B – 46A 井，约 3362.5m)。(f)如(e)所示，详细视图

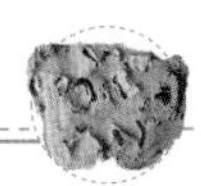

相似的遗迹化石：*Chondrites* 种属包含一些以前被认为是 *Chondrites* 遗迹属的遗迹分类单元，但由于形态不同现在被排除在外。在岩芯里，那些分类单元可能很容易与严格意义上的 *Chondrites* 相混淆。它们包括不规则的缠绕和二歧式分叉 *Pilichnus*（Uchman，1999）；放射状遗迹化石 *Skolichnus*（Uchman，2010）；和根状遗迹化石 *Pragichnus*（Chlupáč，1987）（Mikuláš，1997；图 5.36）。水平分支廊道充填粪球粒偶尔包含在 *Chondrites* 中（Kotake，1991），但其归于 *Phymatoderma* 遗迹属（Fu，1991；Miller，2011；Izumi，2012；图 5.37）。枝状遗迹化石 *Hartsellea*（Rindsberg，1994）是另一个易混淆的对象，但与 *Chondrites* 不同的是，它向上分叉并有衬壁。*Rutichnus*（D'Alessandro 等，1987）的分叉方式与 *Chondrites* 相似，但衬壁厚且有回填构造和粗糙外壁。*Planolites* 是一种常见的遗迹化石，具有水平排列、主动充填和无衬壁的特点，因此可能与岩芯截面上的 *Chondrites* 混淆，与之不同的是它的无分支性质。最后，*Virgaichnus* 复杂的三维不规则潜穴系统与 *Chondrites* 有相似之处，不同之处在于不规则程度较高，变化的潜穴直径和被动充填（Knaust，2010a）。

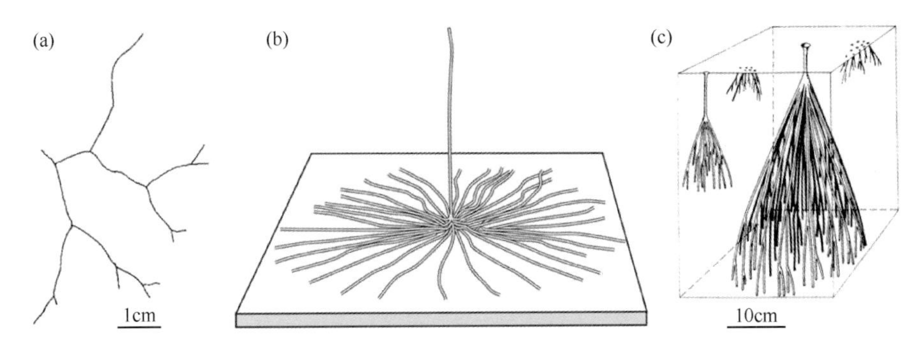

图 5.36　包含 *Chondrites* 类群遗迹属的示意图（*Chondrites* 除外）。（a）*Pilichnus dichotomus*（平面视图），据 Uchman（1999）。（b）*Skolichnus hoernesii*，据 Uchman（2010），经 Elsevier 许可重新出版；通过版权许可中心公司传达许可。（c）*Pragichnus fascis*，据 Mikuláš（1997），经 Schweizerbart 许可重新出版（www.schweizerbart.de/journals/njgpa）

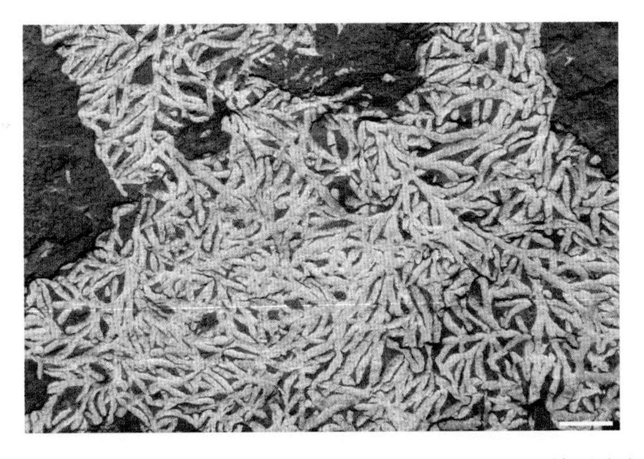

图 5.37　*Phymatoderma granulata*，起初归于"*Chondrites bollensis*"，其形态与 *Chondrites* 一致，但与之不同的是其内部粪球粒组分。下侏罗统（Toarcian 阶）黑色页岩（层理面），德国南部 Holzmaden。苏黎世大学科尔生物研究所和博物馆

造迹生物：*Chondrites* 是一种多种类和多成因的遗迹化石，有许多遗迹种，反映其广泛的形态变异。潜穴建造本身仍然相对简单，只包含几个重要的特征。因此，加上它的广泛的年代和环境，很可能有不同群体的动物是 *Chondrites* 的造迹生物。Annelids 环节动物（如 polychaetes 多毛虫类；Tauber，1949；Hertweck 等，2007）和 sipunculans（Simpson，1956）。与蠕形状的生物同源，已知一些双壳类动物的前足和侧足在沉积物中可建造类似于 *Chondrites* 的潜穴（Dando 和 Southward，1986；Seilacher，1990、2007；Fu，1991；Dufour 和 Feldbeck，2003），它们与化学共生体一起茁壮成长（如 thyasirid 和 lucinid 双壳类）

行为学：由于其广泛的形态变异性，*Chondrites* 带来了不同的行为模型（图 5.38）。最常用的是对地下沉积物进食行为的解释（Osgood，1970，尽管其他模式包括食悬浮沉积物（Tauber，1949）、食海底碎屑（Simpson，1956）和化学共生（Seilacher，1990、2007；Fu，1991）。

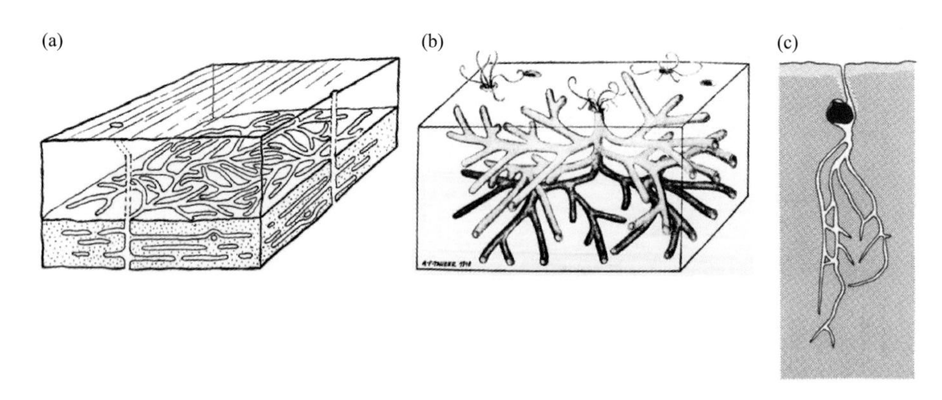

图 5.38　*Chondrites* 行为和造迹生物的不同解释。（a）蠕形动物在沉积物中的进食系统（fodinichnion 进食迹）。据 Richter（1931），经 chweizerbart 许可再版（www. schweizerbart. de/home/senckenberg）。（b）食悬浮沉积物的环节动物居住迹（domichnion 居住迹）。据 Tauber（1949），经奥地利地质调查局许可重新出版。（c）双壳类 *Thyasira flexuosa* 的化学共生，借助于可伸展的蠕形足。据 Dando 和 Southward（1986），© 海洋生物协会，剑桥大学出版，经许可转载

沉积环境：许多案例研究结果表明，*Chondrites* 可以作为贫氧（介于无氧和有氧之间）环境的一个很好指示标志，沉积盆地底部和孔隙水中的溶解氧界于 0.2 ~ 1mL/L 之间（Bromley 和 Ekdale，1984；Savrda 和 Bottjer，1991；Martin，2004）。在现有的模型，如 Savrda 和 Bottjer（1991）开发的一个，含氧量减少与遗迹歧异度降低如影随形，*Chondrites* 似乎是厌氧环境前最后的遗迹化石，表现为纹层，有机质含量高，硫化物矿化，与潜穴尺寸减小和生物扰动深度变浅相符。这种情况经常发生发现于深海环境（如盆地平原，海底扇），那里经常报道有 *Chondrites*。然而，停滞状态也会发生在陆架（如小型盆地）和近岸局限盆地（如河口湾、潟湖、港湾等）。事实上 *Chondrites* 的造迹生物容忍沉积物低氧含量，导致其在海侵沉积中频繁出现，尤其与最大海泛期间相关。

遗迹相：尽管 *Chondrites* 被视为穿相的遗迹化石，其文献记载最广泛分布于深海（复理

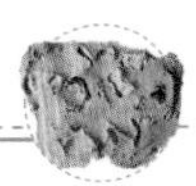

石)沉积物，属于 *Nereites* 遗迹相。

年代： *Chondrites* 是从寒武纪(Webby，1984)至全新世(Wetzel，1981、2008)常见的遗迹化石，广泛分布于白垩纪至古近纪阿尔卑斯山复理石，最初被描述为植物化石(Fu，1991)。

储层质量： Tonkin 等(2010)对纽芬兰附近白垩纪 Ben Nevis 组储层的案例研究发现，富泥岩相的 *Chondrites* 具有降低渗透率的效应。然而其他案例注意到，*Chondrites* 的存在对孔隙度和渗透率有积极影响，主要原因是砂质材料引入以泥质为主的岩相，从而增加了非均质性。这可能对页岩油气藏性能特别重要(Schieber，1999、2003；Bednarz 和 McIlroy，2015；图 5.39)。

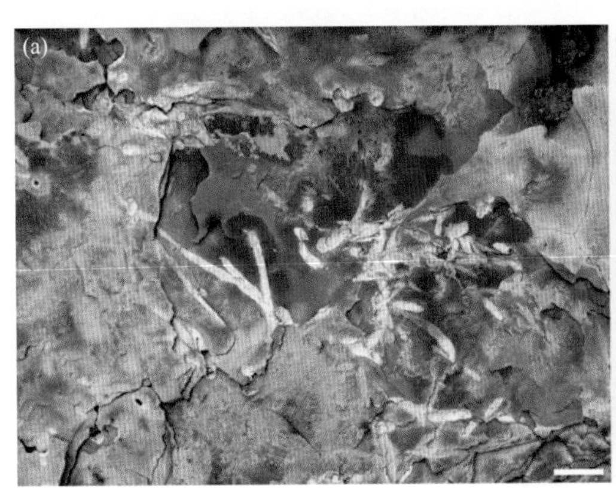

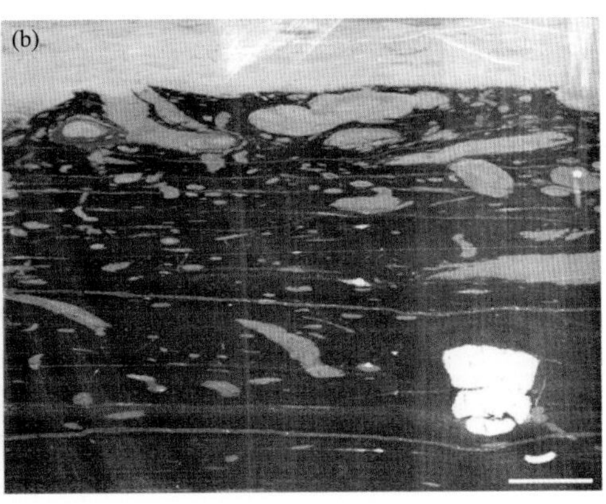

图 5.39　北美泥盆纪页岩中的 *Chondrites*。比例尺 = 1cm。(a)黑色页岩中的 *Chondrites*(露头，层理面)，充填了上覆灰色页岩层的沉积物。肯塔基州 Clay 城上泥盆统(Famennian 阶)Huron 页岩。(b)垂直岩芯截面中的黑色层状页岩，上覆灰色页岩层，*Chondrites* 和 *Zoophycos* 从这里穿透下伏底质。图片右下角的大亮点是黄铁矿结核。伊利诺伊盆地上泥盆统 New Albany 页岩，57 号岩芯

5.9　*Conichnus* Männil，1966

形态、充填物和大小： *Conichnus* 是一种相对较大的锥形洞穴，具有亚圆形横截面和近垂直取向。其内部物质主要被动充填，可能存在沿着潜穴壁的薄衬壁(Frey 和 Howard，1981；Pemberton 等 1988；图 5.40、图 5.41 和图 5.42)。*Conichnus* 可以与内部的下凸(人字形)结构有关(取决于造迹生物的调整)，也可以位于这样的结构之上(平衡轨迹)。潜穴深度通常在几厘米到几分米之间。

遗迹学分类： *C. conicus* 是 *Conichnus* 最常见遗迹种。Nielsen 等(1996)发现了丹麦 Bornholm 白垩纪的 *C. conosius*，其在下部锥形潜穴上方具有一个碟形凹陷。此外，Chen 等(2005)介绍了尚存疑问的 *C. wudangensis*，产自中国泥盆纪。*C. conicus* 包含的 *Amphorichnus papillatus*(Frey 和 Howard，1981)仍然存在争议，其因双耳状外形、特征性的顶端乳头状突起而与 *C. conicus* 不同(Männil，1966；Dronov 等，2005)。

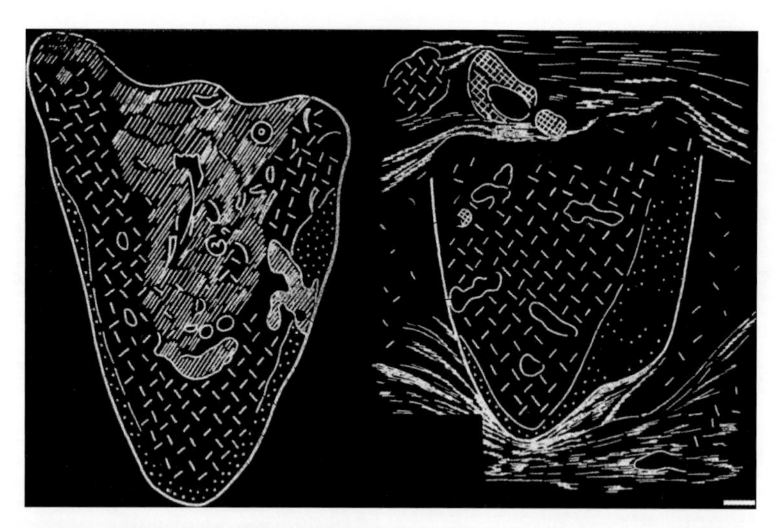

图 5.40 *Conichnus conicus* 典型标本的垂直剖面图，具有被动充填，产自爱沙尼亚奥陶系。1 细碎屑物质，主要是有机成因的。2 相同的，相对粗。3 细粒石灰岩。4 泥灰岩，含薄页理。5“沥青”石灰岩。6 不同生物的骨骼碎片。引自 Männil(1966)，经莫斯科 Borissiak 古生物研究所许可再版。比例尺 = 约 1cm

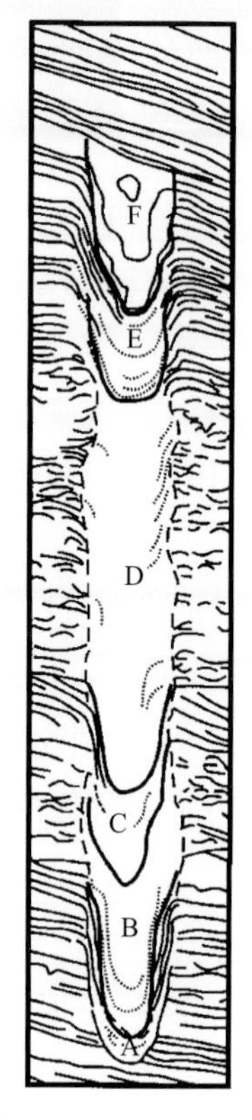

图 5.41 垂向延伸的 *Conichnus* 标本，产自美国阿拉巴马州上白垩统砂岩。粗体线条和字母勾勒出挖洞段。潜穴宽度约 15cm。引自 Savrda(2002)，经出版商许可转载（Taylor&Francis Ltd.，http：//www. tandfonline. com）

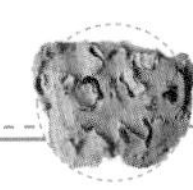

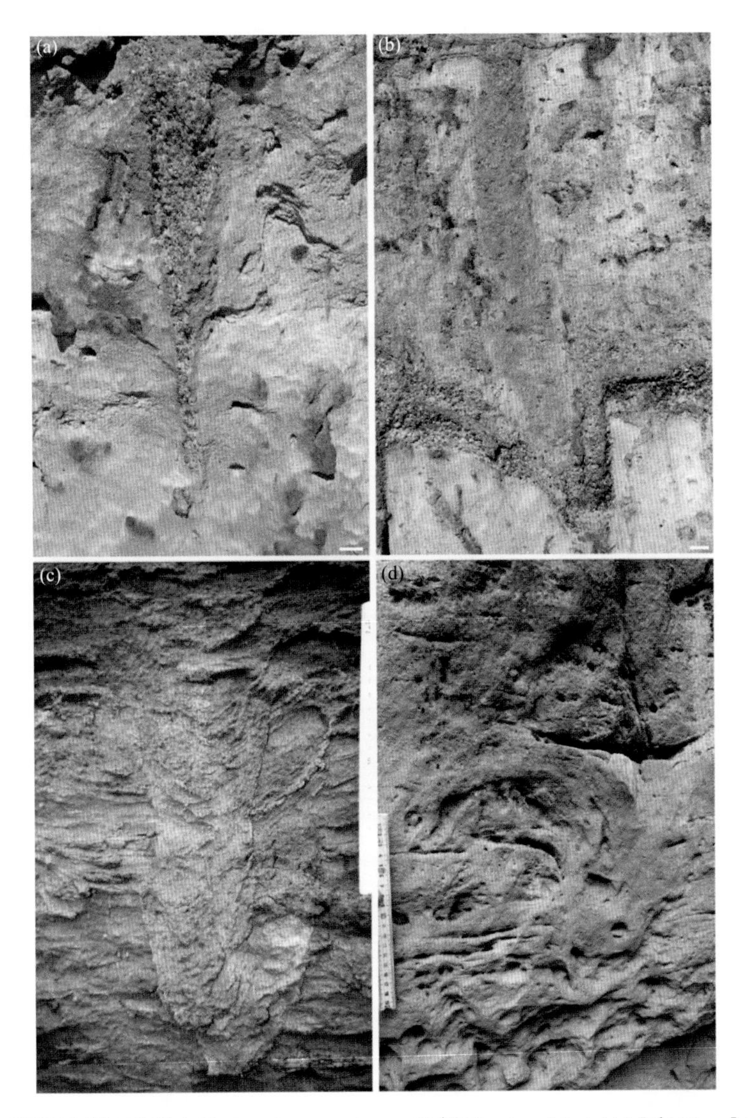

图 5.42 浅海(近岸)砂岩中的 *Conichnus conicus*。比例尺 = 1cm[(a)(b)]和 22cm[(c)(d)]。(a)(b)白垩系(Berriasian 阶)Robbedale 组，丹麦 Bornholm Arnager Bay。注意与最下面潜穴部分相关的变形粗砂层。(c)下中新统 Chenque 组，阿根廷 Patagonia Santa Cruz。注意由于造迹生物的小幅调整，几个样品在顶部重叠。*C. conicus* 以 *Macaronichnus segregatis* 重新掘穴。这个遗迹像放射状摄食遗迹，类似于 *Piscichnus waitemata*，Carmona 等(2008)对此进行了初步解释。(d)上白垩统(Campanian 阶)Neslen 组，美国科罗拉多州 Book Cliffs 的 East Canyon。

底质： *Conichnus* 是硅质碎屑和碳酸盐岩的沙质基底(松散底层)特有的遗迹化石。

岩芯外观： 由于尺寸相对大，*Conichnus* 标本很少在岩芯样品中完整显示。近垂直的洞穴显示出典型的塞状形态(图 5.43)。潜穴的长度/直径比例相对较高(约为 3∶1 ~ 10∶1 或更高)，与沉积物堆积期间动物造迹生物向上运动（调整）有关。*Conichnus* 潜穴内部通常显示向下偏转的薄层，形成人字形外观。这样的结构也可以出现在实际 *Conichnus* 的下部，是造迹生物垂向调整的响应。此外，某些横向相邻部分的沉积物可能受到造迹生物活动的影响，因此显示出向下偏转的薄层、铲状断层或崩塌的沉积物。*Conichnus* 的充填物可以在不同程度上被重新掘穴。

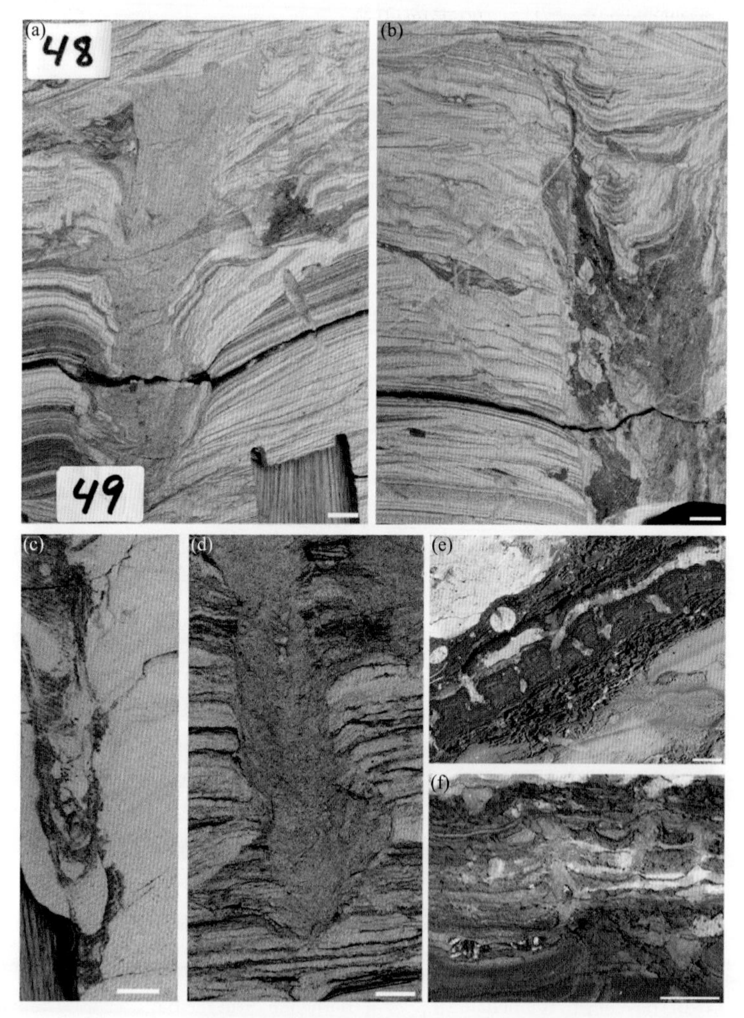

图 5.43　剖切岩芯中的 *Conichnus*。比例尺 = 1cm。(a) ~ (c) 下至中侏罗统（（Toarcian – Aalenian 阶）Ile 组（潮控三角洲），挪威海 Njord 油田（6407/10 – 2 井）。全部标本显示出与潜穴形成过程相关的明显软沉积物变形。(a) 约 3456.8m，(b) 约 3455.4m，(c) 约 3685.7m。(d) 上白垩统（Campanian 阶）Neslen 组（下三角洲平原），美国科罗拉多州 Book Cliffs 的 East Canyon，约 75.6 ft。e，f 下白垩统（Berriasian 阶）Åsgard 组（碳酸盐陆架），挪威北海 Johan Sverdrup 油田。这个相对较小的潜穴位于薄薄的生物层中。(e) 16/2 – 11A 井，约 2175.5m；(f) 16/2 – 21 井，约 1930.5m

相似的遗迹化石：正如 Buck 和 Goldring（2003）指出的，*Conichnus* 可能与锥形生物构造不同性质的沉积构造混淆，如沙子塌陷进一个洞，生物的逃逸和平衡遗迹，有机体挖掘的生物变形（图 5.44）。此外，流体溢出结构也可以类似于 *Conichnus*。*Conostichus* 像 *Conichnus*，但其有装饰的衬壁，遗憾的是很难在岩芯切片上看到。具有内部向下变形的

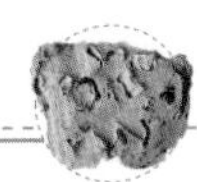

Conichnus 切片标本，可能类似于 *Diplocraterion*，大小大致相同。不过 *Diplocraterion* 由蹼状构造和边缘潜穴构成，偶尔伴随粪球粒。假如大型蹼状构造的潜穴（如 *Teichichnus*）的上部被侵蚀掉了，其下部后退的潜穴部分可能像 *Conichnus*。甚至四足动物的脚印（例如恐龙）也可能产生类似变形 *Conichnus* 的表面印迹。

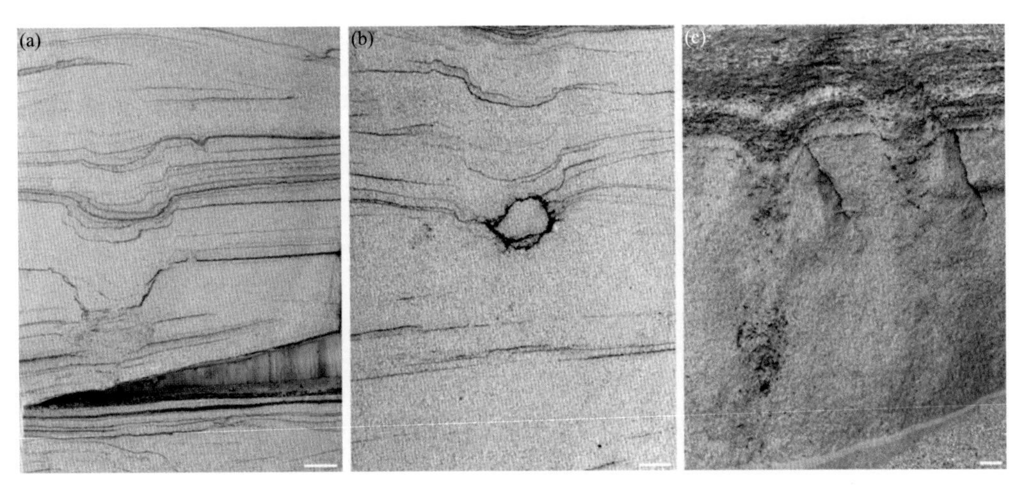

图 5.44 *Conichnus* 状沉积构造和遗迹。比例尺 =1cm。(a)(b) 剖切岩芯上的 *Ophiomorpha* 潜穴管上的的沉积坍塌构造。中侏罗统 Hugin 组（边缘海，潮汐影响），15/9－8 井（Sleipner 油田，约 3483.5m，3481.3m）。(c) 潜穴的下部显示出后退型的蹼状构造。中侏罗统砂岩，英国苏格兰 Brora 地区的海岸露头

造迹生物：根据现代的类比，*Conichnus* 可以被认为是海葵（Actiniaria）活动的产物（Schäfer，1962；Shinn，1968；Frey 和 Howard，1981；Frey 和 Howard 等，2008；图 5.45、图 5.46 和图 5.47），其他更少一点的是双壳类（Gingras 等，2008）。

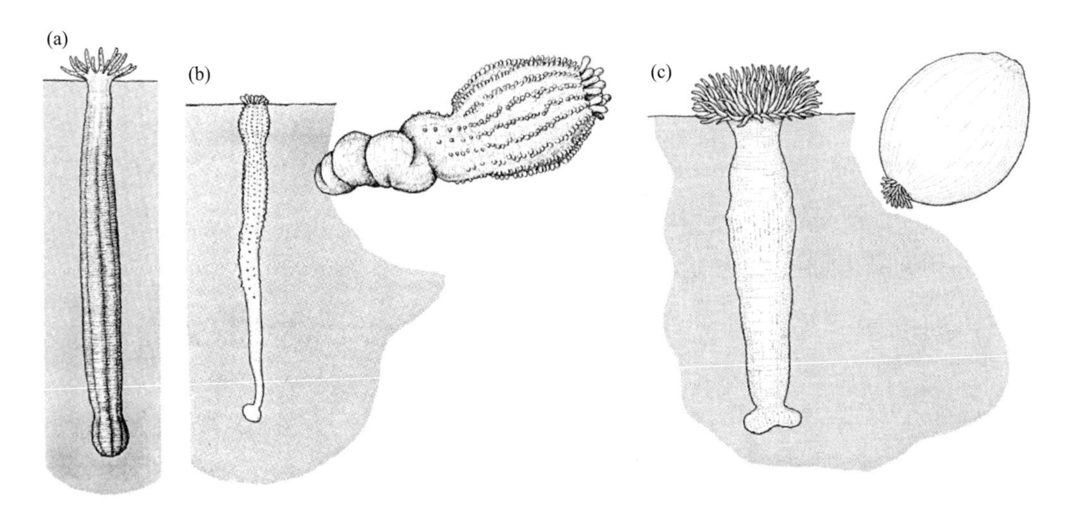

图 5.45 潜穴内的现代海葵示意图，产于美国东南大西洋海岸。据 Ruppert 和 Fox（1988）。(a) *Edwardsia elegans* 的一个扩展标本，产于泥质沙坪。(b) *Haloclava producta*。(c) 海葱 *Paranthus rapiformis*

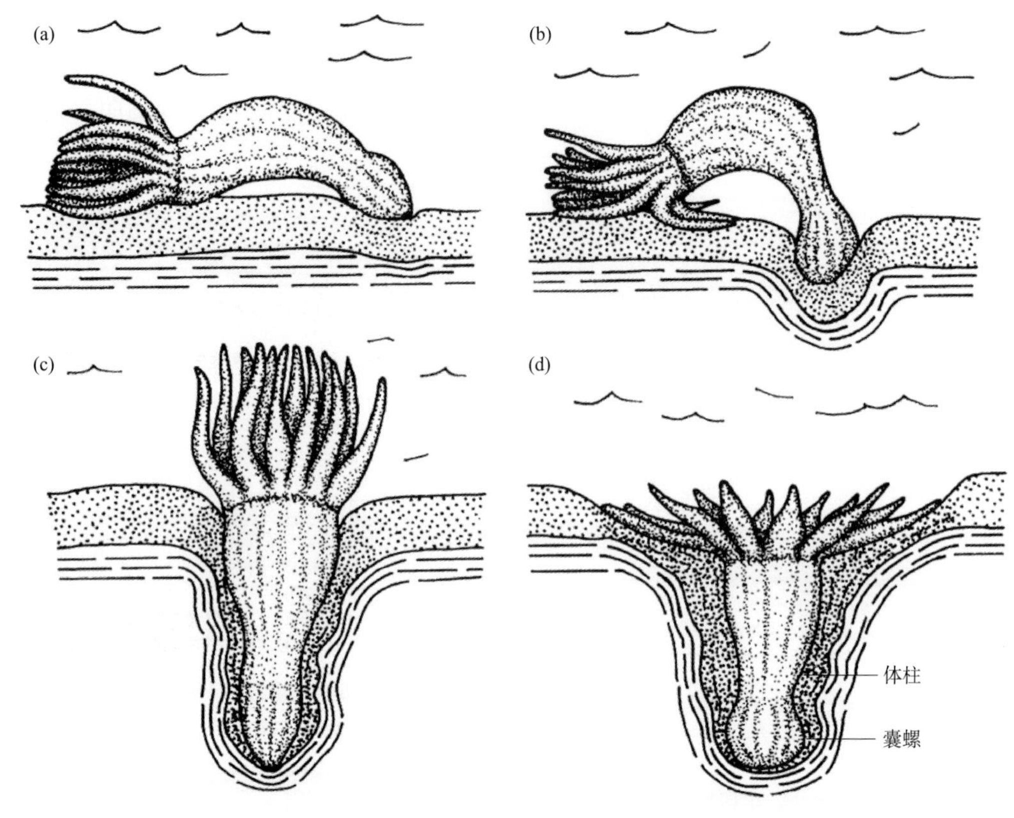

图 5.46　遗迹化石 *Conostichus* 的发育，类似于 *Conichus*。(a) 在地表掘穴的海葵。(b) Physa 依赖体重钻入底质，然后把它的身体拉进去。(c) 体柱（scapus）在沉积物中扩张，收缩气囊深陷其中。d 海葵在适当的地方扩大气囊附着。引自 Chamberlain（1971），© 古生物学会，剑桥大学出版社出版，经许可转载

行为学：*Conichnus* 居住迹通常来自海葵的居住活动，伴随着动物位置的调整以跟上基板厚度的转变（图 5.41）。后一个过程可能可造成与 *Conichnus* 有关的均衡遗迹。

沉积环境：*Conichnus* 是近岸至浅海高能沉积环境常见的一种元素，具有高沉积物供给和频繁移动基质的特点（Abad 等，2006）。*Conichnus* 也发生在潮间带到浅潮下带环境中（例如潮坪、河口；Curran 和 Frey，1977），与沙纹、沙丘和巨波痕（Shinn，1968；Savrda，2002）还有洪水潮汐三角洲、潟湖相关（Mata 等，2012）。

遗迹相：*Conichnus* 是 *Skolithos* 遗迹相的组成部分。

年代：珊瑚虫建造的 *Conichnus* 等遗迹化石出现于早寒武世（Pacześna，2010；Mata 等，2012）至全新世（Gingras 等，2008）。

储层质量：考虑到其相对较大的规模和被动式（砂）充填，*Conichnus* 深层穿透可能有助于增加净储层分布和垂直连通性。

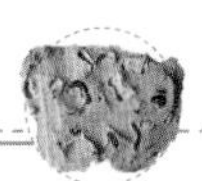

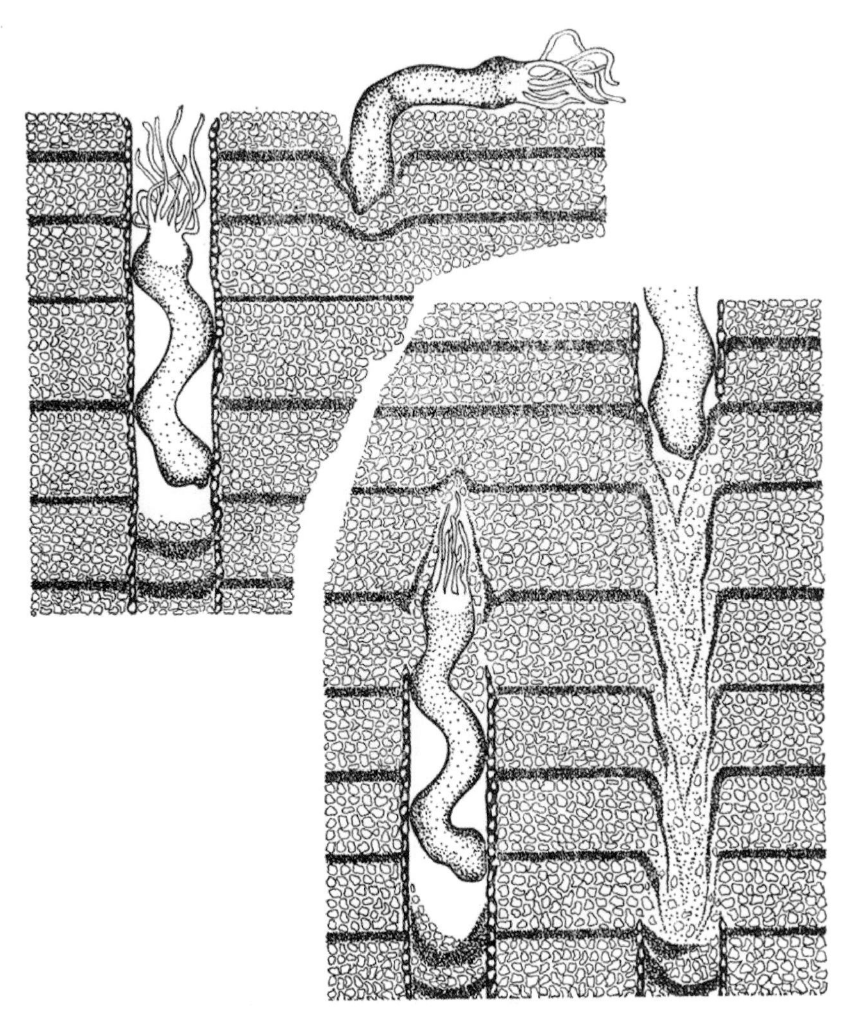

图 5.47　现代海葵 *Cerianthus* 建造 *Conichnus* 状潜穴。左侧住宅结构，壁上有黏液和沉淀物在下面充填。第二种动物从沉积物表面钻入。右侧沉积物埋藏动物的平衡轨迹，向沉积物表面移动时调整其洞穴。引自 Schäfer（1962），经 Schweizerbart 许可重新出版（www. schweizerbart. de/home/senckenberg）

5. 10　*Cylindrichnus* Toots in Howard，1966

形态、充填物和大小： *Cylindrichnus* 最初发现于油气丰富的 Western Interior 盆地（美国），包括弓形到宽 U 形的潜穴，带有被动充填和同心衬壁（图 5. 48）。*Cylindrichnus* 通常是不分枝的，尽管也有分支记录（如 *C. candelabrus*，Głuszek，1998）。开挖的潜穴孔可稍微扩大以形成漏斗状入口，或可能被限制。*Cylindrichnus* 直径在一厘米或更小的范围内，潜穴可能达到几厘米到分米的长度，垂向延伸几厘米。

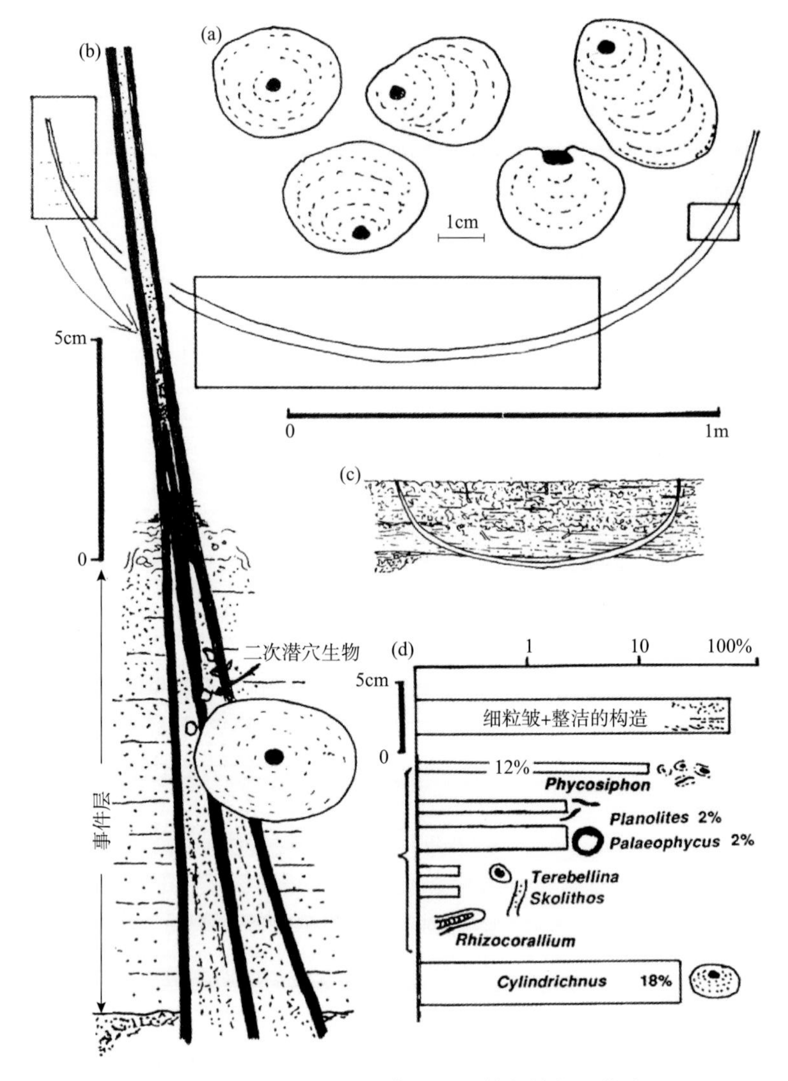

图 5.48 *Cylindrichnus concentricus*（弓形潜穴）及其充填物（摘自 Goldring 1996）。
（a）五个潜穴的典型横截面。（b）重建一个浅的弓形潜穴，收缩颈部孔径（放大），
向下延伸到洞穴的主要部分。（c）重建一个完整的潜穴。（d）遗迹组分图，从含层段构建得来

遗迹学分类：在一些关于 *Cylindrichnus* 的遗迹学位置的争论之后（Goldring，1996），其现在被视为有效的遗迹属（Ekdale 和 Harding，2015）。*C. concentricus* 是其典型的遗迹种（图 5.49）。*C. japonicus*（Shuto 和 Shiraishi，1979），*C. pustulosus*（Frey 和 Bromley，1985），*C. erras*（D'Alessandro 和 Bromley，1986），*C. operosus*（Orłowski，1989），*C. candelabrus*（Głuszek，1998）和 *C. helix*（de Gibert 等，2006）随后被引入。但 *C. hollowus*（Nilsen 和 Kerr，1978）依旧名称为定。

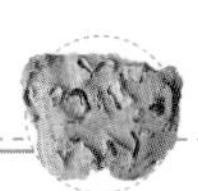

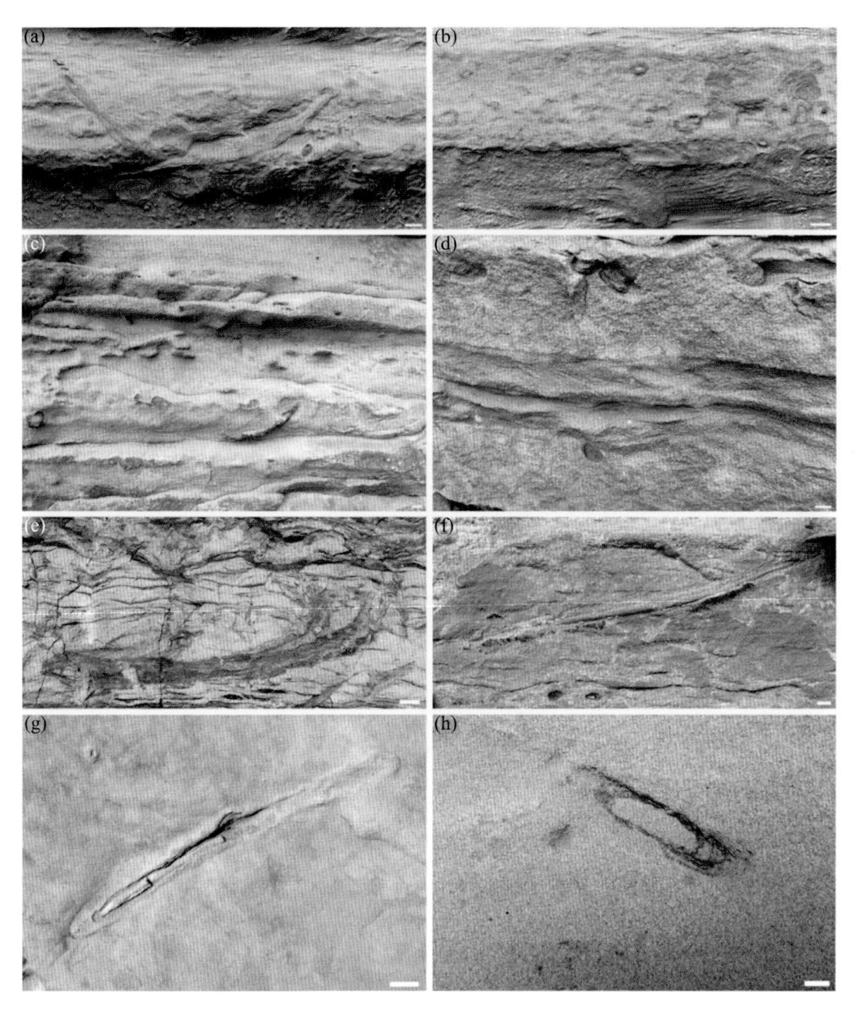

图 5.49 露头上的 *Cylindrichnus concentricus*。比例尺 = 1cm。(a) 交错层理砂岩有纵截面呈弓形的潜穴，许多斜截面和横截面。中新世 Mount Messenger 组（深海，漫滩），新西兰北岛 Taranaki 半岛海崖。(b) 交错层理砂岩有许多钱穴横截面。与 (a) 位置相同。(c) 交错层理砂岩，有许多弓形潜穴显示在不同截面，由于褐色铁质侵染加强了显示。始新世 Battfjellet 组（三角洲），斯瓦尔巴群岛 Brongniart Fjellet。(d) 顶面有潜穴穿透的砂岩层（主要是斜截面和横截面），中间是纵截面。后者的轻微划痕表明部分坚实的地面条件，表明其过渡到 *Glyphichnus*。与 (c) 中的位置相同。(e) 杂砂岩具有厚的泥质衬壁和分支潜穴。Campanian Neslen 组（边缘海），美国犹他州 Book Cliffs 的 Jim Canyon。(f) 交错层理砂岩，潜穴具有细长且厚的砂质衬壁。Campanian Sego 地层（潮控的河流三角洲），美国科罗拉多州 Book Cliffs 的 San Arroyo。G 砂岩层面显示弓形潜穴的下部。Campanian Sego 地层（潮控的河流三角洲），美国科罗拉多州 Book Cliffs。(h) 具有倾斜潜穴截面的砂岩。与 (g) 中的位置相同

底质：*C. concentricus* 是硅质碎屑沉积岩中常见的元素，出现在深层位置，通常与砂质基底有关［Goldring，1996；图 5.50 (a)～(c)，(f)～(h)］。也出现在碳酸盐岩中，包括白垩［Frey 和 Bromley，1985；Goldring 等，2005；Knaust，2009a；图 5.50 (d)(e)］。*Cylindrichnus* 建在软底沉积物中，但可以显示向硬底潜穴的过渡，如 *Glyphichnus*（Goldring 等，2002）。

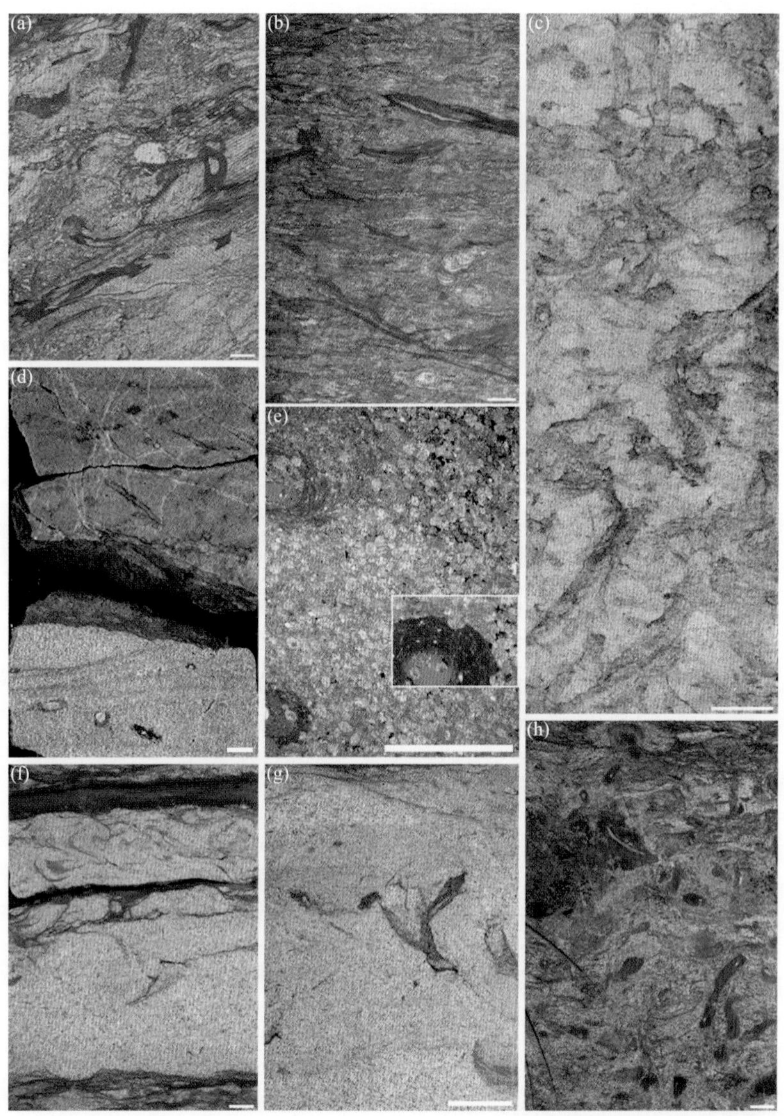

图5.50 剖分岩芯中的*Cylindrichnus*。比例尺 =1cm。(a) 高度生物扰动的杂砂岩，导致一种由*Cylindrichnus*叠加*Chondrites*的遗迹组构。中侏罗统（Bathonian – Oxfordian 阶）Hugin 组（局限下临滨），挪威北海 Gina Krog 油田（15/5 –7 井，约 3908.5m）。(b) 粉砂质砂岩，有几个纵截面呈弓形的潜穴。早侏罗统（Pliensbachian-Toarcian 阶）Ror 组（远滨），挪威海 Lavrans Discovery（6406/2 –1 井，约 4853.1m）。(c) 多个潜穴相互重叠的遗迹组构。古新统 Grumantbyen 组（下临滨到远滨过渡），斯瓦尔巴特 Sysselmannbren well（BH 10 –2008 井，约 825.5m）。(d) 交错层里鲕粒石灰岩（粒状灰岩和泥粒灰岩）中的*Cylindrichnus*。上二叠统 Khuff 组（风暴改造的沙滩和沙波，内到外碳酸盐岩缓坡），伊朗波斯湾 South Pars 油田（SP9 井，约 3173.9m）。引自 Knaust（2009a），经 GulfPetroLink 公司许可转载。(e) (d) 的薄片显示*Cylindrichnus*横截面和很厚的泥质衬里。(f) 杂岩砂岩含*Cylindrichnus*潜穴（部分有漏斗状的孔）长在几个定殖表面。上侏罗统（Oxfordian 阶）Heather 组（陆架浊积岩），挪威北海 Fram 油田（35/11 –11 井，约 2715.5m）。(g) 具有漏斗状潜穴孔的砂岩。始新世 Battfjellet 地层（三角洲），Svalbard 的 Sysselmannbreen well（BH 10 –2008 井）。(h) 有许多*Cylindrichnus*改造部分的砂岩。由于在改造前沿小间断面的早期菱铁矿成岩胶结作用，这些遗迹碎屑变得有抵抗力。中侏罗统（Bathonian – Oxfordian 阶）Hugin 组（滨面），挪威北海 Sleipner Vest 油田，（15/9 –5 井，约 3554m）

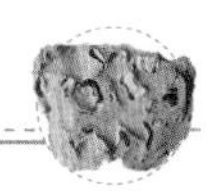

岩芯外观：受岩芯样本尺寸所限，只有部分 *Cylindrichnus* 潜穴暴露出来［图 5.50，另见图 4.3 和图 5.129（a）（e）］。整个弓形洞穴的漏斗形开口是 *Cylindrichnus* 常见的特征，继而在较深的部分逐渐变细和倾斜管道。这些潜穴部分的垂向剖面呈 V 形构造，由一个陡倾斜的被动式充填的中心管组成，以细粒沉积物充填为主、向上增厚的衬壁包围。最频繁的是通过潜穴系统的随机横截面，显示典型的厚衬壁，包着细小的、被动充填的中心－偏心管。潜穴截面集群可能出现在密集的 *Cylindrichnus* 遗迹组构中。

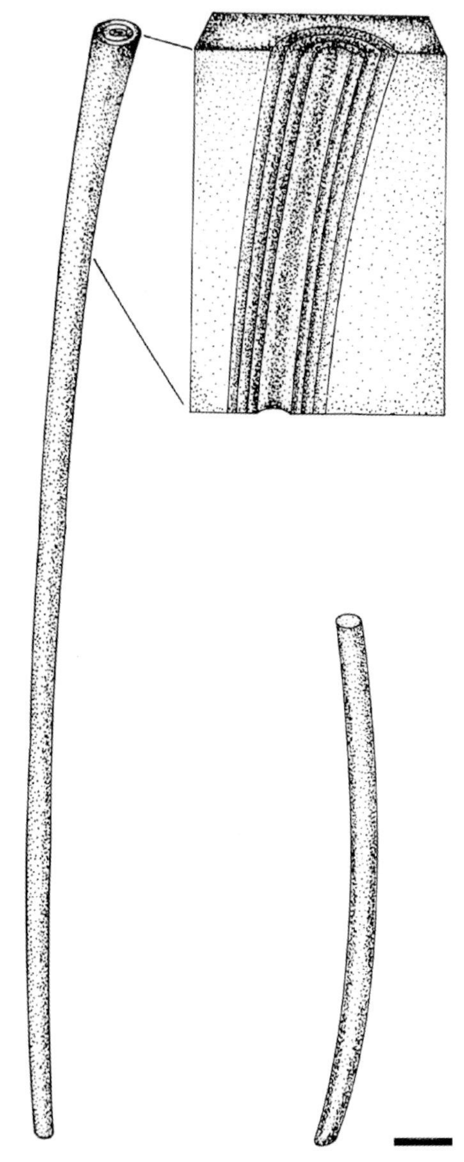

图 5.51 *Cylindrichnus concentricus*（左）和 *Skolithos linearis*（右）。比例尺 = 1cm。据 Howard 和 Frey，再版经加拿大科学出版社许可；通过 Copyright Clearance Center，Inc 传达许可

相似的遗迹化石：*Cylindrichnus* 与少数几种其他遗迹化石（尤其是 *Asterosoma*，*Rosselia* 和 *Artichnus*）共享其内部组分，如包裹被动充填管的厚衬壁。关于 *Cylindrichnus* 是否必须视为最后提到的遗迹属的过渡形式，迄今尚未达成共识。总的来说，*Cylindrichnus* 的弓形结构区别于 *Asterosoma*（具多分枝或水平辐射部分），*Rosselia*（垂直和锥形终端）和 *Artichnus*（厚衬壁，水平为主管腔）。*Cylindrichnus* 的近垂直部分，显示漏斗形的孔，可能会与其他垂直的遗迹化石混淆，如 *Laevicklus*（以前广义的 *Monocraterion*；Stanley 和 Pickerill，1998；Knaust，2015a），而圆柱形潜穴管类似于 *Skolithos*（Frey 和 Howard，1985；图 5.51），或是错认为根迹（Frébourg 等，2010；图 5.50d）。*Cylindrichnus* 可与缺失（间断）面相关，可能显示出与坚硬底面的融合（Goldring 等，2002）。*Catenarichnus*（Bradshaw，2002）与 *Cylindrichnus* 共享整体弓形形态和被动充填物，但仅偶尔会有薄的衬壁。

造迹生物：多毛虫类蠕虫（如 terebellids）是 *Cylindrichnus* 状潜穴很好的造迹生物（Dashtgard 等，2008；Belaústegui 和 de Gibert，2013；图 5.52）。在河口湾环境中，观察到 maldanid polychaetes 多毛虫类在 *Cylindrichnus* 状潜穴里，头向下掘矿，还有头向上摄食悬浮物

和界面沉积物（MacEachern 和 Gingras，2007）。烟囱摄食的海参也生产弓形洞穴，围绕中心管有一层厚的衬壁（Ayranci 和 Dashtgard，2013），类似于 *Artichnus*。

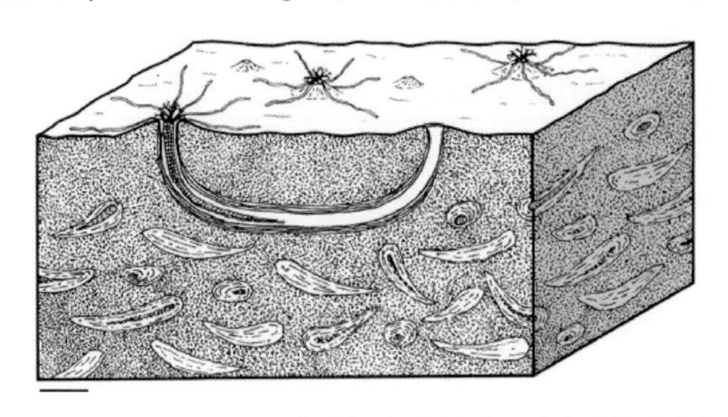

图 5.52 *Cylindrichnus concentricus* 重建示意图，圆腹多毛虫类动物活动产生遗迹组构。比例尺 = 1cm。转载自 Belaústegui 等（2011）。版权所有© 2011 Elsevier Masson SAS

行为学：推测 *Cylindrichnus* 生活在沉积物中（domichnion 居住迹），具有多毛虫类的悬浮摄食方式。

沉积环境：*Cylindrichnus* 优先出现在陆架环境，直达下临滨中—低能区，那里相对于层面多发育水平潜穴和发生略微倾斜的形式（Fürsich，1974a）。此外，这也是一种高能沉积的典型遗迹化石，包括风暴沉积、沙丘和浅滩，垂直和陡倾斜形式占主导地位（Howard，1966；McCarthy，1979；Pemberton 和 Frey，1984；Frey 和 Howard，1985；Frey，1990；Olariu 等，2012）。*Cylindrichnus* 是边缘海和微咸水河口环境的常见的组成部分（侏罗纪和更年轻的时代；Netto 和 Rossetti，2003；MacEachern 和 Gingras，2007；Buatois 和 Mángano，2011；Gingras 和 MacEachern，2012），与三角洲前缘和前三角洲沉积有关（Tonkin，2012）。在这样的环境中出现的单遗迹属现象是盐度降低受压环境的良好指标。偶有报道 *Cylindrichnus* 产自深海沉积物［Nilsen 和 Kerr，1978；图 5.49（a）］。

遗迹相：*Cylindrichnus* 偏好发育在 *Skolithos* 遗迹相的远端，典型出现在 *Cruziana* 遗迹相中。

年代：*Cylindrichnus* 通常产自中、新生代沉积（Goldring，1996），但也产于古生代地层（Głuszek，1998；Buatois 等，2002）。Orłowski（1989），Gámez－Vintaned 等（2006）和 Desai 等（2010）发现了早寒武世沉积物中的 *Cylindrichnus*。Dashtgard 等（2008）给出了现代例子。

储层质量：悬浮摄食动物如 *Cylindrichnus* 的造迹生物，在殖居于沙波或浅滩顶面时引入了一定数量的泥。在这种情况下，居住潜穴通常会在受影响层段内降低砂泥比。结果出现孔隙度和渗透率显著降低的地层，作为相对薄的挡板或屏障发生在高渗透单元内（Knaust，2009a）。那些孔隙度和渗透率降低的地层既可局部出现，也可随洪泛面之后在向上变浅的旋回的底部出现，因而普遍存在。与此相反，La Croix 等（2013）注意到 *Cylindrichnus* 造成了一个细粒砂岩气藏的垂向连通通道。

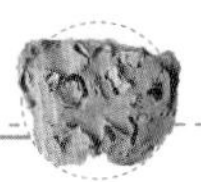

5.11 *Diplocraterion* Torell，1870

形态、充填物和大小：*Diplocraterion* 遗迹属由具垂直 U 形蹼状构造的潜穴构成（Fürsich，1974b；图 5.53）。蹼状构造可以是后退型的或前进型的，或两者兼而有之（Goldring，1962、1964；图 5.54）。其长度从几毫米到几分米（图 5.55），大尺寸的群组在岩芯中更明显。

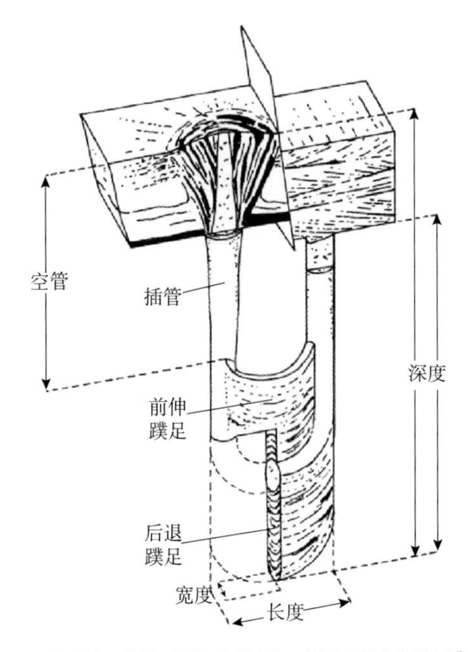

图 5.53 *Diplocraterion* 及其组成的理想示意图，潜穴管之间的蹼层（=隔膜）是由造迹生物的前进和后退运动造成的。展示了一根开口向正常孔径的自由管；另一个潜穴在侵蚀和沉积发生之前已被堵塞。引自 Goldring（1962），经 Springer 许可重新出版

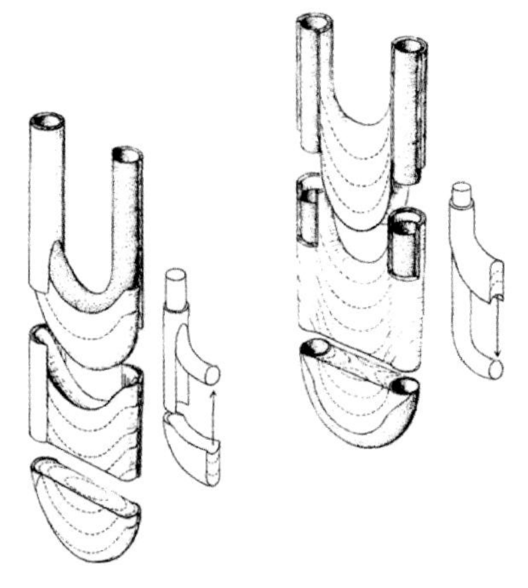

图 5.54 后退型（左）和前进型（右）的 *Diplocraterion*。引自 Seilacher（1967），经 Elsevier 许可重新出版；通过版权许可中心有限公司传达许可

图5.55　露头上的 *Diplocraterion parallelum*。比例尺 = 1cm。(a)(b)砂岩，有密集的 *D. parallelum* 组合体，在层理面上呈狭缝状遗迹（a），垂直截面上的垂向蹼状构造（b）。下寒武统 Hardeberga 组（浅海），丹麦 Bornholm 的 Snogebæk。见 Clausen 和 Vilhjálmsson（1986）。(c) 垂向具蹼状构造的潜穴。下寒武统 Hardeberga 组（浅海），丹麦 Bornholm 的 Due Odde。(d) 砂岩层理面具有狭缝状潜穴孔径。下寒武统漂砾，德国东北部。柏林 Coll. 自然历史博物馆。(e)(f) 块状（微晶）石灰岩中的垂垂向蹼状潜穴。三叠系（Rhaetian 阶）/侏罗系（Hettangian 阶）交界，意大利 Lombardy Western Bergamasc Alps

遗迹学分类：根据 *Diplocraterion* 的形态学差异建立了几个遗迹种，其中最重要的类型是 *D. parallelum*。在 Fürsich（1974b）区分的五个遗迹种之外，随后引入了三个遗迹种，结果共有八个遗迹种。Schlirf（2011）还把倾斜方向的潜穴划进 *Diplocraterion*，本书没有

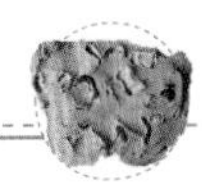

遵循此方案（比照 Knaust，2013）。

底质： *Diplocraterion* 产于硅质碎屑和碳酸盐岩沉积环境的软底和硬底。

岩芯外观： 与 U 形管（“臂肢”）连接的蹼状构造引人注目，相对容易从岩芯上辨认。可以不同的角度剖切从而产生不同的投影（图 5.56；另见 Chakraborty 和 Bhattacharya，2013；图 5.57）。沿蹼状构造的潜穴平面纵向截面产生最完整的表现，而横穿蹼状构造的斜截面更常见，形成细而长的蹼与被动充填的管结合。依靠潜穴的前进或后退特性，管道可以位于蹼状构造的底部，也可以是内部更高的位置。斜截面也很常见，并显示“向外变薄”的蹼状构造。边缘管可以沙或泥充填，在后一种情况下通常有高含量的有机物质，或更罕见的植物碎屑。该管也可以侧向扩大，显示侧向累积的特点，由造迹生物应对松散的和转变的底质调整形成。蹼状构造内可能包含颗粒和卵石，并可能显示成岩作用的改造，如菱铁质胶结作用。某些潜穴的一个显著特征是在蹼状构造内聚集毫米级椭圆形泥球粒（粪粒，*Coprulus oblongus*）。

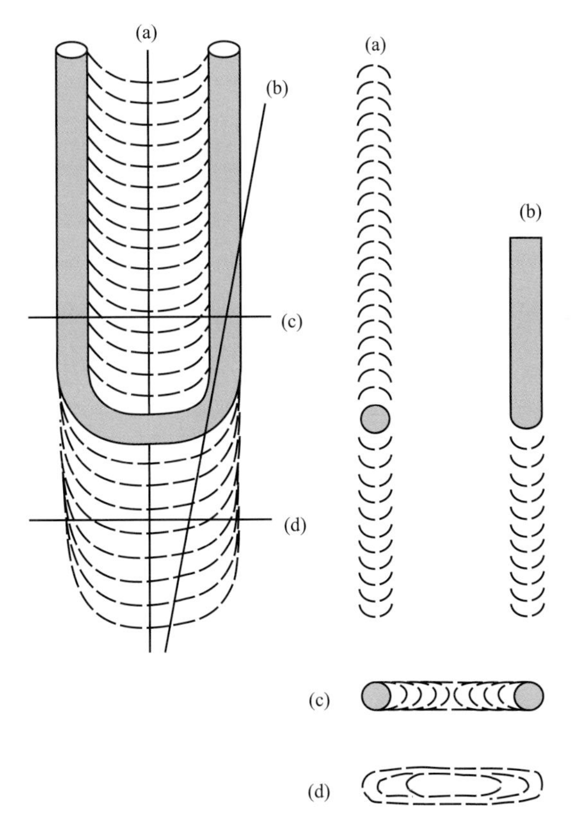

图 5.56　显示贯穿 *Diplocraterion parallelum* 不同截面的示意图，
具有后退（下部）和前进（上部）的蹼状潜穴，像在剖切的岩芯中出现的那样。
（a）垂直于潜穴平面的纵剖面。（b）倾斜截面穿过边缘管下部和前进蹼状构造部分。
（c）穿过后退潜穴的横截面。（d）穿过前进潜穴的横截面

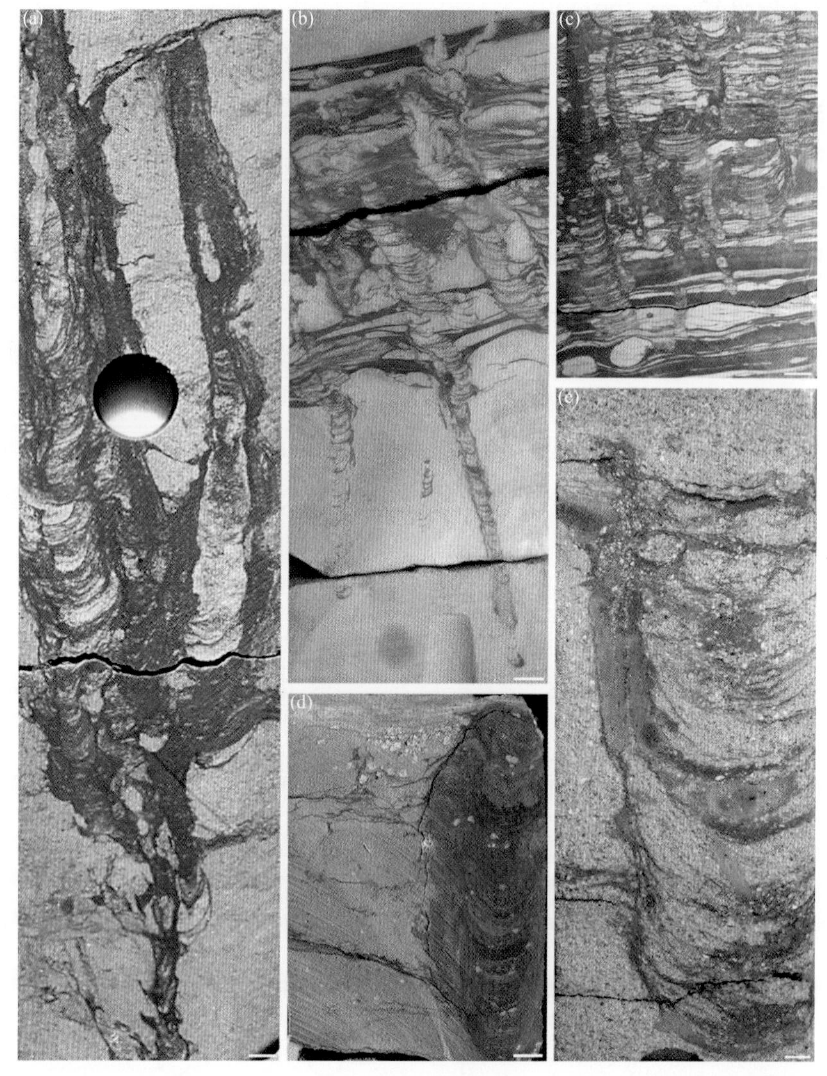

图 5.57　剖切岩芯中的的 *Diplocraterion parallelum*。比例尺 =1cm。(a) 高度生物扰动的交错层理砂岩，含有大量的泥和砂充填的潜穴（部分后伸），大致纵向剖切潜穴面。下侏罗统（Sinemurian - Pliensbachian 阶）Tilje 组（近岸，潮汐影响），挪威北海 Skarv Field（6507/5 - 1 井，约 3580.8m）。(b) 波状层理杂砂岩，多半斜向潜穴面剖切的大个 *D. parallelum*（后伸的）。下侏罗统（Pliensbachian 阶）Tilje 组（混合潮坪），挪威北海 Njord 油田区（6407/10 - 1，约 2990.85m）。(c) 波纹层状杂砂岩含 *D. parallelum* 遗迹组构。蹼状潜穴（部分后退）以不同角度（横向、斜向和纵向于潜穴面）进行切片。下侏罗统（Sinemurian - Pliensbachian 阶）Tilje 组（混合潮坪），挪威北海 Njord 油田区（6407/10 - 1 井，约 2995.1m）。(d) 杂砂岩具沟壑面，其中具 U 形管的泥质蹼状潜穴穿透下伏沉积物。蹼足含有毫米椭圆形粪球粒（Coprulus oblongus）和晶粒，从沟壑（缺失）面合并而来。含铁矿物（菱铁矿?）优先胶结导致了洞穴和周围沉积物之间的差异压实。中侏罗统（Bajocian 阶）Hugin 组（沟壑面以下的砂质潮坪与其上较深的海洋环境之间的转换），挪威北海 Sleipner Field（15/9 - 1 井，3660.35m）。(e) 中粒砂岩，在侵蚀面之下发育 *D. parallelum*。蹼状潜穴内充填物是杂岩（砂和泥），包括铁质泥碎屑（赭石颜色）。中侏罗统（Callovian 阶）Fensfjord 组（上临滨），挪威北海 Gjøa 油田（36/7 - 1 井，约 2341.8m）

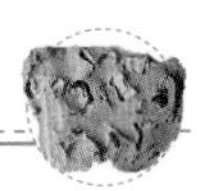

相似的遗迹化石： *Diplocraterion* 是 *Rhizocoralliidae* 遗迹科的一部分，与 *Rhizocorallium* 遗迹属有密切的亲缘关系，其包含水平到斜向的蹼状潜穴（Schlirf，2011；Knaust，2013）。两种遗迹属可能部分来源于同一种造迹生物。不完整的 *Diplocraterion* 岩芯截面可能与 *Teichichnus* 蹼状潜穴（图 5.58）相混淆。*Catenichnus*（McCarthy，1979）是一种弓形蹼状潜穴，类似于 *Diplocraterion* 和 *Teichichnus*。一些细长而非常狭窄的 U 形潜穴 *D. habichi* 标本像 *Tisoa siphonalis*，可能更好地归因于它，特别是在缺乏蹼状构造的时候。坍塌的 U 形洞穴（如 *Arenicolites*）可能类似于 *Diplocraterion*，坍塌构造酷似蹼状构造。具厚的泥质衬壁和主动充填的大个 *Ophiomorpha* 可能实际上看起来很像小的 *Diplocraterion*（图 5.59）。

造迹生物： 一般认为 *Diplocraterion* 主要有两类造迹生物：甲壳动物和多毛虫类的蠕虫。例如，已知角足类动物 *Corophium* 产生初期的 *Diplocraterion*（Dashtgard 和 Gingras，2012），尽管石化的甲壳类动物似乎在古生代缺失（Carmona 等，2004），因此其他解释是必要的。在波罗的海坚固基底采集的箱式岩芯揭示了倾斜的蹼状潜穴，类似于 *Diplocraterion* 和 *Rhizocorallium*（Winn，2006；Knaust，2013），它们是由 terebellid 多毛虫类动物产生的。多毛虫类 Polydora 是另一种在硬底上生产 *Diplocraterion* 的造迹者（Seilacher，1967；Gingras 等，2001、2012a；图 5.60）。粪球粒 Coprulus oblongus 与多毛虫类 Heteromastus 在现代潮坪上的产物相似，这使多毛虫类动物成为 *Diplocraterion* 可能的造迹者。其次还有 holothurians（海参）和棘皮动物已知能产生 U 形潜穴，具有类似于 *Diplocraterion* 和 *Teichhnus* 的小型蹼状构造（Bromley，1996；Dashtgard 和 Gingras，2012；Smilek 和 Hembree，2012）。

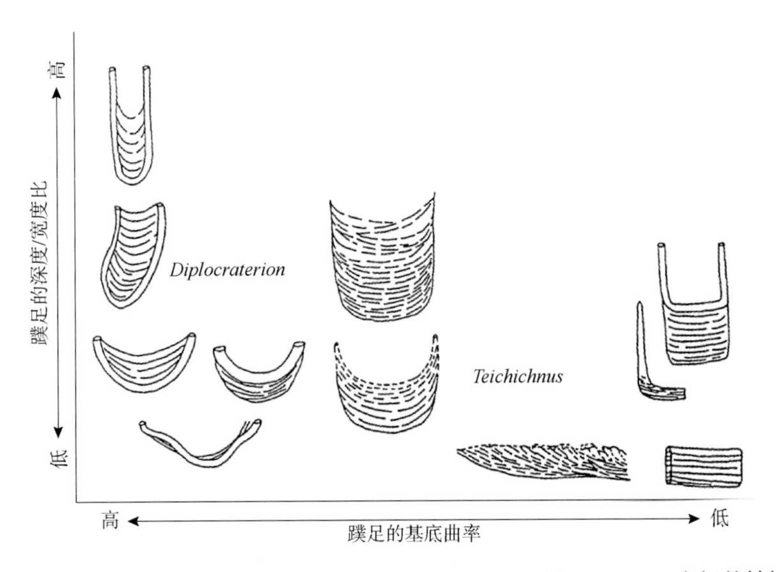

图 5.58　各种形态的垂向蹼状遗迹化石，显示 *Diplocraterion* 和 *Teichichnus* 之间的转换场景。形态根据深宽比和基底曲率大致排列。可变比例。不同的来源，据 Corner 和 Fjalstad（1993）修改，经出版商（Taylor&Francis Ltd.，http：//www.tandfonline.com）许可转载

图 5.59　密集的 *Ophiomorpha* 遗迹组构，产自上白垩统（Maastrichtian 阶）Springar 组（深海，浊积岩），Gro Discovery（6604/10－1 井，约 3545.5m）。某些厚衬壁和主动充填的垂直茎秆（如左上角）*Diplocraterion*，可能与之混淆。比例尺 = 1cm

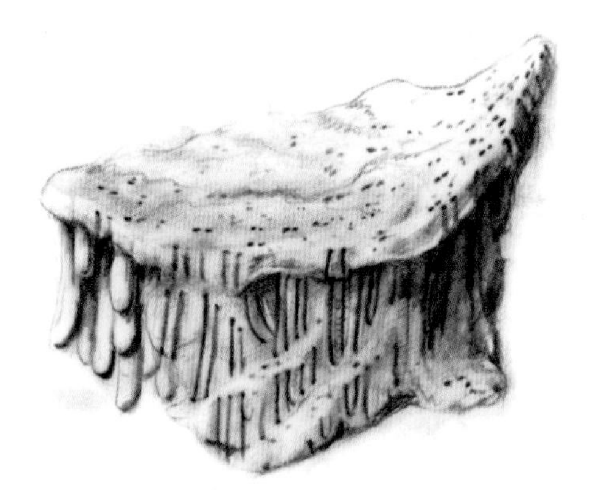

图 5.60　*Polydora*（多毛虫类虫蠕虫）组合的示意图，以及由此产生的 *Diplocraterion* 状遗迹，产自华盛顿的威拉帕湾的现代坚实地面。比例尺 = 约 1cm。插图作者 Tom Saunders in Gingras 等（2001），经 Elsevier 爱思唯尔许可再版；通过版权许可中心有限公司传达许可

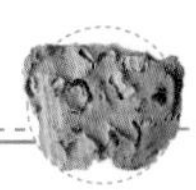

行为学：可推测大多数 *Diplocraterion* 的造迹生物具有在穴居地摄食悬浮沉积物的行为（domichnion 居住迹）（Goldring，1962；Fürsich，1974b），尽管也考虑了食沉积物行为（Leaman 和 McIlroy，2016）。

沉积环境：*Diplocraterion* 的遗迹种通常报道在边缘海相环境，如潮坪、河口湾和沙坪沉积环境。（如堤坝和沙席；Buatois 和 Mángano，2011；Gingras 等，2012a；Desjardins 等，2012；Higgs 和 Higgs，2015）。这意味着造迹生物能够容忍盐度降低（微咸水条件），以及经常处于反复侵蚀和沉积的高能环境（例如风暴沉积；图 5.61、图 5.62）。测量高密度出现的 *Diplocraterion* 潜穴面表明沿层理面为优选方向，以此应对波浪和洋流（Clausen 和 Vilhjálmsson，1986；Buckman，1992；Gaillard 和 Racheboeuf，2006；Rodríguez－Tovar 和 Pérez－Valera，2013）。伴随盐度波动的微咸水条件在冰海和三角洲环境也很常见，那里有 *Diplocraterion* 的报道（Netto 等，2012；Tonkin，2012），以及高密度流沉积（Buatois 等，2011）。*Diplocraterion* 也可能发生在临滨和远滨环境，由于波浪或潮汐的作用通常与海侵面（沟壑面，缺失面）相关联，（Mason 和 Christie，1986；Dam，1990；Taylor 和 Gawthorpe，1993；Goldring 等，1998；Rodríguez－Tovar 等，2007）。这些面可用于地层对比，并作为标志（如层序边界；Olóriz 和 Rodríguez－Tovar，2000）。产于纹层状岩石的单种型 *Diplocraterion* 可能表明沉积物缺氧（Leszczynski 等，1996）。此外，*Diplocraterion* 是在大规模灭绝之后最早出现的那些遗迹类别的一种，比如在二叠纪末（Knaust，2010b；Chen 等，2011）。零星报道 *Diplocraterion* 在大陆（Kim 和 Paik，1997；Xing 等，2016）和深海沉积（Crimes 等，1981）孤立出现，尽管 Martin 等（2016）研究表明浅海 *Diplocraterion* 可出现在大陆沉积物中。然而，已知蜉蝣能在大陆的坚硬地面上产生蹼状潜穴（Knaust，2013），这可能与 *Diplocraterion* 相像。

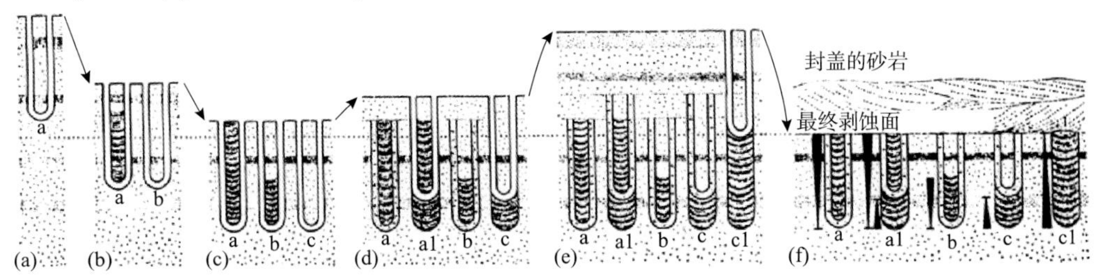

图 5.61　*Diplocraterion parallelum* 的运动模式，以保存深度和模式的调整来响应沉积或者侵蚀量。上泥盆统 Baggy Beds，英国英格兰。据 Goldring（1964），经 Elsevier 允许重新出版；通过 Copyright Clearance Center，Inc 传递许可。实心箭头的高度表示沉积或侵蚀量腐蚀。*D. parallelum* 以（f）中所示的各种类型出现，都被截断成一个共同的侵蚀面。各种类型的发育被认为是反复的侵蚀和沉积阶段造成的。阶段（a），潜穴的发育（1）。由于表面退化，这根潜穴管向下移动，在地层段建造新管［(2) 和 (3)，(e) 和 (c)］。随后的沉积作用［(d) 和 (e)］，但有些潜穴管被废弃了。阶段（f），全部潜穴管被废弃，侵蚀消减它们变成一个共同的基础

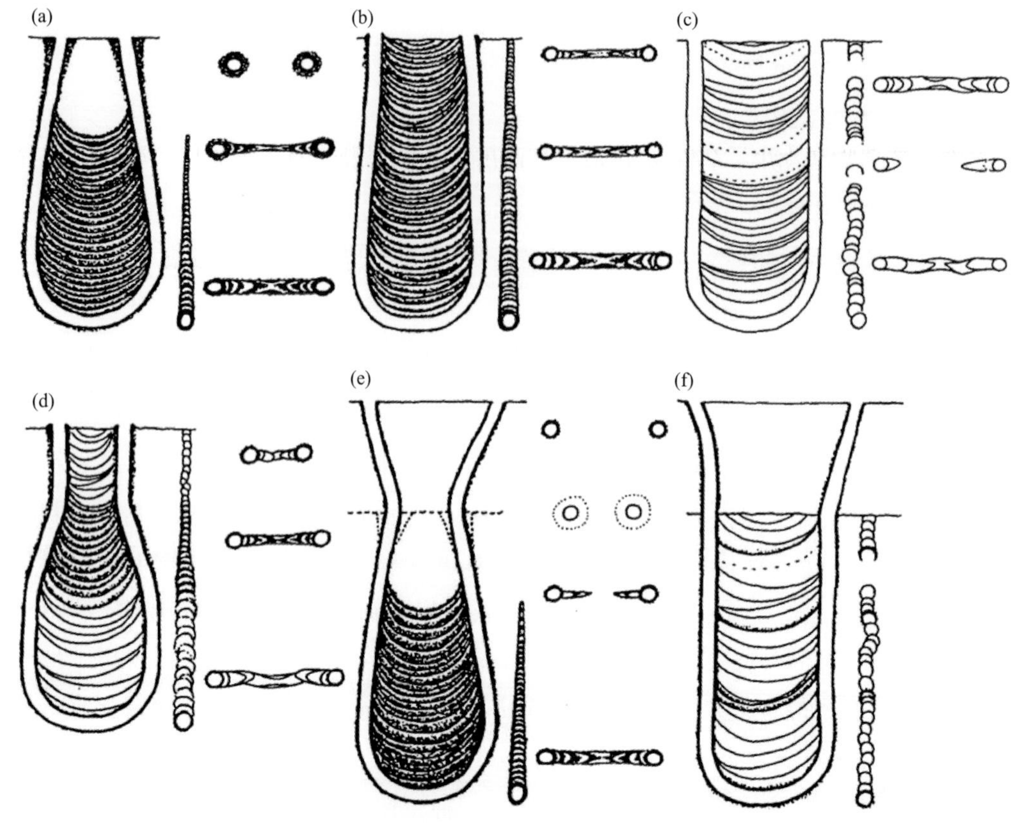

图5.62 *Diplocraterion parallelum* 的不同模型，缺少后退向量。这些代表了三个因素的变异：个体发育生长、沉积或侵蚀的速率以及沉积或侵蚀数量。(a) 稳定的沉积面；(b) 缓慢、稳定的侵蚀；(c) 快速侵蚀；(d) 侵蚀—稳定—侵蚀；(e) 沉积后稳定；(f) 沉积后的快速侵蚀。据 Bromley 和 Hanken (1991)，经出版商 (Taylor & Francis Ltd.，http：//www. tandfonline. com) 许可转载

遗迹相：*Diplocraterion* 是 *Skolithos* 遗迹相（软底）的一个主要组分，但也出现在底质控制的 *Glossifungites* 遗迹相内（坚实的底面）。

年代：已知 *Diplocraterion* 的存在年代很长，从寒武纪（Cornish，1986；Bromley 和 Hanken，1991）至全新世（Corner 和 Fjalstad，1993；Dashtgard 和 Gingras，2012）。

储层质量：*Diplocraterion* 通常以相对大的尺寸和高集中度沿缺失面（如沟谷表面、层序界面）出现，因而可能会对储层的可采性产生影响。例如，高密度被动砂质充填的 *Diplocraterion* 出现可能促进垂向连通，而泥质混入可能起到挡板的作用。Leaman 和 McIlroy (2016) 的文档记载了由于沉积物净化和高渗透垂向通道的出现而改善了储层质量。

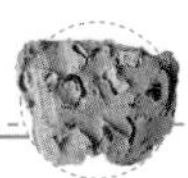

5.12　*Hillichnus* Bromley 等，2003

形态、充填物和大小： *Hillichnus* 是一种高度复杂的遗迹化石，由不同层次的各种要素组成，如果孤立发生的话可能为不同的遗迹类别。基底轴管复合体两边都伴有羽状的和蹼状的构造。上半部分包含一组向上弯曲的、线性到波动的管道，其可以潜穴膜斗篷（Bromley 等，2003；图 5.63）。整个遗迹化石有相当大的尺寸，10～20cm 的宽度和垂直延伸。相同遗迹化石在直径上的差异是其最具识别价值的特征之一。

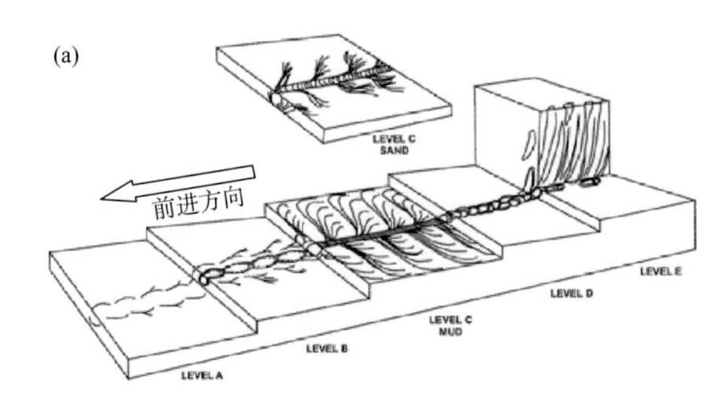

图 5.63　*Hillichnus* 建构。（a）*H. lobosensis* 的结构作为一个五级模型进行剖析。结构表现出一系列的变化，特别是在 C 级。引自 Bromley 等（2003 年）的报告，再版得到 Elsevier 的许可；通过 Copyright Clearance Center，Inc 传递许可。（b）砂岩层面有大量 aff. *Hillichnus* 未定遗迹种的潜穴系统，从 Barremian 阶到 Aptian 阶的 Almargem 组（河流到边缘海相），葡萄牙 Belas 的 Quinta do Grajal。细枝状、掌状分枝模式伴随由许多上升短管，其代表吮吸的探测遗迹。这些探测遗迹的密集出现导致了将这种结构解释为藻类或不同遗迹的新月形回填物，最近被描述为 Cladichnus lusitanicum（Neto de Carvalho 等，2016）。原始标本在葡萄牙里斯本地质博物馆。比例尺 =5cm

遗迹分类学： 除了典型种 *H. lobosensis* 外，Pazos 和 Fernández（2010）引入 *H. agrioensis* 作为具有横向和纵向蹼状构造的更具规则形式。由于上升管的出现，*Hillichnus* 可被视为 *Siphonichnidae* 遗迹家族的一部分（Knaust，2015a；图 5.141）。

底质： *Hillichnus* 偏好出现在薄层砂岩和泥岩相，或由于黏土材料和有机物混合造成轻微非均质性外观的波纹状砂岩。

岩芯中的形貌： *Hillichnus* 的复杂本质使这种遗迹化石难以辨认，特别是在岩芯上。这些遗迹化石的个别要素类似于其他不同的遗迹类别，孤立的观察可能将其归类于后者。因此，识别 *Hillichnus* 取决于各种识别元素出现的联合应用（图 5.64）。此外，结合其他双壳类产生的遗迹化石有助于在岩芯里识别 *Hillichnus*。遵循 Bromley 等［2003；图 5.63（a）］提出的术语，基底节段结构“表现为一系列不连续的弧线排列就像一条链”。基管在截面上稍微高出一点，具薄层泥质衬壁和分段结构。在这个基管的侧面，交替的结构“可以看到在砂中扩展成清晰的弯曲片层束，黑色，有点像蹼状构造（称为蹼层）”。“然而在泥层中，这些结构延伸很长，羽状并弯曲，远端变得更纤细”，称为侧向小管。在上部发育上升管（倾斜，弧形），通常有明显的泥质衬壁。

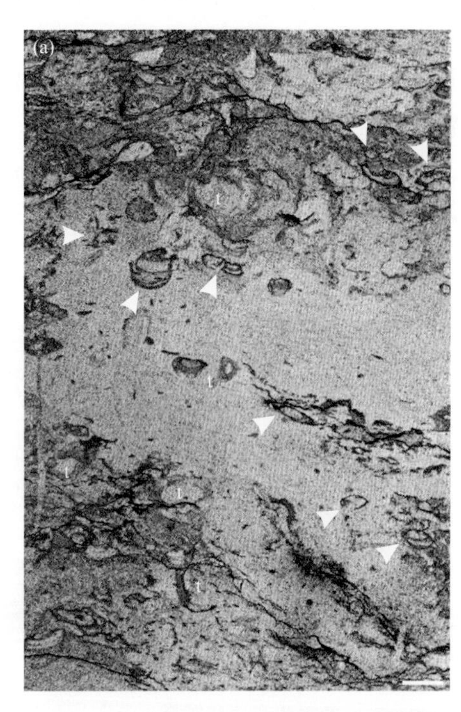

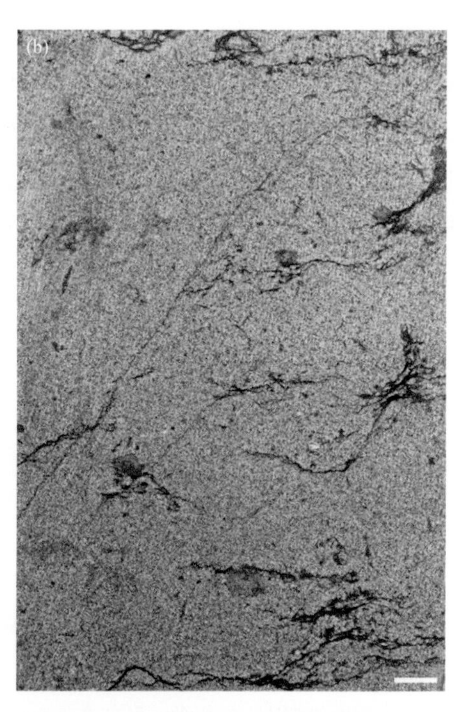

图 5.64　剖切岩芯中可能属于 *Hillichnus lobosensis* 的各种潜穴要素。比例尺 = 1cm。
（a）由深色衬里材料构成的皱纹结构，解释为蹼层（类似于 *Asterosoma*，箭头），
与管道截面相关，被解释为部分基管（t）。下侏罗统（Toarcian 阶）Stø 组（下临滨），
挪威巴伦支海 Snøhvit 油田（7120/8 – 2 井，约 2109.8m）。（b）羽状蛇纹结构，
由厚泥衬里包围的成簇填沙管构成（类似 *Paleophycus* 或 *Lophoctenium*）。
下侏罗统（Pliensbachian 阶）Tilje 组（边缘海相），挪威海（6607/12 – 3 井，约 4222.85m）

相似的遗迹化石：由于岩芯材料的性质，通常只有一小部分，也许没有代表性的 *Hillichnus* 会暴露在外，反过来导致被鉴定为不同的遗迹化石。基部的外侧板层可以簇生，因而使人联想起 *Asterosoma*，虽然没有被动充填的中心管。弯曲的片层和侧小管（羽状蛇纹结构）似乎是 *Hillichnus* 最棘手的部分，因为它们可能很容易与 *Lophoctenium* 或拥挤的 *Palaeophycus* 混淆。个别上升管可能类似于 *Skolithos*，虽然是倾斜的和弧形的。此外，上升管的漏斗状结构可能由固定摄食导致，从而与 *Parahaentzschelinia* 相符。最后，蹼状构造是 *H. lobosensis* 和 *H. agrioensis* 二者的常见要素，并可能造成 *Teichichnus* 状潜穴。

造迹生物：Bromley 等（2003）通过个体潜穴部分的功能解释以及与现代同类物的比较，将 *Hillichnus* 解释为以沉积物为食的双壳类（Paleotaxodonta 古齿类或 Protobranchia 原鳃类）的产物。

行为学：推测 *Hillichnus* 为双壳类（如 tellinacean）摄食地下沉积物的生活方式。双壳

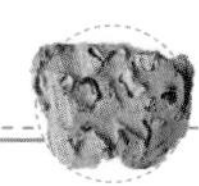

类移动穿过沉积物，利用触须开采附近的沉积物为食（图 5.65、图 5.66）。海底吸管状旅行造成一系列向上弯曲管的保存。与黄铁矿的关联可能意味着与硫化物氧化细菌的耕作化学共生（Bromley 等，2003）。

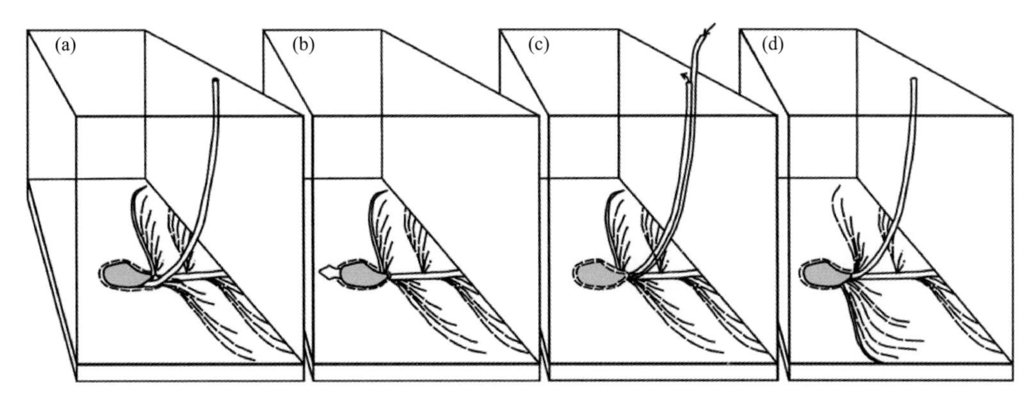

图 5.65 以沉积物为食的双壳类 tellinacean 的连续活动，可能产生遗迹化石 *Hillichnus lobosensis*。
引自 Bromley 等（2003），经 Elsevier 许可重新出版；通过版权许可中心有限公司传达许可。
（a）吸管连续探测开采层。（b）撤回吸管后，双壳类向前挖掘一小段距离。
（c）吸管沿着新的路径延伸到表面呼吸。（d）吸管在摄食层开展一系列新的探测

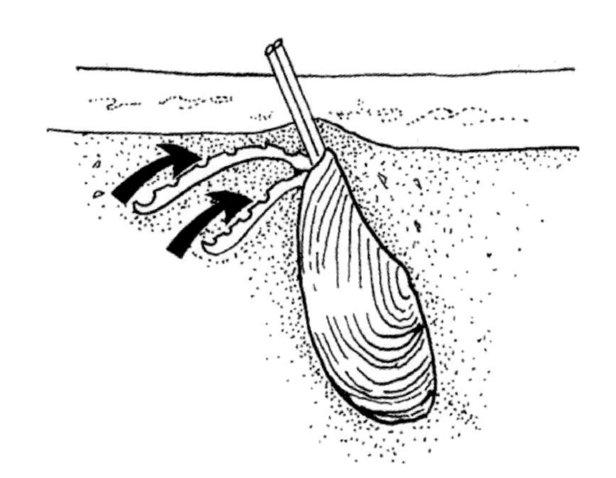

图 5.66 底栖双壳类 *Yoldia* sp.，演示其通过触须的喙摄食沉积物。
引自 Ward 和 Shumway（2004），经 Elsevier 许可重新出版；通过版权许可中心公司传达许可

沉积环境：*H. lobosensis* 最初发现于海底峡谷的深海内扇环境，出现在漫滩/天然堤沉积物中（Bromley 等，2003）。Pazos 和 Fernández（2010）从潮控边缘海相沉积中发现 *H. agrioensis*。具有沙质潮汐的类似边缘海相沉积也可以从岩芯里看到，这有来自葡萄牙的示例［图 5.63（b）］。鉴于 *Hillichnus* 的造迹生物分布广泛，其也应该有非常广泛的分布。

遗迹相：为数不多的 *Hillichnus* 记录属于深海 *Nereites* 遗迹相，以及边缘海 *Skolithos* 和 *Cruziana* 遗迹相。

年代：直到最近，才对这种遗迹化石有了一个像样的了解，这解释了迄今为止它的贫

乏记录，包括早侏罗世（Ekdale 等，2012），早白垩世（Pazos 和 Fernández，2010；Neto de Carvalho 等，2016）和古新世（Bromley 等，2003）的案例。进一步的研究可能会扩大 *Hillichnus* 的地层学范围。

储层质量： 总体上储层性能略有降低，原因是 *Hillichnus* 的造迹生物摄食活动将富泥沉积物混入砂质相。

5.13 *Lingulichnus* Hakes，1976

形态、充填物和大小： *Lingulichnus* 由垂直或倾斜的潜穴构成，具有直的、正弦的或 J 形到 U 形的形态（Zonneveld 和 Pemberton，2003；图 5.67）。横截面相对于潜穴截切位置而变化，从椭圆形到次圆形。部分潜穴充填同心纹层呈蹼状外观，可能被被动充填的中央管穿透。*Lingulichnus* 的大小通常在几厘米之间，潜穴直径约 1cm。

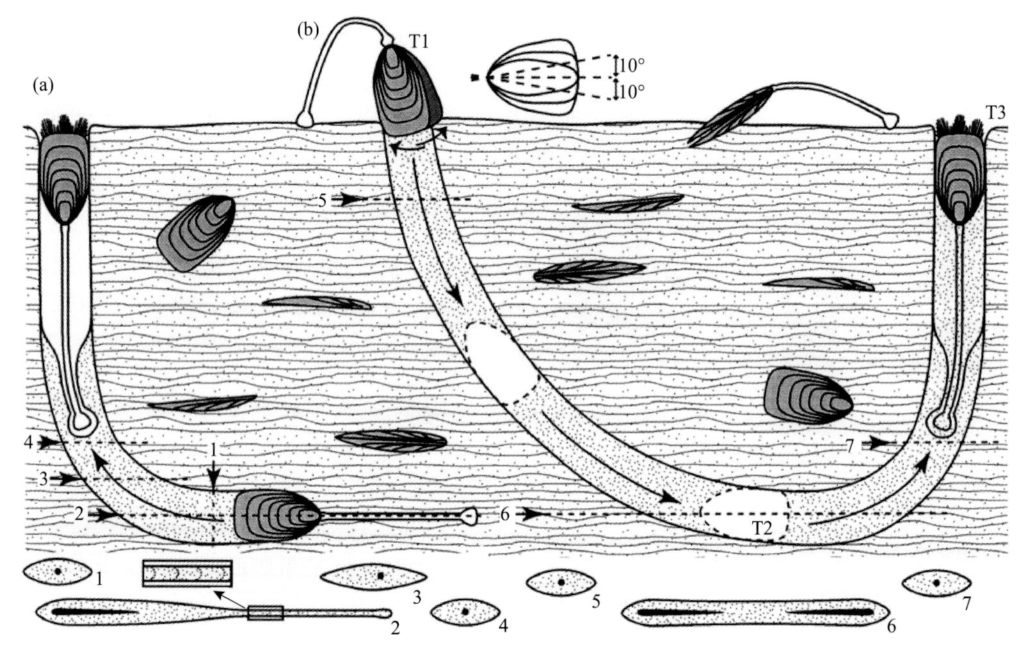

图 5.67　舌形贝底生动物行为和 *Lingulichnus* 遗迹种对挖掘和突然埋葬的反应。
水平方向保存的横截面在底部展示。据 Thayer 和 Steele Petrović（1975），
引自 Zonneveld 和 Pemberton（2003），经出版商（Taylor & Francis Ltd.，http：// www. tandfonline. com）许可转载。（a）正常居住位置的舌形腕足动物（*L. verticalis*），遗迹倾斜方向的（*L. inclinatus*）。
（b）在挖掘和 U 形洞穴形成（*L. hamatus*）之后，舌形贝弓起其肉茎开始再挖穴的过程。
腕足动物用它的肉茎支撑自己，调整外壳向下（T1）。腕足动物用瓣膜的剪刀状运动挖穴。
腕足动物通常将穴挖的足够深（T2），以垂直方向返回表面（T3）

遗迹分类学： 取决于在底质中的形状和方向，区分了 3 个遗迹种（Zonneveld 和 Pem-

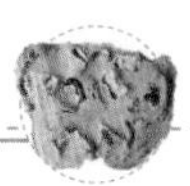

berton, 2003): *L. verticalis*（直的，垂向；图 5.68）、*L. inclinatus*（直的、倾斜）和 *L. hamatus*（J 形和 U 形，垂向）。

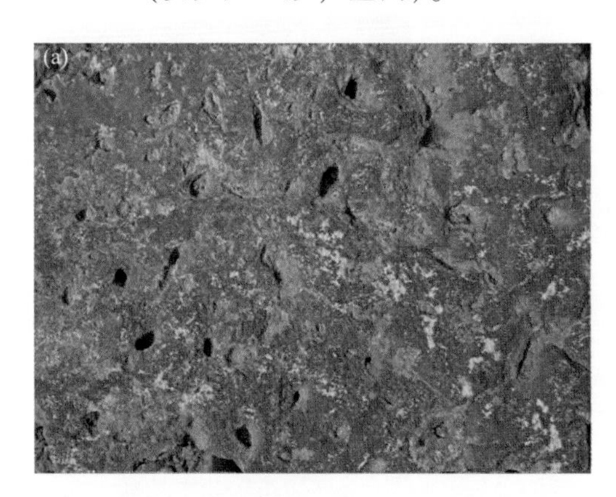

图 5.68 颗粒质泥粒岩（砂屑岩）中的 *Linglichnus verticalis*，具有初始坚实地面条件。中三叠统（Anisian 阶）Jena 组（Muschelkalk），德国 Thuringia。比例尺 =1cm。（a）轻微磨损的层面。（b）纵断面

底质：舌形腕足动物（*Linglichnus* 的造迹生物）的分布受底质颗粒大小控制（Zonneveld 等，2007）。因此随着泥质含量增加，*Lingulichnus* 的丰度持续下降，并在泥质底质中缺失。*Lingulichnus* 偏好出现在非常细到中等粒度的砂岩中，但在具有初始坚实底面条件的砂质石灰岩中很少报道（Knaust 等，2012；图 5.68）。

岩芯中的形貌：潜穴的整体形态（垂直、倾斜、J 形或 U 形）是岩芯中 *Lingulichnus* 的首要标记（图 5.69）。肉茎痕迹相对较小（几毫米），长潜穴具有圆形横截面和被动充填［图 5.69（a）］。*L. verticalis* 的肉茎通常位于潜穴下部，但常横切潜穴上部的纹层部分。瓣膜痕迹较大，可能有延长的铲形［图 5.69（b）］。它可以是被动充填或显示的内部纹层（主动充填），可延伸为长漏斗［图 5.69（c）（d）］。*Lingulichnus* 的近端横截面通常为椭圆形［图 5.69（e）～（g）］。

相似的遗迹化石：*Siphonichnus* 可能是与 *Lingulichnus* 最相似的遗迹化石。它以圆形截面代替椭圆形截面而不同于 *Lingulichnus*，并且被动充填的核心以更一致的方式穿透内部纹层。*Lingulichnus* 内部轨迹（核心）通常比肉茎更宽，只保留了相对较小的一部分外层潜穴。某些调整后的 *Lingulichnus* 类似 *Rosselia*，但纹层更不规则，在上部缺乏被动充填的末端潜穴。它们也可能被误认为是 *Conichnus*，这可能发生在堆积的漏斗状潜穴。然而，*Conichnus* 确实没有被动充填的潜穴一直延伸到漏斗状潜穴的顶端。在水平截面上，*Lingulichnus* 可能像 *Lockeia*，不同的是它横切面的杏仁形状遗迹缺乏肉茎遗迹（Rindsberg，1994）。最后，如果孤立出现的话（例如由于侵蚀），肉茎遗迹可能被错认为是根迹或 *Skolithos*。

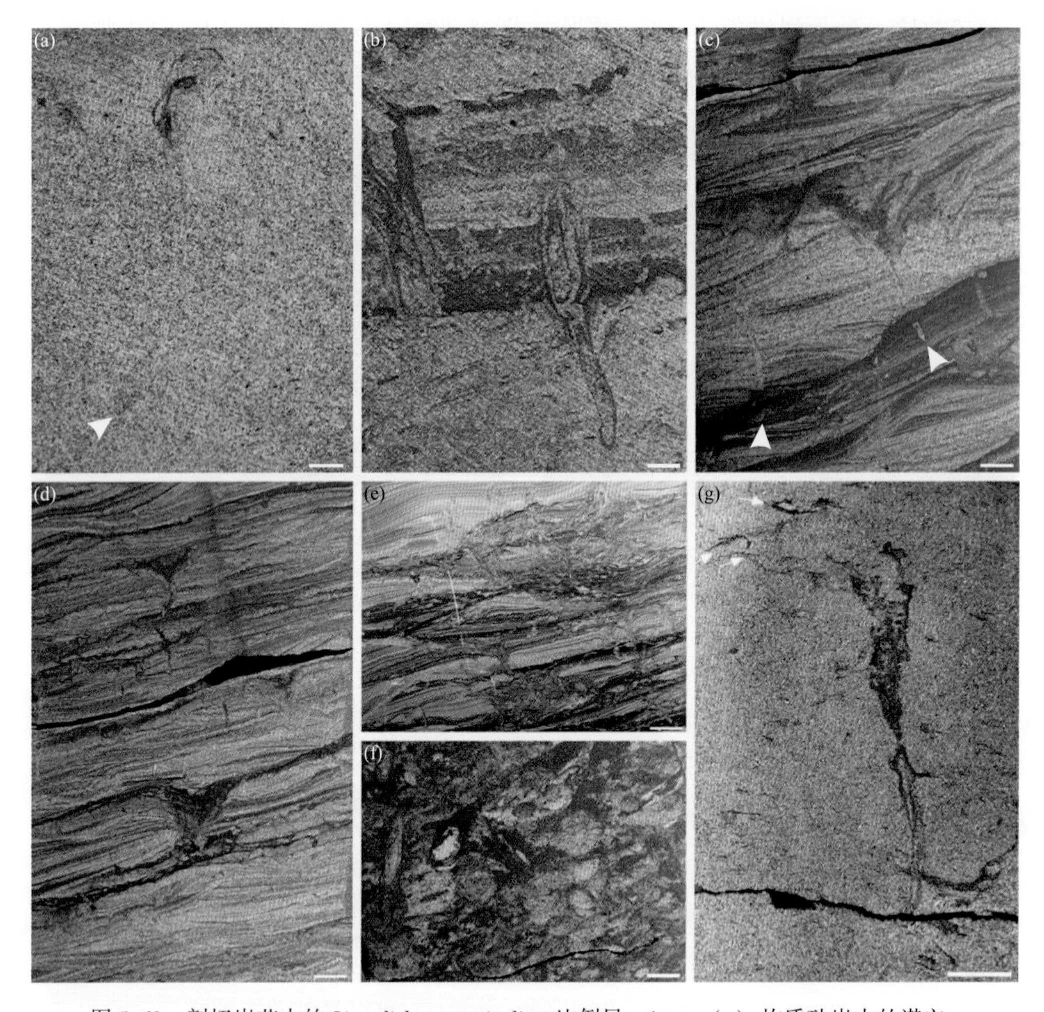

图 5.69　剖切岩芯中的 *Lingulichnus verticalis*。比例尺 = 1cm。（a）均质砂岩中的潜穴，有长的肉茎痕迹（箭头）和泥质纹层上部。注意潜穴调整以应对快速沉积。上侏罗统（Oxfordian 牛津阶）Sognefjord 组（浅海），挪威北海 Vega 油田海（35/11 – 6 井，约 3187.65m）。（b）单个标本显示潜穴下部有延伸的肉茎遗迹，潜穴上部有铲形的纹层遗迹。中侏罗统（Bathonian 阶）Hugin 组（边缘海相、潮坪），挪威北海 Gudrun 油田（15/3 – 9T2 井，约 4503.5m）。（c）波纹砂岩有几个潜穴，显示延伸的肉茎痕迹在下部（箭头），上部有具纹层的宽漏斗。下侏罗统（Pliensbachian – Toarcian 阶）Tofte 组（扇三角洲、潮坪），挪威北海 Skuld 油田（6608/10 – 14S 井，约 2591.95m）。（d）波纹状砂岩具有多个定殖面，含 *L. verticalis*。下侏罗统（Pliensbachian 阶）Åre 组（三角洲平原、潮坪），挪威北海 Skuld 油田（6608/10 – 14S 井，约 2629.35m）。（e）与（d）中的层相同，但生物扰动增加，形成密集的 L. verticalis 遗迹组构。可以在图像的左上角识别单个潜穴（除了许多肉茎遗迹横截面）。（f）彻底生物扰动导致密集的 *L. verticalis* 遗迹组构。某些离散的肉茎遗迹和纹层状潜穴部分仍然可以辨认。中侏罗统（Aalenian 阶）Ile 组（三角洲平原、潮坪），挪威北海 Skuld 油田（6608/10 – 14S 井，约 2550.65m）。（g）保存完好的潜穴，下半部有肉茎痕迹，上方呈铲形的潜穴，后者强烈向左倾斜，反映造迹生物的调整以适应连续沉积。几个舌形贝的铸型保存在洞孔处（箭头）。下侏罗统（Toarcian – Pliensbachian 阶）Cook 组（边缘海），挪威北海（35/10 – 1 井，约 3653.0m）

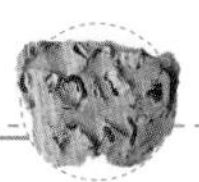

造迹生物：基于现代类比（Emig 等，1978）和化石 *Linglichnus* 的直接证据（Zonneveld 等，2007），舌型腕足动物（如 Lingula 和 Glottidia）可以被认为是这种遗迹化石的造迹者（图 5.69、图 5.70）。

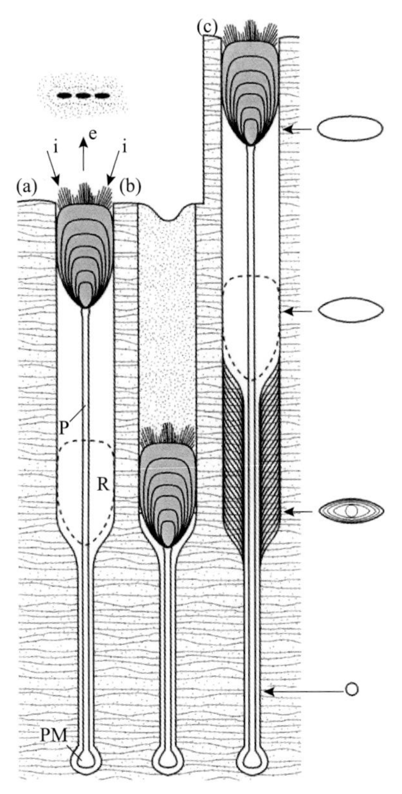

图 5.70　现代舌形贝腕足动物建造的沉积构造，造成 *Lingulichnus verticalis* 遗迹。
据 Emig 等（1978），引自 Zonneveld 和 Pemberton（2003），经出版商（Taylor & Francis Ltd.，http：//www. tandfonline. com）许可转载。（a）舌形贝在其居住结构内的纵剖面（*L. verticalis*）。
P 肉茎；PM 肉茎块；R 收缩位置；i 假吸管 e 投射在沉积物—水界面之上的假排水管。
（b）舌状腕足类动物缩回其潜穴。（c）舌形贝平衡轨迹的形成（*L. verticalis*）。
通过舌形贝平衡轨迹的不同层次的横截面显示在右侧

行为学：*Linglichnus* 主要代表舌形贝腕足动物居住的遗迹（domichnion），其具有悬浮物摄食行为。造迹生物能够应付沉积速率的增加，并相应地调整它的潜穴（Equivalichnion；Zonneveld 等，2007）。

沉积环境：*Lingulichnus* 发生在很多海洋环境，但通常主要在浅水区和边缘海洋序列（Zonneveld 等，2007）。它可以与远滨近端到下临滨的风暴沉积有关，并且常见于潮间带环境。由于造迹生物偏爱粒状底质，*Lingulichnus* 常与沙质事件层有关，例如风暴岩。快速或突然埋葬被认为是 *Lingulichnus* 保存的必要条件，而受广泛生物扰动的软底中的标本保存潜力低（Kowalewski 和 Demko，1997）。因为舌形贝腕足动物能忍受盐度的波动和暂时降低，可在以微咸水条件为主的边缘海洋环境中（如河口）发现 *Lingulichnus*。在这种环境中，潜穴的尺寸通常缩减（Buatois 等，2005；Gingras 等，2012a）。

遗迹相：*Linglichnus* 属于 *Skolithos* 遗迹相，但可以发生在向 *Cruziana* 遗迹相的转换中。

年代：*Linglichnus* 记录于早寒武世到全新世。它最常见报告于古生代地层，这可能与保存偏差有关（Zonneveld 和 Pemberton，2003）。

储层质量：*Linglichnus* 对储层质量的影响迄今尚未研究。从它的形态特征判断，如近垂直的取向和（部分）被动充填的性质，*Linglichnus* 能够略微提高储层质量和垂直连通性。

5.14 *Macaronichnus* Clifton 和 Thompson，1978

形态、充填物和大小：*Macaronichnus* 主要为水平的、圆柱形的潜穴，具有不定长度的直的、弯曲的、蜿蜒的或螺旋状的路线（图 5.71），尽管倾斜和垂直的潜穴也可能发生［Uchman 等，2016；图 5.42（c）］。这种潜穴的特征是白灰色沙主动充填，以及由暗色矿物颗粒组成的外层斗篷［Bromley 等，2009；图 5.72、图 5.73，另见 5.178（c）］。潜穴没有分支（尽管 Rodríguez Tovar 和 Aguirre 2014 发现偶尔分支），通常以高密度出现。它们的直径范围在 0.2～2.0cm 之间，其长度至少有几厘米（Savrda 和 Uddin，2005）。

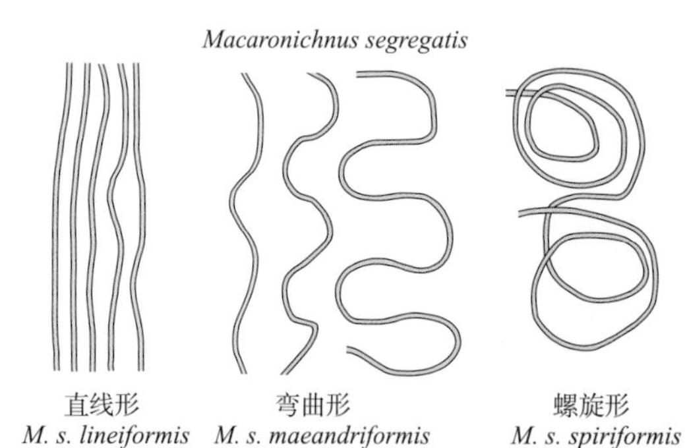

图 5.71　Macaronichnus segregatis 的形态变异。引自 Bromley 等（2009），经出版商许可再版（Taylor & Francis Ltd.，http：//www.tandfonline.com）

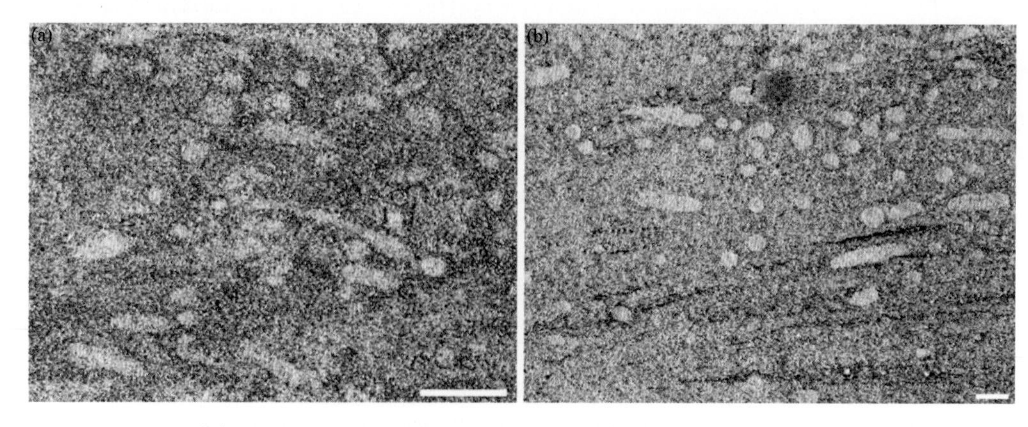

图 5.72　类似 *Macaronichnus segregatis* 遗迹的潜穴建构，由现代海滩沙里的多毛虫类蠕虫 *Euzonus* 产生，日本中部 Hasaki 海岸（原始树脂剥落，引自 Seike2008）。注意灰白色核被含有黑色矿物的斗篷包围。比例尺 =1cm。（a）层面视图；（b）垂向剖面

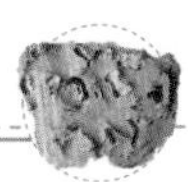

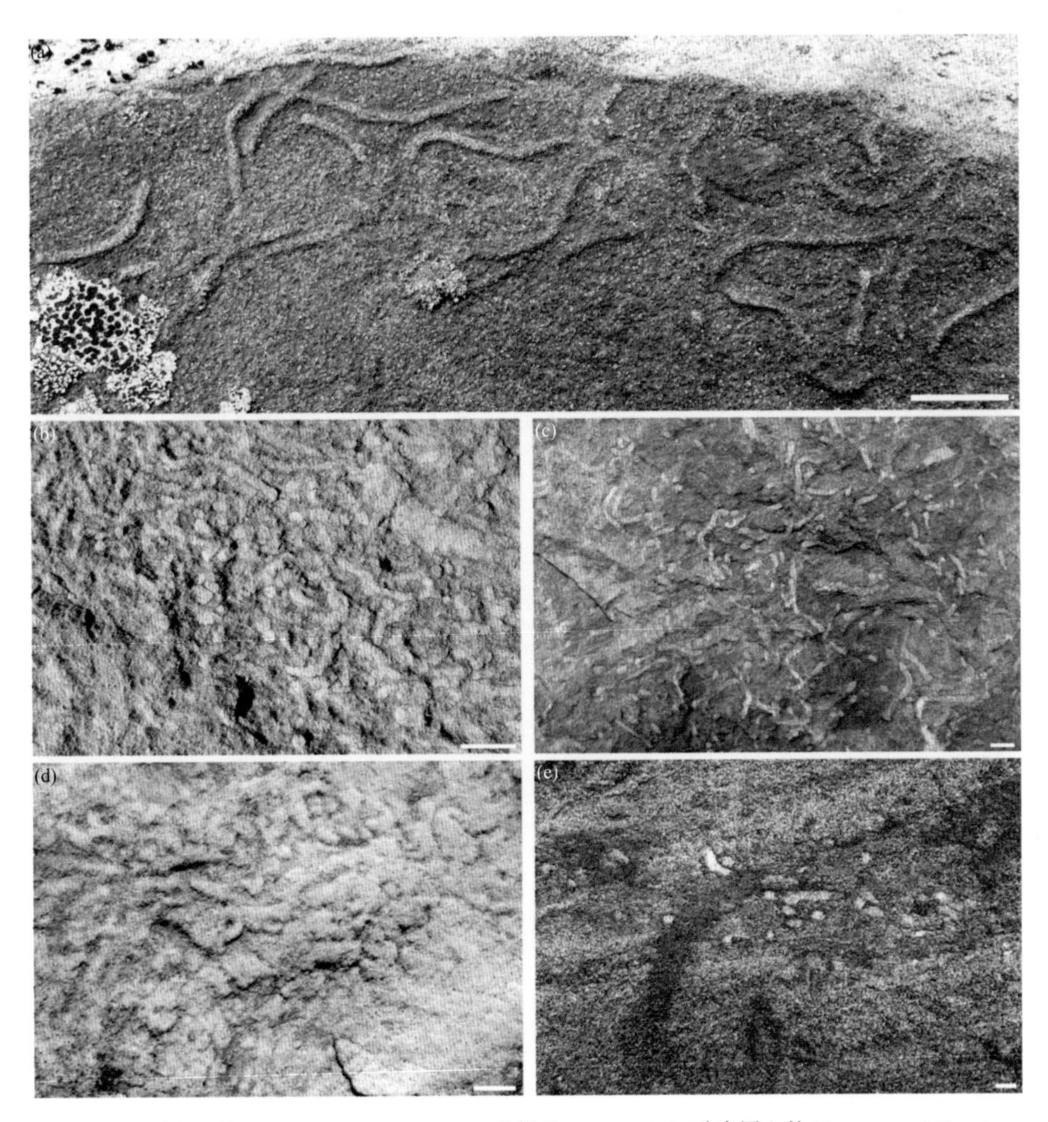

图 5.73　露头上的 *Macaronichnus segregatis*。比例尺 = 1cm。(a) 砂岩层上的 *M. s. maeandriformis*。始新世 Battfjellet 组（下三角洲平原），斯瓦尔巴特群岛 Bronniartfjellet（Van Keulenfjorden）。(b) 砂岩层面上有密集的 *M. s. maandriformis* 遗迹组构。古新世 Firkanten 组（浅海），斯瓦尔巴的 Longyearbyen。(c) 生物扰动粉砂岩中的 *M. s. maeandriformis*。古新世 Grumantbyen 组（陆架），斯瓦尔巴特的 Longyearbyen 附近。(d) 砂岩层理面上有密集的 *M. s. lineiformis* 遗迹组构。下寒武统 Hardeberga 组（砂质潮坪），丹麦博恩霍尔姆的 Snogebæk。(e) 断层带内（倒转部分）富海绿石交错层理砂的垂向剖切面，显示一群 *M. segregatis*。下白垩统 Arnager Greensand 组（风暴影响的临滨），丹麦博恩霍尔姆 Rønne 附近

遗迹分类学： *M. segregatis* 是 *Macaronichnus* 唯一的遗迹种。它包括 *M. segregatis segregatis* 和其他被 Bromley 等（2009）发现的三种形态遗迹亚种，*M. s. lineiformis*，*M. s. maeandriformis* 和 *M. s. spiriformis*（图 5.71）。Rodríguez－Tovar 和 Aguirre（2014）为偶有分枝和局部倾斜到垂直取向的潜穴增加了第四个遗迹亚种 *M. s. degiberti*。

底质：*Macaronichnus* 通常与砂质底质（松散地面）相关。

岩芯中的形貌：岩芯里的 *Macaronichnus* 通常呈多或少的水平圆柱形潜穴成群出现，具有弯曲的路线，这可能被认为是拉长的椭圆和圆形的潜穴截面［图 5.74，也见图 2.6（c）］。潜穴充填以其灰白颜色和标志型的暗色斗篷（由云母或重矿物组成）围绕核心，与周围沉积物形成鲜明对比。

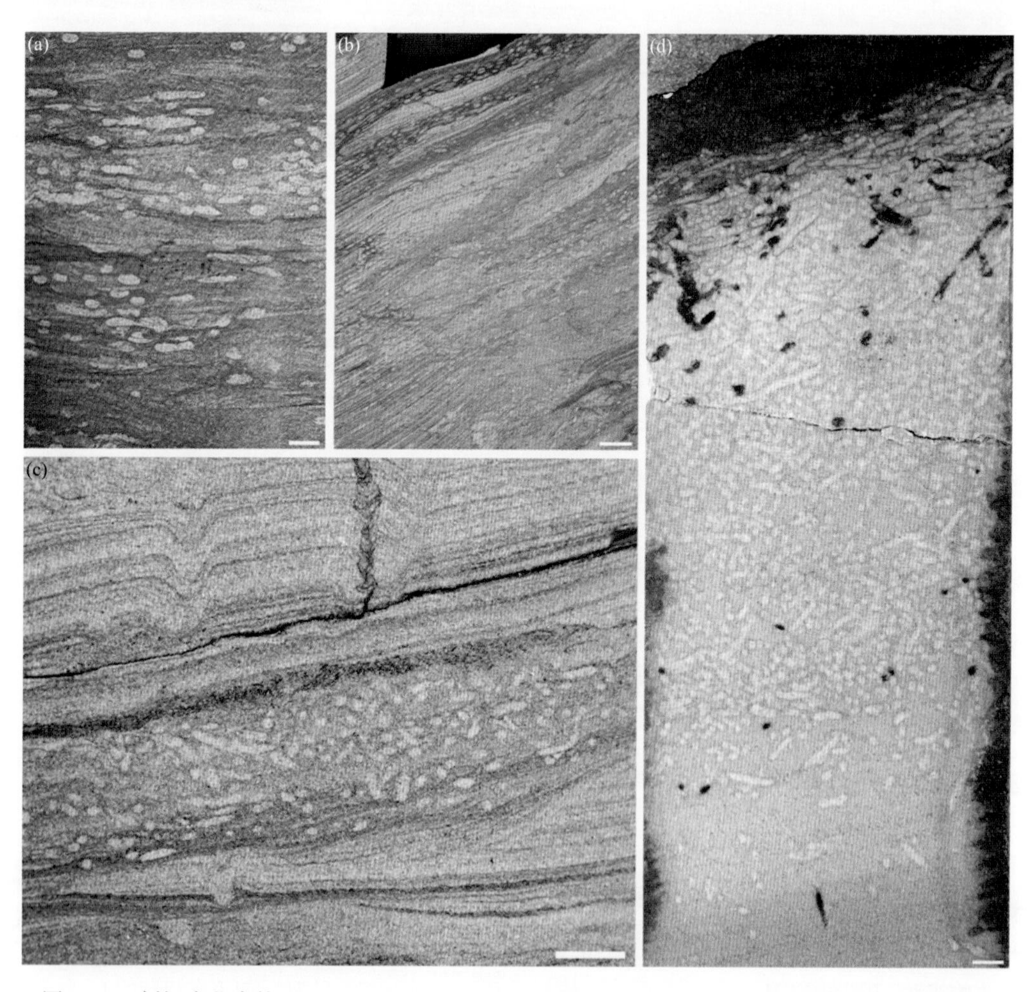

图 5.74　剖切岩芯中的 *Macaronichnus segregatis*。比例尺 = 1cm。（a）波纹状杂砂岩（粉砂质）含有离散的潜穴，由暗色薄斗篷围绕灰白色核心构成。中侏罗统（Callovian 阶）Fensfjord 组（浅海，下临滨）挪威北海 Gjøa 油田（36/7 - 1 井，约 2384.5m）。（b）波纹状杂砂岩（粉砂质）含有小潜穴。中侏罗统（Bathonian - Callovian 阶）Hugin 组（浅海），挪威北海 Gina Krog 油田（15/5 - 7 井，约 3894.0m）。（c）交错层理砂岩，有一个包含 *Macaronichnus* 的强烈扰动的潜穴层。相关联的均衡遗迹化石（上层）与高能环境及快速沉积一致。中侏罗统（Bathonian 阶）Tarbert 组（砂质潮坪），挪威北海 Oseberg Sør 油田（30/9 - 14 井，约 3133.35m）。（d）厚浊积砂岩层（浅色石英砂岩）顶部的密集 *Macaronichnus* 遗迹组构。上覆的暗色粉沙物质部分混入某些浅层的潜穴。潜穴由主动充填的核心（石英砂）和改造的砂质斗篷（深色砂）构成。下白垩统（Albian 阶，深海水道系统），坦桑尼亚近海

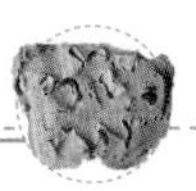

相似的遗迹化石：*Macaronichnus* 是一种简单的水平潜穴，与其他几种遗迹化石相似。*Planolites* 因其主动充填缺乏斗篷不同于 *Macaronichnus*，*Gordia* 也是如此。*Chondrites* 也可能形成类似于成群 *Macaronichnus* 的密集遗迹组构，但后者没有分叉。在主动充填的中央核心被不良的叶片包覆的情况下，这也适用于 *Nereites*。

造迹生物：通过新遗迹学技术的比较，opheliid 多毛虫类被确定为是现代 *Macaronichnus* 的造迹生物，如 *Ophelia limacina*（Clifton 和 Thompson，1978），*Euzonus* sp. [Seike，2007，2008；Dafoe 等，2008（a）（b）等] 以及 *Travisia japonica*（Seike 等，2011）（图 5.75）。

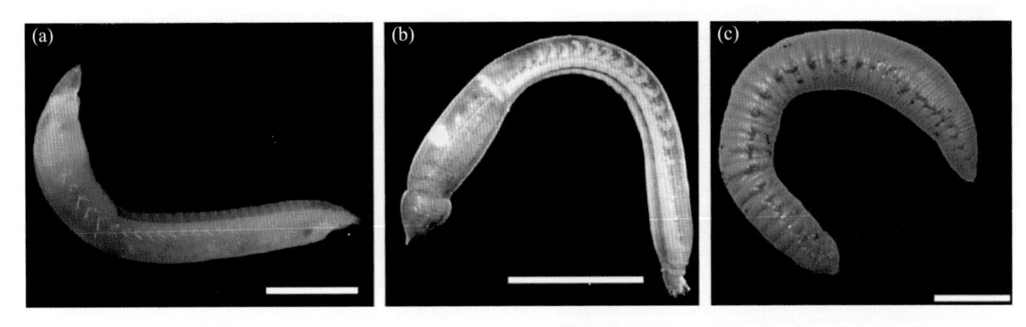

图 5.75　多毛虫类 ophelliid polychaetes 作为类似 *Macaronichnus* 遗迹的现代造迹生物。
比例尺 =1 厘米。（a）*Ophelia limacine*。引自 www. marinespecies. org。（b）*Euzonus mucronata*。
引自 Nara 和 Seike（2004）。（c）*Travisia japonica*。引自 Seike 等（2011），
再版经 Elsevier 的许可；通过 Copyright Clearance Center，Inc 传递许可。

行为学：*M. segregatis* 是由 opheliid 多毛虫类层内摄食沉积物产生的。多毛虫类以昆虫为食（Clifton 和 Thompson，1978；Seike，2008）。多毛虫类取食（石英）颗粒表面的微生物，通过肠子处理这些颗粒，同时用它们身体周围的鬃毛分离出深色颗粒。

沉积环境：*M. segregatis* 是浅海遗迹化石，多见于前滨、滨面和三角洲前缘沉积（Nara 和 Seike，2004；Seike，2007；Bromley 等，2009；Quiroz 等，2010），以及潮间带和浅潮下沉积（Clifton 和 Thompson，1978；Seike，2008）。Rodriguez – Tovar 和 Aguirre（2014）发现了来自陆架沉积物的 *M. segregatis*。在某些情况下也可以发生在上斜坡环境 [图 5.74（d）]，沿岸流或上涌流提供对造迹生物有利的条件。多毛虫类以其潜穴对海滩形态动力学做出反应（Seike，2008）。蠕虫在相对稳定的条件下以各种方向水平地钻洞，同时它们在海滩表面遭受风暴严重侵蚀后，优先向陆地移动（图 5.76）。

遗迹相：*Macaronichnus* 组合是 *Skolithos* 遗迹相常见的组成部分（Pemberton 等，2012）。

年代：*M. segregatis* 经常被报道来自中生代和新生代沉积（Clifton 和 hompson，1978；Quiro 等，2010），偶尔也产自古生代（Bromley，1996；Knaust，2004a）的早寒武纪 [图 5.73（d）]。

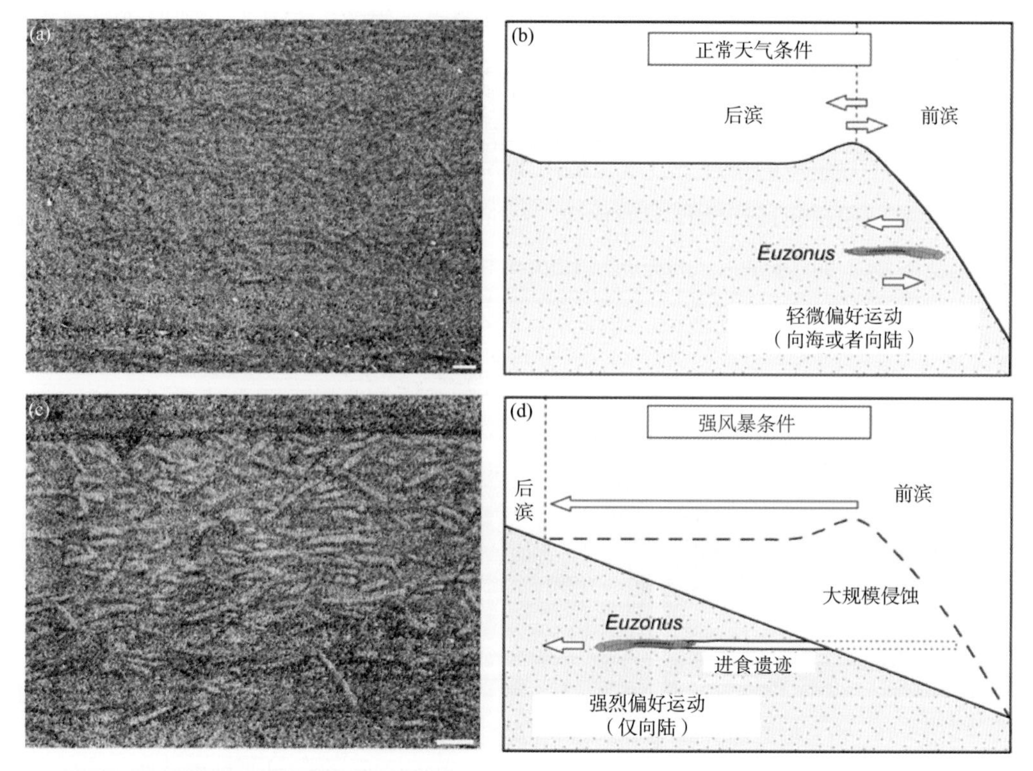

图5.76　现代海滩沉积物垂直剖面的树脂制模，来自日本中部的Hasaki海岸［（a）和（c）］，示意图显示从遗迹推断相应的挖掘行为［（b）和（d）］。在好天气的情况下，蠕虫以不同的方向［（a）和（b）］挖穴，而在风暴条件下，造迹生物被迫向陆地移动，这导致优选定位［（c）和（d）］。原始树脂剥皮和绘图据Seike（2008），经Springer许可再版。比例尺 = 1cm

储层质量：多项研究表明 *Macaronichnus* 遗迹组构对改善储层质量具有微妙而积极的作用，这与蠕虫的沉积物摄食造成的分选和清洗效果有关（Gingras等，2002；Pemberton和Gingras，2005；Pemberton等，2008；Dafoe等，2008b；Knaust，2009a、2014a；Gordon等，2010）。

5.15　*Nereites* MacLeay in Murchison，1839

形态、充填物和大小：*Nereites* 被定义为一种主要是水平的、无分支的、蜿蜒到弯曲的潜穴或者轨迹，由一个主动充填的中央核心和一个厚的叶片斗篷组成（Uchman，1995；图5.77）。回填的核心可以表现为新月形充填，由泥质底物（如粪便）和沙质沉积物中的一种组成。*Nereites* 的宽/直径大小从几毫米到超过1cm。

遗迹分类学：已经发现了约30种 *Nereites* 的遗迹种，其中许多现在被认为是一些遗迹种的保存变种（Uchman，1995；Mangano等，2000；图5.78）。*Helminthoida* 是 *Nereites* 的次要同义词（Uchman，1995），有时仍然可以在文献（Pemberton等，2001）找到，*Scalarituba* 也

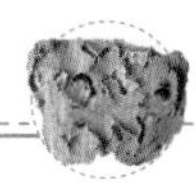

是这种情况，它是 *Nereites* 的另一个次要同义词（Uchman，1995；Manano 等，2000）。

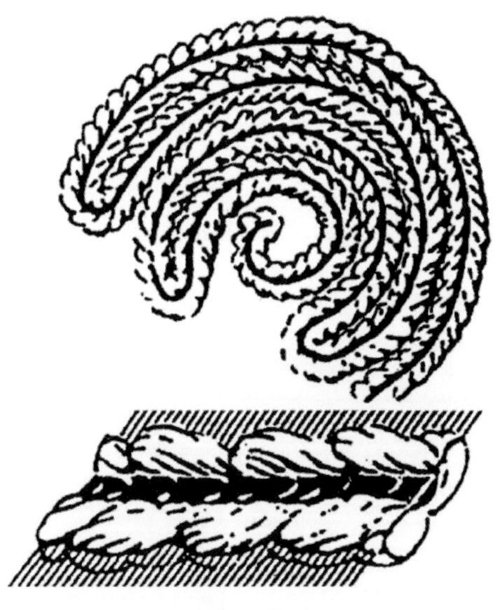

图 5.77 *Nereites* 的平视图（顶部）和斜视图（底部），产自德国下泥盆统，引自 Seilacher（2007），转载经 Springer 许可

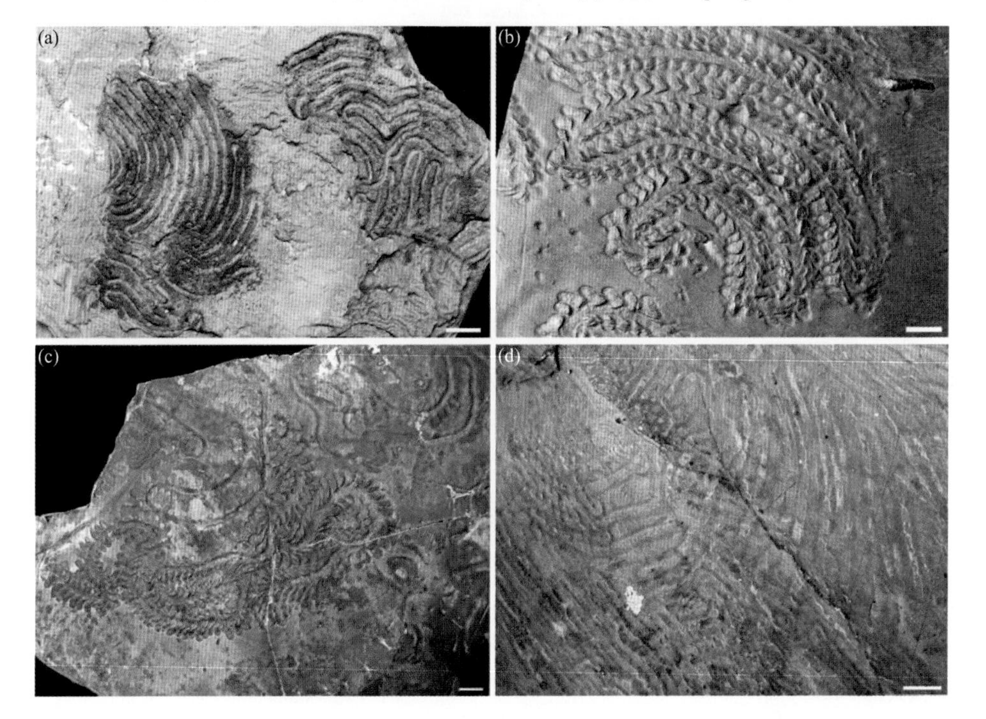

图 5.78 露头上的 *Nereites*。比例尺 = 1cm。（a）蜿蜒的 *N. irregularis*，产自奥地利 Bregenzerwald 始新统页岩（复理石）中。Senckenberg coll.，Frankfurt Main（源自 Richer 1928）。（b）*Nereites* isp. 未定种的细节，产于德国图林根的中泥盆统。Senckenberg coll.，Frankfurt Main（源自 Richer 1928）。（c）另一个标本取自德国图林根中泥盆统，Greifswald 大学。（d）*Nereites*（旧称 *Helminthoida*），产自意大利阿尔本加以东利古里亚阿尔卑斯山的白垩纪 helminthoid 复理石

底质：*Nereite* 偏好出现在粉质至细粒砂质底层，带有一定量的泥质混入物。在粉砂岩中，*Scalarituba* 的保存更为常见。

岩芯中的形貌：*Nereites* 通常成群出现，潜穴显示主动充填的管道被改造沉积物环圈所封套（Uchman 1995）。泥质核和砂质晕圈的 *Nereites* 很常见，尽管也有沙质潜穴出现［图 5.79；另请参阅图 4.3、图 5.121 1（b）、图 5.129（b）、图 5.132（d）和图 5.156（d）］。根据潜穴弯曲和蜿蜒的程度，岩芯中可出现多种截面，包括半圆形横截面以及或多或少纵向拉长的截面。

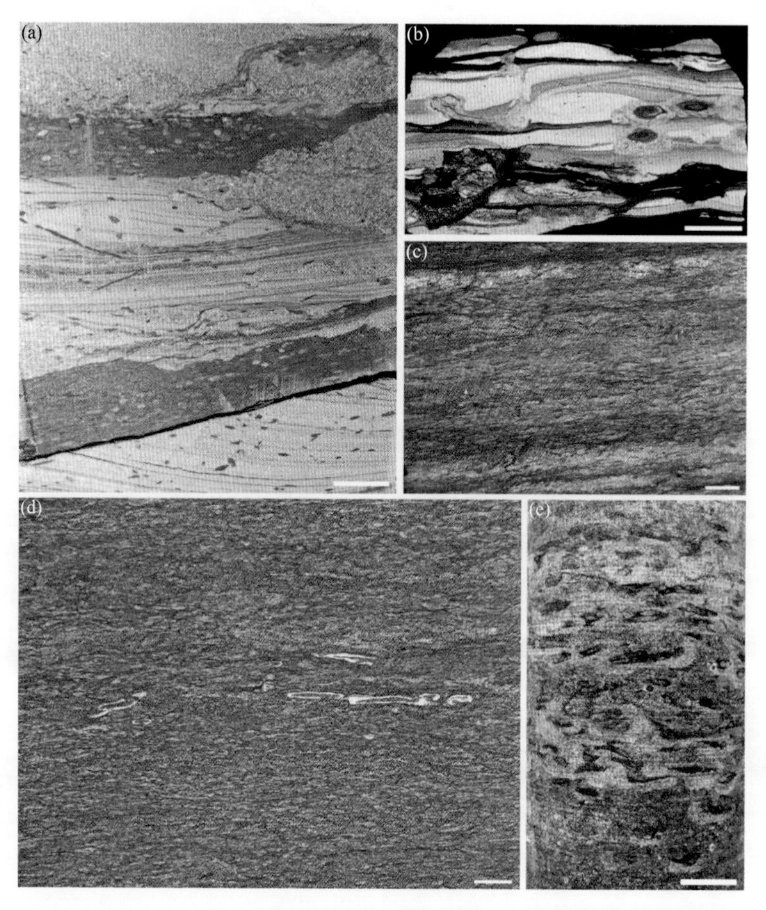

图 5.79　剖切岩芯［（a）~（d）］和全岩芯（e）的 *Nereites*。比例尺 = 1cm。（a）杂砂岩（粉砂）含 *Nereites*，由暗色（粉砂）的内带和浅色（砂质）外套构成。在粉砂（暗色）层中，潜穴密度高于砂（浅色）层。下侏罗统（Pliensbachian 阶）Amundsen 组（浅海、陆架），挪威北海（35/10－1 井，约 3657.2m）。（b）大个潜穴群，核心为暗色泥质，横截面为浅色砂质外套。上白垩统（Campanian 阶）Neslen 组（下三角洲平原），美国科罗拉多 Book Cliffs 的 East Canyon。HCR 1 号井，约 266ft。（c）粉砂质砂岩被 *Nereites* 彻底生物扰动，其中原始分层似乎完好无损，原因是小尺度改造（潜穴尺寸小，隐蔽性生物扰动结构）。上侏罗统（Oxfordian 阶）Heather 组（远滨），挪威北海 Fram 油田（35/11－9 井，约 2650.25m）。（d）彻底生物扰动的粉砂质砂岩，具有密集的 *Nereites* 遗迹组构和离散的 *Schaubcylindrichnus*。上侏罗统（Oxfordian 阶）Heather 组（远滨），挪威北海 Fram 油田（35/11－9 井，约 2645.3m）。（e）大个 *Nereites* 具有复杂的泥质核，被砂质外套包围。古新世 Grumantbyen 组（下临滨向远滨过渡），斯瓦尔巴群岛（BH 9－2006 井，约 389m）

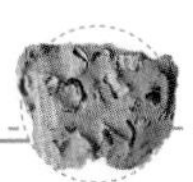

相似的遗迹化石： *Nereites* 常伴随 *Phycosiphon* 出现，特别是在岩芯中，两种遗迹化石彼此相当相似，这削弱了它们的区别。然而，*Phycosiphon* 潜穴弯曲，具有泥或粉砂的内核以及外包的砂质蹼状构造。因此 *Phycosiphon* 潜穴经常以成对的横截面出现。*Nereites* 通常比 *Phycosiphon* 大，并有一个围绕富泥核的同心或双叶晕圈（Callow 等，2013）。与 *Phycosiphon* 相反，垂向晕圈和弯曲不发达。*Nereites* 与 *Macaronichnus* 遗迹化石也相似，其有主动填砂的核被外套包围。低对比度的 *Nereites* 也可能被误认为是 *Chondrites*，但后者显示三维空间的分支。

造迹生物： *Nereites* 的造迹生物还不确定，但最可能是一种蚯蚓状动物，也许是 enteropneust 肠鳃类（Mangano 等，2000）。Rindsberg（2003）、Martin 和 Rindsberg（2007）也考虑了节肢动物产生 *Nereites*。

行为学： *Nereites* 可归类为一种沉积物摄食者的遗迹（fodinichnion 觅食迹），尽管结合移动和摄食活动应该符合解读为牧食迹（pascichnion；Mangano 等 2000）。

沉积环境： *Nereites* 是深海沉积物的一种典型元素，偏好出现在中等能量的沉积物中（Wetzel 2002，以及其中的参考文献）。它也出现在斜坡沉积物中（*Zoophycos* 遗迹相，如水道—天然堤沉积；Callow 等 2013），在陆架沉积物中也很常见（*Cruziana* 遗迹相）。最后，*Nereites* 被报道可产自河口砂质沉积物和潮坪（Martin 和 Rindsberg，2007；Neto de Carvalho 和 Baucon，2010），甚至湖泊（Hu 等，1998）和冰川（Netto 等，2012）沉积。*Nereites* 是一种浅阶层组分，以沉积后的遗迹化石的形式出现，恰好在氧化沉积物的表层之下（图 5.80）。

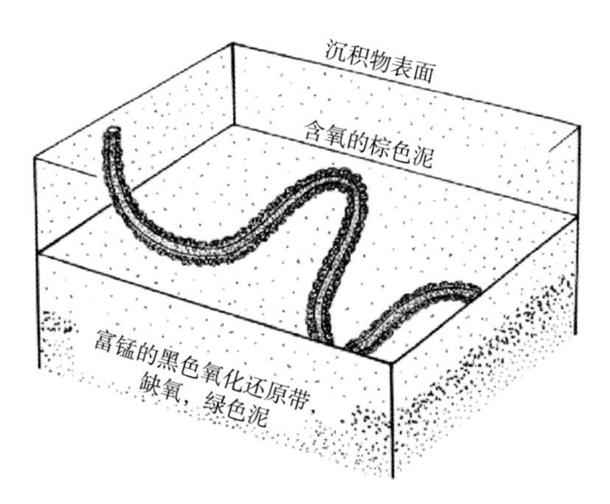

图 5.80 *Nereites* 作为深海沉积物中的浅层遗迹化石。引自 Wetzel（2002）

遗迹相： *Nereites* 是 *Nereites* 遗迹相的同名者（Seilacher，1967），典型产自盆地底相（复理石）沉积（Uchman，1995）。它也可出现在其他遗迹相，例如 *Zoophycos* 和 *Cruziana* 遗迹相。

时代： *Nereites* 报道从寒武纪（Aceñolaza 和 Alonso，2001）到全新世（Wetzel，2002）。

储层质量：*Nereites* 对储层质量的影响取决于潜穴的组成及其他们与宿主沉积物的反差。例如高密度的砂控（Sand - dominated）潜穴具有增加储层连通性的潜力（Bednarz 和 McIlroy，2015；图 3.6）。

5.16 *Ophiomorpha* Lundgren，1891

形态、充填物和大小：*Ophiomorpha* 是水平网状和竖井组成的空间网络（图 5.81）。这些潜穴的横截面是圆形到椭圆形的。分支是 Y 型和 T 型，通常连接处带有膨大现象。常见被动充填，尽管有些潜穴部分可能有主动的新月形回填［图 2.6（b）、图 5.84（e）~（g）］。潜穴衬壁是 *Ophiomorpha* 的识别标志，由沿衬壁的沙粒或泥粒组成。潜穴直径范围为 3 ~ 30mm，随遗迹种不同而变化，而完整的洞穴系统据报道有几米长和超过 1m 深。

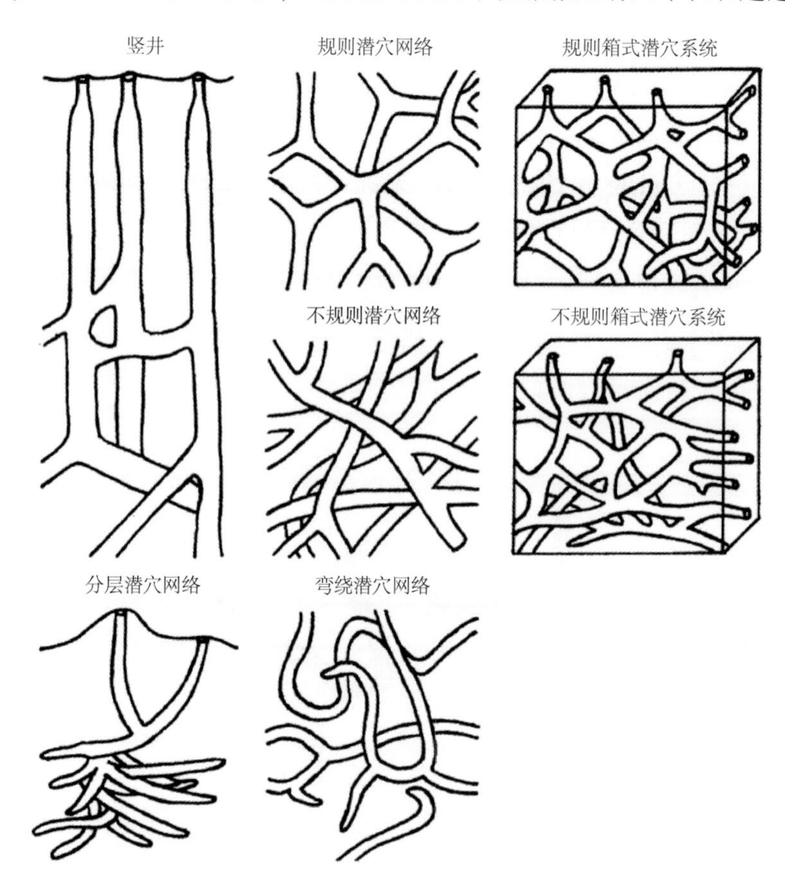

图 5.81　*Ophiomorpha* 和现代类似物的形态学变化。据 Chamberlain 和 Baer（1973），Frey 等（1978），据 Anderson 和 Droser（1998）修改，经 Wiley 许可再版；通过 Copyright Clearance Center，Inc 传递许可

遗迹分类学：根据整体形态、形状和球团的组成（Uchman，2009），区分了几个遗迹种：

- *O. nodosa*—规律分布，瘤状砂球团［图 5.22（c）、图 5.82、图 5.83（c）（d）、图 5.84（d）、图 5.178（d）］。
- *O. borneensis*—规律分布，双叶状砂球团［图 5.83（b）］。
- *O. irregulaire*—扭曲，砂芯泥球团［图 5.84（a）~（c）］。
- *O. annulata*—细长的砂球团垂直于洞穴轴。
- *O. recta*—小泥球。
- *O. rudis*—不规则分布，瘤状砂球团［图 5.83（e）（f）、图 5.84（e）~（g）］。
- *O. puerilis*—圆柱状、棒状的圆边球团。
- *O. ashiyaensis*—颗粒状纹饰。

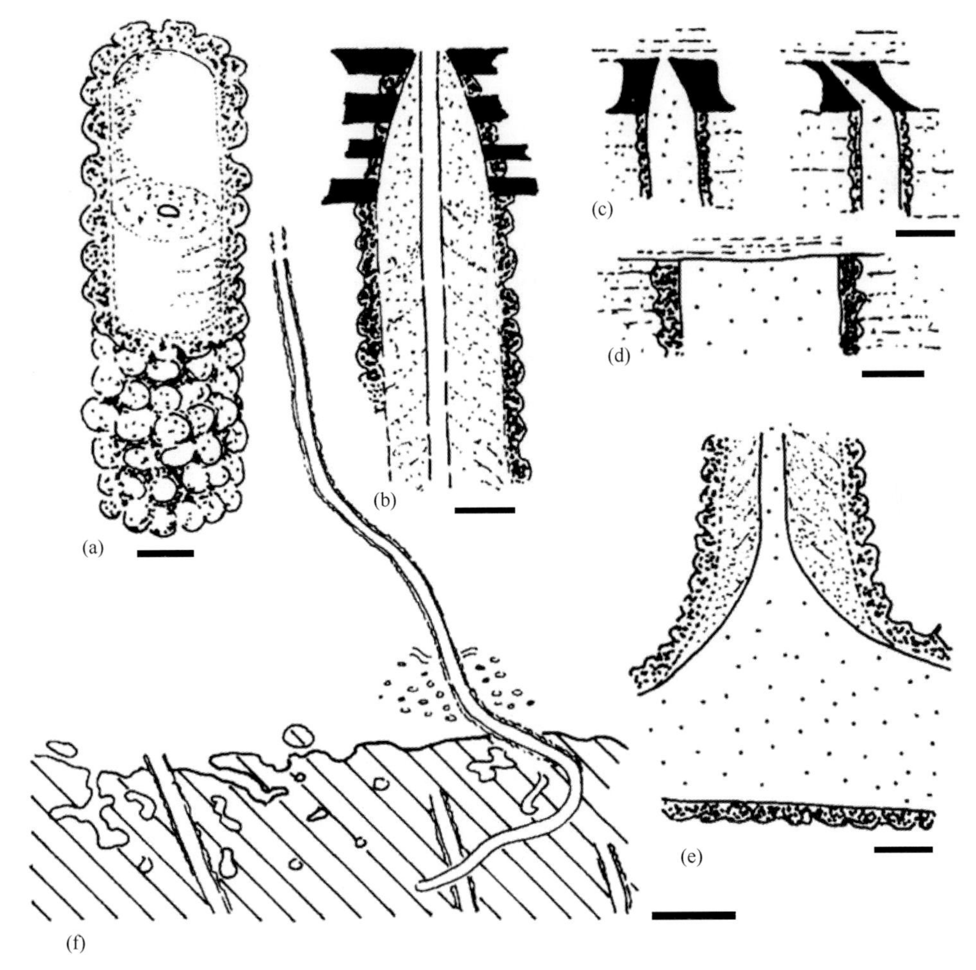

图 5.82 *O. nodosa* 的一般特征。据 Pollard 等（1993）。比例尺 = 1cm，（f） = 10cm 除外。（a）解剖砂壁颗粒的潜穴，光滑内表面到衬壁和泥质沙的限制。（b）锥形的受限潜穴。（c）两个轴管锥形变细进入泥层，被认为是殖居面。（d）轴管截断。（e）受限轴管的基底限制造成 T 型截切，具有另一个走廊。（f）有衬壁的轴管向下进没有衬壁的腐殖质丰富的砂。腐殖质砂被 *Thalassinoides* cf. *suevicus* 截短和挖穴

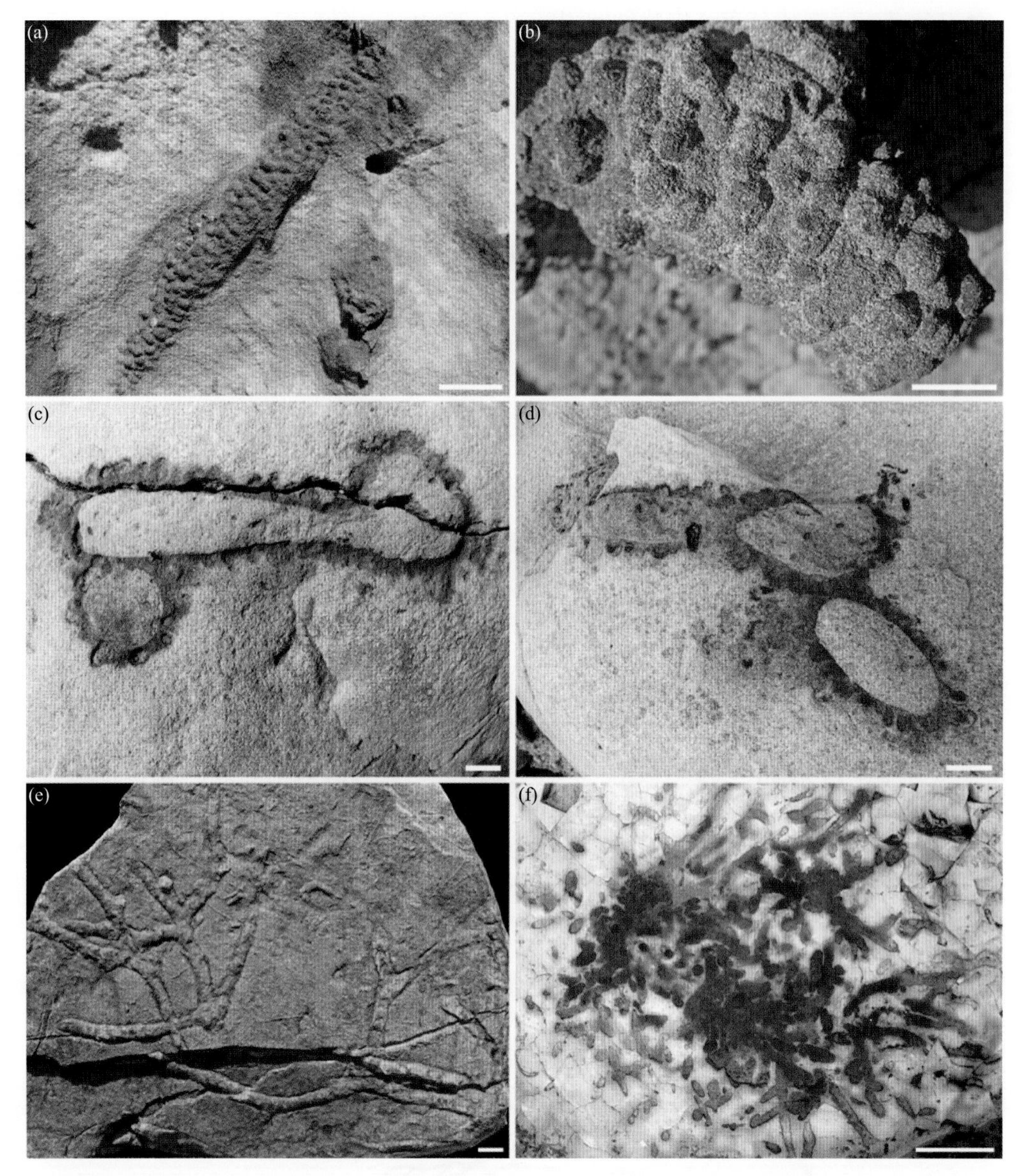

图 5.83　露头上的 *Ophiomorpha*。比例尺 = 1cm，（f）= 10cm 除外。（a）砂岩中的 *O. borneensis*。下白垩统（Berriasian 阶）Robbedale 组（浅海，近滨），丹麦博恩霍尔姆 Arnager 湾。（b）*O. borneensis* 的局部。上白垩统（Campanian 阶）Bearpaw – Horseshoe Canyon 组（边缘海），加拿大阿尔伯塔 Drumheller 附近。（c）（d）石灰岩中的 *O. nodosa*。注意相邻发生的被动和主动潜穴充填。漂砾，白垩纪，德国东北部 Greifswalder Oie。（e）砂岩层面上的 O. rudis。始新世 Grès d'Annot 组（深海，浊积），法国东南部。引自 Knaust 等（2014），经 Wiley 许可再版；通过版权清算中心传达许可。（f）一簇 *O. rudis* 在砂岩层面上。中新世 Mount Messenger 组（深海，水道—堤坝系统），新西兰北岛 Taranaki Peninsula 的海崖

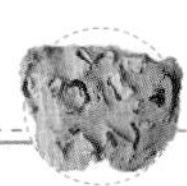

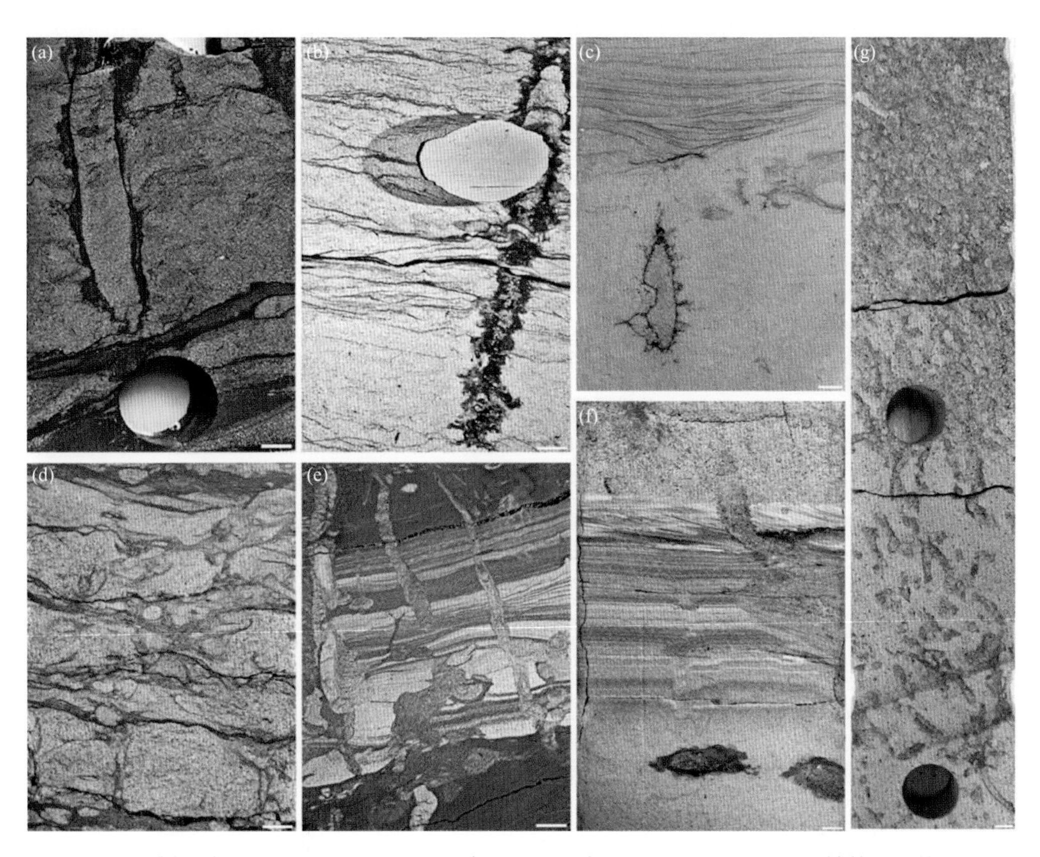

图5.84 剖切岩芯上的 *Ophiomorpha*。比例尺 =1 厘米。（a）*O. irregulaire* 的轴管。下侏罗统（Sinemurian – Pliensbachian 阶）Tilje 组（近滨，受潮汐影响），挪威北海 Skarv 油田（6507/5 –1 井，3581.2 米）。（b）*O. irregulaire* 的轴管。中侏罗统（Bajoian 阶）Ile 组（临滨，受潮汐影响），挪威海（6406/8 –1 井，约 4421.5m）。（c）*O. irregulaire* 的轴管。中侏罗统（Bathonian – Callovian 阶）Hugin 组（临滨，潮汐影响），挪威北海 Sleipner Vest 油田（15/9 –5 号井，约 3627.2 米）。（d）砂岩中的 *O.* cf. *nodosa* 遗迹组构。上侏罗统（Callovian 阶）Heather 组（远滨），Fram 油田区（35/11 –11 井，约 2724.5m）。（e）薄层杂岩上的 *O. rudis*。上白垩统（Maastrichtian 阶）Springar 组（深海），挪威海（6604/10 –1 井，约 3648.5m）。（f）*O. rudis* 的轴管和管道充填海绿石质沉积物。下白垩统（Albian 阶，深海，水道系统），坦桑尼亚近海。（g）*O. rudis* 遗迹组构，上部完全生物扰动，下部有离散的、主动充填潜穴。上白垩统（Santonian 阶）Kvitnos 组（深海，浊流），Aasta Hansteen 油田（6707/10 –2A 井，4477.0 ~4477.5m）。生物扰动作用造成孔隙度/渗透率的变化见图 3.4e

O. isabeli（Mayoral，1986）的提出基于由成岩作用（压实或差异溶解）造成的假球团状构造，因此并不保证它自己遗迹分类名称的合理性。与其他 *Ophiomorpha* 遗迹种相反，*O. puerilis*（de Gibert 等，2006）含有可可能是 *Coprulus oblongus* 的粪球粒，其今天由多毛虫类 polychaetes 生产（Knaust，2008）。

底质：*Ophiomorpha* 是洁净砂岩（均质和交错层状）的典型组成部分。由于其造迹生物的挖掘活动，数量相对较多的有机质和细粒沉积物可以进入潜穴，并可能导致宿主沉积物的非均质性。*Ophiomorpha* 的造迹生物在泥/砂界面转向水平之前，有能力穿透 1m 或更厚的沙质层（如风暴或浊流沉积）。因此，造迹生物的搜寻食物的能力完全可以穿透薄泥岩夹层［图2.6（b）］。*Ophiomorpha* 也可出现在白垩里。

岩芯中的形貌：考虑到标记性的团粒壁外观，在岩芯里鉴定 *Ophiomorpha* 是比较直观的（图5.84）。潜穴通常比伴随的遗迹化石大，团粒壁清晰，尽管更均质的泥质衬壁可能与 *Palaeophycus* 混淆。水平潜穴部分通常占主导地位［图5.146（e）］，但垂向轴管有时也暴露在岩芯截面上（图5.146）。必须强调的是，*Ophiomorpha* 可以被动地或主动充填。主动充填物通常为新月形［图5.84（e）（g）、图5.146（f）和图5.161（d）］。

相似的遗迹化石：局部不连续的球团可能会导致与其他（假设）甲壳类动物的潜穴相混淆，如 *Thalassinoides*、*Spongeliomorpha*、*Psilonichnus*、*Pholeus* 和 *Scoyenia*（图5.85）。具有致密衬壁的潜穴可能像 *Palaeophycus*，可以逐步过渡到其他甲壳类动物的潜穴，这取决于底质的性质。然而 *Palaeophycus* 以偏好水平取向和通常不分叉的性质区别于 *Ophiomorpha*。主动充填的 *Ophiomorpha* 巷道从表面上看与 *Taenidium* 和 *Scolicia* 的回填潜穴相似，后者无分支和缺乏球粒或显著的垂直潜穴管，而主动充填的轴管可能类似于 *Diplocraterion*（图5.58）。幼小造迹生物产生的小型 *Ophiomorpha* 可能与 *Chondrites* 相似，但与之不同的是它们的空间网状结构和球粒壁的出现。开放的 *Ophiomorpha* 潜穴管可能会遭受塌陷，这可能导致在负载过重的沉积物里薄层向下偏转，这样就酷似 *Conichnus*［图5.44（b）］。

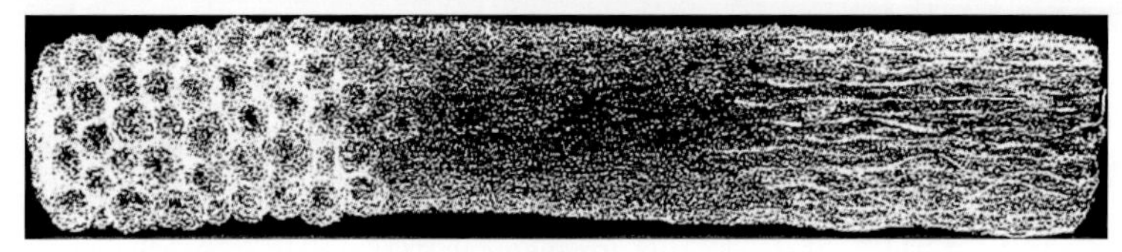

图5.85　潜穴部分显示三种不同的组成，是同一种生物在（可能是海生甲壳动物 *Thalassinidean crustacean*）不同底质里活动的结果。由于这种对比特征，在遗迹属的层级应用了三个不同的名字。据 Schlirf（2000）修改

造迹生物：与现代的类似者相比，认为 *Ophiomorpha* 的造迹生物属于大美人虾，特别是螯状亚目（图5.25、图5.86和图5.87）。事实上，已知有几百个现存 thalassinideans（Callianassidae 和 Upogebiidae 科）的掘地物种（Knaust 等，2012）。

行为学：建造 *Ophiomorpha* 的虾可以摄食沉积物和悬浮物（domichnial 居住迹或者 fodinichnial 觅食迹），这取决于所涉及的物种，但通常也在相同物种内（Nickell 和 Atkinson，1995）。相互联系、高度组织和系统化的潜穴元素（如多边形和正弦线段），特别是沿着砂岩/泥岩界面的，指示较先进的行为并被解释为耕作迹（Cummings 和 Hodgson 2011）。

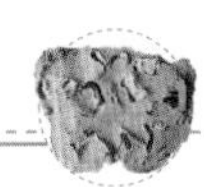

Ophiomorpha 的颗粒壁常源于黏液和沉淀物的混合物。由于其沿开放、含氧洞穴与缺氧宿主沉积物的界面出现，这些团粒具有很强的成岩改造潜力。

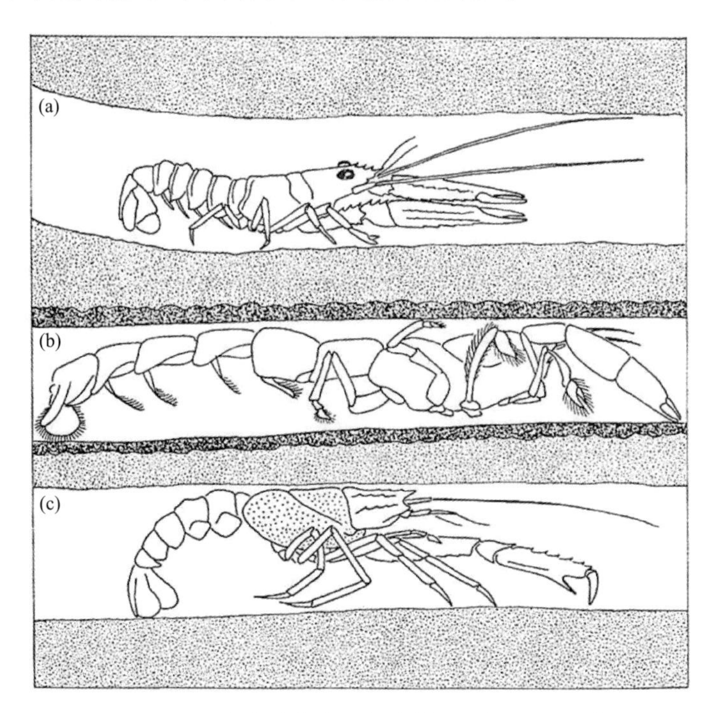

图 5.86　穴居的甲壳类动物的三个示例。引自 Bromley 和 Asgaard（1972），经 GEUS 许可转载。（a）*Nephrops norvegicus*，（b）*Callianassa major*，（c）*Glyphea rosenkrantzi*

图 5.87　虾科 callianassid *Glypturus acanthochirus* 深挖潜穴造成的丘状地形，巴哈马宽阔潮坪。引自 Knaust 等（2012），经 Elsevier 许可转载；通过版权清算中心有限公司传达许可

沉积环境：*Ophiomorpha* 是最常见的遗迹化石之一，出现在宽泛范围的古环境（Leaman 等，2015）。最初被认为是浅海相的重要组成部分（Frey 等，1978；Pollard 等，1993），几个 *Ophiomorpha* 遗迹种具有深海沉积的特征（Tchoumatchenco 和 Uchman，2001；Uchman，2009），*Monaco* 等（2009）研讨了其跨相关系。几乎没有关于 *Ophiomorpha* 来自陆相的的报道，尽管那些潜穴也可以通过其他方式产生和分配给不同的遗迹分类系统（Goldring 和 Pollard，1995；参见 Baucon 等，2014）。虽然不完全如此，但 *Ophiomorpha* 是与高能环境有关的一个典型组分。通过该遗迹化石可用于估计殖居和建造潜穴的时间，指的是殖居窗口，Pollard 等（1993）区分了沙质海岸线沉积环境，如临滨、远滨潮汐陆棚沙波相以及河口相（图 5.88）。在对犹他州上白垩统层序地层分析的基础上，Anderson 和 Droser（1998）论证与 *Ophiomorpha* 相关的生物扰动在低位体系域比海侵体系域更普遍，因为 *Ophiomorpha* 造迹生物习惯在边缘海、近滨的富砂环境栖息。

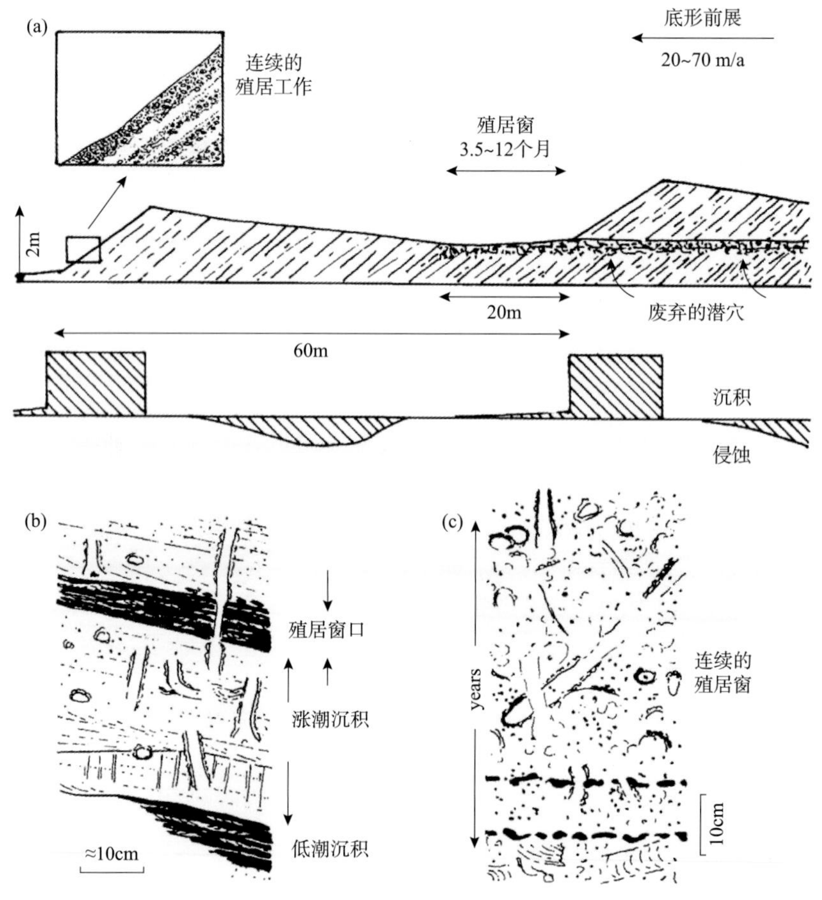

图 5.88　图示殖居窗口。引自 *Pollard* 等（1993）。（a）沙波迁徙和凹槽区殖居的机会。（b）说明河口点沙洲沉积过程的示意图，其殖居机会仅限于泥的沉积时期。（c）临滨环境对殖居的物理限制可能仅限于罕见的风暴

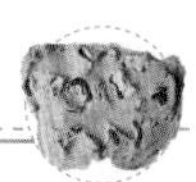

遗迹相：在浅海范围内，具有明显垂向竖管的 *Ophiomorpha* 属于 *Skolithos* 遗迹相，但与 *Cruziana* 遗迹相重叠，那里水平潜穴更显著。在深海中，Uchman（2009）建立起 *O. rudis* 遗迹亚相，作为 *Nereites* 遗迹相的一部分。在那里，*O. rudis* 是高能量近端和浊流沉积的特征（如 Knaust，2009 b）。

年代：穴居虾出现在二叠纪，*Ophiomorpha* 二叠纪产出（Chamberlain 和 Baer，1973）一直到现今（如 Leaman 等，2015）。Baucon 等（2014）报道了意大利二叠纪河流沉积物中的 *Ophiomorpha*，并推测在二叠纪末大灭绝后的恢复期，其幽灵虾造迹生物入侵了海洋环境。从侏罗纪晚期以来，在深海沉积物中也可以发现 *Ophiomorpha*（Tchoumatchenco 和 Uchman，2001；Uchman，2009）。

储层质量：鉴于其复杂的形状和涉及各种造迹生物，*Ophiomorpha* 可以趋向改善和降低储集岩的品质。由于喜欢悬浮摄食的生活方式，虾会把大量的泥引入它们的以沙为主的居所，这可能会导致孔隙度和渗透率的急剧减少，从 Vøring 案例研究可知（图 3.4）。在同一地区，泥质基质内的薄层含气砂岩层被 *Ophiomorpha* 的长竖管垂直连接［图 5.84（e）］。*Ophiomorpha* 和 *Thalassinoides* 控制储层的最好文献记录是佛罗里达的 Biscayne 含水层，它依赖于 callianassid 虾的掘穴活动（Cunningham 等，2009、2012）。在纽芬兰近海白垩纪 Ben Nevis 组浅海地层里，*Ophiomorpha* 主导的遗迹组构被证明是有效净产层的重要介质（Tonkin 等，2010）。直径大的 *Ophiomorpha* 潜穴能促进流体流动以及早期成岩矿物的沉淀（图 5.89）。

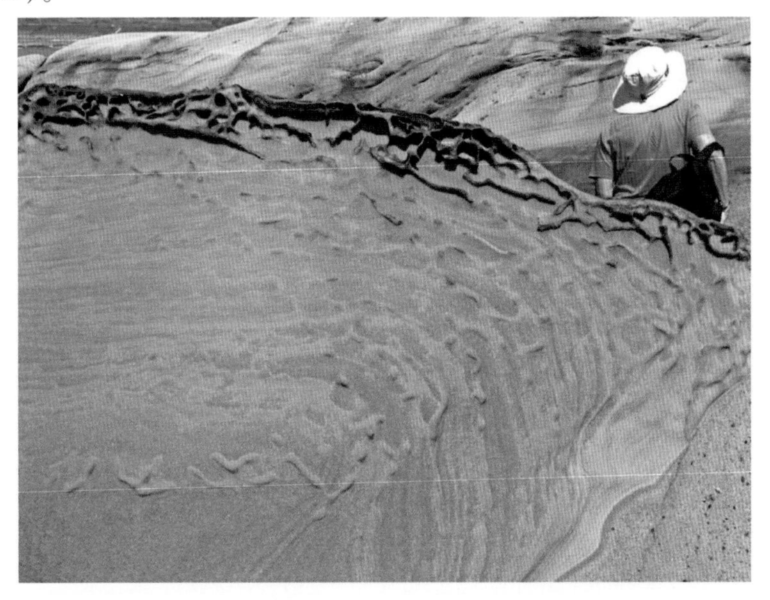

图 5.89　密集的 *Ophiomorpha* 和 *Thalassinoides* 空间网络构造，
产于圆丘状交错层理砂岩，胶结程度向上增加，有铁质矿物（褐铁矿?）侵染。
中中新世 Tatsukushi 组（Misaki 群，临滨），日本南部 Shikoku 岛东南海岸

5.17 *Palaeophycus* Hall，1847

形态、充填物和大小：*Palaeophycus* 指近水平的，本质上是圆柱的、直的或微弯的潜穴，具有衬壁和被动充填（图5.90、图5.91）。潜穴通常无分支或无系统分支（Keighley 和 Pickerill，1995）。*Palaeophycus* 的大小范围从直径1mm或更小到超过1cm。

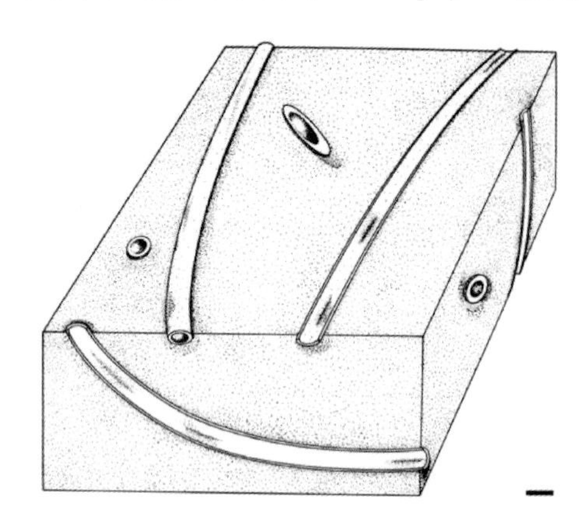

图5.90　重建的 *Palaeophycus heberti*，据 Howard 和 Frey（1984），加拿大科学出版社许可再版；通过版权结算中心传递许可。比例尺 =1cm

遗迹分类学：*Palaeophycus* 遗迹属包括约20种有效遗迹种，其中薄壁 *P. tubularis* 和厚壁 *P. heberti* 在岩芯样品中最有价值。其他的遗迹种衬壁很薄，彼此以沟纹区别（Pemberton 和 Frey，1982）。

图5.91　露头上的 *Palaeophyticus*。比例尺 =1cm。（a）*P. heberti* 在燧石结核的边缘（硅化石灰岩，垂直剖面）。中二叠统 Kapp Starostin 组（混合硅质碎屑碳酸盐岩缓坡），斯瓦尔巴特群岛 Akseløya。（b）与（a）相同，细节图显示拥挤的潜穴。（c）大个拉长的 *P.* cf. *heberti* 潜穴在粉砂岩层面上。古新世 Grumantbyen 组（陆棚近端），斯瓦尔特 Longyearbyen 附近。（d）与（c）相同，近距离视图。（e）*P.* cf. *alternatus* 潜具弱环纹。与（c）相同的地点

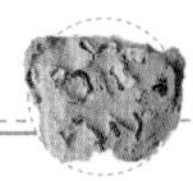

底质：*Palaeophycus* 出现在不同大小的颗粒中，以软底为主，也可以在硬底中，既有硅质碎屑也有碳酸盐岩沉积。

岩芯中的形貌：或多或少的水平方向潜穴、内衬壁和被动充填使 *Palaeophycus* 在岩芯中与众不同。它们呈现出圆形、椭圆形和拉长的截面［图 5.92，另见图 5.111（b）］。它们的外观（例如壁厚、大小、密度等）与所遇到的遗迹种、相及环境限制因素有关（图 5.93）。*Palaeophycus* 可以作为单个潜穴或者以高密集度的方式出现。

图 5.92　*Palaeophycus* 的总体形态及其在岩芯切片上的形态

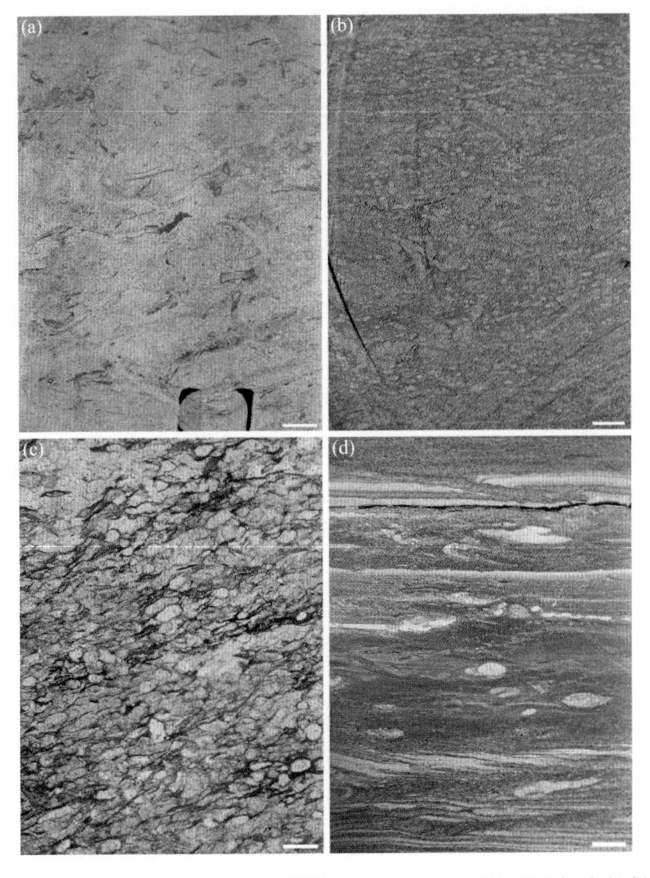

图 5.93　剖切岩芯中的 *Palaeophycus*。比例尺 = 1cm。（a）砂岩有小标本的斜向和横切面。中侏罗统（Bathonian 阶）Hugin 组（边缘海相），挪威北海 Gudrun 油田（15/3 - 9T2 井，约 4490.4m）。（b）生物扰动彻底的泥质砂岩，含有密集的小个 *Palaeophycus* 遗迹组构。中侏罗统（Callovian 阶）Hugin 组（浅海），挪威北海 Sleipner 油田（15/9 - 1 井，约 3532.3m）。（c）砂岩有密集遗迹组构，几乎完全由大个 *Palaeophycus* 组成。下侏罗统（Pliensbachian 阶）Cook 组（边缘海，三角洲?），挪威北海（34/2 - 2 井，约 3670.0m）。（d）粉砂岩含有个别的 *Palaeophycus*。上白垩统（Campanian 阶）Nise）组（深海），挪威海 Aasta Hansteen 油田（6707/10 - 1 井，约 3021.25m）

相似的遗迹化石：*Palaeophycus* 是一种相对简单的遗迹，相应地很可能与相似的遗迹属混淆。*Planolites* 和 *Macaronichnus* 在形态上类似 *Palaeophycus*，区别为它们是主动充填。其他有衬壁的潜穴，比如 *Ophiomorpha* 和 *Siphonichnus* 的水平部分可能类似于 *Palaeophycus*，部分复杂的遗迹化石如 *Hillichnus* 也是如此［图 5.64（b）］。对许多标本的详细研究通常揭示 *Palaeophycus* 的形状。

造迹生物：蚯蚓状动物（如环节动物）是 *Palaeophycus* 最可能的造迹生物，尽管不能排除其他生物群体（如节肢动物）。类似 *Palaeophycus* 的现代遗迹是由多毛海蛇 nereidid polychaetes 产生的（Dashtgard 和 Gingras，2012；Gingras 等，2012）。

行为学：*Palaeophycus* 通常被解释为食肉动物或悬浮进食动物的居住迹（domichnion 居住迹）（Pemberton 和 Frey，1982）。

沉积环境：*Palaeophycus* 产于海相和陆相宽泛的古环境设置。*Palaeophycus* 在大陆域河流和湖泊沉积（但不限于）中是常见的［图 5.5（c）（d）］。微小潜穴的低分异性组合出现在微咸状态的边缘海洋环境中（如河口、潮间带和潮下）［图 5.93（a）（b）］，而密集的大个潜穴 *Palaeophycus* 组合据报道产于三角洲沉积［下三角洲平原和三角洲前缘；图 5.93（c）］。这些现象表明造迹生物是广盐性的。*Palaeophycus* 也常见于临滨和远滨沉积物中，那里有高得多的遗迹歧异度。也有报道称来自大陆斜坡（Hubbard 等，2012）和深海扇［Uchman 和 Wetzel，2012；图 5.93（d）］。

遗迹相：在海洋域，*Palaeophycus* 属于 *Cruziana* 遗迹相，其次是 *Skolithos*、*Zoophycos* 和 *Nereites* 遗迹相，而陆相 *Palaeophycus* 发生在广泛的确定遗迹相范围内（MacEachern 等，2012；Melchor 等，2012），其中最相关的是 *Mermia* 和 *Scoyenia* 遗迹相。

年代：除了无把握的产自上元古界的报道外，已知 *Palaeophycus* 可靠的产出贯穿整个显生宙。

储层质量：在最佳条件和高密度出现下，砂质被动充填的 *Palaeophycus* 潜穴可能有助于改善储层质量。

5.18　*Paradictyodora* Olivero 等，2004

形态、充填物和大小：*Paradictyodora* 是一种复杂的垂向蹼状潜穴，向上变宽，显示棱柱形到圆锥形（图 5.94、图 5.95 和图 5.96）。它由近垂直的 J 形管侧向迁移产生的近垂直褶皱纹层组成（Olivero 等，2004）。*Paradictyodora* 潜穴相对较大，垂直和横向延伸可达几厘米。

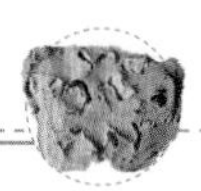

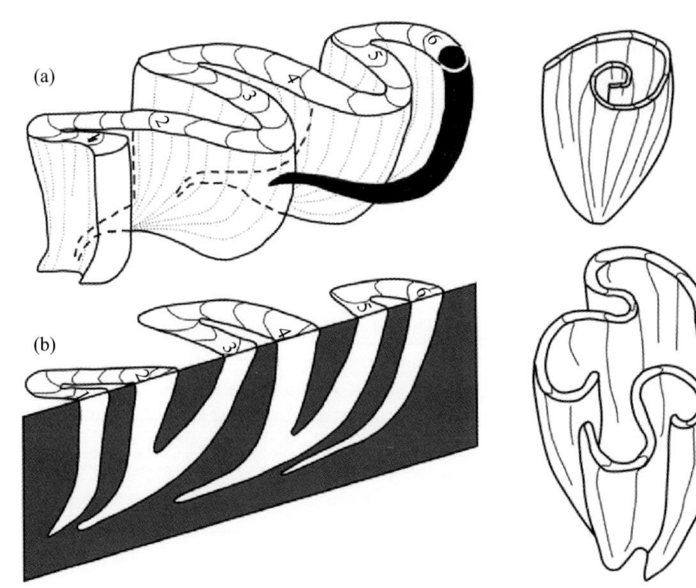

图 5.94 *Paradictyodora antarctica* 的重建图。引自 Olivero 等（2004），© 古生物学学会，剑桥大学出版社出版，经许可转载。（a）该黑色潜穴的三维视图，沿着蜿蜒条带连续弯曲段（1～6）。（b）平面视图和垂向截面

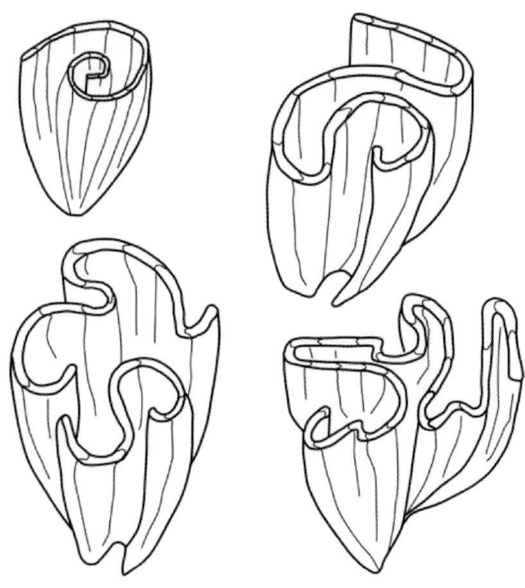

图 5.95 *Paradictyodora antarctica* 的变种（示意重建图）。引自 Olivero 等（2004），© 古生物学学会，剑桥大学出版社出版，经许可转载

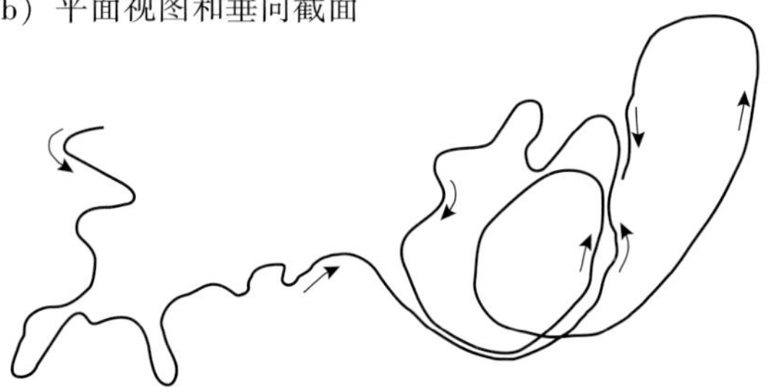

图 5.96 *Paradictyodora*（＝*Tursia*）*flabelliformis* 侧突移位过程的平面图。箭头指示蹼足的位移方向。据 D'Alessandro 和 Fürsich（2005），转载经出版商的许可（Taylor & Francis Ltd.，http：//www. tandfonline. com）

遗迹分类学：迄今只发现 *Paradictyodora* 有两个遗迹种：*P. antarctica* 和 *P. flabelliformis*。Tursia（D'Alessandro 和 Fürsich，2005）大概是与 *Paradictyodora* 同时建立的，并且是它的次级同义词（Serpagli 等，2008）。

底质：到目前为止，几乎没有见过 *Paradictyodora* 产自砂质底质的记录。

岩芯中的形貌：从顶部的水平视图（顺层）看，*Paradictyodora* 的纹层合并形成有规律的或不规则的蜿蜒或螺旋状的条带，具有回填的月牙结构。在垂直视图中，纹层呈规则的叠瓦状，倾斜至近垂直条带（Olivero 等，2004；图 5.97）。在岩芯中观察到少数标本呈弯曲和波动轨迹，在垂向截面上有 12～15cm 长。单个蹼状潜穴交替充填沙和泥，而带状轨迹出现在水平截面上。

图 5.97　剖切岩芯中的 *Paradictyodora*，产自中侏罗统（Bathonian – Callovian 阶）Hugin 组［浅海，（a）~（f）］，下侏罗统（Pliensbachian 阶）Amundsen 组［浅海，（g）］，挪威北海。比例尺 = 1cm。（a）（b）彻底生物扰动的砂岩，一个起伏的垂向潜穴的截面（部分和对应），主要充填泥，显示一个内部充沙的管穴（箭头之间）。（c）与（a）和（b）相同的样品，顶部水平截面（15/6 – 4 井，约 10637ft）。（d）砂岩含有交替泥—砂充填的潜穴，垂向截面线路起伏。Sleipner Vest 油田（15/9 – 1 井，约 3544.0m）。（e）（f）强烈生物扰动砂岩，泥质潜穴在垂直和水平截面上（25/7 – 2 井，约 4465.3m）

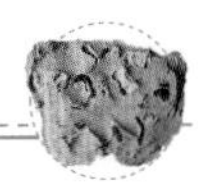

相似的遗迹化石：*Paradictyodora* 可能与相似的垂向蹼状潜穴混淆，如 *Dictyodora*、*Teichichnus*、*Heimdalia*、*Stellavelum*、*Zavitokichnus* 和 *Euflabella*（Olivero 等，2004；D'Alessandro 和 Fürsich，2005；Michalík 和 Šimo，2010；Olivero 和 López Cabrera，2013）。

造迹生物：D'Alessandro 和 Fürsich（2005）认为食沉积物活动是潜在的遗迹建造过程，例如 tellinid 双壳类吸水管的侧向移动，多毛虫类 polychaete Arenicola 进食轴管横向位移（图 5.98）。Serpagli 等（2008）认为吸水管遗迹的保存［图 5.97（a）（b）］支持 tellinid 双壳类模型（图 5.98）。

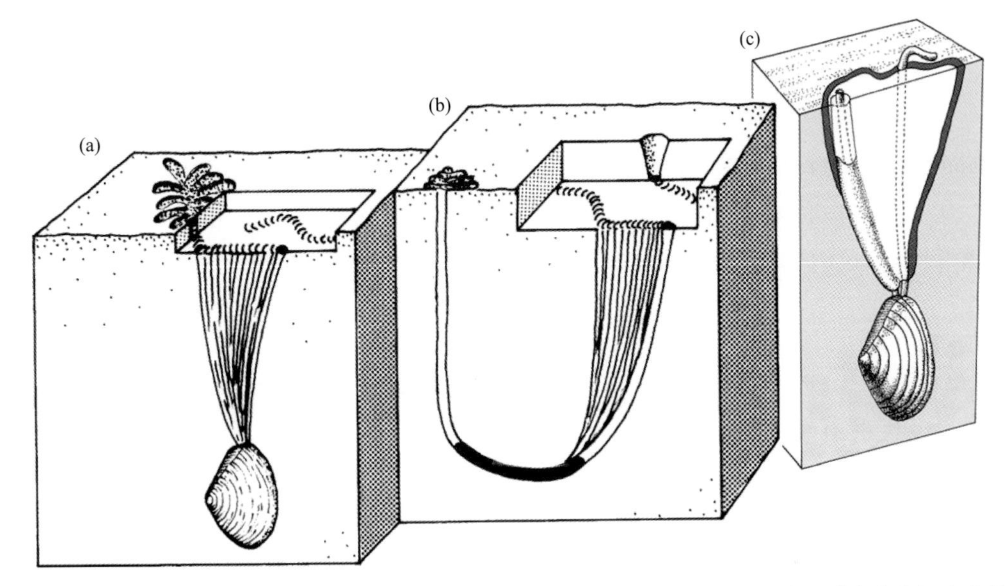

图 5.98　交替行为学模型 *Paradictyodora*（=*Tursia*）*flabelliformis*。(a) 解释为一种底生食沉积物的双壳类（tellinid 模型）虹吸管横向移动所产生。(b) 解释为以沉积物为食的蠕虫状生物（Arenicola 模型）有关的垂向 U 形潜穴轴管横向位移的表达。(a) 和 (b) 引自 D'Alessandro 和 Fürsich（2005），经出版商许可转载（（Taylor & Francis Ltd，http：//www. tandfonline. com）。(c) 解释为 tellinid 双壳类动物吸水管的游动位置产生，而吸水管的痕迹（左）最后仍然保存。引自 Serpagli 等（2008）

行为学：可以从蜿蜒的蹼状构造推测食沉积物（fodinichnial 觅食迹）的行为（Olivero 等，2004；D'Alessandro 和 Fürsich，2005）。

沉积环境：*P. antarctica* 最初发现于深海扇系统的细粒沉积物（Olivero 等，2004）。*P. flabelliformis* 发生在内陆架到下滨面环境（Bourgeois，1980；Serpagli 等，2008）以及受保护的临滨沉积物（D'Alessandro 和 Fürsich，2005）。

遗迹相：*Paradictyodora* 似乎是 *Cruziana* 遗迹相的一部分。

年代：*Paradictyodora* 发现于晚白垩世（Bourgeois，1980；Olivero 等，2004）至更新世（D'Alessandro 和 Fürsich，2005）。本文所提供的岩芯材料把 *Paradictyodora* 出现扩展到侏罗纪早期。

储层质量：迄今尚无 *Paradictyodora* 影响储层质量的评估。鉴于其富泥主动充填，可以认为出现更密集 *Paradictyodora* 的地方降低储层质量。

5.19 *Parahaentzschelinia* Chamberlain，1971

形态、充填物和大小：*Parahaentzschelinia* 由许多小的、不规则的、泥和沙充填的潜穴管构成，垂向和斜向辐射向上至沉积物表面（Chamberlain，1971），这导致整体呈漏斗形的潜穴。层的上表面可能会留下一个圆锥形的凹陷，广泛发育泥质充填的管道。典型种 *P. ardelia* 相对较小（潜穴直径 1.5mm，深 15～20mm 和 15～60mm 的表面直径），并在其顶端有一个倾斜主管道（图 5.99）。相比之下，*P. surlyki*（Dam，1999）较大（潜穴直径 4～20mm，深达 50mm，表面直径可达 120mm），由垂直捆绑的潜穴构成，具有砂和泥质的衬壁，从一个中心垂直的主轴管垂直或斜向上辐射到沉积物表面。管道可显示清晰的新月形回填（Głuszek，1998）。

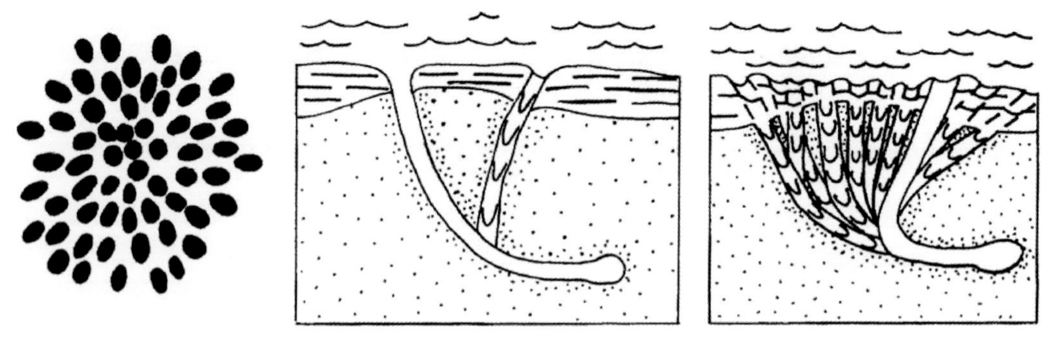

图 5.99 *Parahaentzschelinia ardelia* 的平面视图，在层面上（左），挖穴初期发育截面（中），沉积物完全贯穿（右）。引自从 Chamberlain（1971），© 古生物学会，剑桥大学出版社出版，复制许可

遗迹分类学：Schweigert（1998）对 *P. egesheimense* 的识别只是基于大小差异和管密度变化，因此必须归因于 *Parahaentzschelinia* 两个已存遗迹种之一。同样的，具有回填主管的 *Roselia rotatus*（McCarthy，1979）与 *P. ardelia* 相似，可视为它的初级同义词。

底质：*Parahaentzschelinia* 在硅质碎屑砂质底质中最常见，但也存在于石灰岩中。

岩芯中的形貌：*Parahaentzschelinia* 在垂直岩芯截面呈漏斗形潜穴（如果以轴向方位切片的话），主管保存在根尖位置（图 5.100）。边缘部分通常错过基管，呈倒锥形结构。潜穴内部是密集的层或显示不规则的弯曲。一个（终端）或多个泥质衬壁通常保存完好，也可以是被动地或主动砂质充填。

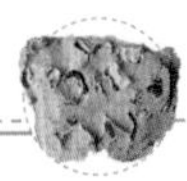

图 5.100 剖切岩芯中的 *Parahaentzschelinia*。比例尺 = 1cm。(a)(b) 和 (f) 来引自 Knaust (2015a),经爱思唯尔许可重新出版;通过版权结算中心传递许可。(a) *P. surlyki*,很好地展示了中央泥纹层管和不规则扰动合并成漏斗状洞穴。中侏罗统 (Bajoian 阶) Ile 组 (边缘海相),挪威海 Trestakk Discovery (6406/3 - 2 井,约 4075.35m)。(b) 一种漏斗状含菱铁矿的 *P. surlyki* 标本。中侏罗统 (Bajoian 阶) Ile 组 (边缘海相),挪威海 (6406/8 - 1 井,约 4382.95m)。(c) 小个标本占位进入浊积砂层,漏斗下保存了双壳铸模。下白垩统 (Albian 阶,大陆斜坡),坦桑尼亚外海。(d) 大个波状标本 *P. surlyki* (箭头指示轮廓),部分黄铁矿化 (棕色) 管。中侏罗统 (Callovian - Oxfordian 阶) Hugin 组 (边缘海),挪威北海 Johan Sverdrup 油田 (16/2 - 7 井,约 1967.6m)。(e) 波纹状砂岩中的小个标本。下侏罗统 (Sinemurian - Pliensbachian 阶) Tilje 组 (边缘海),挪威海 Åsgard 油田 (6506/12 - K - 3H,约 4524.5m)。(f) 波纹状砂岩中的三个 *P. surlyki* 漏斗形标本。Siphonichnus 伴随并部分截切这些潜穴。中侏罗统 (Bajocian 阶) Ness 组 (三角洲平原),挪威北海 Valemon 油田 (34/10 - 23 井,约 3236.5m)。(g) 波纹状砂岩中的小个标本。下侏罗统 (Pliensbachian 阶) Åre 组 (边缘海),挪威海 Skuld 油田 (井 6608/10 - 12 井,约 2796.9m)。(h) 密集的遗迹组构,包括 *Siphonichnus*, *Teichichnus* 和 *Schaubcylindrichnus*,被一个相对较小的 *P. surlyki* (中间偏左) 叠印。下侏罗统 (Toarcian 阶) Cook 组 (下临滨),挪威北海 (34/2 - 4 井,约 3832m)

相似的遗迹化石：*Parahaentzschelinia* 的整体形状常与 *Rosselia* 遗迹种混淆，与之不同的是整体漏斗状（而非球根状或纺锤状）以及更不规则的纹层状内部结构（而非几何同心圆）。此外，多个终端管可以被保存，并且可以随意放置在漏斗形的潜穴里。因此，*R. rotatus*（McCarthy，1979）更适合定名为 *Parahaentzschelinia*（图 5.101）。*Paradictyodora* 具有一种垂向蹼状构造，具有近垂直的褶皱层（Olivero 等，2004）。在垂直剖面上，*Paradictyodora* 的压缩形态可能与 *Paraentzschelinia* 混淆，但与之不同的是弯曲和蜿蜒的蹼状构造。

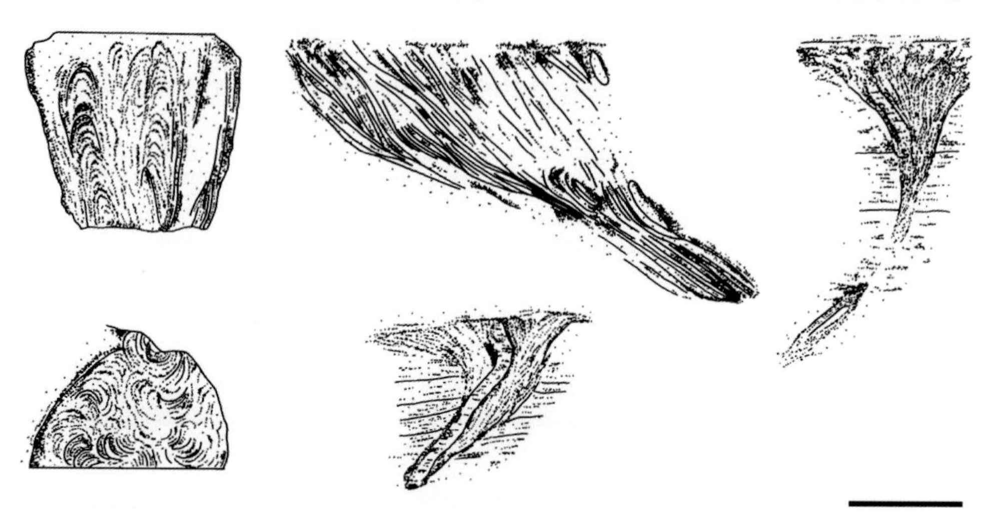

图 5.101　*Parahaentzschelinia ardelia*（= *Rosselia rotatus*），产自二叠纪临滨—前滨沉积，澳大利亚悉尼盆地。*R. rotatus* 的全型标本，垂直截面（左上）和水平截面（左下），还有垂向截面不同的潜穴（中、右），整体呈漏斗状、泥质衬壁和倾斜层。比例尺 = 3cm。据 McCarthy（1979）修改，© 古生物学会，剑桥大学大学出版社出版，经许可转载

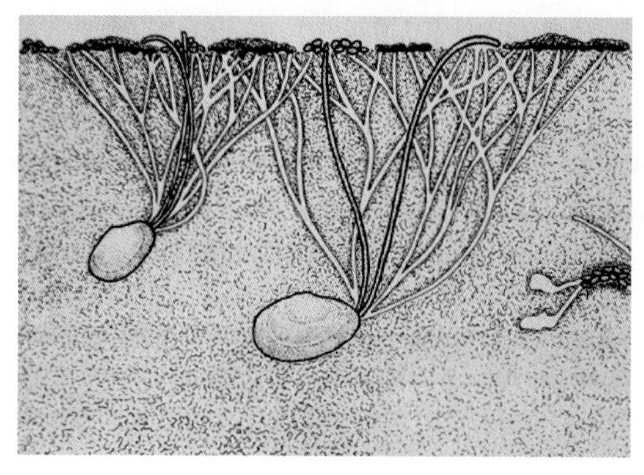

图 5.102　深海 tellinid 双壳类 *Abra nitida* 的摄食活动，这可能产生 *Paraentzschelinia*。虹吸活动区呈现废弃管道的网络。*A. nitida* 在碎屑表面觅食，并将假粪便和粪便都留在海底。据 Wikander（1980），Bromley（1996），经出版商许可再版（Taylor & Francis Ltd.，http：//www.tandfonline.com）

造迹生物：*Parahaentzschelinia* 最初归因于蠕虫状动物的进食活动，现在最好的解释是 tellinid 双壳类的遗迹（Bromley，1996；图 5.102）。Tellinid 双壳类使用各种方法用虹吸管进食，要么在地下位置，或最常见在碎屑表面上。有一些例子，生产 *Parahaentzschelinia* 的双壳类的铸模被保存在漏斗形吸管痕迹下面（图 5.103）。此外，某些特别的海参类钻孔行为也可能产生类似的遗迹。

行为学：与现代对应物进行类比，*Parahaentzschelinia* 可以解释为 tellinid 双壳类的摄食遗迹（fodinichnion 觅食迹）。类

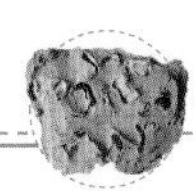

似的遗迹化石 *Paradictyodora* 也可能是 tellinid 双壳类摄食活动的结果（Serpagli 等，2008）。

图 5.103 岩芯截面展示小个双壳类铸模（箭头），以及在其上方一系列显露出来的漏斗形虹吸遗迹。下侏罗统（Pliensbachian－Toarcian 阶）Cook 组（浅海，34/5－1S 井，约 3648.65m）。比例尺＝1cm

沉积环境：*Parahaentzschelinia* 最初发现于深海沉积物（Chamberlain，1971），后来其他人也在该环境有发现［Uchman，1995、1998；Tunis 和 Uchman，1996；Monaco，2008；Heard 和 Pickering，2008；Wetzel，2008；图 5.100（c）］。它经常被报道来自浅海高能量环境（图 5.104），包括前滨（Fürsich 等，2006），潮坪（Mángano 和 Buatois，2004），高能量浅滩（Knaust，2009a），临滨（Bann 和 Fielding，2004），风暴控制的大陆架（Dam，1990）以及潮控三角洲（McIlroy 2007）。*Parahaentzschelinia* 在受浊流影响的沿海潟潟湖沉积的板状石灰石中也可遇到（Schweigert，1998），还有其他边缘海环境。

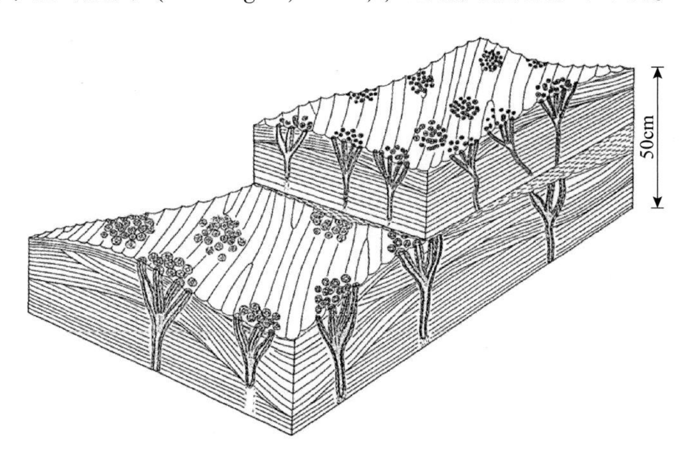

图 5.104 *Parahaentzschelinia surlyki* 伴随圆丘状交错层理砂岩，下侏罗统 Neill Klinter 组（浅海），东格陵兰。引自 Dam（1990），经丹麦地质学会许可转载

遗迹相：在浅海出现的*Parahaentzschelinia*是*Skolithos*遗迹相的典型组成部分，而发生在深海则与*Ophiomorpha rudis*遗迹亚相有关。

年代：*Paraentzschelinia*出现从石炭纪（Chamberlain，1971；Głuszek，1998）到全新世（Wetzel，2008）。在侏罗纪的分布很广。

储层质量：由于不同数量的泥掺入潜穴，*Paraentzschelinia*可能对储层质量有轻微的负面影响，但因潜穴的垂直到轻微倾斜取向连通宿主地层而得到部分补偿。

5.20 *Phoebichnus* Bromley 和 Asgaard，1972

形态、充填物和大小：*Phoebichnus*是一种水平的、星状潜穴系统，具有较厚的垂向中央轴管（或套筒），从其中辐射出众多直而长的潜穴（图5.105）。潜穴里有一堵衬壁，具有离散的新月形主动回填物（Bromley 和 Asgaard，1972；Evans 和 McIlroy，2015）。中轴常受成岩作用的改造影响（如胶结作用）。整个潜穴系统直径可达几分米，单个潜穴直径一般在1～2cm之间（图5.106）。

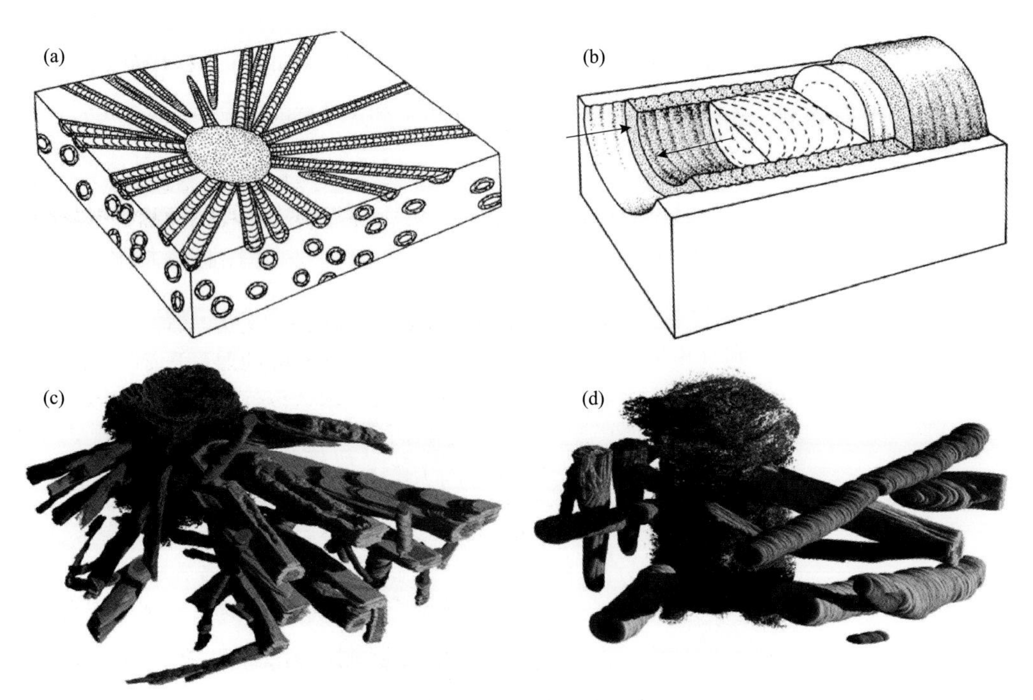

图5.105 *Phoebichnus trochoides*的结构图和三维重建。（a）和（b）引自 Bromley 和 Mørk（2000），经 Schweizerbart（www.schweizerbart.de/series/zgp1）许可转载。（c）和（d）基于连续磨片，引自 Evans 和 McIlroy（2015），经 Wiley 许可再版，通过版权清关中心股份有限公司传达许可。（a）展示垂直轴结构以及放射状分支的近端。（b）放射状分支的局部，显示双带回填。（c）中央套筒有放射状的洞穴。（d）带外壁的放射状潜穴及纹层状充填。放射状潜穴的直径约为1cm

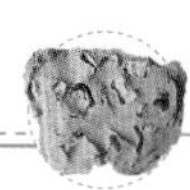

图 5.106 露头上的 *Phoebichnus trochoides*。(a) 大的潜穴系统有一个胶结的中心区域（垂向轴管），从中辐射出众多潜穴。中侏罗统（Callovian 阶）砂岩，英国 Yorkshire 的 Scarborough。(b) 潜穴系统的局部，具有中心区域和显露的放射线，展示潜穴膜和新月形回填。与 (a) 相同的地点。比例尺 = 1cm。(c) 密集遗迹组构，由重叠的潜穴系统造成。与 (a) 相同的地点。(d) 大个星状潜穴系统，具有胶结的垂向轴管。上白垩统（Turonian 阶）砂岩，Cardium 组，加拿大阿尔伯塔 Seebe Dam。比例尺 = 15cm。参见 Pemberton 和 Frey (1984)

遗迹分类学：除来自侏罗系的典型遗迹种 *P. trochoides* 外，其他三个遗迹种也被加入了这个遗迹属。*P. minor*（Li 等，1999）（产自中国下寒武统）和 *P. dushanensis*（Yang 等，2004）（来自中国石炭系）仍然定义不清，可能属于其他遗迹属，而 *P. bosoensis*（Kotake，2003）的放射状潜穴（来自日本更新世）缺乏识别标准厚壁并被球粒充填。

底质：*Phoebichnus* 主要报道来自云母砂岩，也有混合硅质碎屑和碳酸盐岩沉积物（Joseph 等，2012）。

岩芯中的形貌：在岩芯中 *Phoebichnus* 表现为在不同方向上束状潜穴的形式。最常见的是或多或少垂直于潜穴轴的横截面，伴随着倾斜截面的椭圆外形（图 5.107）。放射状的潜穴比较大（一般直径超过 1cm），并有厚壁围绕主动充填潜穴核心。

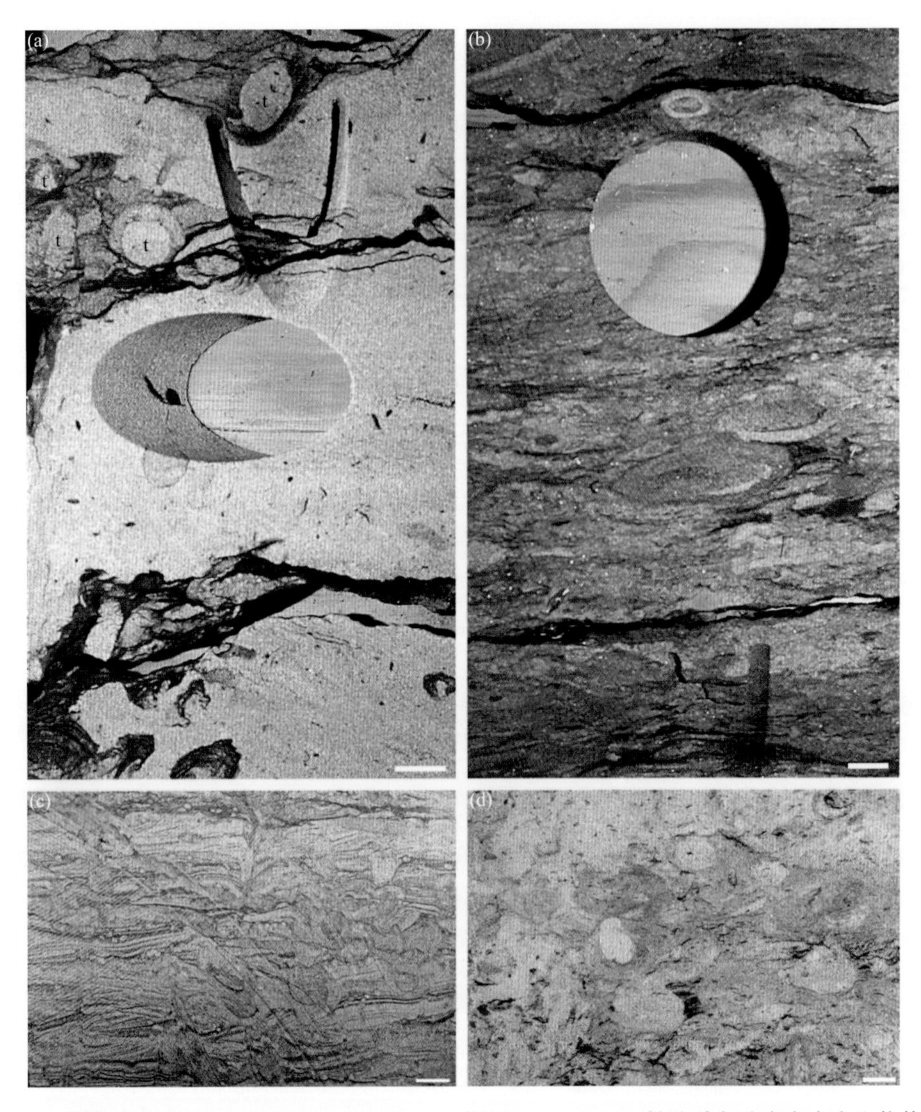

图 5.107　剖切岩芯中的 *Phoebichnus trochoides*。比例尺 = 1cm。(a) 粉砂质杂砂岩有中度生物扰动和少量潜穴横截面在上部 (*t*)。中侏罗统 (Bajocian 阶) Ile 组 (浅海，前三角洲)，挪威海 (6406/8 – 1 井，约 4388 米)。(b) 高度生物扰动的砂岩，中部为倾斜的潜穴截面。中侏罗统 (Bajoian 阶) Ile 组 (浅海、下临滨)，挪威海 (6406/8 – 1 井，约 4479m)。(c) 波纹状杂砂岩具有 *P. trochoides* 遗迹组构，由放射状的潜穴构成 (中右)。中侏罗统 (Bajoian 阶) Ile 组 (浅海，前三角洲)，(prodelta 浅海油田)，挪威海 Njord 油田区 (6407/10 – 2 井，约 3455.5m)。参见 McIlroy (2004)。(d) 一簇 *P. trochoides* 的横截面和斜截面。下至中侏罗统 (Toarian – Aalenian 阶) Stø 组 (远滨) 挪威巴伦支海 Snøhvit 油田 (7120/8 – 3 井，约 2205.5m)

相似的遗迹化石：在露头上，*Phoebichnus* 可能与其他星状潜穴相混淆，例如 *Stelloglyphus*。在岩芯中，其他有厚壁或潜穴膜、主动充填的大潜穴可以有像 *Phoebichnus* 的放射状潜穴片段，例如，主动充填和厚壁的 *Ophiomorpha* 和 *Macaronichnus*。此外，大个 *Siphonichnus* 的水平截面可能与单个 *Phoebichnus* 混淆。最后，根迹（根化石或石化的植物根系统）可能

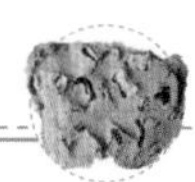

与 *Phoebichnus* 系统的大小相同，并能产生类似的样式（Gregory 和 Campbell，2003）。

造迹生物：螠虫状生物（Echiura）被认为是 *Phoebebichnus* 的造迹生物（Bromley 和 Mørk，2000；Kotake，2003），节肢动物（特定的甲壳类动物）也可能是很好的造迹者（Evans 和 McIlroy，2015）。

动物行为学：*P. trochoides* 被解释为一种固定摄食沉积物的动物的捕食遗迹（fodinichnion 觅食迹），其被认为住在中央轴管（domichnion）并产生放射状觅食潜穴（Bromley 和 Asgaard，1972）。

沉积环境：*P. trochoides* 是浅海遗迹化石，出现在临滨和三角洲沉积（Martin 和 Pollard，1996；McIlroy，2004；Morris 等，2006；MacEachern 和 Bann，2008；Pemberton 等，2012；Joseph 等，2012）和陆架上（Heinberg 和 Birkelund，1984；Pemberton 和 Frey，1984；Dam，1990；Bromley 和 Mørk，2000）。造迹生物对富含食物颗粒沉积物的依赖性表明其为低能量环境（Heinberg 和 Birkelund，1984），常见完整潜穴系统的保存支持这种解释。

遗迹相：*Phoebichnus* 可以是 *Cruziana* 遗迹相常见的部分爬迹。Heinberg 和 Birkelund（1984）提出了“*Phoebichnus* 遗迹相”，未被后续工作者承认。

年代：*P. trochoides* 是中生代（三叠纪至白垩纪）沉积中常见的遗迹化石（Evans 和 McIlroy，2015）。

储层质量：*Phoebichnus* 潜穴具有主动建造潜穴膜和核心的复杂性质，指示增加了生物扰动底质的非均质性，整体降低了潜在储层的物性。

5.21 *Phycosiphon* Fischer – Ooster，1858

形态、充填物和大小：*Phycosiphon* 是一种小型蹼状潜穴，其构成包括重复的狭窄的 U 形叶片，每片包裹毫米到厘米级的蹼状构造，并且以相似的宽度规律地或不规律地从一个轴状蹼状构造分叉（Wetzel 和 Bromley，1994；图 5.108）。叶片通常由泥质为主的边缘管柱和粉质或砂质的蹼状构造组成（图 5.109）。潜穴系统主要平行于层面，但倾斜和甚至垂直截面也可能发生。“phycosiphoniform”型潜穴的三维重建表明不规则的蜿蜒泥管被沙晕包围（Naruse 和 Nifuku，2008；Bednarz 和 McIlroy，2009；图 5.110）。

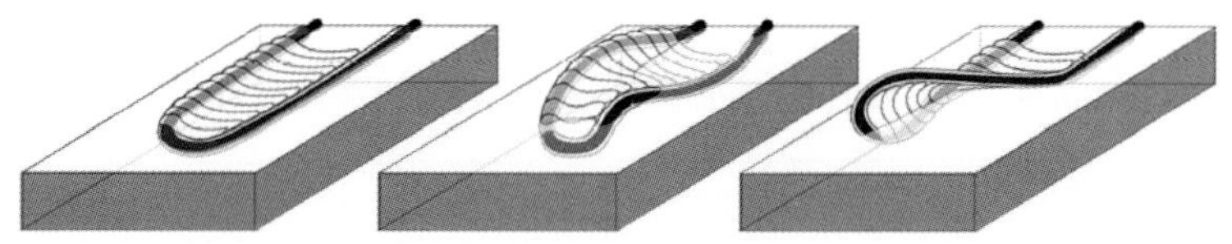

图 5.108　展示单个 *Phycosiphon* 潜穴叶片非平面取向的概念模型，潜穴膜和蹼状构造透明便于观察中部泥岩条带。平行于层面的叶片（左）和 *Phycosiphon* 潜穴扭曲叶片的可能变化（中间和右边）。引自 Bednarz 和 McIlroy（2009），经古生物学协会许可转载

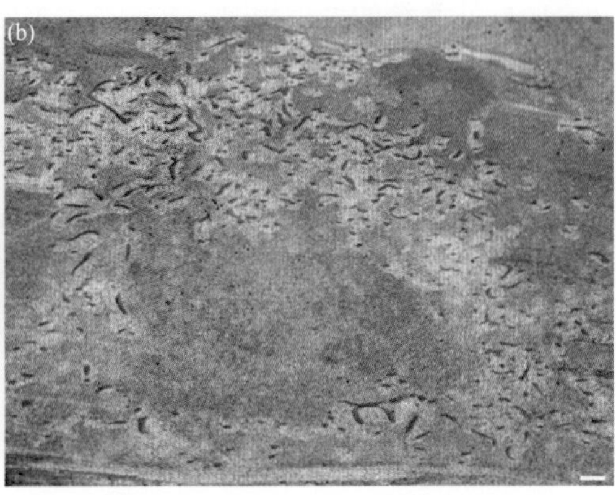

图 5. 109　露头的 *Phycosiphon*。比例尺 = 1cm。(a) 层面保存的潜穴系统具有空的边缘管柱（泥充填物被风化掉了）和包裹的蹼层。始新世 Grès d'Annot 组（深海，浊积岩），法国东南部。引自 Knaust 等（2014），经 Wiley 许可再版；通过版权清算中心传达授权。(b) 垂面具有 *Phycosiphon* 的各种截面。中新世 Mount Messenger 组（深海、水道—堤系统），新西兰北岛的塔拉纳基半岛海崖

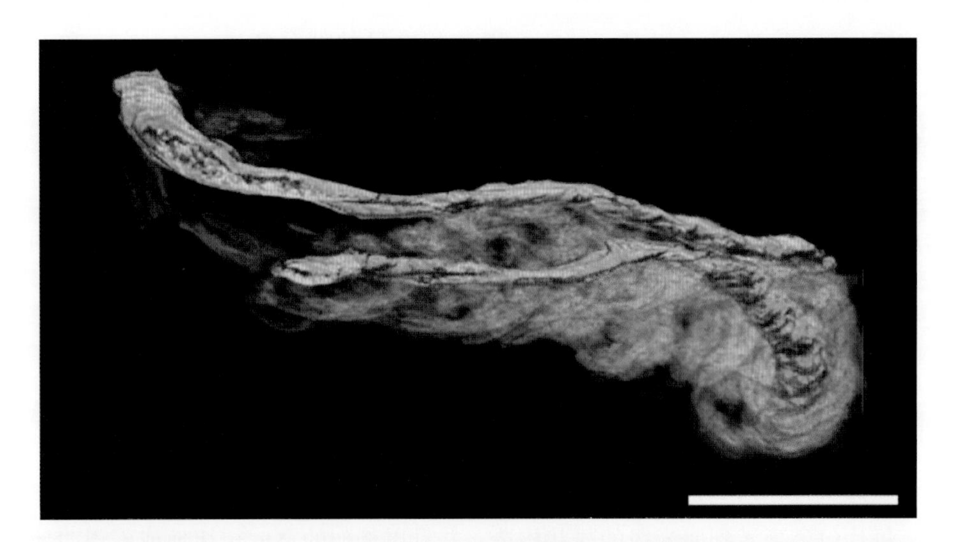

图 5. 110　三维重建的 phycosiphoniform 型潜穴（核心有晕圈）。比例尺 = 1cm。引自 Bednarz（2014）

遗迹分类学：*P. incertum* 是 *Phycosiphon* 唯一的遗迹种。三维的 *Anconichnus horizontalis* 现在被认为是 *P. incertum* 的次级同义词（Wetzel 和 Bromley，1994）。Bednarz 和 McIlroy（2009）制备了 *Phycosiphoniform* 型潜穴的三维重建模型，认识到其与 Wetzel 和 Bromley（1994）再次表述的典型材料在形态学上的差异。

底质：*Phycosiphon* 通常出现在粉质或细粒沙质沉积物中，主要是软底来源的硅质碎屑。很少报道它来自碳酸盐岩和白垩。

岩芯中的形貌：以泥质为主的“弦”通常很多，与沙或粉砂充填的改造斑块（蹼状构造）结合，这是岩芯中 *Phycosiphon* 的一个特征［图 5. 111，另见图 5. 19（c）、图 5. 129（a）和 5. 179（a）］。因为蹼状构造通常形成于比边缘穴稍深的沉积物中，这些改造的斑

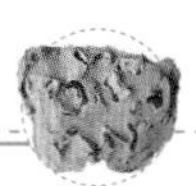

块通常比以泥质为主的“弦”稍微下降。纵切面上 *Phycosiphon* 典型表达是“……成群密集排列的圆点或逗号形的点和钩，充填颜色更暗的更细的沉积物，被狭窄（约 1mm）的灰白色潜穴膜包围。通常叶片的各种取向导致暗色核心在截面中混乱排列。”（Naruse 和 Nifuku，2008）。

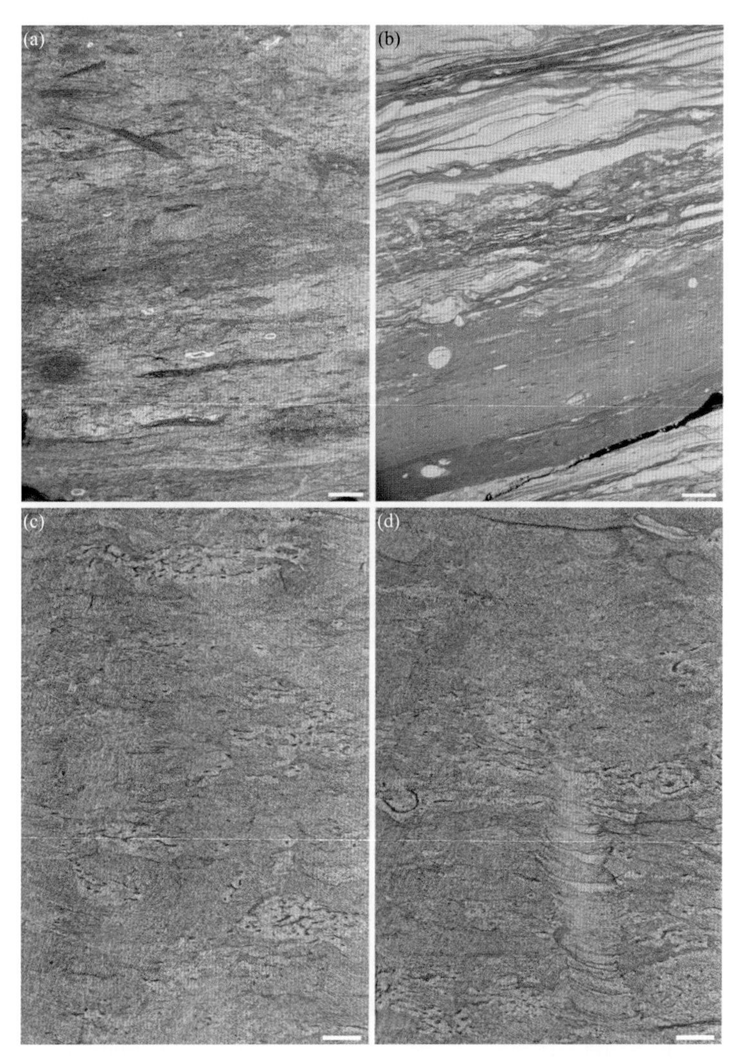

图 5. 111 剖切岩芯中的 *Phycosiphon*。比例尺 = 1cm。（a）具有高度生物扰动的杂砂岩，形成以 *Phycosiphon* 为主的遗迹组构（暗色泥斑，周围有浅色的砂质晕），并伴有 *Teichchnus* 和 *Schaubcylindrichnus*。上侏罗统（牛津阶）Heather 组（陆架），Fram 油田，挪威北海（35/11 – 9 井，约 2732. 85m）。（b）具有中等生物扰动的杂砂岩。*Phycosiphon* 集中在细粒（泥质至粉砂质）层中，并伴随着 *Palaeophycus* 和 *Teichhnus*。下侏罗统（Pliensbachian – Toarcian 阶）Cook 组（滨外过渡），挪威北海（34/5 – 1S 井，约 3654. 5m）。（c）（d）完全生物扰动的粉砂质砂岩，*Phycosiphon* 集中在较大的砂质充填潜穴（*Thalassinoides* 海生迹）中，并伴随着 *Teichhnus* 和 *Schaubcylindrichnus*。下侏罗统（Pliensbachian 至 Bajocian 阶）Stø 组（滨外过渡），挪威巴伦支海 Iskrystal Discovery（7219/8 – 2 井，约 2986. 5m）

相似的遗迹化石：*Nereites* 似乎与 *Phycosiphon* 相似（特别是在岩芯截面），但不同在于它缺乏封套的蹼状构造和通常水平的线路。一般来说，*Phycosiphon* 比 *Nereites* 小。*Phycosiphon* 也可能与 *Chondrites* 相混淆，后者显示二叉分支并缺少砂质蹼状构造。

造迹生物：*Phycosiphon* 的造迹生物很可能是一种未知类别的小型蠕虫状生物。

行为学：*Phycosiphon* 潜穴最好的解释为小型蠕虫状生物体摄食沉积物的活动，它们开采沉积物中的富含有机质的物质（Wetzel，2010；Izumi，2014；图 5.112）。

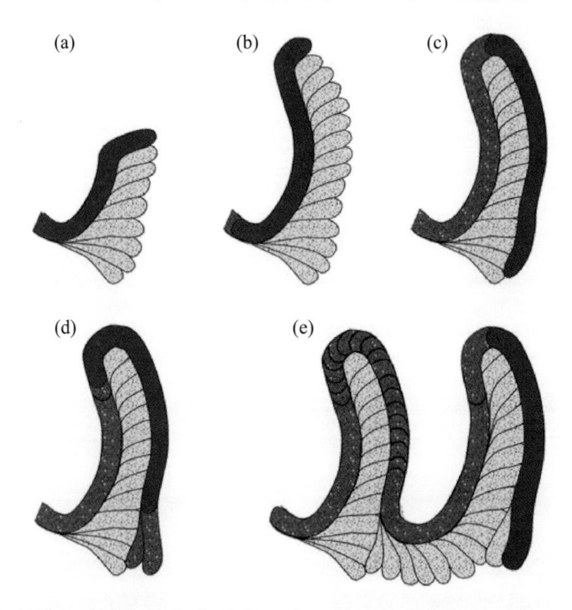

图 5.112　重建图显示觅食的多个阶段，由一种未知的蠕虫状生物产生由边缘管和蹼状潜穴管组成的 phycosiphoniform 状环圈洞穴。引自 Bednarz 和 McIlroy（2009），经古生物学协会许可转载。不同的灰度代表粉砂粒度（浅灰色）和泥粒度（深灰色）物料的分布。（a）觅食生物在边缘管的侧面创建进食探针。（b）连续探针制造直到生物体产生了身体长度的边缘管。（c）环圈的外缘是由生物体沿之前探针继续产生。（d）第二个环圈在有机体的身体再次变直后启动。（e）完成第二晕圈

沉积环境：*Phycosiphon* 是远滨（陆架）到下临滨沉积物的一种特征性的组成部分，通常孤立地或高遗迹多样性地出现在硅质碎屑序列内（Goldring 等，1991；Pemberton 等，2012）。它出现在斜坡沉积物中（Savrda 等，2001），那里可能与滑塌沉积有关并作为古斜坡指示器（Naruse 和 Nifuku，2008）。*Phycosiphon* 在深海中也很常见，如水道—堤坝复合体，它发生在水道—堤坝边缘相（Callow 等，2013；图 5.136）。产生 *Phycosiphon* 的生物是风暴、浊流和底流导致事件沉积的首批殖居者之一（Goldring 等，1991；Wetzel 和 Uchman，2001；Wetzel，2008）。

遗迹相：*Phycosiphon* 是 *Cruziana*、*Zoophycos* 和 *Nereites* 遗迹相的组成分子。

年代：*Phycosiphon* 是中生代和新生代沉积的常见成分（Goldring 等，1991）并形成于现在（Wetzel，1991、2008）。Callow 和 McIlroy（2011）在他们的分析中观察到

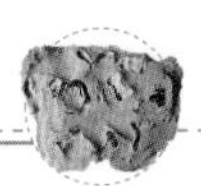

*Phycosiphoniform*型遗迹群落在中、新生代占优势，而 *Nereites* 在古生代岩石中普遍存在。这些作者推测从 *Nereites* 主导的古生代至 *Phycosiphon* 为主的中生代有生态机会种的变化。

储层质量： Bednarz 和 McIlroy（2012）评价了 *Phycosiphoniform* 型潜穴对页岩油气储层质量的影响，他们记载了储层容量、渗透率和可压裂性的提高。在常规油藏中，*Phycosiphoniform* 型潜穴中改造后的砂带（蹼状构造）也可能导致孔隙度和渗透率的轻微增加。

5.22 *Planolites* Nicholson，1873

形态、充填物和大小： *Planolites* 是一种简单的、水平到稍倾斜的圆柱形潜穴，无分枝和衬壁，具有主动（均质）充填（Pemberton 和 Frey，1982；Keighley 和 Pickerill，1995；图 5.113、图 5.114）。在平面视图中，*Planolites* 表现为直到曲折的潜穴［图 5.178（b）］。潜穴的横截面是圆形到椭圆形的，这部分是压实度的函数。Stanley 和 Pickerill（1994）描述了 *Planolites* 的一个具条纹和环纹的遗迹种。沿潜穴边缘的微生物介导的生物矿化被解释为促进寒武纪 *Planolites* 保存的中介（Ahn 和 Babcock，2012）。*Planolites* 的尺寸变化可以相当大，范围从毫米级到厘米级（Marenco 和 Bottjer，2008）。

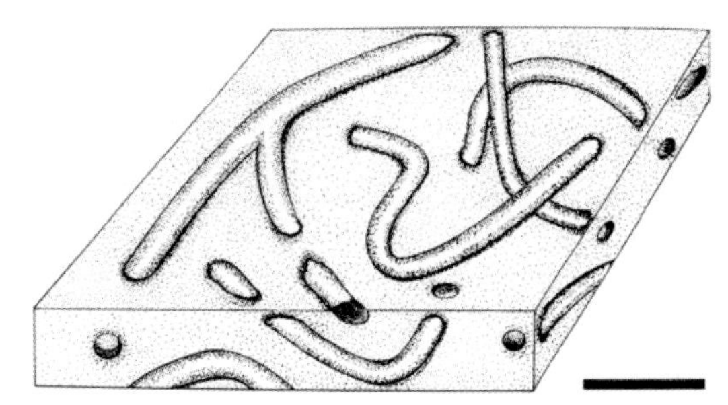

图 5.113　Howard 和 Frey（1984）重建的 *Planolites montanus*，经加拿大科学出版社许可转载；通过版权结算中心传递许可。注意由于两个潜穴重叠而产生的假分支。比例尺 = 1cm

遗迹分类学： 在 *Planolites* 遗迹属的综述里，Pemberton 和 Frey（1982）只承认 *P. montanus*、*P. beverleyensis* 和 *P. annularis* 遗迹种是有效的。从那以后，大约有十多个遗迹种被引入，其中一些是鲜为人知的，可能结果是低级的同义词。

底质： *Planolites* 是软底的一种特征成分，发生在硅质碎屑岩和碳酸盐岩（包括白垩）、细粒至中等颗粒的沉积物中。

岩芯中的形貌： 在岩芯中，*Planolites* 拉长的水平管具有圆形到椭圆形的截面，主动充填且无衬壁。砂质充填的 *Planolites* 经常发生在泥质为主的岩性中，因此很容易识别（图 5.115，也见图 4.3）。相比之下，辨识底质中无显著差异的 *Planolites* 可能是困难的或不可能的（例如沙质宿主沉积物内的砂质充填潜穴），并且生物扰动的增多可能会导致离散的生物扰动构造［图 5.179（b）（d）］。

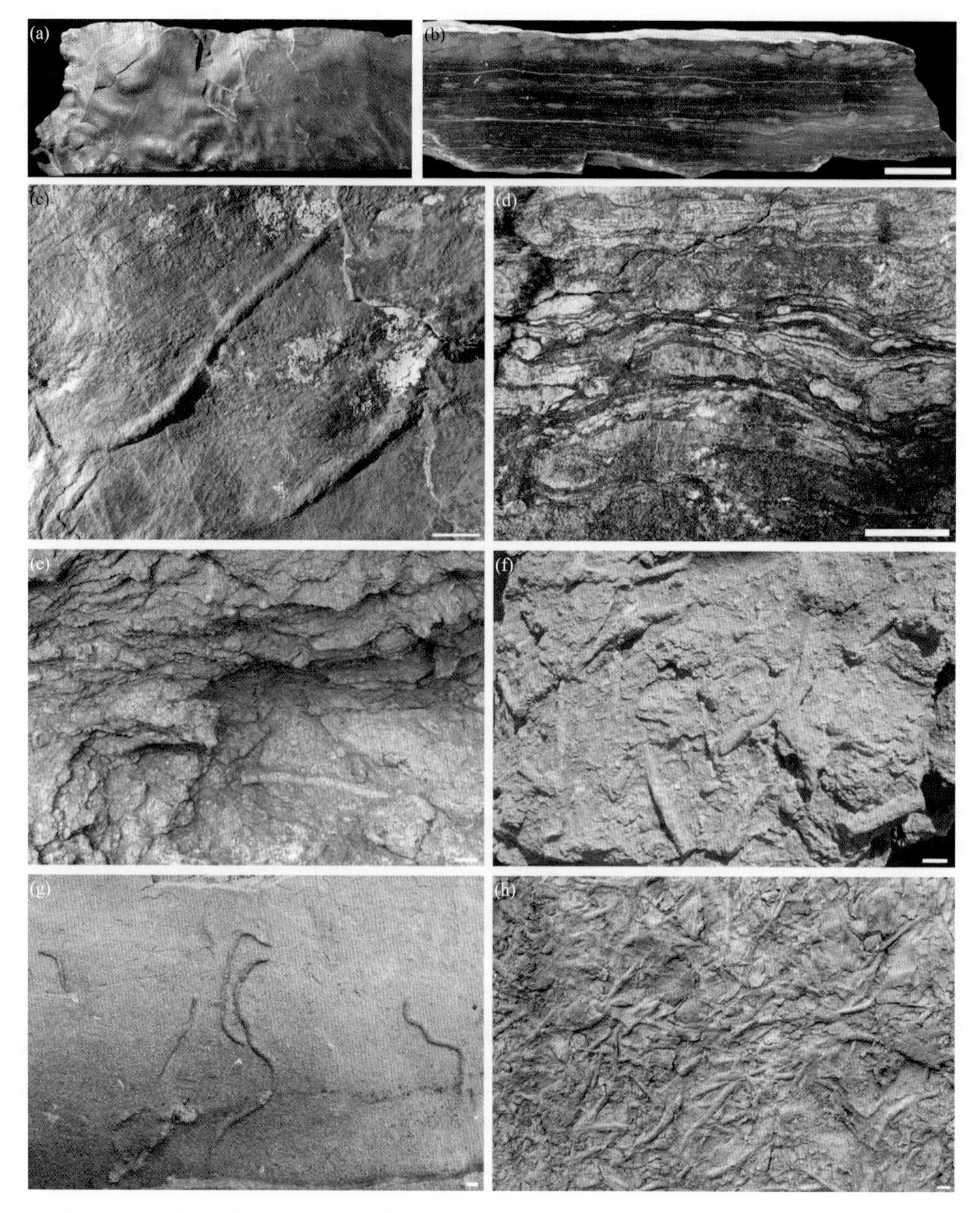

图5.114　露头上的*Planolites*。比例尺＝1cm。（a）（b）标本有许多充填沙的*P. montanus*，被泥覆盖。上石炭统近海煤系，德国西部。Senckenberg coll. 法兰克福Main（全型；Richter 1937）在层面（a）和横断面视图（b）。（c）*P. montanus*在层面上。下奥陶统砂岩—页岩异质岩（三角洲），挪威西南部Rogaland的Ritland附近。（d）与（c）相同，垂向切面。参见Knaust（2004）。（e）（f）生物碎屑灰岩中的*Planolites* isp. 未定种，垂向截面（e）和层面（f）。下石炭统（Barremian阶），葡萄牙Cabo Espichel。（g）（h）钙质砂岩层面上的*Planolites* isp. 未定种。与*Lockeia* isp. 未定种关系密切，以及与*Protovirgularia* isp. 未定种的过渡形式表明双壳类为造迹生物。中三叠统（Anisian阶）Udelfangen组，德国西部Trier附近。地质背景参见Knaust等（2016）

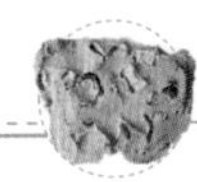

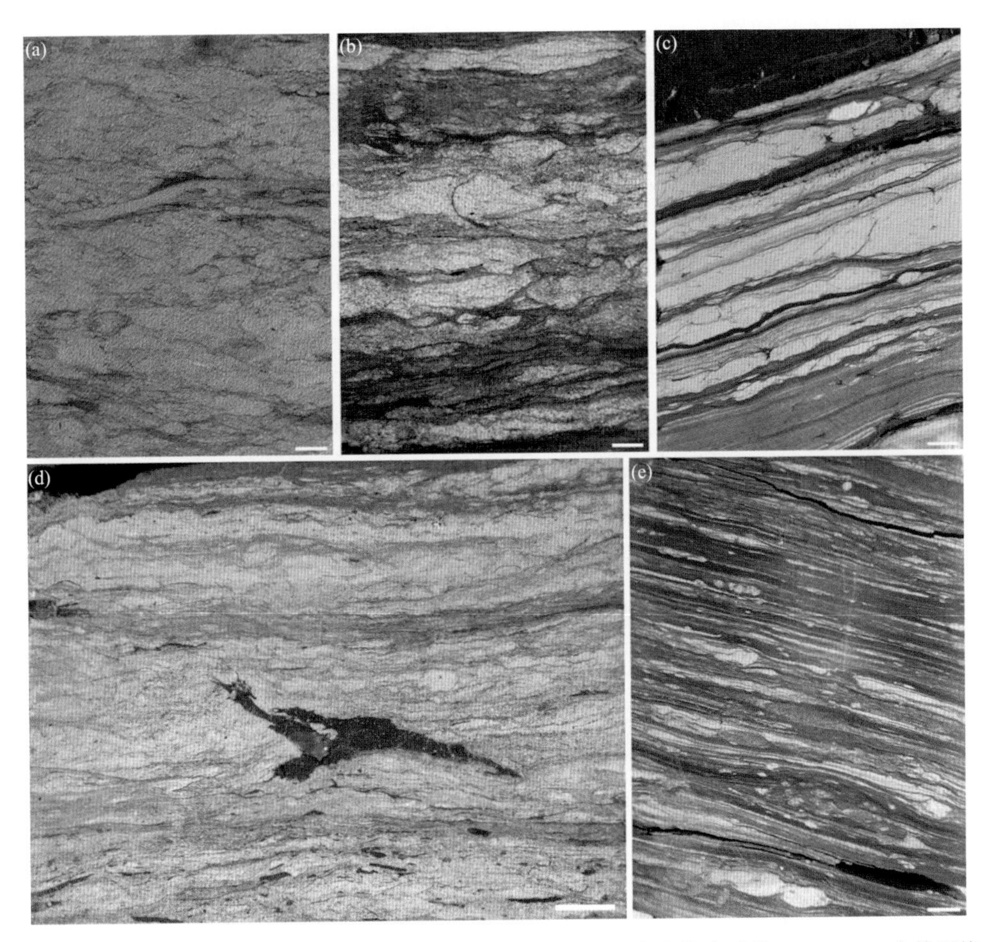

图 5.115　剖切岩芯中的 *Planolites*。比例尺 = 1cm。(a) 砂石中密集出现的 *Planolites*。中侏罗统（Bajocian - Bathonian 阶）Hugin 组（浅海，临滨），挪威北海 Sleipner Vest 油田（15/9 - 7 井，约 3565.4m）。(b) 杂砂岩中带大潜穴的 *Planolites* 遗迹组构。上侏罗统（Oxfordian 阶）Heather 组（远滨，陆棚），挪威北海 Fram 油田（35/11 - 11 井，约 2711.5 米）。(c) 含煤线杂砂岩（粉砂）中的 *Planolites*。下侏罗统（Pliensbachian 阶）Åre 组（边缘海），挪威海 Skuld 油田（6608/10 - 14S 井，约 2702.5m）。(d) 含煤屑（碎片）粉砂岩中的 *Planolites*。中侏罗统（Bathonian - Callovian 阶）Hugin 组（边缘海），挪威海（15/6 - 4 井，约 10626.5ft）。(e) 纹层状粉砂质泥岩中的小 *Planolites*。上白垩统（Turonian - Sanantonian）Lange 组（深海，盆底），挪威海（6607/5 - 1 井，约 3408.5m）

相似的遗迹化石：简单性导致了在岩芯中研究时 *Planolites* 潜穴与许多其他的遗迹化石混淆。许多其他的圆柱形潜穴是主动充填且无衬壁，但通常分叉，这是一个很难在岩芯中观测到的事实。可能会出现与薄衬壁的 *Palaeophycus* 的混淆，但这种遗迹属与 *Planolites* 不同的是具有被动充填。*Planolites* 和 *Macaronichnus* 之间也存在相似之处，两个遗迹属拥有相同的整体几何结构。虽然 *Macaronichnus* 也有主动充填，但它周围的外壁与 *Planolites* 的光滑边缘不同。

造迹生物：*Planolites* 是一种相对简单的遗迹化石，属于不同门的很多生物都能生产。

蠕虫状动物（如环节动物、半脊索动物和原生动物）常被解释为 *Planolites* 的造迹生物，但节肢动物（如甲壳类）和软体动物（如双壳类）也能生产这样的遗迹。鉴于 *Planolites* 的漫长地层范围，这种遗迹化石可能是随着时间的推移由各种各样的动物建造的。

行为学：*Planolites* 被解释为沉积物摄食者的产物（fodinichnia 觅食迹），它们主动处理沉积物。

沉积环境：已报道 *Planolites* 来自海洋和非海洋的所有水生环境。它是浅层遗迹相的常见组分。

遗迹相：*Planolites* 是跨相的，可在不同的遗迹相中出现。然而，它是 *Cruziana* 遗迹相的常见组成部分，也发生在 *Nereites* 遗迹相中（Buatois 和 Mángano，2011）。在陆相沉积物中，*Planolites* 产于 *Scoyenia* 和 *Mermia* 遗迹相。

时代：*Planolites* 是一种全球性遗迹化石，从埃迪卡拉纪（Alpert，1975；McCall，2006）到整个显生宙均可观察到。

储层质量：关于 *Planolites* 对储层质量的影响迄今了解甚少。Dawson（1981）认识到 *Planolites*出现时储层质量有下降。这个事实可以用潜穴的主动充填来解释，这导致沉积物的非均质性增加。尽管 *Planolites* 的取向偏向水平方向，在泥性底质中的砂质充填潜穴可能增加连通性。

5.23 *Rhizocorallium* Zenker，1836

形态、充填物和大小：*Rhizocorallium* 是一种 U 形蹼状潜穴，其边缘管包裹主动改造区（蹼状构造；Fursich，1974c；Basan 和 Scott，1979）。潜穴面相对层面是水平到斜向的（Schlirf，2011）。潜穴充填既可以主动（如蹼状构造）也可以被动（如边缘管），或者完全被动（Knaust，2013）。精细的抓痕可以保存在潜穴的表面。潜穴的宽度从几毫米到几厘米，而长度通常在几厘米的范围内，偶尔达到几分米（图 5.116）。管径与蹼状构造宽度之比值相对较低，约为 1∶2 到 1∶5（Hantzschel，1960；Fursich，1974 c；Worsley 和 Mørk，2001）。

遗迹分类学：潜穴形态学、大小和取向的高度可变性为 *Rhizocorallium* 许多遗迹种的建立提供了理由，它们现今被认为是仅有的两个有效遗迹种的同义词（Knaust，2013；图 2.5）。*R. commune* 有主动充填蹼状构造，常含椭圆形粪球（*Coprulus* isp. 未定种），而 *R. jenense* 是被动充填和有密集抓痕的（图 5.117）。Uchman 和 Rattazzi（2016）提出了新的 *R. hamatum* 组合，由其相对较小的边缘管和遍布的分支区别于 *Rhizocorallium*。尽管 *Coprulus oblongus* 里面充满了粪球粒，这种形式是更好的适应 *Zoophycos* 群，有垂直延伸的蹼层被强烈的压实。Belaústegui 等（2016a）尝试被动充填和刮痕蹼状构造潜穴向 *Glossifungites* 遗迹属过渡，这没有得到支持，因为有 *R. jenense* 作为它的高级同义词的证据。

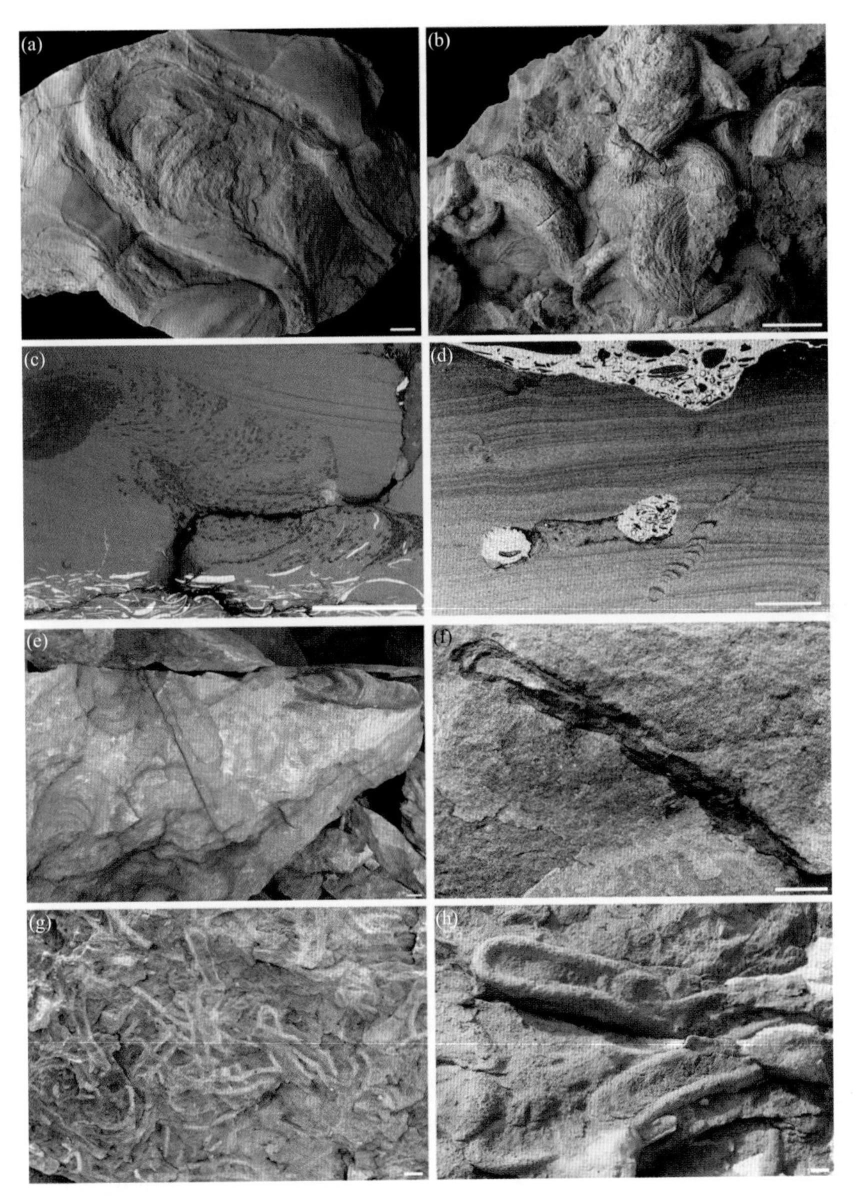

图 5.116 露头和薄片中的 *Rhizocorallium*。比例尺 = 1cm，但（g） = 5cm。（b）（c）及（d）刊印经 Elsevier 的许可；通过版权清算中心传达许可。（a）*R. commune* 产自中三叠统（Anisian 期）石灰岩（典型水平状），德国图林根州魏玛附近。（b）*R. jenense* 具有网状、交叉和密集的划痕。下三叠统（UpperBuntsandstein，Pelsonian，*Rhizocorallium* 白云岩，典型层），Jena – Ziegenhain，coll Mägdefrau，Thüringer Landesanstalt für Umwelt und Geologie，耶拿（TLGU 5035 – 701 – 202）。据 Knaust（2013）。（c）（a）中部分 *R. commune* 的薄片，显示主动充填的蹼状构造具有微晶粪球粒（*Coprulus oblongus*）和完全充满球粒的边缘管（左）。据 Knaust（2013）。（d）水平状 *R. commune* 的垂向薄片，显示一个主动创建的蹼状构造在被动充填 U 形边缘管肢之间。下侏罗统，德国格里姆。据 Knaust（2012 b）。（e）*R. commune* 产自上三叠统（Norian 阶）砂岩（风暴沉积），斯瓦尔巴特群岛 Templefjorden 的 Deltaneset。（f）（e）中 *R. commune* 的横截面。（g）砂岩层面，具群聚的 *R. commune*。上侏罗统（Kimmeridgian 阶，浅海），葡萄牙西部 Praia do Salgado 的海岸悬崖。（h）*R. commune* 层面平视图。与（g）的相同地点

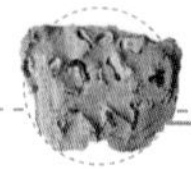

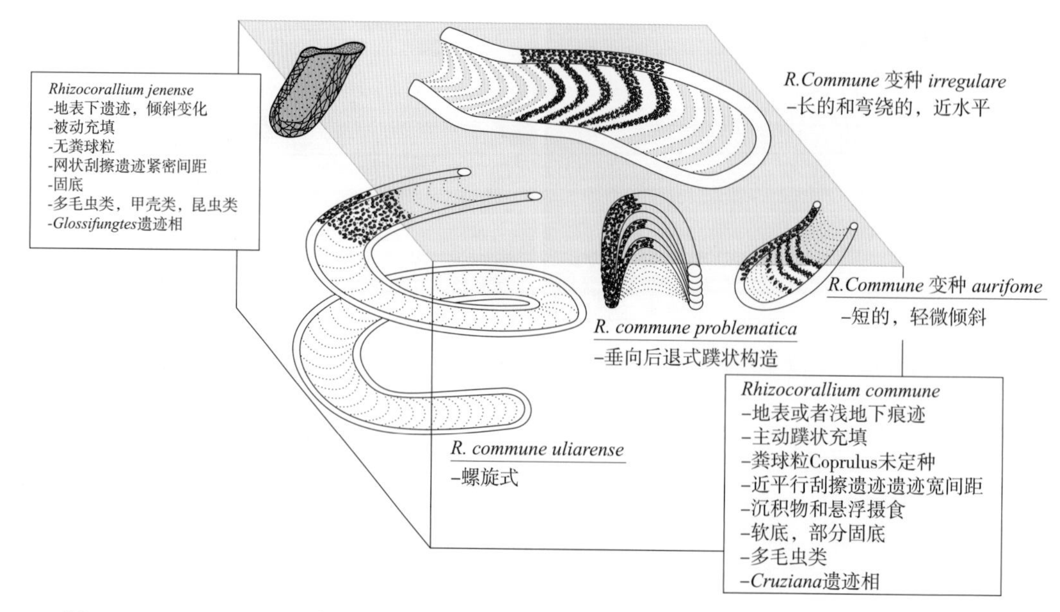

图 5.117　*Rhizocorallium* 分为两个遗迹种（*R. commune* 和 *R. jenense*）。*R. commune* 的形态变异，大小差异造成两个遗迹亚种。引自 Knaust（2013），经 Elsevier 许可再版；通过版权清算中心有限公司传递的许可

底质：已知 *Rhizocorallium* 产自硅质碎屑岩和碳酸盐岩底质中，两者都有。它发生在软和硬的底质中，这导致了相对立的行为发展，反过来成为区分这两个遗迹种的遗迹分类基础（图 2.5）。*R. commune* 主要在软到硬的底质中创建［图 5.116（a）］，而 *R. jenense* 是具有硬底的特点［图 5.116（b）］。

岩芯中的形貌：虽然 *Rhizocorallium* 是一种世界范围内分布的常见遗迹化石，但很少在岩芯中发现，甚至其中一些出现的报道仍有争议。然而，这两个遗迹种之间可以在岩芯中做清晰的区别。*R. commune* 在横截面上最好辨认，两个边缘管有圆形到椭圆形的截面，被动充填扁平化蹼状构造，其间有主动充填［图 5.116（d）和 5.118］。与有粪球潜穴的联系带来了额外的证据。这在纵向截面特别有用，那里只有一条细细的改造过的沉积物可见，有时带有明显的弓形蹼状构造［图 5.116（c）］。相反，*R. jenense* 以不同角度倾斜，有哑铃状或袋状横截面，具迥异的的被动充填。另一方面是发育良好的 *R. commune* 的大小可以达到几厘米宽，因而很难在尺寸有限的岩芯截面辨认。

相似的遗迹化石：从岩芯中提取的 *Rhizocorallium* 有些稀疏和部分错误的报道，可能与这种遗迹化石辨认的困难以及与相似潜穴的潜在混杂性有关。其他潜穴如 *Diplocraterion* 和 *Zoophycos* 可能错认为 *Rhizocorallium*，不同在于垂直取向（*Diplocraterion*）或者低管/蹼比的螺旋形态（*Zoophycos*）。*Tisoa* 是另一种 U 形潜被动充填潜穴，与 *R. jenense* 的区别在于具有两条狭窄边缘管，无界于其间的蹼状层；此外相对于宽度更深，通常被一个大结核包

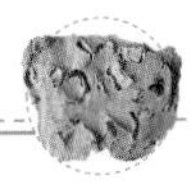

围。部分回填的水平潜穴如 *Taenidium* 和 *Scolicia* 可能也像 *R. commune* 蹼状构造，但不是 U 形的，也无边缘管。

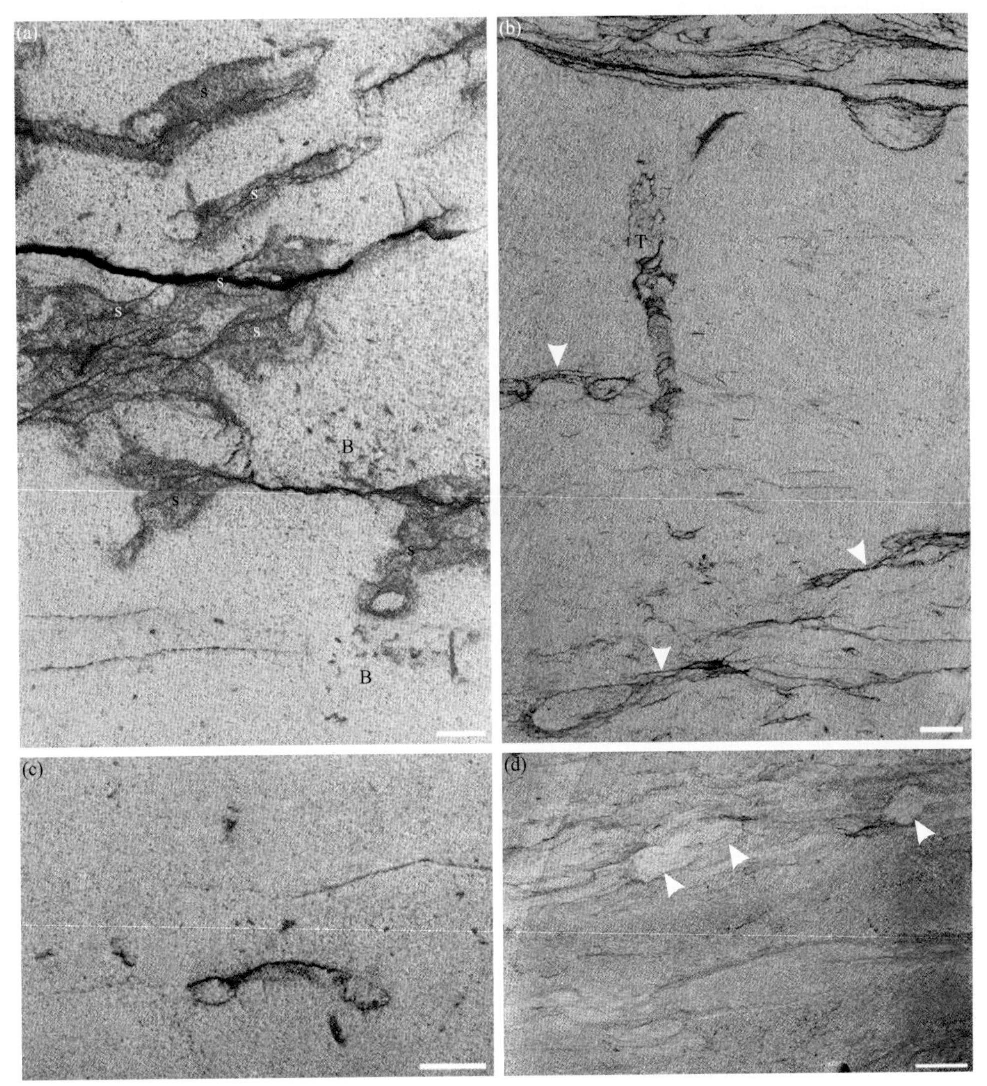

图 5.118　剖切岩芯中的 *Rhizocorallium commune*。比例尺 = 1cm。（a）具被动充填（砂质）边缘管的截面，连接一个主动充填（泥质）蹼足，与 Bornichnus tortuosus（*B*）共生。下—中侏罗统（Aalenian – Bajocian 阶）Stø 组（临滨），巴伦支海 Snøhvit 油田（7120/6 – 2 井，约 2577.5 米）。（b）几个 *R. commune* 横截面（箭头）伴随一个垂向的蹼状潜穴对应 *Teichichnus zigzag*（*T*）。中侏罗统（Bathonian – Oxfordian 阶）Hugin 组（浅海），挪威北海 Sleipner Vest 油田（15/9 – 8 井，约 3474.0m）。（c）具被动充填（砂质）边缘管的截面，连接一个主动充填（泥质）蹼状构造。下侏罗统（Aalenian 阶）Stø 组（上临滨），巴伦支海 Snøhvit 油田（7120/8 – 1 井，约 2120.4m）。（d）隐约可见的横截面（箭头）。中侏罗统（Bathonian – Oxfordian 阶）Hugin 组（浅海），挪威北海 Gudrun 油田（15/3 – 9T2 井，约 4497.2m）

造迹生物：通常有三组生物符合条件作为 *Rhizocorallium* 的潜在造迹生物，十组甲壳类动物，环节动物和蜉蝣幼虫（Knaust，2013）。虽然在一些早期的研究中 *Rhizocorallium* 被解释为环节动物的产物，大多数工作者从那以后倾向于甲壳类动物是造迹生物，原因是存在抓痕（Seilacher，2007；Rodriguez - Tovar 和 Pérez - Valera，2008；Neto de Carvalho 等，2010）。然而，许多种类的动物都能产生划痕。有几条证据表明环节动物（如 spionids，eunicids，terebellids）是 *Rhizocorallium* 的造迹生物，由建筑形态、伴随特征（如粪便颗粒）、新遗迹学技术比较和原址保存的石化造迹生物遗骸支持的这种解释（Knaust，2013）。有一种解释直截了当地把海洋 *Rhizocorallium* 当做多毛虫类潜穴，而新生蜉蝣的幼虫可能解释产生于河流环境的 *R. jenense*（Fürsich 和 Mayr，1981）。

行为学：食悬浮物和食沉积物的行为相结合受到大多数研究者的青睐，尽管也有从 *Rhizocorallium* 潜穴中发现的黄铁矿草莓体推测的觅食和存储行为（缓存）（Zhang 等，2016）。

沉积环境：*Rhizocorallium* 的两个遗迹种及其变种可作为较好的相指标，具有支持沉积学和古生物学解释的潜力（Knaust，2013）。*R. commune* 通常发生在陆架和近岸环境中（Farrow，1966；Ager 和 Wallace，1970；Worsley 和 Mørk，2001；Rodríguez - Tovar 和 Pérez - Valera 2008），以及自三叠纪以来也在深海沉积。已知 *R. jenense* 产自浅海和边缘海环境，但也见于河流沉积物中（Fürsich 和 Mayr，1981）。来自日耳曼盆地的资料证实了 *R. commune* 的变种 *irregulare* 偏好出现在在潮间带和浅潮下环境，而 *R. commune* 的变种 *auriforme* 存在于潟湖环境和盆地更深的部位（图 5.119）。此外，*R. commune* 相关的粪球粒 *Coprulus bacilliformis* 出现于潮间至潮上环境，并且 *C. oblongus* 明显在潮间带和更深的环境（Knaust 2013）。*R. jenense* 通常沿着高能区域的缺失面发生，且经常记录在海侵期间暴露的沟壑面沿线。它是海侵体系域的常见组成（Knaust，1998；Knaust 等，2012；MacEachern 等，2012）。

遗迹相：*Rhizocorallium commune* 是 *Cruziana* 遗迹相的一个组分，而 *R. jenense* 属于广泛分布的 *Glossifungites* 遗迹相的一部分。

年代：*R. commune* 遗迹种是分布时间最长的化石之一，从寒武纪早期就已发现（例如 Fedonkin，1981；Clausen 和 Vilhjálmsson，1986；Orłowski，1989），直到全新世（Winn，2006），而 *R. jenense* 最早出现在二叠纪末大灭绝之后（Knaust，2013）。

储层质量：*Rhizocorallium* 对储层质量影响的研究很少。然而，可以预期 *R. commune* 强烈的生物扰动和主动充填蹼层以及泥质粪球频繁出现会降低储层质量，而被动充填的 *R. jenense* 当然会增加储层质量。

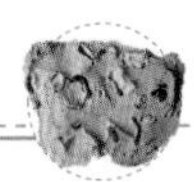

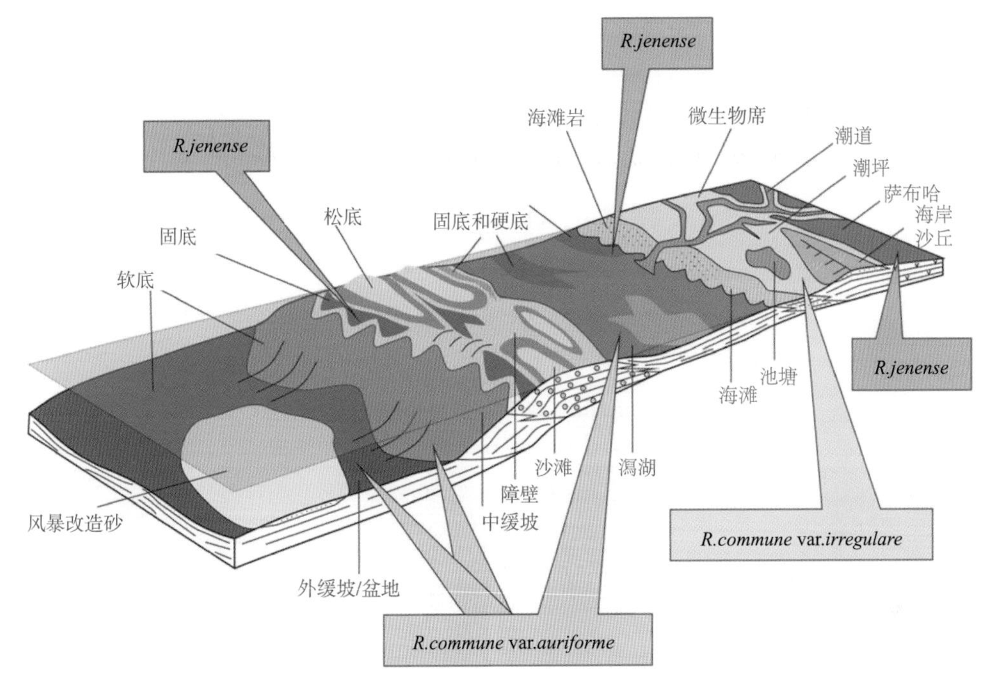

图 5.119 *Rhizocorallium jenense* 和 *R. commune*（及变种）的分布及其古环境关系，德国图林根中三叠统（Lower Muschelkalk）（典型区域）。引自 Knaust（2013），经 Elsevier 许可再版；通过版权清算中心有限公司传递许可已有几项研究利用 *Rhizocorallium* 作为一种海流指示器（Farrow，1966；Schlirf，2000；Worsley 和 Mørk，2001；Rodríguez－Tovar 和 Pérez－Valera，2008；Cotillon，2010），其长轴平行或倾斜于推断的古水流（或两个潜穴开口的连线垂直于它），以及远端（弯曲的）指向岸上。这种模式可以是被更随机的排列所掩盖，这是造迹生物开采富含营养波槽的响应。许多海洋 *Rhizocorallium* 被记录耐宽范围盐度，从超盐度到中等盐水。*R. commune* 发生在各种缺氧沉积物中，具有贫氧条件和沉积物氧化氧化作用增加（Wignall，1991；Kotlarczyk 和 Uchman，2012）

5.24 *Rosselia* Dahmer，1937

形态、充填物和大小： *Rosselia* 包括近垂直、球根状或纺锤形的潜穴，长度变化从几厘米到超过 100cm（Nara，2002）。在大多数情况下 *Rosselia* 不分枝，偶尔有侧枝［图 5.120（a）（c）］。泥质潜穴的内部由许多类似洋葱的方式排列的同心纹层组成［图 5.120（b）、（e）～（g）］。被动充填的终端潜穴和中心或边缘位置可以窄圆柱形轴管的形式保存［图 5.120（c）（d）］。常见早期成岩铁矿化作用（如针铁矿、菱铁矿）增强对比性。

遗迹分类学： *R. socialis* 是 *Rosselia* 遗迹属最常见的遗迹种，也可能是唯一有效的一个。其他的遗迹种如 *R. chonoides*（Howard 和 Frey，1984），以及 *R. rotatus*（McCarthy，1979）在形态学上有差异，可能不属于 *Rosselia*（Uchman 和 Krenmayr，1995；Knaust，2015a）。

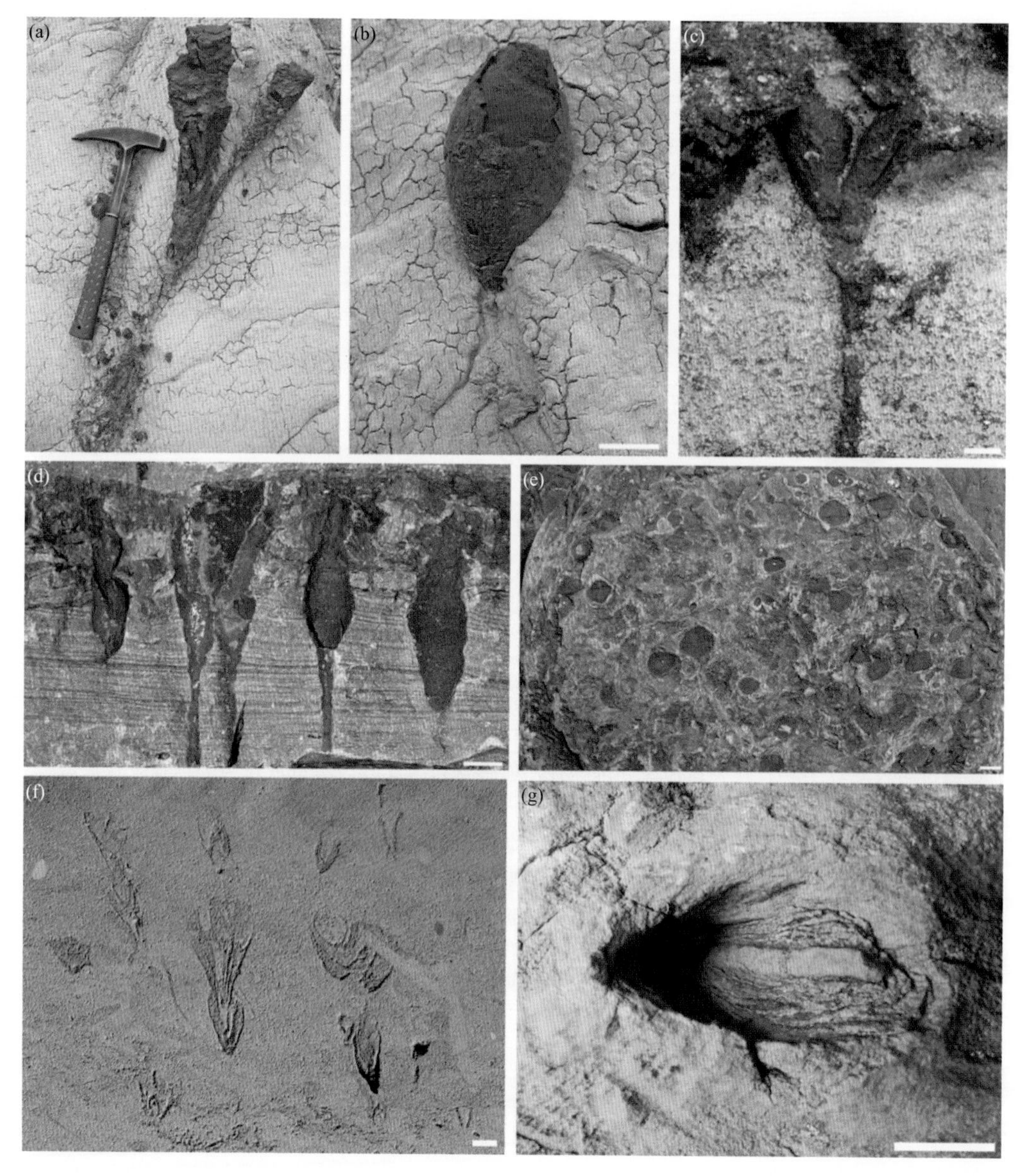

图 5.120　露头上的 *Rosselia*。比例尺 = 1cm，除了（b）= 5cm。（a）（b）大个 *Rosselia* 以褐铁矿保存，嵌在粉砂质沉积物中。花状形态具数个分支（a），单个球茎标本显示内部洋葱状纹层（b）。上白垩统（Campanian 阶）Bearpaw – Horseshoe Canyon 组（临滨），加拿大阿尔伯塔 Drumheller 附近。参见 Zorn 等（2007）。（c）球茎 *Rosselia* 以褐铁矿保存在粗粒砂岩中。中侏罗统 Scarborough 组（临滨），英国约克郡 Scarborough 附近海岸悬崖。（d）（e）*R. socialis* 聚集在砂岩层中，垂向截面（d）及水平截面（e）。下奥陶统 Beach 组（临滨），加拿大纽芬兰 Bell 岛。参见 Fillion 和 Pickerill（1990）。（f）有 *R. socialis* 垂直堆叠的遗迹组构，在垂向到稍微倾斜的截面上。未知年代和来源的建筑石头，西班牙南部 Rond。（g）砂岩层面上的 *R. socialis* 局部，显示洋葱状纹层具有终止管。下泥盆统陶 Taunusquarzit 阶，德国南部靠近 Rüdesheim，*R. socialis* 的典型区域。法兰克福 Main Senckenberg Coll.。参见 Dahmer（1937）

底质：*Rosselia* 是硅质碎屑软底沉积物中的常见组分，[图 5.120（a）～（c）]，但偶尔也见于碳酸盐岩中 [图 5.120（d）]。

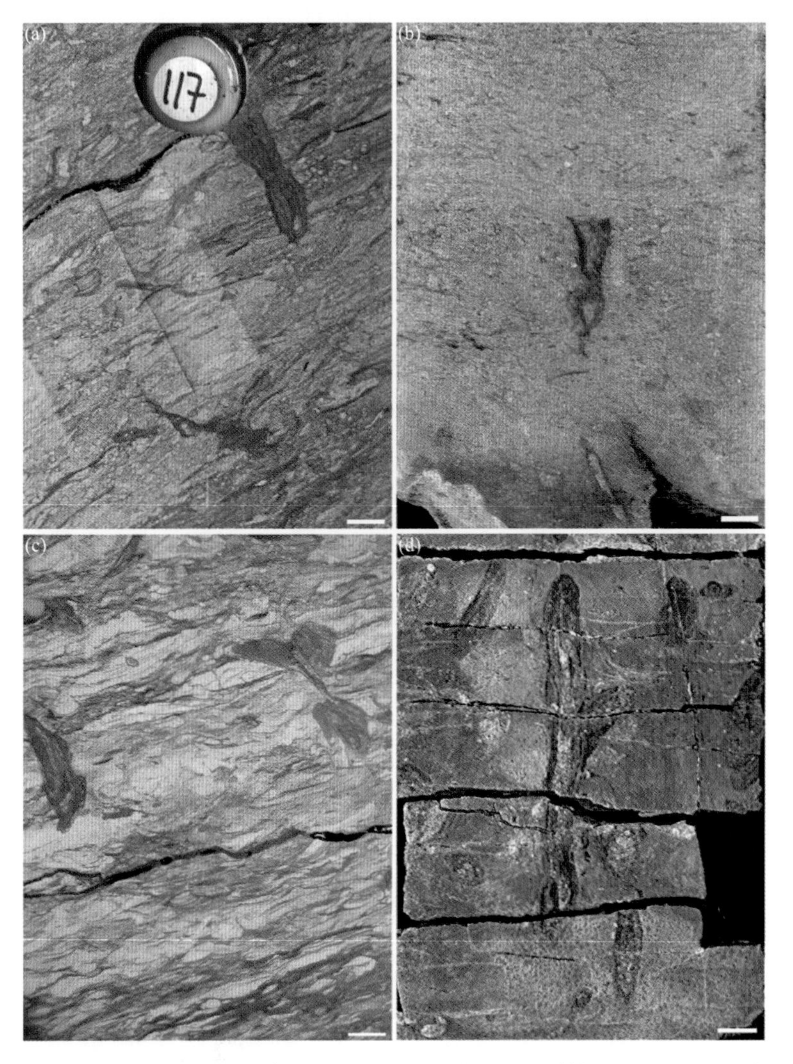

图 5.121　剖切岩芯中的 *Rosselia*。比例尺 = 1cm。（a）纺锤形泥质衬壁的 *Rosselia* 的稍微离轴切面，横切主要由 *Teichichnus zigzag* 和 *Chondrites* 组成的密集遗迹组构。中侏罗统（Callovian 阶）Hugin 组（远滨过渡），挪威北海 Gina Krog 油田（15/6－9S 井，约 3790.0m）。（b）球茎状 *Rosselia* 稍保留一拉长的基部管。洞穴顶部的截断表明存在一个侵蚀层边界，但由于围岩彻底的生物扰动（Nereites）无法辨认。上侏罗统（Oxfordian 阶）Vestland 组（受限盆地内的远滨过渡带），挪威北海 Sverdrup 油田（16/2－13S 井，约 1942.0m）。（c）纹层砂岩有 *Rosselia* 叠置生物扰动结构。下侏罗统（Pliensbachian）Cook 组（浅海），挪威北海（34/5－1S 井，约 3659.5m）。（d）碳酸盐岩中的纺锤形 *Rosselia*，产自上二叠统 Khuff 组，伊朗波斯湾 South Pars 油田（SP9 井，约 3082.5m）。据 Knaust（2014a），经 EAGE 许可刊印

岩芯中的形貌：潜穴上部漏斗状、球根状或纺锤状的形状连同内部纹层构造使 *Rosselia* 在岩芯中容易识别（图 5.121），尽管与相似形态潜穴可能引起混淆。潜穴上部有球根

状肿胀的 *R. socialis* 是 *Rosselia* 最常见的遗迹种。Howard 和 Frey（1984）把缺乏内部分层但展现单个蠕虫潜穴的漏斗形潜穴归类于 *R. chonoides*。目前还不清楚这是否是二次改造潜穴充填的结果，还是这种形式属于一个不同的遗迹种（Uchman 和 Krenmayr，1995）。

相似的遗迹化石：由于整体与 *R. socialis* 的相似性，遗迹种 *R. chonoides*（Howard 和 Frey，1984）和 *R. rotatus*（McCarthy，1979）最初归入 *Rosselia*，但与之不同的是分别有螺旋形充填和新月形充填。还有漏斗状而不是球茎状的形态（在 *R. rotatus* 内）使那些形式更适合于 *Parahaentzschelinia* 遗迹属而不是 *Rosselia*（图 5.101）。*Asterosoma* 因其泥质同心圈纹层状主动充填而与 *Rosselia* 相似。两者差别是近水平优势取向和通常星形形态，从中心区域分叉出纺锤体（Bromley 和 Uchman，2003）。*Cylindrichnus* 是另一种泥质同心圈纹层的遗迹属，其以弓形的形态区别于 *Rosselia*（Goldring，1996；Goldring 等，2002）。具有纹层状漏斗形居室的 *Lingulichnus* 像 *Rosselia*，其连续向下进入茎杆遗迹（Zonneveld 等，2007）。*Lingulichnus* 典型表现为椭圆形的横截面，也许可以解释组织性差的形式。*Rosselia* 延伸的轴管可能会导致与岩芯部分暴露的 *Skolithos* 混淆。

造迹生物：*Rosselia* 最有可能的造迹生物是 Terebellid polychaetes 多毛虫类（Nara 1995，2002），尽管其他多毛虫类蠕虫（如 Sabellidae）和海葵（Actiniaria）也被考虑（图 5.122、图 5.123）。

行为学：*Rosselia* 被解释为摄食碎屑多毛虫类的居住构造（domichnion 居住迹）。在沉积和侵蚀快速改变的情况下，造迹生物试图调整这些条件并产生平衡轨迹（equilibrichnia）。

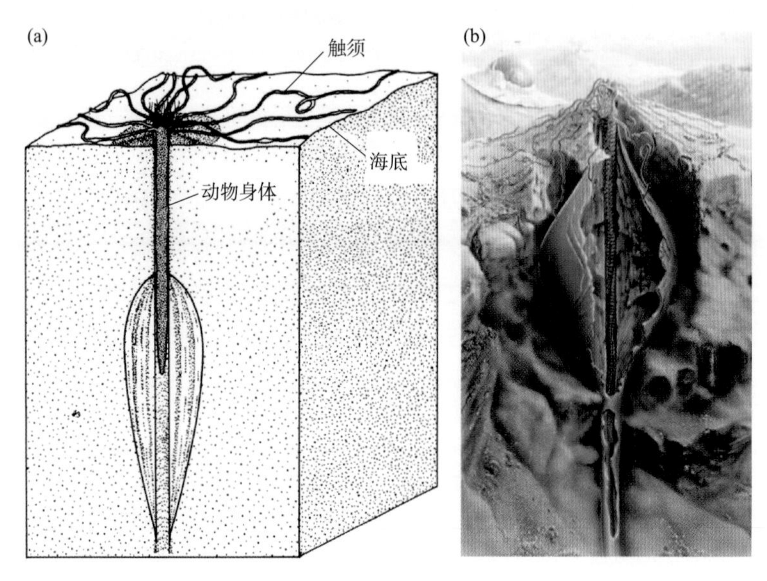

图 5.122 *Rosselia* 造迹生物的重建，terebellid 多毛虫类在其潜穴内。
（a）Nara（1995）的原始解释，经 Wiley 许可刊印；通过版权清算中心转达许可。
（b）Pemberton 等（2001）的插图，经加拿大地质学会许可刊印

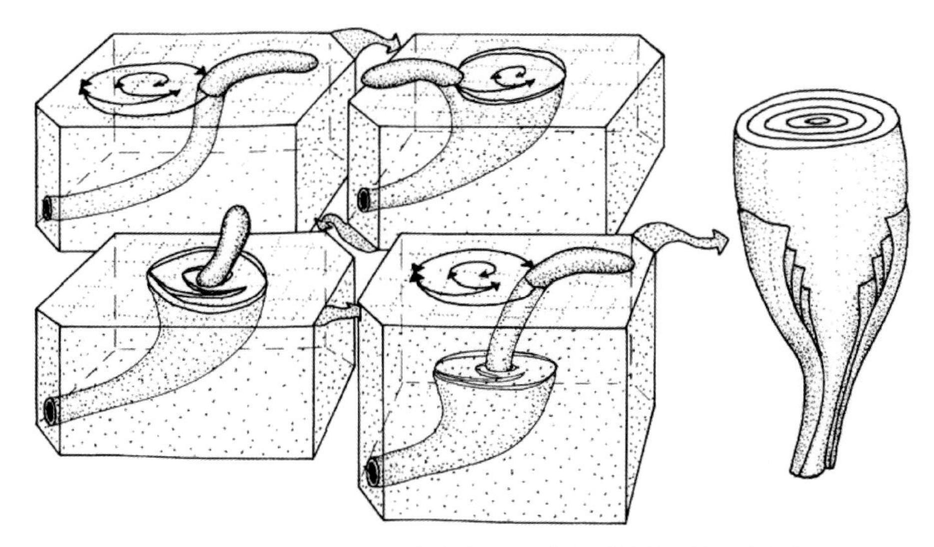

图 5.123　*Rosselia socialis* 的潜穴建造，由蚓状动物的连续运动造成。
据 Chamberlain（1971），© 古生物学会，剑桥出版社出版，经许可转载

沉积环境：*R. socialis* 是内陆架区域常见的痕迹，通常发生在下临滨到中临滨沉积中。也有来自边缘海环境的报道，包括潮坪、潮道、三角洲、海湾和潟湖，以及洪水—潮汐三角洲（Uchman 和 Krenmayr，1995；Carmona 等，2008）。有各种关于高沉积速率和反复侵蚀的 *R. socialis* 的研究（Nara，1995、2002；Campbell 等，2006；Frieling，2007；Netto 等，2014；Campbell 等，2016）。在这样的环境中，快速的沉积作用导致 *R. socialis* 的垂直堆积生长，而随后的侵蚀事件向下切入纺锤状的潜穴部分，并留下漏斗状构造（图 5.124）。这在海进期间很常见，那里 *R. socialis* 具有最高丰度（Nara，2002），在河流洪水事件期间，当大量细颗粒悬浮时（Campbell 等，2006），或在风暴事件期间（Netto 等，2014；Campbell 等，2016）。在滨海环境作为对盐度降低的反应（Frieling，2007），*R. socialis* 群落尺寸可能普遍缩小。

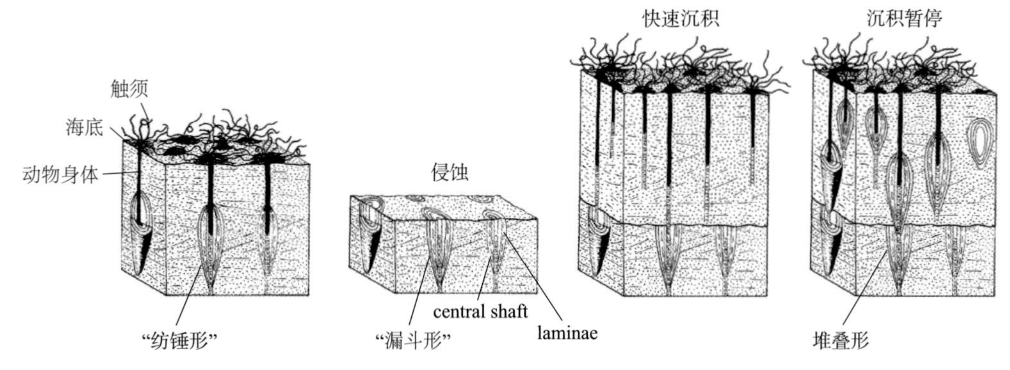

图 5.124　理想模型显示叠置的 *Rosselia socialis*，
其进展是对沉积和侵蚀变化的响应。据 Frieling（2007），经 Springer 许可转载

遗迹相：*Rosselia* 是 *Cruziana* 遗迹相的常见组成部分。考虑到它的造迹生物作为食悬浮物的优先习性，也可能与 *Skolithos* 遗迹相的要素相关，可能是过渡型的。

时代：报道 *Rosselia* 来自下寒武统（Silva 等，2014）到全新世（Nara 和 Haga，2007）。

储层质量：因其食悬浮物的行为，*Roselia* 造迹生物吸收富泥沉积物进入它的居所，筑起厚衬里。这导致外部泥的局部堆积，因此 *Roselia* 造成储层体积和质量的减损。

5.25 *Schaubcylindrichnus* Frey 和 Howard，1981

形态、充填物和大小：*Schaubcylindrichnus* 是一种 U 形潜穴系统，通常由三部分组成：一个孤立的单潜穴或一束有厚衬壁的、通常挨个排列相互贯穿的潜穴管，一个连接潜穴系统一端的摄食漏斗，还有一个粪便堆连接到另一端（Löwemark 和 Nara，2010；图 5.125）。完整的潜穴系统的长度可以达到几分米，而单个的潜穴直径通常在几个毫米至约 1 厘米范围内［图 5.128 和图 5.178（a）］。潜穴衬壁可达大约 1～3mm 厚，常是白色的。潜穴呈被动充填。

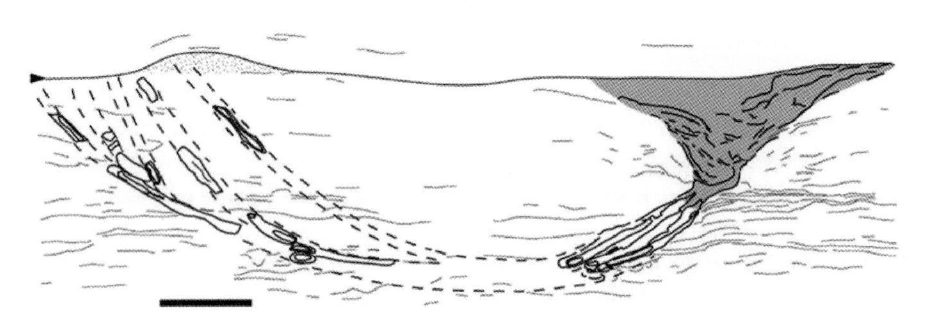

图 5.125　露头上的 *Schaubcylindrichnus coronus* 素描图，日本中新世远滨过渡沉积。漏斗状和丘状构造与弓形样本相关。比例尺 =10cm。据 Nara（2006），经 Elsevier 许可再版；通过版权结算中心传递许可

遗迹分类学：*Schaubcylindrichnus* 现在被认为是单遗迹种；先前建立的遗迹种 *S. freyi* 和 *S. formosus* 均为典型遗迹种 *S. coronus* 的形态变种，因此是低级同义词（Löwemark 和 Nara，2010、2013；图 5.126、图 5.127 和图 5.128）。最近由 Evans 和 McIlroy（2016）提议将 *Palaeophycus heberti* 纳入 *Schaubcylindrichnus*，不是基于前者的类型材料，因而无效。在过去，*Schaubcylindrichnus* 有时会被误认为是 *Terebellina*，然而后者是指大个凝集有孔虫（Miller，1995）。

底质：*Schaubcylindrichnus* 常发育在砂质和含泥质（粉砂到泥质）的底质中，也可出现在碳酸盐岩中，但很少。

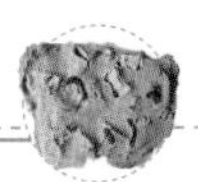

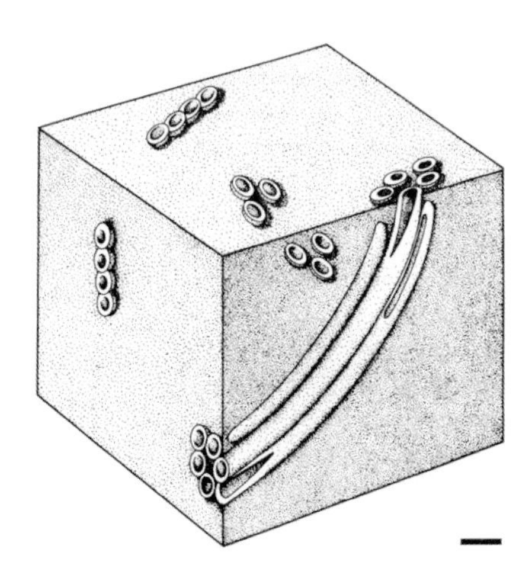

图 5.126 Howard 和 Frey（1984）重建的 *Schaubcylindrichnus coronus*，经加拿大科学出版社许可再版；通过版权清算中心传达许可。比例尺 = 1cm

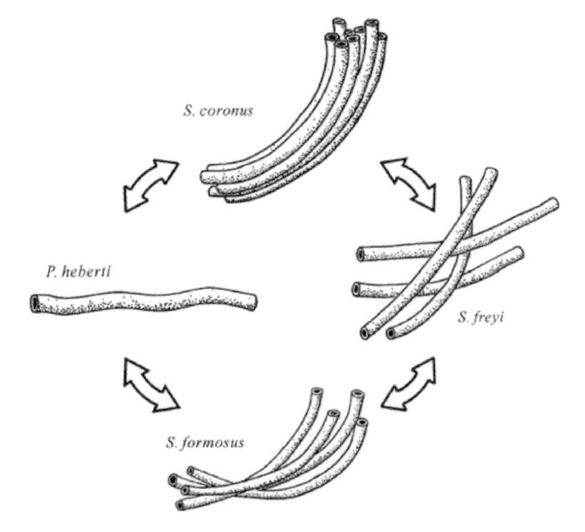

图 5.127 *Schaubcylindrichnus* 的形态变异性，在过去给出了建立不同遗迹种的理由，现在被认为是 *S. coronus* 的次级同义词。个别潜穴被指认是 *Palaeophycus heberti.* 。引自 Löwemark 和 Hong（2006），经出版商（Taylor & Francis Ltd.，http：//www. tandfonline. com）许可刊印

图 5.128 露头中的 *Schaubcylindrichnus*。比例尺 = 1cm。（a）（b）完全生物扰动的砂岩，含有零散的 *Schaubcylindrichnus* 精品遗迹化石。这些洞穴相对小的尺寸看起来与沉积物中的缺氧有关。古新世 Grumantbyen 组（陆架），斯瓦尔巴特的 Longyearbyen 附近。（c）（d）断层带内（倒转剖面）海绿石质交错层理砂岩的截面，显示大个 *Schaubcylindrichnus* 群。下白垩统 Arnager Greensand 组（风暴控制临滨），丹麦博恩霍尔姆的 Rønne 附近

岩芯中的形貌：因其衬壁作为识别标志，*Schaubcylindrichnus* 相对容易在岩芯样品中识别（图 5. 129）。通常具厚衬壁的潜穴群被从不同的方向切开，因此潜穴截面从圆形到垂向压扁、椭圆和拉长变化。特征性的浅色衬壁是一个吸引眼球的特点，不容错过。*Schaubcylindrichnus* 也可作为后期组件出现在复杂遗迹组构以及叠置已存在的生物扰动成因构造［图 4. 3、图 5. 79（d）、图 5. 100（h）、图 5. 111（a）（d）、图 5. 156（d）］。

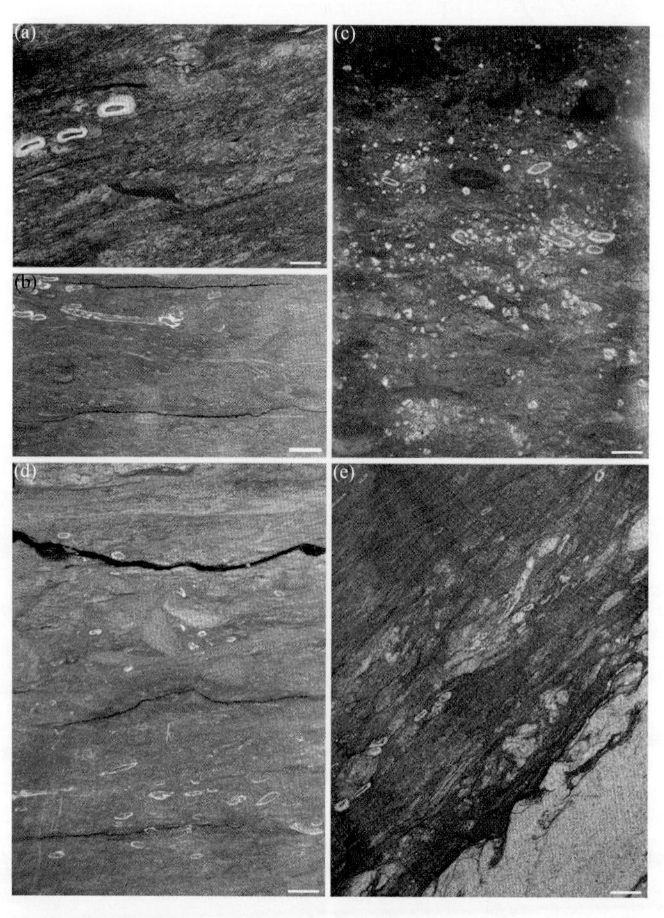

图 5. 129　剖切岩芯中的 *Schaubcylindrichnus*。比例尺 = 1cm。（a）完全生物扰动砂岩，含有 *Phycosiphon* 和 *Cylindrichnus*，伴随厚衬壁的 *Schaubcylindrichnus*，部分压实。下侏罗统（Pliensbachian – Toarcian 阶）Ror 组（远滨），挪威海 Åsgard 油田（6506/12 – I – 2 H 井，约 4836. 7m）。（b）彻底生物扰动的粉砂岩—砂岩中有 *Teichichnus* 和 *Nereites*，叠置着下部具砂质衬壁的 *Schaubcylindrichnus*，以及上部界限清晰的 *Schaubcylindrichnus*。上侏罗统（Oxfordian 阶）Heather 组（远滨），挪威北海 Fram 油田（35/11 – 9 井，约 2735. 5m）。（c）彻底生物扰动的砂岩（顶部少量菱铁矿胶结），横截面上成束的 *Schaubcylindrichnus*。上侏罗统（Oxfordian 阶）Heather 组（远滨），挪威北海 Fram 油田（35/11 – 11 井，约 2623. 9m）。（d）几簇 *Schaubcylindrichnus* 横切高度生物扰动的砂岩。上侏罗统（（Oxfordian 阶）Heather 组（远滨），挪威北海 Fram 油田（35/11 – 9 井，约 2732. 9m）。（e）纹层状和弱生物扰动粉砂岩（在含有 *Cylindrichnus* 的砂质浊积岩上方），含有丰富的 *Schaubcylindrichnus* 砂质衬壁。上侏罗统（Oxfordian 阶）Heather 组（远滨），挪威北海 Fram H – Nord 油田，挪威北海（35/11 – 15ST2 井，约 2970. 5m）

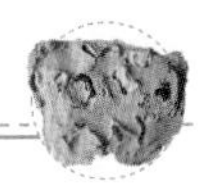

相似的遗迹化石：即使在岩芯中，*Schaubcylindrichnus* 的外貌也很显眼，这归因于厚和明显的潜穴衬壁。单一的出现可能会与 *Palaeophycus* 混淆。

造迹生物：Nara（2006）、Löwemark 和 Nara（2010）推测肠鳃类蠕虫可能是 *Schaubcylindrichnus* 的造迹生物。

动物行为学：可以推断蚯蚓类动物（如肠道动物、多毛虫类）的烟囱取食行为（Löwemark 和 Nara，2010；Kikuchi 等，2016）。

沉积环境：*Schaubcylindrichnus* 产于各种各样的环境，从近岸到大陆斜坡（Frey 和 Pemberton，1991a；Löwemark 和 Nara，2010）。它在浅海环境中很常见，特别是在下临滨到远滨沉积物（Frey 和 Howard，1985、1990）。*S. coronus* 的种内形态变异，如单个标本的管数量，可作为远滨—临滨横剖面远近端位置的鉴别指标（Löwemark 和 Nara，2013）。由 Löwemark 和 Nara（2013）开展的分析"……表现出远滨相管道数量多的明显倾向，那里沉积物特点是粉砂/泥质含量较高，表明多管的 *S. coronus* 是在允许更长居住时间的平静环境中建造的。具有薄砂层特点的环境中居住潜穴管丰度增加，指示居住管是对破坏沉积物－水界面捕食漏斗的剥蚀事件的修复响应。"

遗迹相：*Schaubcylindrichnus* 是 *Cruziana* 相和 *Skolithos* 遗迹相常见的组成分子。

年代：*Schaubcylindrichnus* 出现的地层至少从石炭纪至更新世（Löwemark 和 Nara，2010）。

储层质量：关于 *Schaubcylindrichnus* 对储层质量的影响，没有详细的观测可用。这种潜穴的组成和架构大体上表明对储层影响很小。

5.26 *Scolicia* de Quatrefages，1849

形态、充填物和大小：*Scolicia* 包括简单（不分枝）、缠绕、蜿蜒到卷曲、双叶或三叶的回填洞穴，有两条平行沉积物分叶沿着它们的下表面和扁平的椭圆形截面（Uchman，1995、1998）。潜穴直径范围通常是小于 1cm 至几厘米。遗迹长度不确定，能够达到至少几厘米到几分米。

遗迹分类学：几个遗迹化石现在作为 *Scolicia* 类群的保存变异包括进来，即 *Taphrhelminthopsis*、*Laminites*、*Subphyllochorda* 和 *Taphrhelminthoida*（Uchman，1995；图 5.130）。*Scolicia* 具有三个遗迹种（图 5.131）：*S. prisca*、*S. plana* 和 *S. strozzii*。

底质：*Scolicia* 通常产自分选良好、细粒的砂岩和粉砂岩中。

岩芯中的形貌：岩芯中的 *Scolicia* 外观具有较强的识别性（图 5.132）。潜穴的纵向和斜截面显示密集的新月形或板状回填，而横截面椭圆形至肾形的潜穴与宿主岩层不同的是它们的主动充填，最佳状态下可在它们的底部发现两条沉积物分叶。

相似的遗迹化石：*Bichordites* 是一种与 *Scolicia* 相似的遗迹化石，但因其有中央双叶而不同（Demírcan 和 Uchman，2012；图5.130）。在岩芯中 *Scolicia* 可能与带有新月形回填物的 *Taenidium* 混淆。然而 *Taenidium* 通常比 *Scolicia* 小，具有较少规律的新月形排列且在底部缺乏可识别的沉积物双叶。蹼状潜穴 *Zoophycos* 和 *Lophoctenium* 的近水平部分也可能类似 *Scolicia*，但属于复杂的三维潜穴系统。*Zoophycos* 个体相对于 *Scolicia* 较小而缺乏沉积物的带状双叶，排列规律性较差。

造迹生物：以现代模拟和实验为基础，不规则的海胆类（如心形海胆 spatangoids，heart urchins）会产生 *Scolicia* 状的遗迹已众所周知（图5.133、图5.134）。

行为学：*Scolicia* 是由海胆类不规则的摄食沉积物活动（fodinichnial 觅食迹）产生的。

沉积环境：常见于深海沉积的 *Scolicia* 属于 *Nereites* 遗迹相，在浅海环境中则归入 *Cruziana* 遗迹相。*Scolicia* 偏好沙质到粉沙质、富有机质沉积物，是深海水道—溢岸复合体内溢岸沉积的常见的组分（Callow 等，2013）。类似的，*Scolicia* 极常见于近端扇及相关环境，但在更远端的部分罕见（Heard 和 Pickering，2008）。*Scolicia* 发生在浅层位置，因而遭受后续掘穴者的破坏［图5.9（b）、图5.135 和图5.136］。

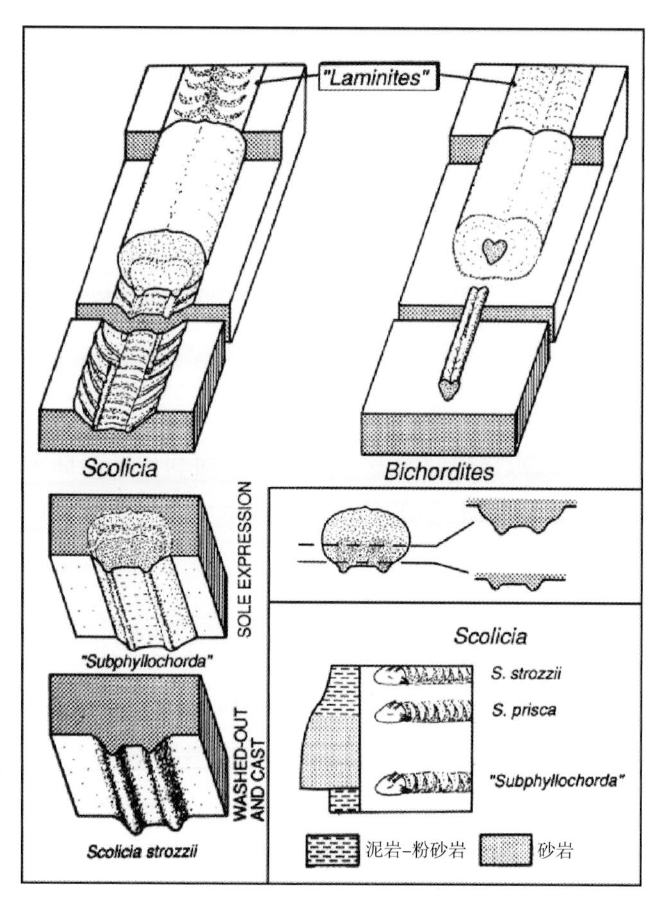

图5.130 *Scolicia* 的标志性形态和相似的遗迹化石 *Bichordites*，以及 *Scolicia* 的保存变种。引自 Uchman（1995）

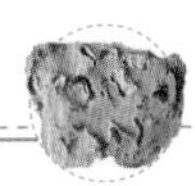

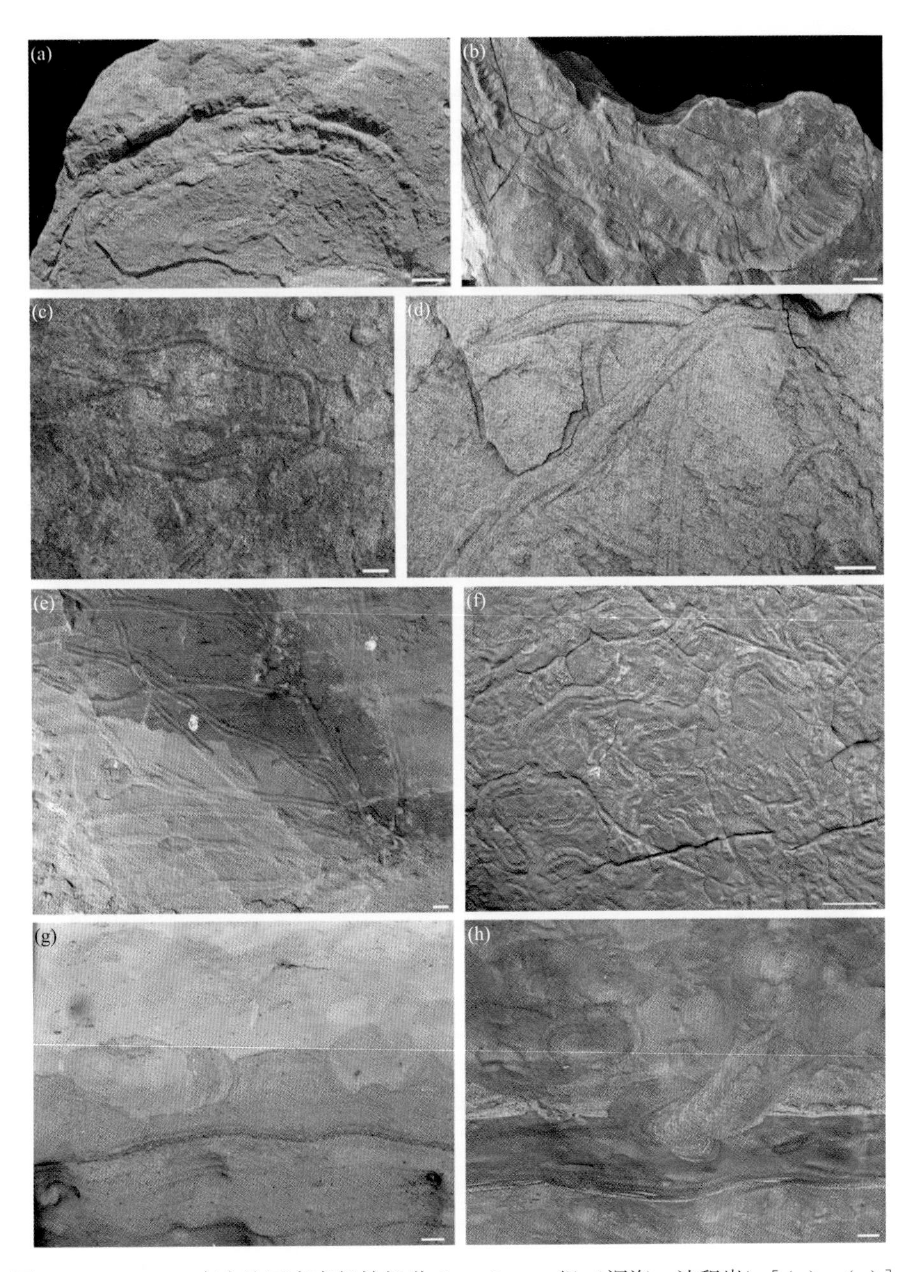

图 5.131 *Scolicia* 产自法国东南部始新世 Grès d'annot 组（深海，浊积岩）[（a）~（e）]，新西兰北岛 Taranaki 半岛的海崖中新世 Mount Messenger 组（深海，水道—堤坝复合体）[（f）~（h）]。比例尺 = 1cm，除了（f）= 10cm。（b）（d）和（e）引自 Knaust 等（2014），经 Wiley 许可刊印；通过 Copyright Clearance Center, Inc. 传递许可。（a）（b）*S. prisca*。（c）（d）*S. plana*。（e）*S. strozzii*。（f）下层面具有弯曲的 *S. plana* 沿砂泥界面。（g）在层状砂岩顶上带 *Scolicia* isp. 未定种的垂直截面，纵向面（左）和横断面（右）。注意在横截面底部的两个典型的沉积物脉。（h）薄层细粒砂岩的垂直剖面，有密集的 *Scolicia* 遗迹组构

图 5.132　剖切岩芯中的 *Scolicia*。比例尺 = 1cm。(a) 泥岩—砂岩交替（倾斜），有 *Scolicia* 的横截面产于薄砂岩层的上部，在那里有机质沉积物集中在波纹槽内。注意洞穴底部特征性的沉淀物脉（箭头）。下白垩统（Albian 阶，深海，水道—溢岸），坦桑尼亚近海。(b) 异质浊积砂岩中的 *Scolicia* 纵截面。上白垩统（Turonian - Sanantonian 阶）Kvitnos 组（深海），挪威海 Aasta Hansteen 油田（斜井 6707/10 - 2A，约 4462.8m）。(c) 浊积砂岩和半远洋泥岩的穿插，显示几个部分变形 *Scolicia* 标本的纵切面。上白垩统（Campanian 阶）Nise 组（深海，盆底），挪威海（6607/5 - 2 井，约 4186.5m）。(d) 泥岩—砂岩互层，具有交错层理和强烈的生物扰动。背景中的 *Nereites*（*N*）被大个 *Scolicia*（*S*）叠置，这是由遗迹造迹生物开采砂层造成。所有其他的遗迹都被泥质充填的 *Zoophycos*（*Z*）横切。上白垩统（Campanian 阶）Nise 组（深海，扇缘），挪威海 Aasta Hansteen 油田（6707/10 - 1 井，2974.3m）。据 Knaust（2009b），经 Elsevier 许可刊印，通过版权结算中心传递许可

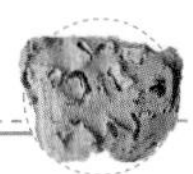

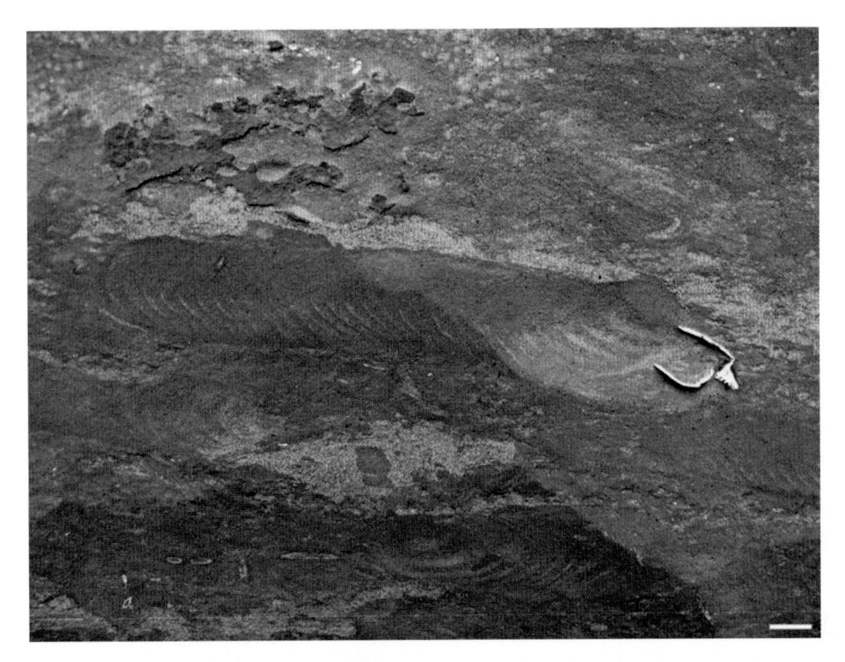

图 5.133 *Scolicia* 潜穴保存了不规则海胆造迹生物，产自中新世 Mount Messenger（深海，水道—溢岸复合体），新西兰北岛塔拉纳基半岛的海崖。比例尺 = 1cm

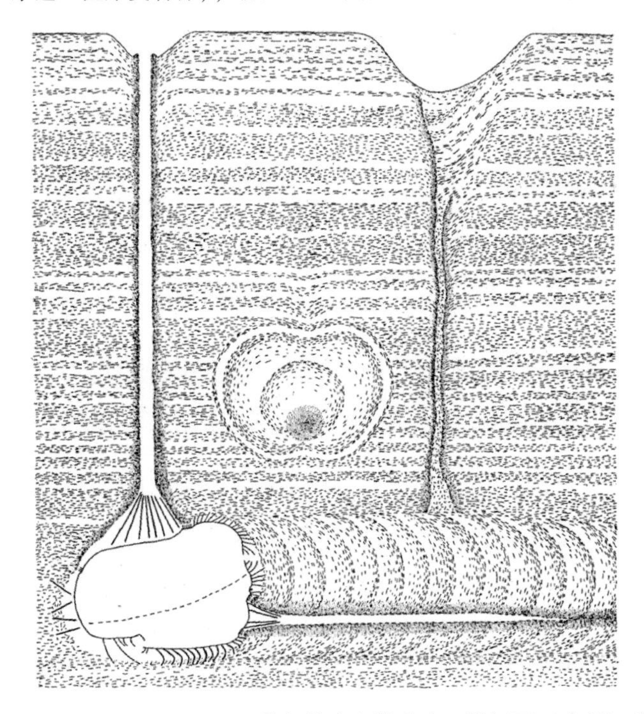

图 5.134 *Echinocardium cordatum* 潜穴的遗迹学重建，横切面（中间）和纵切面。后者显示两个到表面摄食的烟囱，一个起作用，另一个废弃、塌陷。非球形沉积物颗粒重新定向，动物挖穴活动和新月形回填。引自 Bromley 和 Asgaard（1975），经丹麦地质学会许可刊印

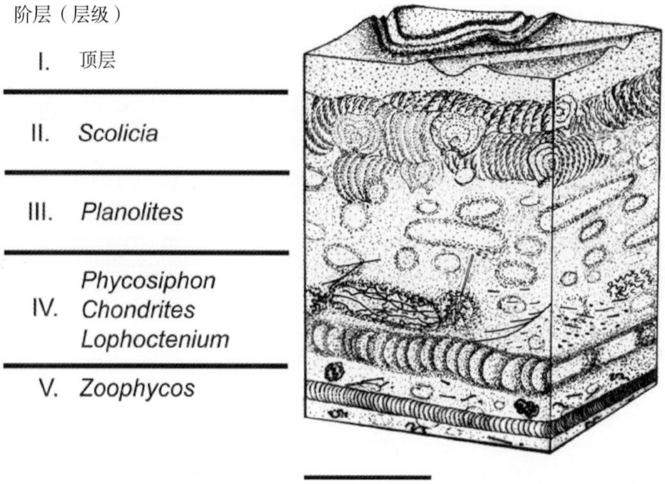

阶层（层级）

I. 顶层

II. *Scolicia*

III. *Planolites*

IV. *Phycosiphon* *Chondrites* *Lophoctenium*

V. *Zoophycos*

图 5.135　特征生物成因沉积构造和遗迹分布的分级图，基于对现代深海的观察。注意 *Scolicia* 出现在上层。比例尺 =10cm。据 Wetzel（1981）修改，经 Schweizerbart 许可刊印（www. schweizerbart. de /9783443190347）

图 5.136　纹层状杂砂岩含有 *Phycosiphon*。遗迹组构的上层被 *Scolicia* 完全生物扰动，导致沉积物均质化，因此有助于增加储层物性。含有 *Scolicia* 的上层部分反过来被 *Phycosiphon* 重新掘穴。中新世 Mount Messenger 组（深海，水道—溢岸复合体），新西兰半岛塔拉纳基半岛的海崖。比例尺 =1cm

遗迹相：*Scolicia* 是深海 *Nereites* 和陆架 *Cruziana* 遗迹相的典型组分。

年代：已知海胆产生的 *Scolicia* 自侏罗纪就有（Seilacher，1986；Fu 和 Werner，2000），古生代 *Scolicia*（Benton 和 Gray，1981；Bjerstedt，1988；Buckman，1992）肯定是由其他生物体产生的（如鼻涕虫类动物）。许多这样的古生代 *Scolicia* 有相对简单的形态和组成，相比较之下中生代以来的 *endichnial*，*Scolicia* 更复杂（Buatois 和 Mángano，2004）。

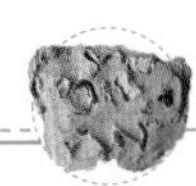

储层质量：杂岩性组成的砂质至粉砂质、纹层状沉积物是不规则海胆的目标，由其摄食沉积物活动使富沙沉积物均质化（图 5.136）。这种情况的发生规模广，其影响由于存在相对较大的潜穴和密集的生物扰动结构（遗迹组构）而被放大。因此 *Scolicia* 生物扰动可以增加储层物性。

5.27 *Scoyenia* White，1929

形态、充填物和大小：*Scoyenia* 指水平至倾斜的潜穴，其主要特点是具有弱和不规则衬壁、纵向条纹和明显的新月形回填构造，但部分潜穴可能显示向被动充填过渡（Bromley 和 Asgaard，1979；Frey 等，1984；Retallack，2001；图 5.137）。潜穴壁可以出现微弱的蠕动环纹。潜穴无分叉，直径略有变化，通常在 5～20mm。

遗迹分类学：目前只发现有两个遗迹种，其中典型遗迹种 *S. gracilis* 最常见（图 5.138），而 *S. beerboweri* 似乎局限于奥陶纪古土壤（Retallack，2001；图 5.151）。

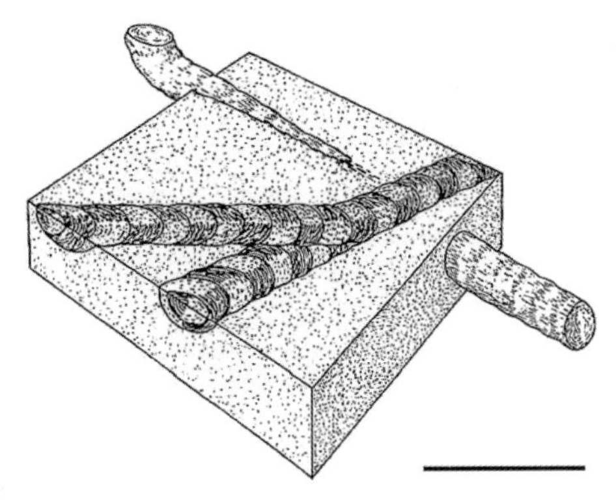

图 5.137 *Scoyenia gracilis* 的结构和形态。比例尺 = 1cm。据 Bromley 和 Asgaard（1979），经 Elsevier 许可刊印；通过 Copyright Clearance Center，Inc 传递许可

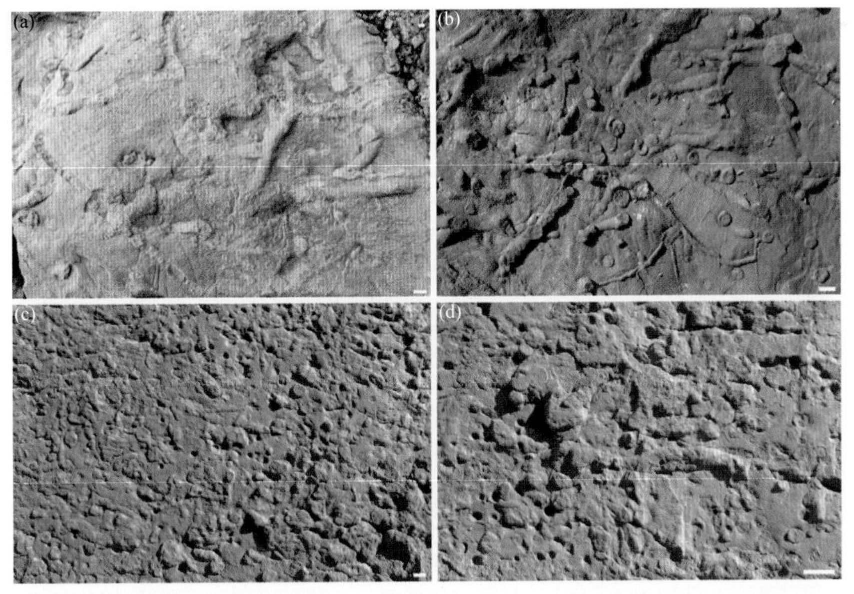

图 5.138 露头中的 *Scoyenia gracilis*。比例尺 = 1cm。砂岩层面带有水平管和轴管，显示内部回填和外部抓痕。(a) 始新世 Aspelintoppen 组（河流），斯瓦尔巴特群岛 Brongniartfjellet。(b) 下三叠统 Buntsandstein 群（河流），波兰南部 Cracow。(c) (d) 二叠系 Cutler 组（冲积扇），美国犹他州 Moab 北部 191 峡谷。注意有成对的潜穴组合，可能是 *Arenicolites* 的开口

底质：*Scoyenia* 通常在具有泥质夹层的细粒砂岩和粉砂岩中遇到，也可能出现于钙质序列内，尤其那些与古土壤有关的，如含钙土层。

岩芯中的形貌：相对较大的直径和潜穴的外观使 *Scoyenia* 在岩芯中比较容易识别，但条纹壁不可能在截面中证实（图 5.139）。水平和浅倾斜潜穴占主导地位。微衬壁通常由泥组成，但可能发育或保存不良。新月形回填是识别标志，通常包括颜色迥异的沉积物碎片。

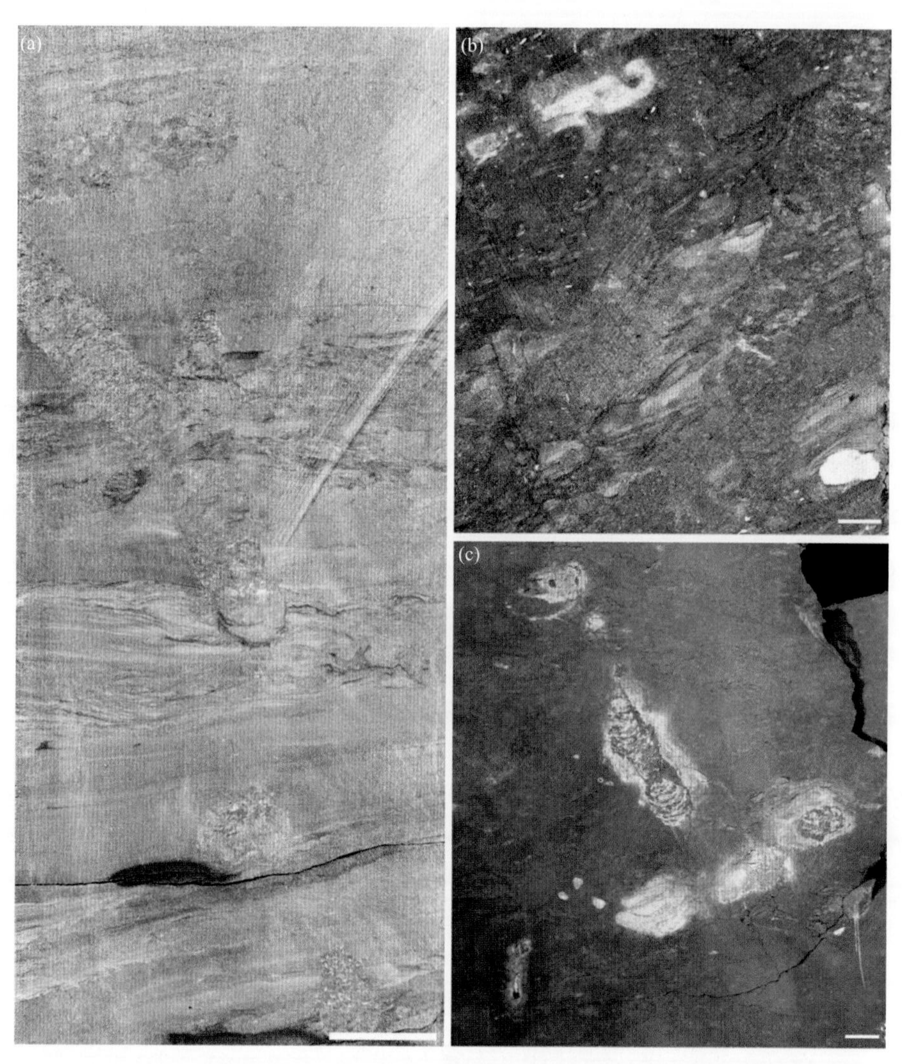

图 5.139 剖切岩芯中的 *Scoyenia gracilis*。比例尺 = 1cm。（a）杂砂岩含有斜的和水平状的主动充填的潜穴部分。始新世 Aspelintoppen Formation 组（河漫滩），斯瓦尔巴 Brongniartfjellet（Sysselmannbreen BH 10 – 2008 井，ca85.5m）。（b）波纹状砂岩，有薄衬壁和主动充填潜穴部分。上三叠统（Norian – Rhaetian 阶）Lunde 组（河漫滩），挪威北海 Snorre 油田（34/7A – 9H 井，约 2784.5m）。（c）铁染色泥质沉积，有潜穴显示不连续封装的新月状的充填物。上三叠统（Norian – Rhaetian 阶）Lunde 组（古土壤），挪威北海 Snorre 油田（34/7 – 1 井，约 2481.7m）

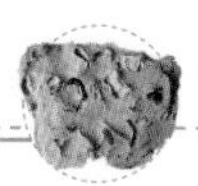

相似的遗迹化石：*Taenidium*（特别是 *T. barretti*）是 *Scoyenia*（如 *S. gracilis*）最相似的遗迹化石，在岩芯中可能与之混淆。然而，*Scoyenia* 有一堵条纹壁（这在岩芯中很难识别），且通常显示薄的泥质衬壁，这在 *Taenidium* 中很少出现。*Scoyenia* 的平均直径比 *Taenidium* 大。最重要的是，*Scoyenia* 的新月形回填构造呈现更杂乱小块，而 *Taenidium* 则是更均匀。

造迹生物：节肢动物如昆虫（如甲虫）和千足虫已被认为是 *Scoyenia* 的造迹生物（Frey 等，1984；Retallack，2001；Hasiotis，2010）。

行为学：*Scoyenia* 可能是多用途的进食、居住和繁殖的潜穴（Retallack 2001）。更多的倾斜洞穴已被推断为逃逸构造（Hubert 和 Dutcher，2010）。

沉积环境：*Scoyenia* 是一种陆相遗迹化石，通常来自冲积相、湖相和河流相沉积，比如古土壤、湖泊和河漫滩沉积物。它通常与高土壤湿度有关，推测发生在季节性潮湿到潮湿气候（Hasiotis，2010）。

遗迹相：*Scoyenia* 遗迹相最初是作为海洋遗迹相的想法而设计的（Seilacher，1967），但现在被认为是更加分化的（Bromley，1996；Buatois 和 Mángano，2011；Melchor 等，2012）。

年代：*Scoyenia* 已知发育在奥陶纪（Retallack，2001）到全新世（Hasiotis，2010）。

储层质量：砂质充填的 *Scoyenia* 潜穴是流体和气体的良好导体，尤其是发生在泥质宿主沉积物中。新月形充填物的非均质组成可能会导致储层物性的轻微减损。

5.28 *Siphonichnus* Stanistreet 等，1980

形态、充填物和大小：*Siphonichnus* 包括垂直、斜的或水平的圆柱形潜穴，具有线性、弯曲或弓形的形态以及圆形到椭圆形截面（Knaust，2015a；图 5.140）。它的特点是被均质核心（被动充填）穿透的新月形潜穴壁（主动充填）。完整潜穴的直径通常在一厘米的范围内，也有小得多的潜穴出现。它们的长度可以是几分米。

遗迹分类学：产自德国石炭系的 *S. ophthalmoides*（Jessen 1950）是 *S. eccaensis* 的高级同义词（Knaust，2014b、2015a）。它目前被认为是 *Siphonichnus* 属的唯一遗迹种，尽管 Zonneveld 和 Gingras（2013）建议把 *Scalichnus phiale* 归入 *Siphonichnus* 遗迹属，且建立了 *S. lepusaures* 和 *S. sursumdeorsum* 新遗迹种。*S. lepusaures* 和 *S. sursumdeorsum* 可能是 *Teichichnus zigzag* 的横截面，它们更好地适合那个遗迹属。*Siphonichnus* 与 *Siphonichnidae* 遗迹家族齐名，包括由一个或多个近垂直管构成的各种形态潜穴，带有被动充填和主动充填的衬壁或潜穴膜（Knaust，2015a）。除 *Siphonichnus* 外，还包括遗迹属 *Laevicyclus*，*Parahaentzschelinia*，*Scalichnus* 和 *Hillichnus*（图 5.141）。

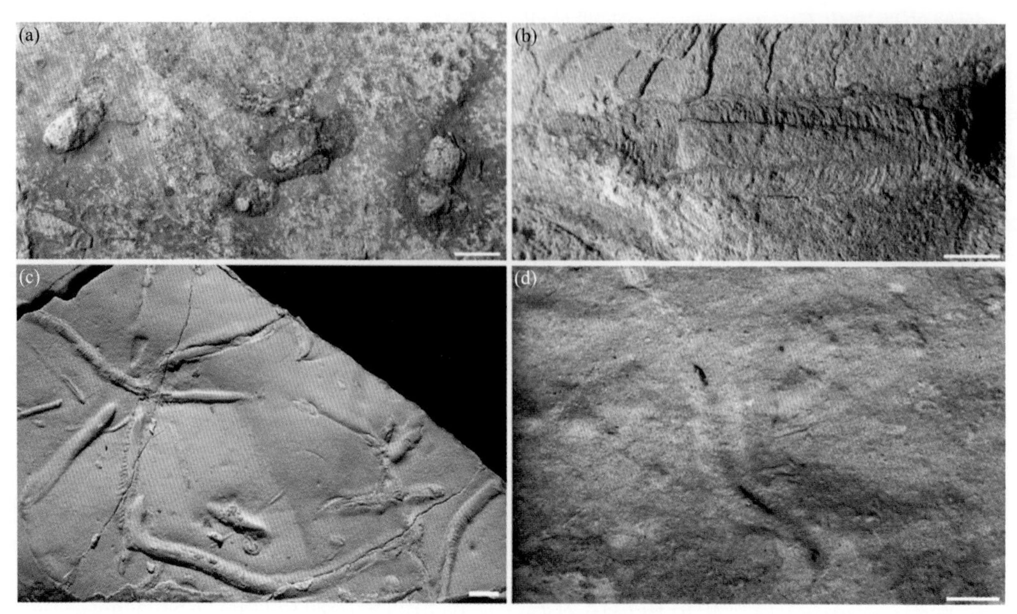

图 5.140　露头中的 *Siphonichnus ophthalmoides*。比例尺 = 1cm。引自 Knaust (2015a)，经 Elsevier 许可刊印；通过版权清算中心传达许可。(a) 相对于层理的可变取向潜穴，近滨来源的云母质交错层理砂岩。下侏罗统 (Hettangian 阶) Höganäs 组 (近岸)，瑞典南部赫尔辛堡。(b) 平行层理的潜穴局部。与 (a) 地点相同。(c) 弯绕潜穴揭示石灰岩层面上的核心和潜穴膜。中三叠统 (Anisian 阶) Meissner 组 (上 Muschelkalk，碳酸盐缓坡)，德国图林根州魏玛附近的 Troistedt。(d) 单个 *S. ophthalmoides* 标本，核心有黄铁矿化充填物。晚中新世 Mount Messenger 组 (深海，斜坡扇)，新西兰北岛新普利茅斯以北的海岸剖面

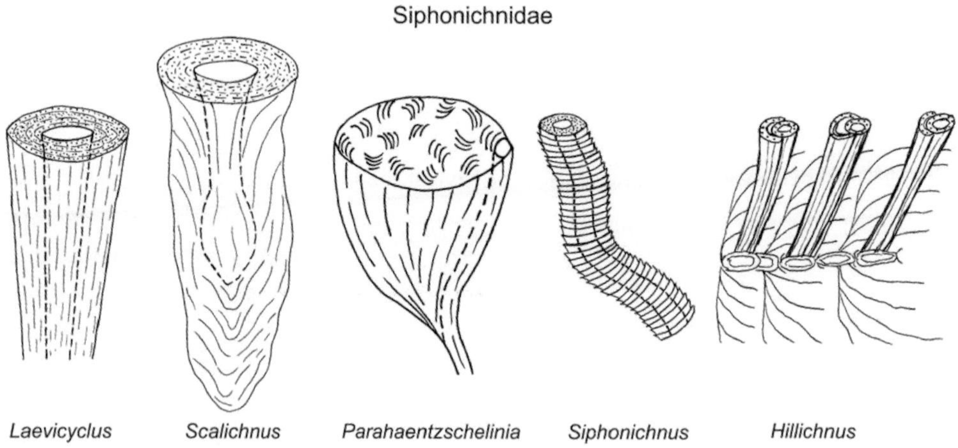

Siphonichnidae

Laevicyclus　*Scalichnus*　*Parahaentzschelinia*　*Siphonichnus*　*Hillichnus*

图 5.141　*Siphonichnidae* 家族包含的遗迹属的线条图以及形态学特征，它们均有一个或多个近垂直管，其具有被动充填和主动充填的衬壁或披盖。引自 Knaust (2015a)，经 Elsevier 许可刊印；通过版权结算中心传递许可公司

底质：据报道 *Siphonichnus* 有多种类型底质，包括泥岩、粉砂岩、砂岩和石灰岩。它常出现在各种非均质砂质底质中。

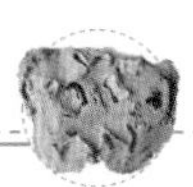

岩芯中的形貌：尽管 *Siphonichnus* 最初描述为垂向，但它也有倾斜和水平的潜穴管，是一种没有分支的遗迹化石。它由一个具紧密纹层（新月形回填纹）的和中央部分构成，由被动充填的、界限清晰的潜穴管所占据。在岩芯中，这些圆柱形潜穴呈细长椭圆形或圆形截面［图 5. 142、图 5. 100（f）（h）］。

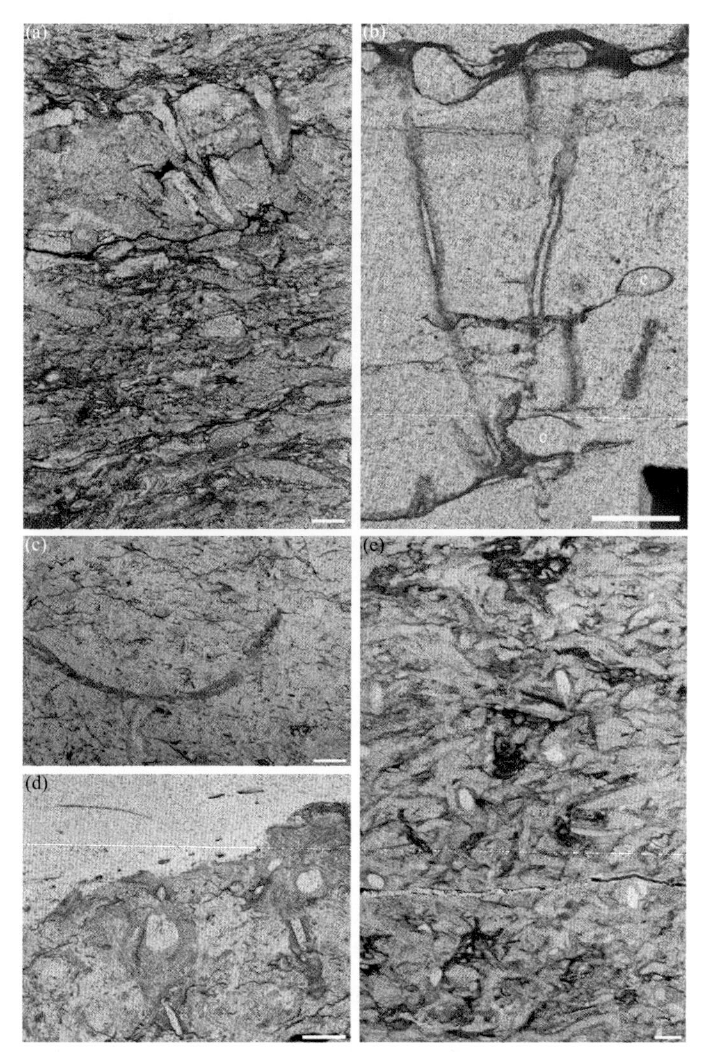

图 5. 142 剖切岩芯中的 *Siphonichnus ophthalmoides*。（a）（b）和（e）引自 Knaust（2015a），经 Elsevier 许可刊印；通过版权清算中心传递许可。比例尺 = 1cm。（a）杂砂岩有密集的 *S. ophthalmoides* 遗迹组构，由近垂直、倾斜和水平、部分弓形的潜穴构成，潜穴膜纹层向下凹。下侏罗统（Sinemurian－Pliensbachian 阶）Tilje 组（边缘海），挪威海（6607/12－3 井，约 4217. 35m）。（b）细长的 *S. ophthalmoides* 伴随并可能的造迹生物双壳类（c）的铸模。下侏罗统（Pliensbachian 阶）Tilje 组（边缘海），挪威海 Åsgaard 油田（6506/12－K－3H 井，约 4459. 0m）。（c）纵断面的弓形潜穴。下侏罗统（Aalenian 阶）Stø 组，挪威巴伦支海 Snøhvit 油田（7120/8－2 井，约 2097. 75m）。（d）变化取向的潜穴展示厚潜穴膜外套。下侏罗统（Aalenian 阶）Stø 组，挪威巴伦支海 Snøhvit 油田（7120/6－2 S 井，约 2583. 3m）。（e）密集的 *S. ophthalmoides* 遗迹组构，有完全生物扰动构造和各种方向的离散潜穴。下侏罗统（Hettangian－Sinemurian 阶）Nansen 组，挪威北海（25/10－11T2 井，约 4283m）

相似的遗迹化石：*S. ophthalmoides* 变化的形态、取向和大小可引起与一些部分相似遗迹化石的混淆。首先，*S. ophthalmoides* 的垂向表现可能像 *Skolithos*［图 5.146（g）］乃至 *Trypanites*，尤其是在潜穴膜纹层难以看清的情况下。同样的原因，*S. ophthalmoides* 的水平部位—当在岩芯观察时—可能表现为 *Palaeophycus* 和 *Macaronichnus*。由于 *S. ophthalmoides* 通常与 *Skolithos* 和 *Palaeophycus* 共生，这种情况更加复杂，它们可能是同一种造迹生物产生的。Lingulide 生产的 *linguichnus* 遗迹化石可能与 *Siphonichnus* 最相似。它与 *Siphonichnus* 不同之处在于横截面是圆的而不是椭圆的，而且内部纹层以不太一致的方式部分由被动充填的肉茎迹穿透。*S. ophthalmoides* 最内部的潜穴（核心）似乎比 *Lingulichnus* 的肉茎遗迹宽，且只保存了潜穴外部纹层（潜穴膜外套）相对较小的比例。*S. ophthalmoides* 也与 *Diplocraterion* 混淆，更少见的是 *S. ophthalmoides* 的潜穴膜外套也可被误认为 *Ophiomorpha* 的泥质衬壁。

造迹生物：当代的 *Siphonichnus* 状遗迹由双壳类动物在沉积物中调整位置产生（Reineck，1958；图 5.143）。在某些情况下，双壳类的壳模或腔室被保存在 *Siphonichnus* 的底部［Dashtgard 和 Gingras，2012；Gingras 等，2012a；图 5.142（b）］。相对较长的潜穴部分和宽方位取向以及潜穴膜内几乎完美居中的核心是其特征，这使得除了双壳类以外的其他生物成为可能（如节肢动物）。

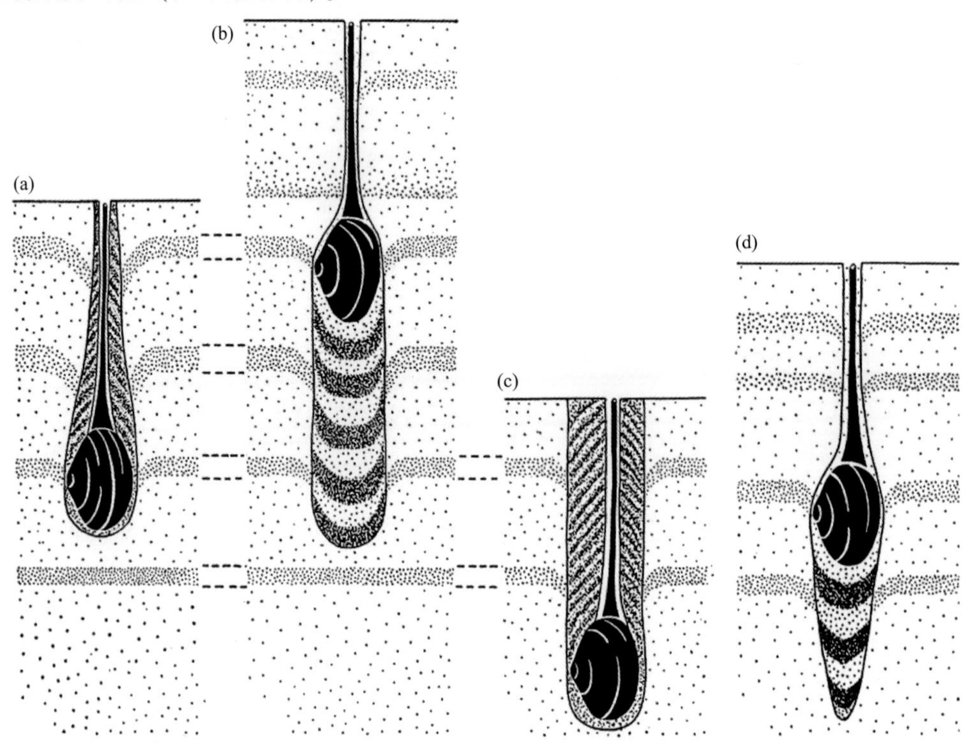

图 5.143　现代双壳类潜穴对沉积的响应。引自 Reineck（1958），经 Schweizerbart（www. schweizerbart. de / home / senckenberg）许可刊印。（a）无沉积；（b）快速沉积；（c）侵蚀；（d）非常缓慢的沉积作用

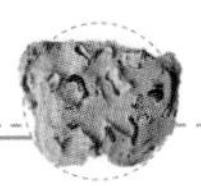

行为学： *Siphonichnus* 为是食悬浮物和沉积物生物的居住迹（domichnion 居住迹），如双壳类动物。它能够调整位置（equilibrichnion）以应对侵蚀和沉积。*Siphonichnus* 潜穴高度可变的取向明显是由（暂时的?）可移动水底造迹生物的活动造成的，其目的至少部分是移动和摄食沉积物。因此，可以推断是两种生活方式的结合，一种是定居的生活方式会造成或多或少的垂直方向的潜穴，另一种移动的生活方式造成不同方向的潜穴。

沉积环境： 可考虑 *Siphonichnus* 作为浅海和边缘海环境的一种指标，常与盐度波动和淡水注入有关（Knaust，2015a）。其分布范围从远滨近端和临滨到三角洲、河口和潟湖环境。*S. ophthalmoides* 就是早期遗迹化石应用在与工业采煤有关的遗迹地层学与古环境重建方面的很好例子。假定的造迹生物，耐淡水影响和盐度波动的底栖海洋双壳动物，迅速地沿微咸水影响的古海岸线占领了合适的生态位置。这种机会主义的殖居造成了"眼"状潜穴（横截面所见）的大量出现，而其他的大化石过于稀疏无法快速表征间隔。早期的煤炭调查者（Jessen，1950）发现 *S. ophthalmoides* 在煤层对比中的重要性，德国西部矿区海相层段的底部和顶部都有"眼"状页岩（Augenschiefer）。后来工作者使用 *S. ophthalmoides* 作为边缘海沉积的相标志，也与下三角洲平原（如分流湾/潟湖）和三角洲供给的海底扇沉积物相联系。*Siphonichnus* 很好地反映了它的造迹生物双壳类对改变沉积物供应的响应。McIlroy（2004）在沉积物供应突然减少时的废弃潮道和废弃三角洲朵叶识别出原地 *S. ophthalmoides*。*S. ophthalmoides* 是潮间带和盐沼沉积的常见组成部分。

遗迹相： *Siphonichnus* 属于 *Skolithos* 遗迹相，并作为伴随成分出现在 *Cruziana* 遗迹相。

年代： *Siphonichnus* 被记录于泥盆纪晚期（Angulo 和 Buatois，2012）到全新世（Gingras 等，2008）。

储层质量： *Siphonichnus* 主要为砂充填和垂直取向，因此可以轻微改善垂直连通性。

5.29 *Skolithos* Haldeman，1840

形态、充填物和大小： *Skolithos* 是一种简单的、近垂直的圆柱形管，有或没有衬壁以及被动充填（Alpert，1974；图 5.144、图 5.145）。顶部可发育或保留一个漏斗形的孔径（Schlirf，2000）。潜穴直径从毫米到厘米不等，长度从几毫米到几分米。可以用长度/直径的比值把 *Skolithos* 从形态相似的遗迹化石中区分出来。

遗迹分类学： *Skolithos* 形态学特征是稀疏的。基于形态学、潜穴壁和尺寸等标准，大约有 20 种遗迹种被归类于这个遗迹属，尽管其中一些不符合遗迹学识别结论（如螺旋型和分支型）因而必须被排除在外。此外，如 *Tigillites* 和 *Sabellarifex* 等遗迹种起初被归类于其他遗迹属，现在被视为 *Skolithos* 的低级同义词（Alpert，1974；Fillion 和 Pickerill，1990；Schlirf，2000；Schlirf 和 Uchman，2005）。遗迹种 *S. linearis*、*S. verticalis* 和 *S. annulatus* 是

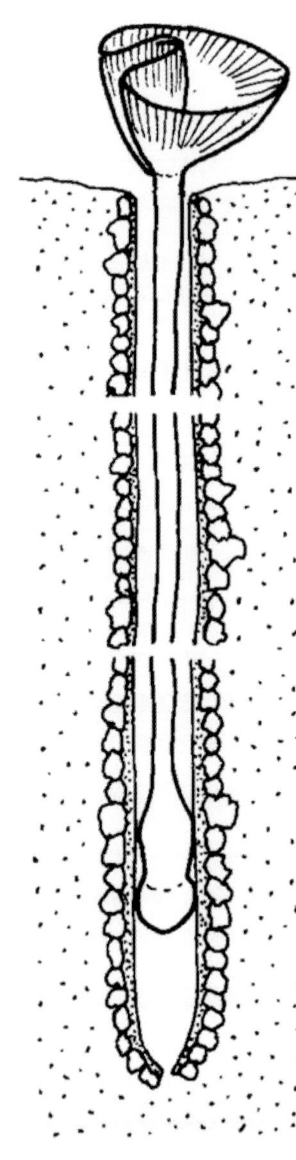

图 5.144 *Skolithos linearis* 素描图，由现代绒帚虫在软沉积物建造（原位）。注意沉积物颗粒粘附在管道上。未按比例。据 Emig（1982），经 Elsevier 许可刊印；通过 Copyright Clearance Center，Inc. 传达许可

Skolithos 遗迹属最重要的类型。尽管多次尝试，*Skolithos* 遗迹属还需要进行遗迹分类学修订。

底质：*Skolithos* 发育在软底中（砂质和泥质），其次是牢固的硅质碎屑和碳酸盐岩沉积物。

岩芯中的形貌：*Skolithos* 相对容易在岩芯中识别，它看起来或多或少是直的潜穴垂直于层理面排列（图 5.144）。充填通常与围岩迥异，潜穴的衬壁是其特点。

相似的遗迹化石：由于 *Skolithos* 的简单性，它可能与类似的潜穴、其他潜穴的局部甚至沉积构造相混淆，尤其是在岩芯中［图 5.189（a）（f）］。*Skolithos* 像产自河流相沉积的 *Cylindricum*（Linck，1949）和 *Capayanichnus vinchinensis*（Melchor 等，2010），可能是淡水甲壳类动物产生的。此种遗迹类别以其长/宽比较小区别于 *Skolithos*（Hasiotis，2008），从而证明自己的身份（Knaust，2012）。相反，*Trichichnus* 的特征是高长/宽比和偶发分枝；此外它通常黄铁矿化。非常薄的 *Siphonichnus ophthalmoides* 也可能被误解为 *Skolithos*（Bromley，1996；Gerard 和 Bromley，2008）。此外如果三维背景尚不清楚，其他遗迹化石的潜穴局部如 *Thalassinoides* 和 *Ophiomorpha* 的竖管可能很容易与 *Skolithos* 相混淆（图 5.146）。

造迹生物：产生 *Skolithos* 状遗迹的已知生物种类很多（图 2.3）。最合适的是各种各样的蠕虫类，如 priapulids 和多毛虫类以及 phoronids（帚虫类），这可以解释许多古生代和更年轻的 *Skolithos*（Fenton 和 Fenton，1934；Emig，1982；Sundberg，1983；Dashtgard 和 Gingras，2012；图 5.144、图 5.147）。另一组是甲壳类动物（如 amphipods 片脚类动物），现今它们生产 *Skolithos* 状遗迹（Dashtgard 和 Gingras，2012）。珊瑚虫（海葵）可能也能产生类似 *Skolithos* 的痕迹（Hertweck，1972）。此外陆相 *Skolithos* 可以由植物根产生［Gregory 等，2006；图 5.183（f）］，甚至昆虫和活板门蜘蛛（蛛形纲动物）也可以。在深海环境中，已知海参类会产生 *Skolithos*（Dashtgard 和 Gingras，2012），aplacophorans（软体动物）也可能是这种环境中 *Skolithos* 的造迹者。

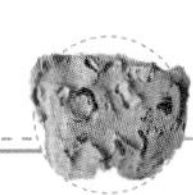

图5.145 露头上的 *Skolithos*。比例尺 = 22cm（a）和1cm（b）~（g）。（a）（b）*S. linearis* 来自典型产地，宾夕法尼亚兰开斯特附近 Chickies Rock。厚砂岩层（潮汐沙丘组）被大量的长孔穿透（a），展示出可识别的衬里（b）。（c）（d）漂砾完全被潜穴穿刺（管状石），纵断面（c）和横断面（d），下寒武统砂岩，丹麦博恩霍尔姆阿纳格附近的悬崖。（e）现代海滩沉积物中厚的被动充填的 *S. verticalis*。新西兰北岛。（f）（g）槽状交错层理砂岩，潜穴丰富。下奥陶统 Tosna 组（高能潮下近滨环境）。俄罗斯西北部的圣彼得斯堡地区尼古拉村附近的托斯纳河岸。（参见 Dronov 和 Mikuláš，2010）

图5.146　剖切岩芯中的*Skolithos*。比例尺＝1cm。（a）纹层状微晶灰岩，有较大且深的砂质充填潜穴，起源于一个侵蚀表面。上二叠统碳酸盐岩（带潮坪的碳酸盐台地），伊朗波斯湾南帕尔斯油田（SP－9井，约3082.9m）。引自Knaust（2009a），经GulfPetroLink许可刊印。（b）纹层状泥微灰岩，有砂质充填的潜穴。上二叠统碳酸盐岩（浅滩）。伊朗波斯湾南帕尔斯油田（SP－9井，约2909.75m）。引自Knaust（2009a，2014a），经GulfPetroLink和EAGE许可刊印。（c）生物扰动砂岩，有离散的*S. linearis*（左下）。中侏罗统（Bathonian阶）Hugin组（河口湾三角洲内的混合潮坪）。挪威北海Gudrun油田（15/3－9T2经，约4493.0m）。（d）砂岩—粉砂岩交互，有细小的泥充填*Skolithos*，在粉砂岩的上部伴随稀疏的*Polykladichnus*和*Arenicolites*。下侏罗统（Pliensbachian阶）Tilje组（潮坪）。挪威海Åsgard油田（6506/12－K－3H井，约4537.85m）。（e）含植物碎片的交错层状砂岩，大个填沙潜穴从侵蚀面穿透底质。侏罗统（Hettangian阶）Statfjord组（河流到边缘海，混合潮滩）。挪威北海Johan Sverdrup油田（16/2－17S井，约1925.85m）。（f）砂岩被一群密集的*Skolithos*/*Siphonichnus*（管状岩）切割，角度轻微倾斜于垂向延伸。下侏罗统（Pliensbachian到Bajocian）Stø组（远滨过渡），挪威巴伦支海Iskrystall Discovery（7219/8－2井，约2973.5m）。（g）强烈生物扰动砂岩，有残余层理保存的（斜井）。密集的*Ophiomorpha*遗迹组构在中间和右上角被几个*Skolithos*横切。中侏罗统（Bathonian阶）Hugin组（上临滨）。挪威北海Gina Krog油田（15/5－7号井，3874.2m）。（h）粉砂岩，有大量的长潜穴。中侏罗统（Bajoian－Bathonian阶）Tarbert组（边缘海，潮坪），挪威北海Valemon油田（34/11－B－13井，约4594.5m）。（i）纹层砂岩，有隐蔽的生物扰动构造和两个*Skolithos*（左），伴有*Ophiomorpha*（右）。上白垩统（Maastrichtian阶）Springar组（深海相，朵叶）。挪威海（6604/10－1井，约3647.95m）

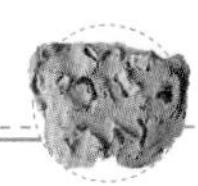

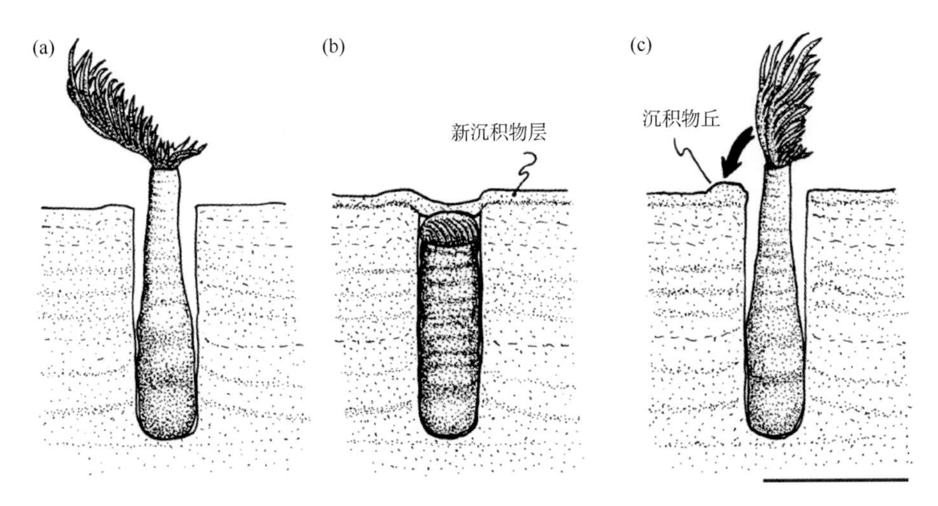

图 5.147 假想的生物栖息 *Skolithos linearis* 的重建图。重建基于 *S. linearis* 之中和附近的沉积特征，以及 phoronids 帚虫类的生活习性（Hyman，1959）。比例尺 = 1cm。据 Sundberg（1983），© 古生物学会，剑桥大学出版社出版，经许可转载。(a) 低浊度条件期间的生物，触须充分伸展以收集食物。(b) 高浊度沉积期间有机体的位置，触角向内折叠。(c) 快速沉积时期后，有机体冒出来并展开触须。箭头表示沉积物的方向，触须的运动形成了沉积物丘

动物行为学：海生 *Skolithos* 主要由食悬浮物生物居住建造（domichnia 居住迹），而陆生 *Skolithos* 也具有进食的行为。

沉积环境：*Skolithos* 是浅水、近岸到滨海相对较高能量环境的一种常见指示物的。在古生代，潜穴呈现如此高的丰度以至于建造 *Skolithos* 管状岩，而从寒武纪到二叠纪出现总体减少（Droser，1991；Desjardins 等，2010）。在陆架中和深海环境 *Skolithos* 也与其他遗迹化石共存，而且是河流和其他陆相沉积的常见组成部分（Hasiotis，2010；Melchor 等，2012）。

遗迹相：*Skolithos* 遗迹相以 *Skolithos* 命名，但也可见于其他海洋和大陆遗迹相中。

年代：*Skolithos* 是一种时代范围广泛的遗迹化石，已知产于晚前寒武纪（Alpert，1975；McCall，2006）直到全新世（Dashtgard 和 Gingras，2012）。

储层质量：*Skolithos* 具有被动充填和拥挤发生的趋势（所谓的管状岩 piperock），这样的层位可以作为出色的候选者，以积极的方式影响储层质量和垂直连通性（Knaust，2014a）。它们有潜力克服小的隔板和屏障（在厘米的尺度）并且连接储集层。

5.30 *Taenidium* Heer，1877

形态、充填物和大小：*Taenidium* 为圆柱形、新月形潜穴，近水平卷曲，也包括近垂直方向（图 5.148）。潜穴直径在 5 ~ 450mm 之间（Smith 等，2008），通常在 5 ~ 10mm 之间。潜穴没有衬壁或很薄，无分枝（D'Alessandro 和 Bromley，1987）。新月形回填的间距

往往很小，岩性、粒度或颜色的差异小。

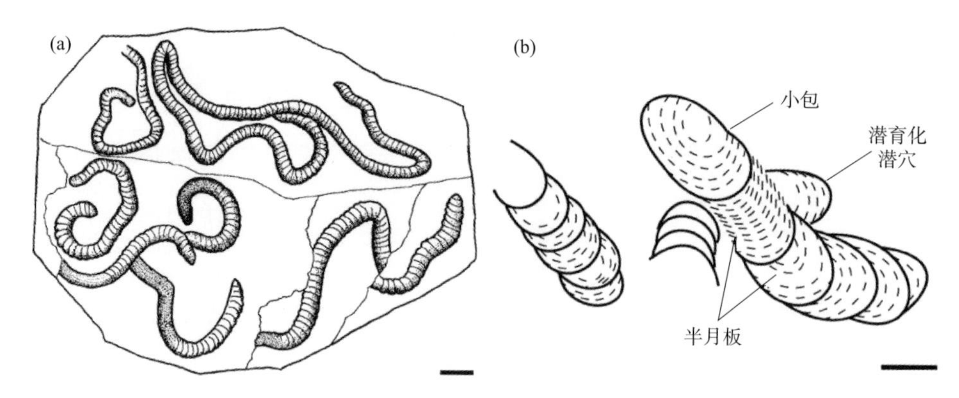

图 5.148　*Taenidium* 的形态学特征。(a) *T. serpentinum* (Heer, 1877)。比例尺 =1cm。引自 D'Alessandro 和 Bromley (1987)，经 Wiley 许可再版；通过版权清算中心传递许可。(b) *T. bowni* 的典型节段 (Smith, 2007)。比例尺 =2mm

遗迹分类学：目前区分出 *Taenidium* 的约七个遗迹种，经过对相关新月形遗迹化石彻底审查后这个数字可能会有变化（Keighley 和 Pickerill，1994；Rodriguez - Tovar 等，2016）。*Taenidium* 与相似遗迹化石 *Beaconites* 的鉴别仍在争论中，最后可能表明 *Beaconites* 必须被视为 *Taenidium* 的初级同义词（Goldring 和 Pollard，1995；Savrda 等，2000）。同样，*Naktodemasis*（Smith 等，2008）也可能也适合于这个遗迹属（Krapovickas 等，2009）。*Taenidium* 的遗迹种由新月形回填物的样式区分，*T. serpentinum*、*T. diingi* = *T. satanassi*）、*T. cameronensis*、*T. barretti*、*T. irregulare*（ = *T. crassum*）、*T. planicostatum* 和 *T. bownibowni* 目前可被视为有效的遗迹种。

底质：*Taenidium* 通常发育在（偏好细粒）砂岩中，并与非均质古土壤有关（图 5.149）。与早期石灰岩结节（钙化）的相互作用以及许多保存完好和潜穴清晰边缘的例子表明粘性的底质条件。

岩芯中的形貌：在岩芯上 *Taenidium* 呈圆形、椭圆到拉长潜穴段，具有弯绕的线路和变化的方向（图 5.150）。潜穴的新月形回填纹很明显。发育良好的 *Taenidium* 组构由顶部的混合层和低层的离散潜穴构成。

相似的遗迹化石：*Taenidium* 与其他新月形回填潜穴相似，如 *Scoyenia* 和 *Ancorichnus*（图 5.151；Retallack，2001；Smith 等，2008）。*Scoyenia* 潜穴的直径（10 ~ 30mm）通常大于 *Taenidium*（5 ~ 10mm），*Scoyenia* 潜穴有衬壁和不规则的新月形回填纹。*Ancorichnus* 具有无衬壁的回填潜穴膜和厚的新月形回填纹。在岩芯上，*Taenidium* 可能与 *Zoophycos* 的蹼状构造相混淆，后者通常垂直交替（其中部分螺纹被切除），或者与 *Rhizocorallium* 混淆，其包含被动充填的边缘管。小规模的同沉积变形可能是产生 *Taenidium* 状构造的原因［图 5.189（c）］。

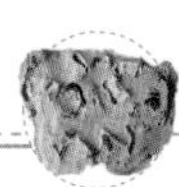

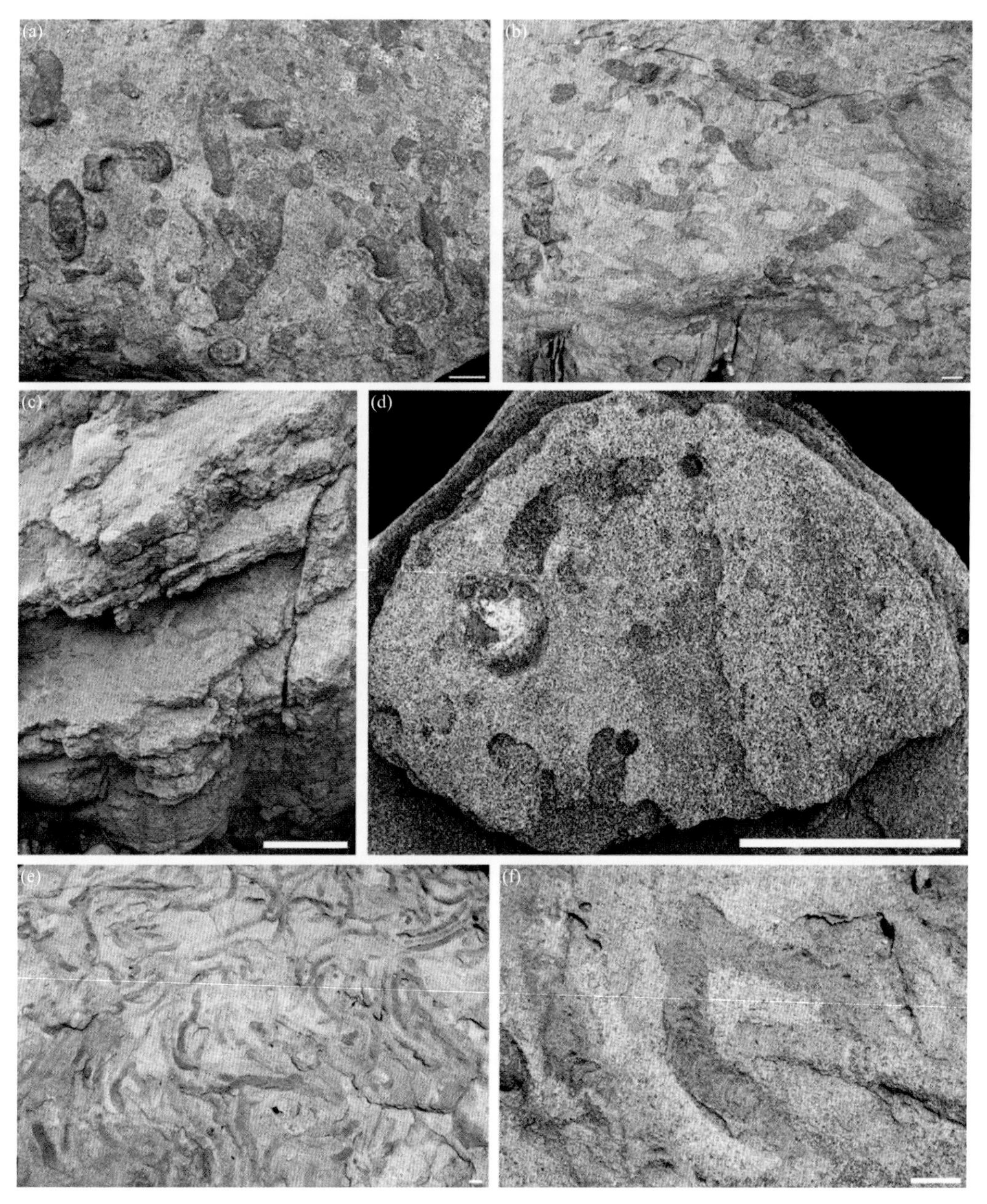

图 5.149 露头上的 *Taenidium*。比例尺 =1cm。(a)(b)完全生物扰动砂岩，有 *T. barretti* 在水平截面（a）和垂直截面（b）。上侏罗统（Kimmeridgian 阶，河流，决口扇），西班牙北部 Asturias LaGriega Colunga 海滩。(c) 交错层理细粒砂岩层较深部位中含有褐色的 *T. barretti*（大约在表面以下 10 ~ 30cm）。上三叠统 Kågeröd 组（河漫滩），丹麦博恩霍尔姆。引自 Knaust (2015 b)。(d) 松散的砂岩条带有改造的钙质结节和缠绕 *T. barretti*，有明显的回填。与（c）相同的地点。引自 Knaust (2015 b)。(e)(f) *T. irregulare* (= *T. crassum*)，自由缠绕和沿着砂岩层理面彼此交叉切割。上侏罗统（Kimmeridgian 阶，浅海），葡萄牙西部 Praia do Salgado 的海岸悬崖

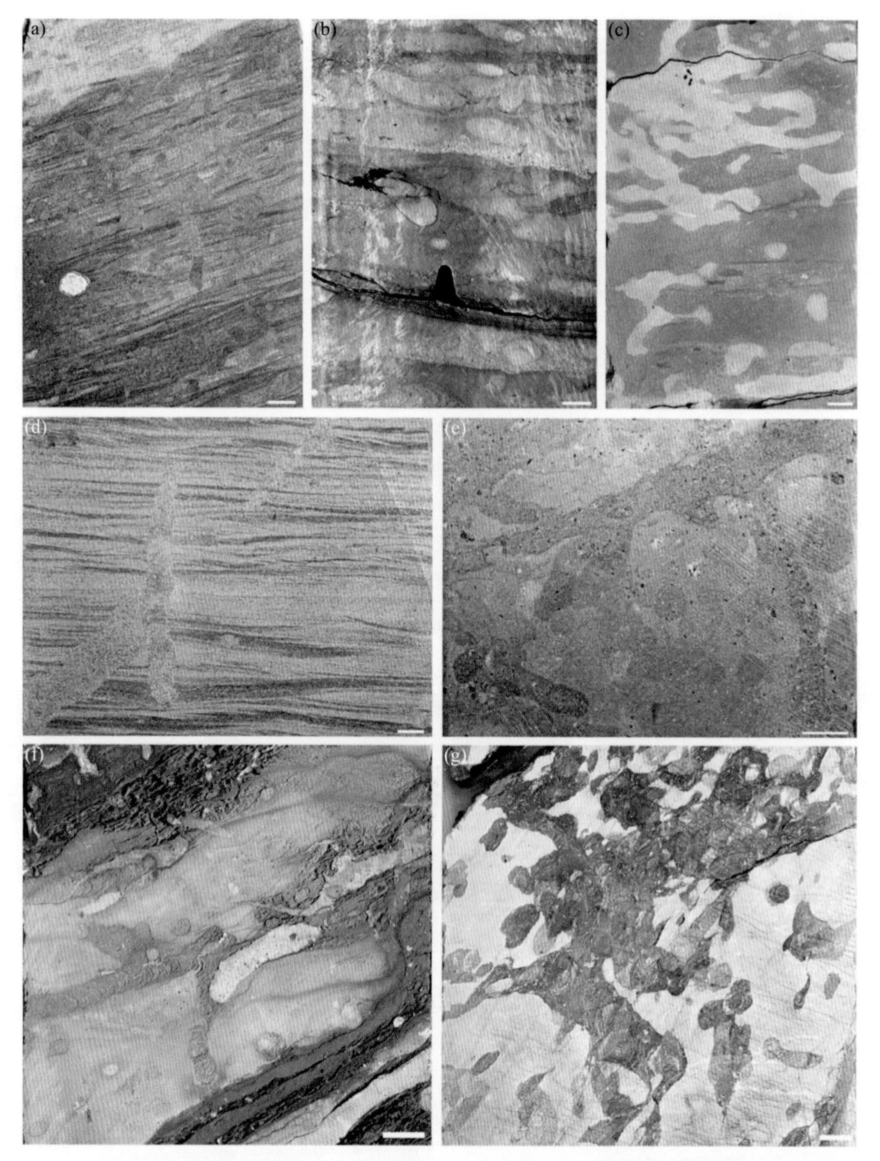

图 5.150 剖切岩芯中的 *Taenidium*。比例尺 = 1cm。(a) 中等生物扰动砂岩中的 *T. barretti*，有一个改造的钙质结节。上三叠统（Norian - Rhaetian 阶）Lunde 组（河流，漫滩），挪威北海 Snorre 油田（34/7 - A - 9H 井，约 2635.55m）。(b) 高度生物扰动微晶灰岩中的 *Taenidium* 遗迹组构。上二叠统 Khuff 组（碳酸盐台地，局限潟湖），伊朗波斯湾，南帕尔斯油田（SP - 9 井，3086.5 米）。引自 Knaust (2009a)，经 GulfPetroLink 许可刊印。(c) 追随 *Taenidium* 潜穴作为流体通道的选择性碳酸盐岩胶结。三叠系 Skagerrak 组（冲积），挪威北海 Johan Sverdrup 油田（16/2 - 9S 井，约 1954.5m）。(d) 波纹状砂岩中离散的 *T. barretti* 潜穴，具新月形回填纹。上三叠统（Norian - Rhaetian 阶）Lunde 组（河流，漫滩），挪威北海 Snorre 油田（34/7 - 1 井，约 2504.65m）。(e) 成土改造的碳酸盐岩（钙化白云化灰岩），保存 *T. barretti* 遗迹组构，有潜穴穿过基质和裂缝。上三叠统（Norian）Skagerrak 组（冲积），挪威北海 Johan Sverdrup 油田（16/2 - 15 井，约 1975.6m）。(f) 泥灰岩中有 *Taenidium* 显示假分枝。下白垩统（Berriasian 阶）Asgaard 组（陆架），挪威北海 Johan Sverdrup 油田（16/2 - 11A 井，约 2175.5 米）。(g) 白垩中有密集 *Taenidium* 遗迹组构，一些潜穴占据了充填沉积物的裂缝和/或大个潜穴。古新世（Danian 阶）Shetland 群（陆棚），挪威北海 Oseberg 油田（30/9 - B - 44B 井，约 4258.5m）

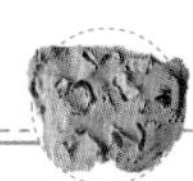

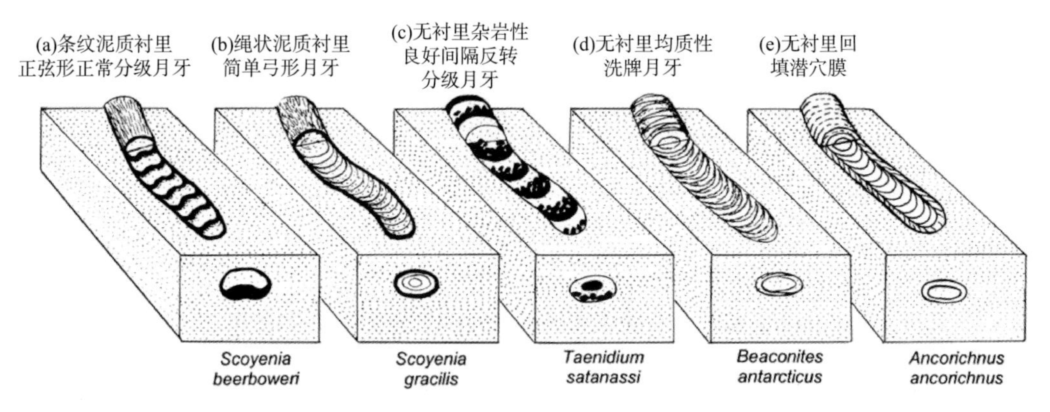

图 5.151　常见新月形回填潜穴的片段。据 Retallack（2001），
经 Wiley 许可刊印；通过版权结算中心传达许可

造迹生物：节肢动物可能是 *Taenidium* 的主要造迹生物（Rodríguez－Tovar 等，2016）。比对用现代的类似物和实验研究，有充分的信心认为陆生 *Taenidium* 由甲虫幼虫、蝉稚虫或其他昆虫产生（Smith 等，2008；Hembree 和 Hasiotis，2008；图 5.152），还有蚯蚓。海相中 *Taenidium* 可能由节肢动物或蠕虫状生物的活动造成。

行为学：*Taenidium* 被解释为进食碎屑、移动和居住行为结合产生的潜穴（fodinichnia 觅食迹；Hembree 和 Hasiotis，2008）。很可能这些造迹生物以有机物和土壤剖面内的根系为食（fodinichnion 觅食迹；图 5.152；史密斯等，2008）。

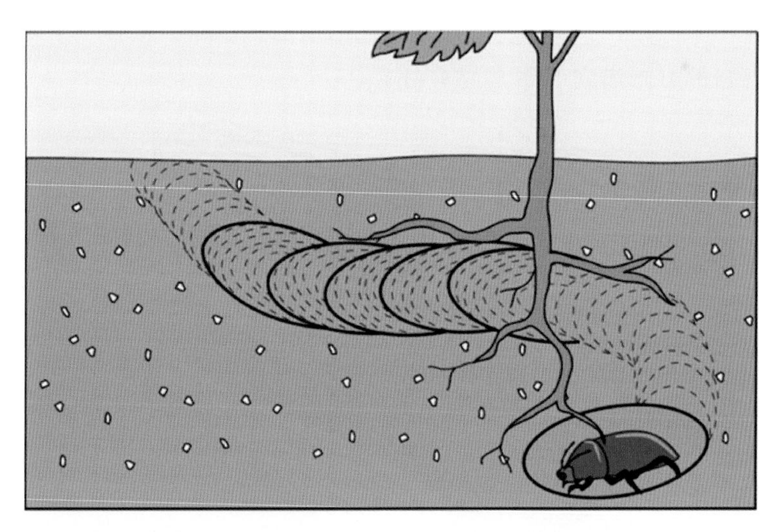

图 5.152　昆虫造迹生物在土壤中移动产生新月形回填物。据 Smith（2007）

沉积环境：*Taenidium* 的昆虫类遗迹常见于冲积、河流和边缘湖环境（Savrda 等，2000；Bedatou 等，2009；Hasiotis，2010）。它们是许多土壤沉积的一部分，特别是那些含水量较高但在地下水位以上的地方（土壤 A 和 B 上层；Hembree 和 Hasiotis，2008）。

Taenidium 也发生浅海和深海沉积（D'Alessandro 和 Bromley，1987）。

遗迹相：*Taenidium* 出现在 *Cruziana* 遗迹相的海相沉积中（Bromley 等，1999），并且是 *Scoyenia* 和其他陆相遗迹相的典型组分（Buatois 和 Mángano，2011；Melchor 等，2012）。

时代：奥陶纪至全新世（Keighley 和 Pickerill，1994）。

储层质量：没有现成的 *Taenidium* 影响储层质量的分析。统一的潜穴新月形回填物通常与宿主岩粒度范围相同，因此可能的预期差别不大。具有不同粒度分布的波纹状砂岩（如漫滩沉积）中的中度到高密度均匀充填潜穴，其流动性可能比纹层状围岩更有利［图 5.150（c）］。

5.31 *Teichichnus* Seilacher，1955

形态、充填物和大小：*Teichichnus* 是一种垂直的墙形蹼状潜穴，具有直线或弯曲的平面视图。它通常包括不分枝（和很少分枝）的遗迹种。潜穴尺寸变化大，取决于遗迹种和年代。潜穴直径范围从几毫米到几厘米，而潜穴长度可以达到一米以上（Martinsson，1965）。

遗迹分类学：自 1955 年 Seilacher 建立起 *T. rectus* 以来，已引入了十几个遗迹种，但其中很多可能是少数遗迹种的形态变体（图 5.153、图 5.154 和图 5.155）。*T. rectus*［图 5.154（a）和 5.178（d）］和 *T. zigzag* 是最常见的遗迹种。除了只有一个开口的潜穴外，出现了有两个开口的 U 形潜穴［图 5.154（b）］。

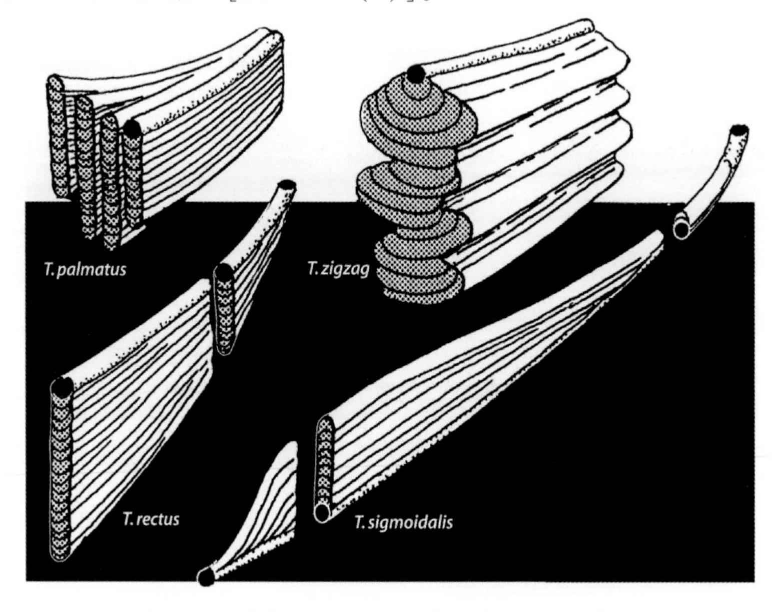

图 5.153　最常见 *Teichichnus* 遗迹种的理想重建图。
引自 Seilacher（2007），经 Springer 允许刊印

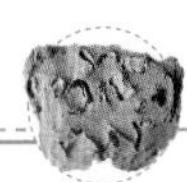

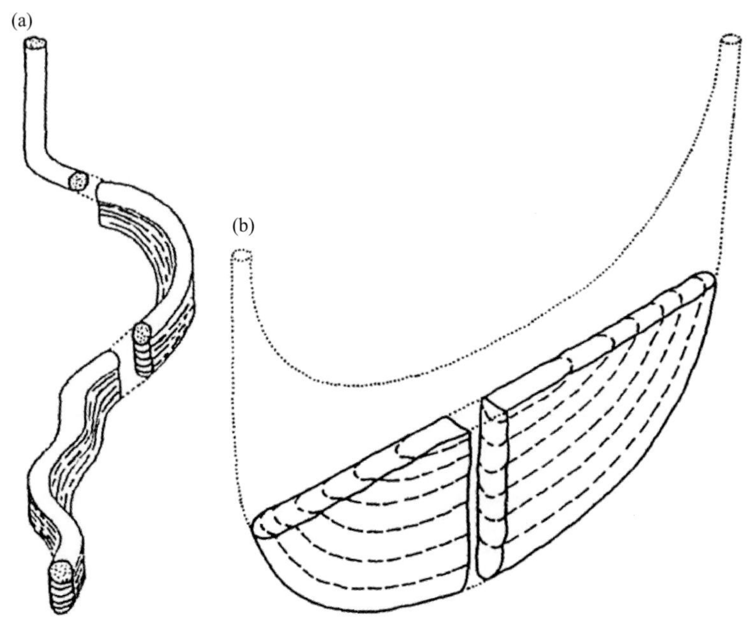

图 5.154 *Teichichnus* 的两个不同重建例子。转载经出版者的许可（Taylor & Francis Ltd.，http：//www.tandfonline.com）。
（a）产自爱尔兰石炭系的 *T. rectus*。引自 Buckman（1996）。
（b）U 形 *Teichichnus* 来自于挪威全新世。引自 Corner 和 Fjalstad（1993）

底质： *Teichichnus* 优先出现在粉沙和泥质砂中（软底）。也发现于白垩沉积（Ekdale 等，1984；Frey 和 Bromley，1985；Savrda 2012），石灰石序列（Farrow，1966；Frey，1970b），但在页岩中很少见到（Jordan，1985）。

岩芯中的形貌： *Teichichnus* 是一种深阶层的遗迹化石，因而具有很高的保存潜力。由于它的典型特征，在岩芯中比较容易识别［图 5.156；另见图 4.3、图 5.100（h）、图 5.111（a）（b）（d）、图 5.118（b）、图 5.121（a）、图 5.129（b）和图 5.179（a）］。在垂向截面中，*Teichichnus* 通常表现为垂直到陡倾斜蹼状的斑块，由于不同的沉积和殖居事件［图 2.6（c）］，其可以叠置在彼此的顶部。蹼状构造纹层密集，与围岩颜色形成对比。它们的宽度是高度可变的，并且取决于细长潜穴的截面位置。大多数蹼状构造是上凹的，但下凹蹼状潜穴也可能发生，甚至在同一个潜穴里［例如在 S 形 *Teichichnus* 里，图 5.154（a）］。在拉长截面，只有水平纹层是明显的。后退的蹼状潜穴是常见的，不过前行的也可能发生。在某些情况下，终端潜穴被保存为被动充填的腔体，因此与主动充填的蹼状构造形成对比。

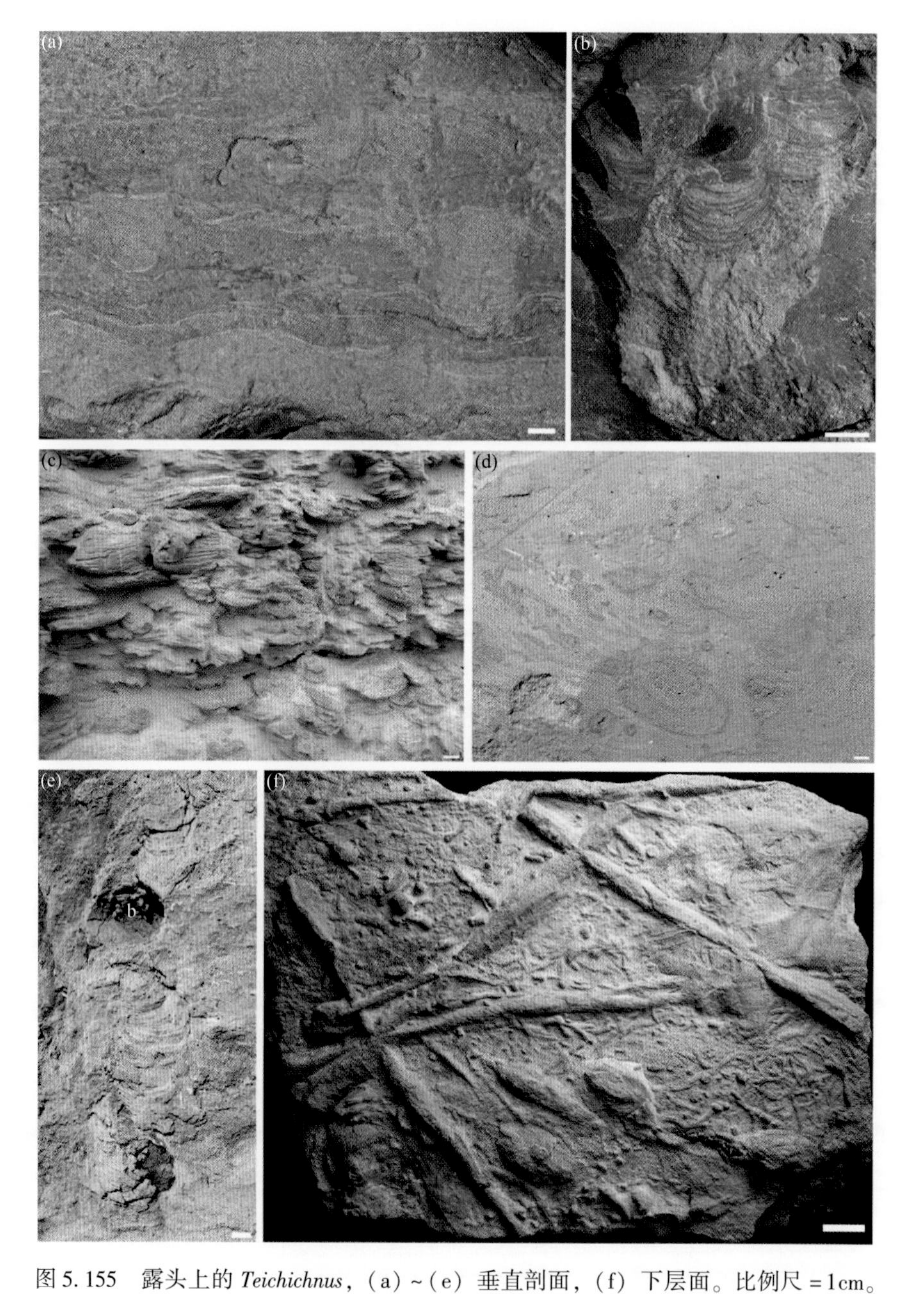

图 5.155　露头上的 *Teichichnus*，(a)～(e) 垂直剖面，(f) 下层面。比例尺 = 1cm。
(a) 单个的 *T. rectus*。下奥陶统 Beach 组（临滨），加拿大纽芬兰贝尔岛。参见 Fillion 和 Pickerill（1990）。
(b) 硅化灰岩中的 *T. palmatus* 横截面。中二叠统 Kapp Starostin 组（混合硅质碎屑碳酸盐斜坡），斯瓦尔巴特群岛 Akseløya。(c) 含海绿石的砂岩和粉砂岩，具有密集的 *T.* cf. *zigzag* 遗迹组构。下寒武统 Norretorp 段（Læså 组，浅海），丹麦 Bornholm 的 Julegård 悬崖剖面。参见 Clemmensen 等（2011）。(d) 砂质底质垂直剖面的 *Teichichnus* 遗迹组构。古新世（浅海），日本 Shikoku 南部。(e) 后移的蹼状潜穴连同大个双壳类的铸模（b）。与（d）地点相同。(f) *T. duplex* 的笔直样本。上三叠统（Keuper 中部，河流到潟湖），德国南部 Heilbronn 的 Eppingen 附近。
图片由 Thomas Schulz（Heilbronn）提供

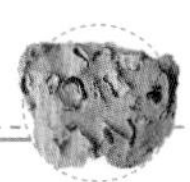

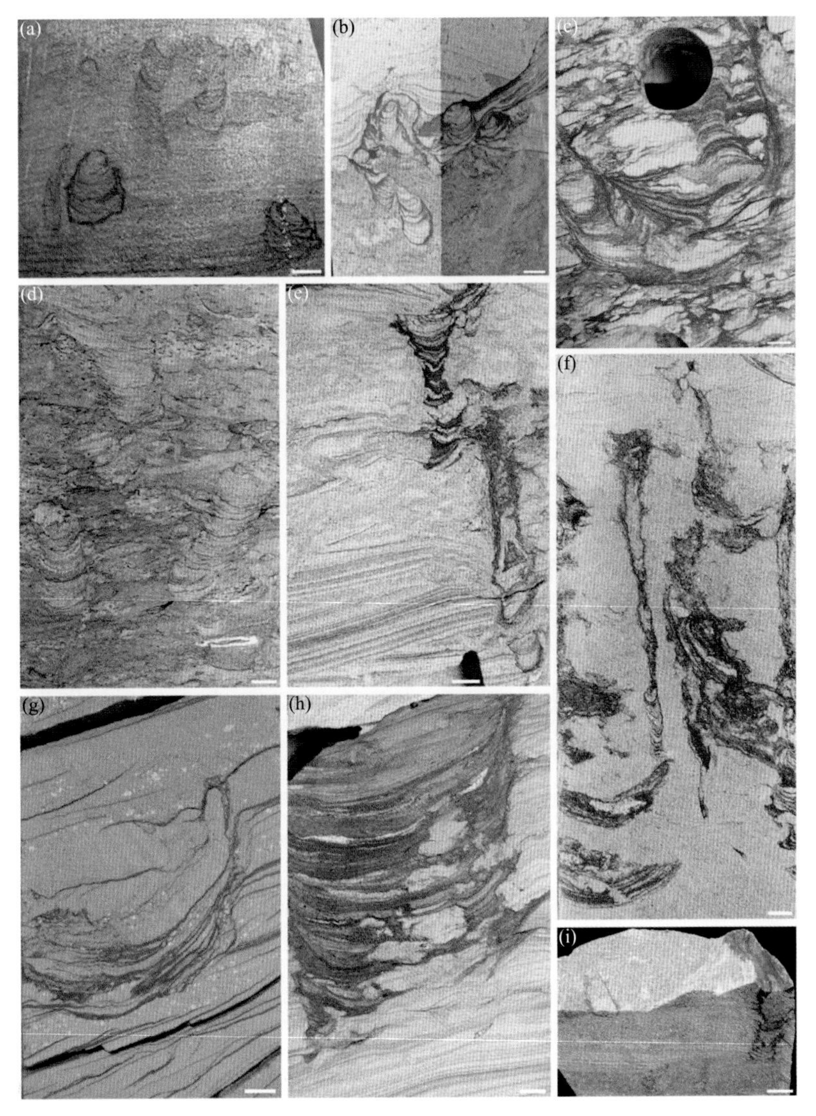

图5.156 全岩芯（a）和剖切岩芯［（b）~（i）］上的 *Teichichnus* 在。比例尺 = 1cm。（a）（b）*T. zigzag* 的各种截面，（a）全岩芯的外表面，两个相互垂直的垂向岩芯截面（b）。中侏罗统（Bathonian – Oxfordian 阶）Hugin 组（边缘海），挪威北海（25/7 – 2 井，约 4475.15m）。（c）U 形的 *Teichichnus* isp. 未定种。下侏罗统（Pliensbachian – Toarcian 阶）Cook 组（边缘海），挪威北海 Visund 油田（34/8 – 1 井，约 3653.4m）。（d）含有 *T. zigzag* 的完全生物扰动遗迹组构，部分被 *Nereites* 再次掘穴，伴有 *Schaubcylindrichnus*。下侏罗统（Toarcian 阶）Stø 组（远滨过渡），挪威巴伦支海（7120/8 – 2 井，约 2153.6m）。（e）横截面上的两个 *T. zigzag*。中侏罗统（Bajocian 阶）Tarbert 组（砂质潮坪），挪威北海 Oseberg Sør 油田（30/9 – 10 井，约 2813.15 米）。（f）*Teichichnus* 遗迹组构的几个潜穴的的纵剖面、斜面和横断面。中侏罗统（Bajoian 阶）Tarbert 组（砂质潮滩），挪威北海 Oseberg Sør 油田（30/9 – F – 26 井，约 4462.0m）。（g）*T. zigzag* 的纵截面。注意潜穴下部后移的蹼层，以及上部砂质充填的造迹生物（海参类?）铸模。中侏罗统（Bajoian 阶）Tarbert 组（砂质潮坪），挪威北海 Oseberg Sør 油田（30/9 – 4S 井，约 3346.6m）。（h）*T. zigzag* 的纵截面。中侏罗统（Bajoian 阶）Tarbert 组（砂质潮滩），挪威北海 Askja Øst Discovery（30/11 – 9A 井，约 3846.85m）。（i）*T. zigzag* 的横截面（下部）和沿层理（上部）。中侏罗统（Bajoian）Tarbert 组（砂质潮坪），挪威北海 Oseberg Sør 油田（30/9 – 13S 井，约 3135.5m）

相似的遗迹化石：*Teichichnus* 尤其在岩芯中可以像其他的蹼状遗迹，如 *Diplocraterion* 和 *Rhizocorallium*，但区别是缺乏一个宽的边缘管。U 形到 L 形的 *Trichophycus* 也类似 *Teichichnus*，但通常有松散排列的体节与发育不良的蹼状构造（Jensen，1997）。*Phycodes* 是另一种带有分支 U 形潜穴的遗迹化石，*P. palmatum* 和 *P. parallelum* 可以像 *Teichichnus*。向下变细到弓形的叠层 *Cylindrichnus* 球根的某些部分，也会和 *Teichichnus* 混淆。J 型圆柱状潜穴 *Artichnus* 在底部显示垂直叠置的蹼状构造，这不同于 *Teichichnus* 环绕中央腔包装并在其上方延伸（Zhang 等，2008；Ayranci 和 Dashtgard，2013）。尽管如此，在岩芯中区分这些遗迹属可能是困难的，且 *Artichnus* 可能会被忽视或被误认为是 *Teichichnus*。许多观察标本的切片表明宽的 U 形形态，如所述 *Catenichnus*（McCarthy，1979），其与 *Tecichichnus* 非常相似，且可能是它的同义词（Corner 和 Fjalstad，1993；图 5. 58）。大倾斜的 *Teichichnus* 蹼状层可能与 *Paradictyodora* 的垂直到斜向的蹼状潜穴混淆，其由一个不规则折叠的、扇形到次圆锥形薄片构成（Olivero 等，2004；D'Alessandro 和 Fursich，2005）。某些 *T. rectus* 的入口洞穴是简单的被动充填轴管，类似于 *Skolithos*（Buckman，1996）。Bann 等（2004）记载 *Rosselia* 有 *Teichichnus* 状的基底延伸，而 *Teichichnus* 可以是各种遗迹化石的一部分（如 *Ophiomorpha* 和 *Thalassinoides*；Bertling 等，2006）。许多二维岩芯截面呈现的图形被描述为 *Siphonichnus sursumdeorsum* 和 *S. lepusaures* [Zonneveld 和 Gingras，2013；Knaust，2015；图 5. 156（e）(f)(i)]，两者都可以是宽阔的弓形潜穴横截面（即 *T. zigzag*），而不是柱状结构。

造迹生物：蠕虫状动物（如环节动物）和节肢动物（如三叶虫、甲壳类）通常被认为是 *Teichichnus* 的潜在造迹生物。已知现代多毛纲的沙蚕 *Nereis* sp. 能产生类似 *Teichichnus* 的蹼状潜穴（Seilacher，1957；Dashtgard 和 Gingras，2012），而许多古生代的类型可能是由三叶虫造成的。然而，波罗的海全新世沉积物岩芯的 X 射线成像已经证明，某些双壳类（如 *Arctica islandica*）以爬行犁耕的运动方式可以留下像 *Teichichnes* 状的遗迹（Werner，2002；图 5. 157），而其他类（如 *Solecurtus strigilatus*）可以通过潜穴的周期性移动而产生蹼状构造（Bromley，1996；图 5. 158）。*Catenichnus* 状和 *Artichnus* 状的 *Teichichnus* 与海参类产生的特征一致，并且可能是这种结果。

行为学：*Teichichnus* 主要是造迹生物的摄食沉积物活动所致（fodinichnial 觅食迹），包括非流浪造迹生物的住所（MacEachern 等，2012）。通过调整它的垂向位置，*Teichichnus* 部分地充当一种平衡迹。

沉积环境：*Teichichnus* 遗迹属似乎是硅质碎屑体系的一种典型组分，其中它常与三角洲沉积相联系（Tonkin，2012）。它的造迹生物可以被认为是能够适应各种盐度的广盐生物。因为这个原因，*Teichichnus* 经常在低盐度环境中被认出。这样的条件在边缘海洋环境（例如河口湾、河口、潟湖、池塘等）是常见的，*Teichichnus* 在那里广泛分布 [图 5. 156（a）~（c）]。尽管遗迹歧异度在这样的组合中是低的，像 *Planolites* 那样的简单沉积物摄食遗迹可

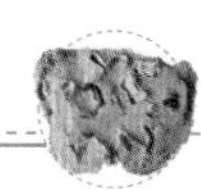

能会伴随它出现（Pemberton 和 Wightman，1992；Buatois 等，2005；MacEachern 和 Gingras，2007；Gingras 等，2012c）。此外，*Teichichnus* 经常出现在潮汐沉积物［包括咸水环境沙丘和沙坝；Desjardins 等，2012；图 5.156（e）~（i）］和高密度流沉积中（Buatois 等，2011）。

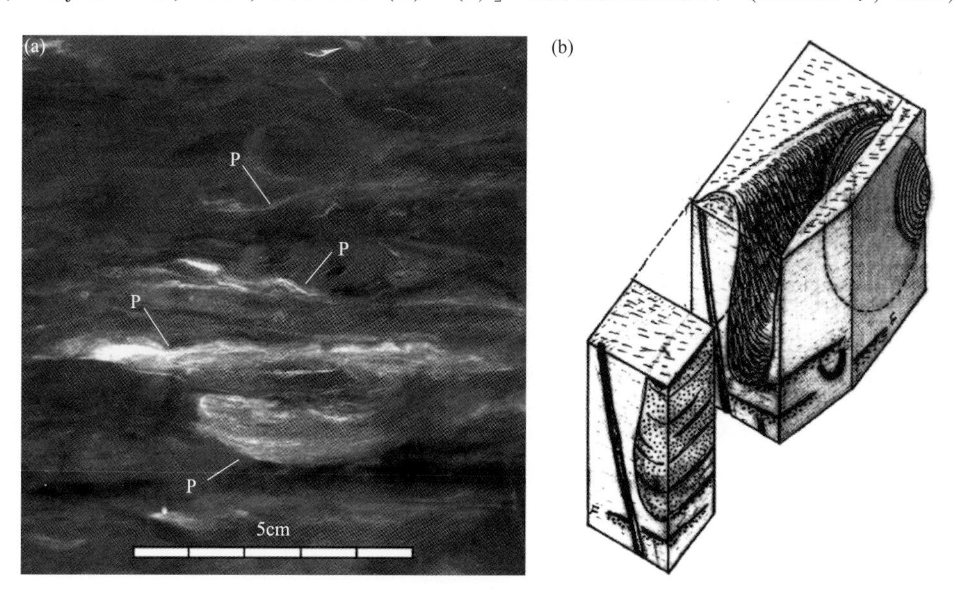

图 5.157 *Teichichnus* 的现代类比物，可能由双壳类产生。（a）X 光片（底片），显示由双壳类 *Arctica islandica* 产生的类似于 *Teichichnus* 的蹼状构造（犁底迹，P），波罗的海西部基尔湾的全新世岩芯，约 27m 水深，0.75 ~ 1.0m 岩芯深度。承蒙 Kiel 大学放射学数据库提供，http：//www.ifg.uni－kiel.de/Radiographien/radiographien.phtml。（b）*A. islandica* 爬行—犁式运动模式的重构，这造成了一种似 *Teichichnus* 的遗迹（“化石”犁底迹）的起源。据 Werner（2002）

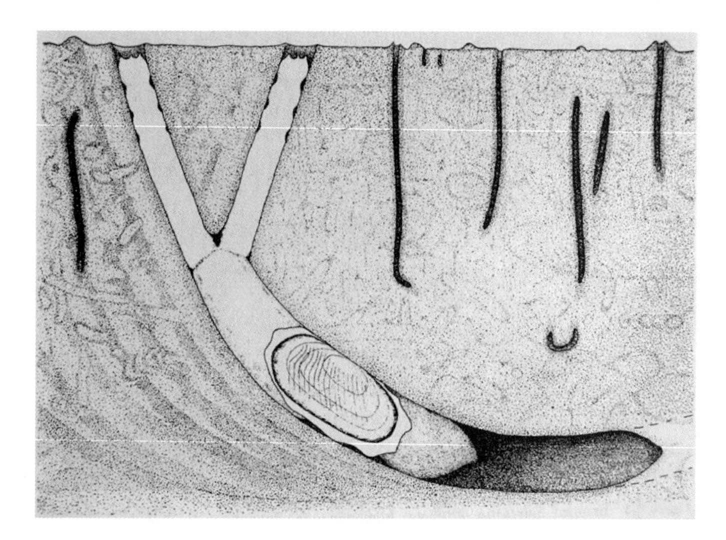

图 5.158 *Solecurtus strigilatus* 在进食位置。周期性移动的洞穴会留下像 *Teichichnus* 的蹼状构造（虽然更斜）。这个构造的上半部分由于更浅表的生物扰动作用很快被清除。潜穴深度 30cm。右下方的破折线表示逃避反应期间所走的路径。引自 Bromley（1996），经出版者许可再版（Taylor & Francis Ltd.，http：//www.tandfonline.com）

与这种边缘海洋低遗迹歧异度出现相反，*Teichichnus* 是下临滨到远滨（陆架）沉积的一个特征元素（Pemberton 等，2012）。然而在那里，它以高度分散的遗迹化石组合出现［图 5.156（d）］。在此环境下，低至中等能量的情况是普遍的，典型的天气晴好而不是风暴沉积（Pemberton 等，1992）。同样地，从白垩质大陆架沉积中也报道了 *Teichichnus*（Frey 和 Bromley，1985）。它也以伴生遗迹化石发生在斜坡沉积（Hubbard 等，2012）和深海沉积（Wetzel 和 Uchman，2012）组合体中。考虑到后者（下临滨、陆架和深海）的分布，*Teichichnus* 作为海泛事件指标被用于层序地层分析（Pemberton 等，1992；Taylor 等，2003），是海侵体系域的特征。

遗迹相： *Teichichnus* 是 *Cruziana* 遗迹相的典型组成部分，不过也出现在 *Zoophycos* 遗迹相。

时代：已知 *Teichichnus* 出现于寒武纪早期（Loughlin 和 Hillier，2010）到全新世（Wetzel，1981；Corner 和 Fjalstad，1993）。

储层质量： *Teichichnus* 的造迹生物创建了主动充填蹼状构造，从宿主沉积物中吸取和打包细粒物质（例如泥土、粉沙及富有机质）进入它的潜穴。这个过程导致在局部降低渗透性，从而造成储层质量降低（Tonkin 等，2010）。

5.32 *Thalassinoides* Ehrenberg，1944

形态、充填物和大小： 与 *Ophiomorpha* 成因关联相似，*Thalassinoides* 由具垂向竖管的水平网形成的空间网络组成（图 5.159），也可以产生许多相关的潜穴架构（Kennedy，1967；Bromley，1967，1996；Fursich，1974）。这些潜穴的横截面是圆形到椭圆形的。分支为 Y 形和 T 形，具有典型的膨大连接。尽管被动充填很常见，过渡性潜穴元素可以主动充填（图 5.160）。潜穴没有衬壁且砂质充填，很少但也有泥质充填物。当空间网格覆盖超过 1m³ 的体积，*Thalassinoides* 是相对较大的遗迹化石，但潜穴直径可能只有几毫米至几厘米（平均约 1cm）。完整的洞穴系统可以穿透底质数米。

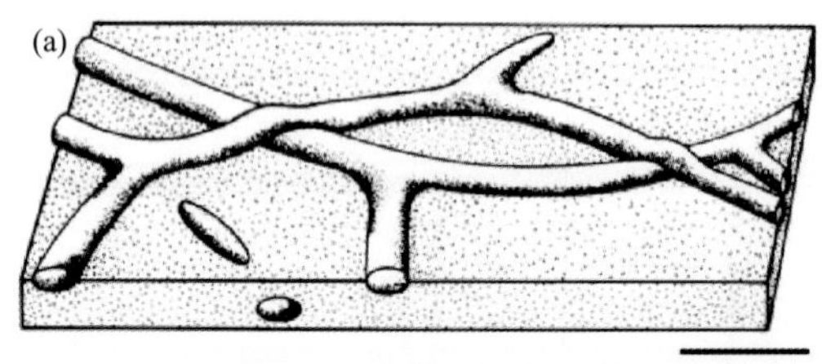

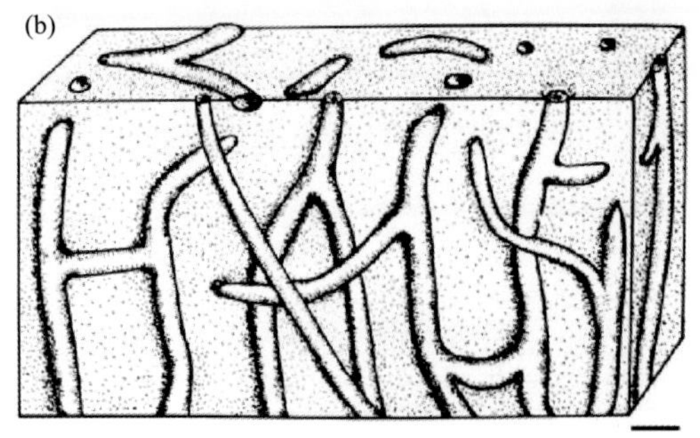

图 5.159 *Thalassinoides* 遗迹种的形态变化。
（a）*T. suevicus*（网状潜穴系统）。（b）*T. paradoxicus*（箱式构造）。比例尺 =5cm。据 Howard and Frey（1984），经加拿大科学出版许可转载，通过版权清算中心传递许可

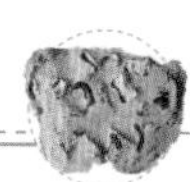

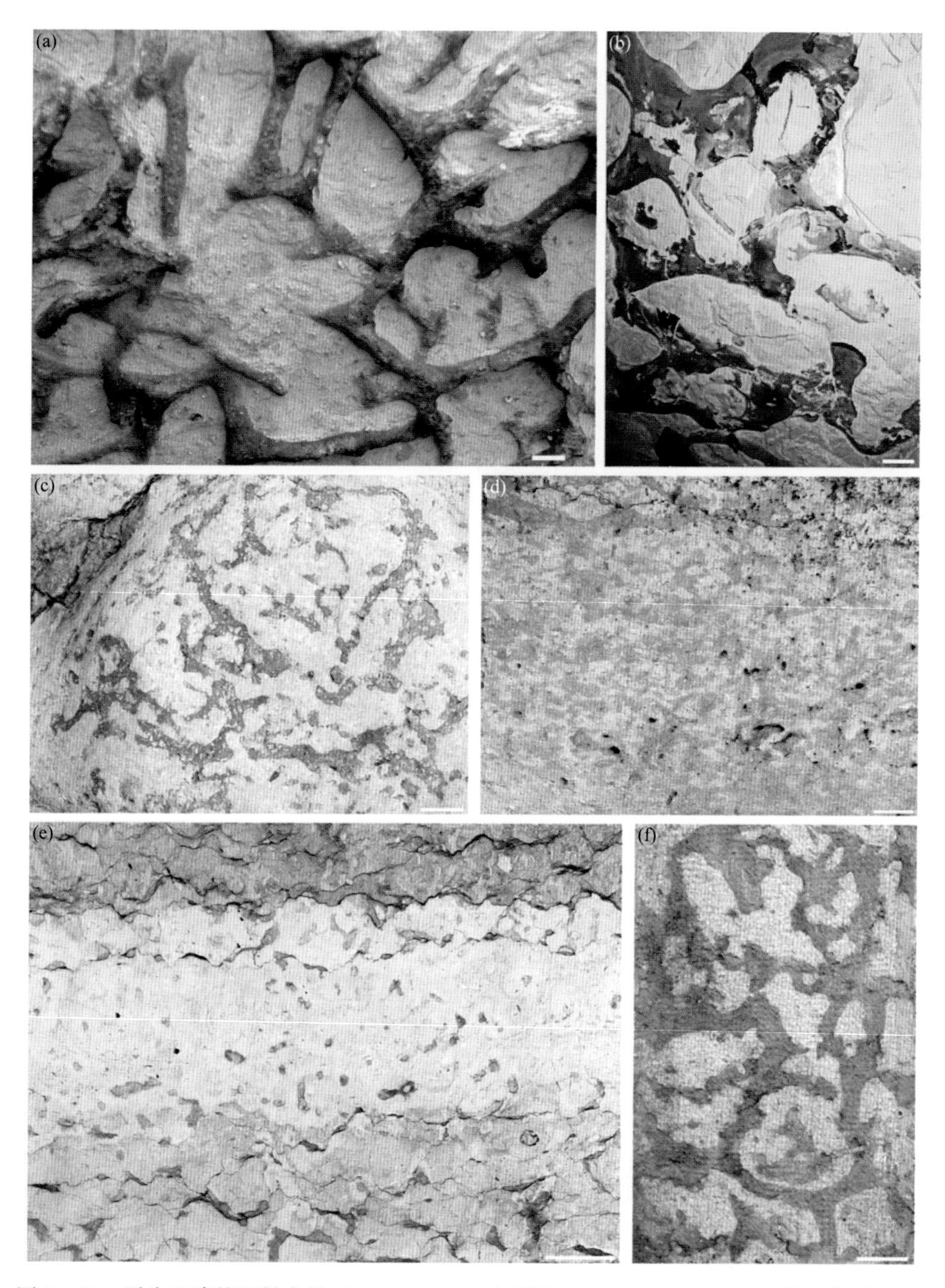

图 5.160 露头和建筑石料中的 *Thalassinoides*。比例尺 = 5cm。(a) *T. suevicus* 保存在下层面。上侏罗统砂岩（Lower Coralline Oolite 下珊瑚鲕粒、浅海、滨面），英国约克郡 Scarborough 附近的海岸悬崖。(b) *T. suevicus* 保存在下层面。上侏罗统（上牛津阶，潟湖系碳酸盐台地），波兰南部科泽米尼奥基 Opatowskie 新石器时代燧石矿。(c) 层理面具有 *T. paradoxicus* 的散布体系。白垩细（台地碳酸盐），摩洛哥西部 *Taghazout* 附近海岸悬崖。(d) 垂向截面上的 *T. paradoxicus*。与 (c) 地点相同。(e) 具有缝合线的层状生物碎屑灰岩，垂向截面上的 *T. paradoxicus* 的遗迹组构。白垩系（浅海），葡萄牙里斯本的建筑石材。(f) 石灰岩中的 *T. paradoxicus* 潜穴系统。白垩系（浅海），葡萄牙里斯本的建筑石材

遗迹分类学：在约15个建立的遗迹种中，以下是最具代表性的（Myrow，1995）：

• *T. suevicus*——主要为水平形式，可能在Y形分岔处膨大［图5.159（a）、图5.160（a）（b）］。

• *T. paradoxicus*——箱状结构潜穴，尺寸和几何形状高度不规则［图5.159（b）、图5.160（c）~（f）］

• *T. saxonicus*—大个形式，潜穴管直径5~20cm。

底质：*Thalassinoides* 发生在宽泛范围的软到坚实的基底，报道有泥岩、粉砂岩、砂岩、砾岩、石灰岩和白云岩。它还可以与岩化（硬）底质有关。

岩芯中的形貌：*Thalassinoides* 的三维几何学在岩芯材料中很难还原，因此也很难有把握地明确其归属。相对较大的潜穴尺寸区别于相关联的遗迹分类群，且潜穴横截面呈现在圆形和椭圆形。伴随（很少）垂向竖管［图5.161（a）（b）、图5.168］。被动充填通常会产生与宿主沉积物形成对比，但也有在填料与宿主沉淀物相同的情况。它可以被其他造迹生物再次掘穴，比如导致 *Chondrites* 的出现［图5.35（c）、图5.161（f）］。根据底质的不同，过渡到相关的遗迹属（如 *Ophiomorpha* 和 *Gyrolithes*）是常见的［图5.161（c）（d）、图2.6（b）］。因为造迹生物具有生物腐蚀的能力，*Thalassinoides* 也可能发生在硬底质，如胶结层［图5.161（e）］。

相似的遗迹化石：岩芯中的 *Thalassinoides* 可能与其他大型且被动充填的潜穴相混淆，如 *Spongeliomorpha*（刮擦的），*Psilonichnus* 和 *Parmaichnus*（垂向Y形的），*Camborygma*（房室的，垂向为主），以及其他。而主动充填的潜穴元素截面可能类似于 *Planolites*、*Asterosoma* 或者甚至 *Artichnus*。甲烷和碳氢化合物渗漏可能导致类似 *Thalassinoides* 的分支管道［图5.189（g）］。

造迹生物：与 *Ophiomorpha* 相似，比较现代的相似物表明，*Thalassinoides* 的造迹生物属于thalassinidean大美人虾类，尤其是callianassids卡利亚目（图5.25、图5.85~图5.87）。这主要适用于二叠纪至现今的 *Thalassinoides*，而其他节肢动物（如三叶虫）、海葵及蠕虫（例如肠虫）被解释为古生代 *Thalassinoides* 的造迹生物（Ekdale和Bromley，2003；Cherns等，2006）。某些早期的 *Thalassinoides* 可能属于其他的遗迹属，如 *Balanoglossites*（Knaust和Dronov，2013）。

行为学：产 *Thalassinoides* 的虾主要是摄食悬浮物者，它们广泛发掘潜穴系统作为住所（domichnia住所地）。悬浮物摄食和沉积物摄食行为的结合可能适用于许多 *Thalassinoides*。其他代表积极收集海草和其他有机物质储存在潜穴腔室中作为储备（Griffis和Suchanek，1991）。

沉积环境：虾产生的 *Thalassinoides* 在浅海环境中最常见，如滨面、三角洲及其他（Nickell和Atkinson，1995）。鉴于造迹生物容忍盐度波动的能力，可以在微咸环境发现 *Thalassinoides*，例如河口环境和扇三角洲（Swinbanks和Luternauer，1987）。*Thalassinoides*

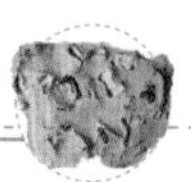

通常与坚实底质（*Glossifungites* 遗迹相）相关，发生在从边缘海相到深海的各种宽泛环境中（Monaco 等，2009）。它是碳酸盐岩和白垩环境的常见成分（Bromley，1967；Ekdale 和 Bromley，1991）。

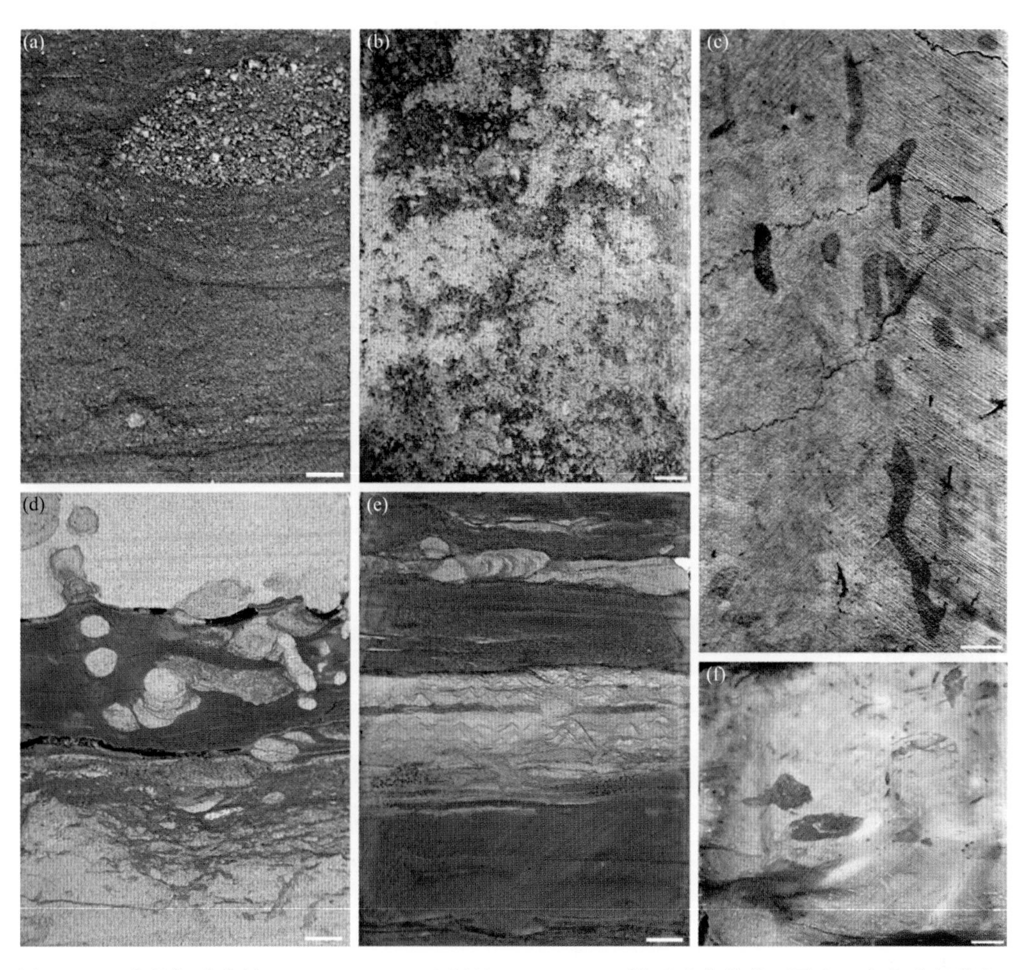

图 5.161　岩芯切片中的 *Thalassinoides*。比例尺 = 1cm。（a）泥质砂岩横截面露出一个大直径潜穴，其由粗粒砂被动充填。上侏罗统（Tithonian 阶）Draupne 组（扇三角洲，斜坡），挪威北海 Johan Sverdrup 油田（16/2 – 15 井，约 1943.5m）。（b）完全生物扰动的粗粒砂岩，含有 *Thalassinoides* 箱式系统，由于宿主岩石的部分胶结作用得以保存。这个地层间隔代表了地区内的一个间断面。上侏罗统（Tithonian 阶）Draupne 组（扇三角洲，斜坡），挪威北海 Johan Sverdrup 油田（16/5 – 2S 井，约 1958.5m）。（c）白垩灰岩，主要为垂直钻孔段（轴），具有稍呈螺旋状的外观，可知来自 *Gyrolithes* 遗迹属。下白垩统（Berriasian 阶）Åsgard 组（大陆架），挪威北海（16/4 – 6 井，约 1945.2m）。（d）浊积砂岩之间的泥岩夹层，含被动充填的大个潜穴。注意由于后退潜穴调整出现的蹼状构造，过渡到主动充填和衬壁的 *Ophiomorpha* 潜穴。上白垩统（Maastrichtian）Springar 组（深海，扇体系），挪威海（6604/10 – 1 井，约 3647.5m）。（e）砂岩具有早期成岩的碳酸盐岩胶结。中部原本坚硬的栅栏状方解石带被砂充填廊道部分侵蚀，其来自泥岩层之间。上白垩统（Campanian 阶）Nise 组（深海，扇体系），Aasta Hansteen 油田，挪威海（6707/10 – 1 井，约 3133.5m）。（f）白垩灰岩带有水平状潜穴部分（隧道）的，主要为泥质充填，被 *Chondrites* 强烈再挖掘。下白垩统（Berriasian）Åsgard 组（陆棚），挪威北海 John Sverdrup 油田（16/2 – 15 井，约 1899.75m）

遗迹相：*Thalassinoides* 是 *Cruziana* 遗迹相的一个常见组成部分，发生在相对黏聚的底质。*Thalassinoides* 也是坚实底质控制的遗迹化石组合的成分（所谓的 *Glossifungites* 遗迹相）。

年代：*Thalassinoides* 经常报道来自奥陶纪（Myrow 1995；Ekdale 和 Bromley，2003；Cherns 等，2006）到全新世（Swinbanks 和 Luternauer，1987；Nickell 和 Atkinson，1995），但不同门类造迹生物必须提及。

储层质量：*Thalassinoides* 分布广、直径大、分支样式和被动充填的这些特点易受增强流体流动的影响，这可能导致结核状胶结（Bromley，1967；Fursich，1973；图 5.89），同时也是储层地质学家的好朋友。这些潜穴可以显著增加储层质量，通常连通储层的那些否则孤立部分。例如 Pemberton 和 Gingras（2005）报道了 *Thalassinoides* 对坚实地层穿孔扮演"超渗透"层，属于世界上最大的油田沙特阿拉伯的 Ghawar 油田 Arab - D。纽芬兰（加拿大）近海 Ben Nevis 组泥岩中的砂充填 *Thalassinoides* 创建了垂直和水平的大孔隙网络，具有潜在的流动导管作用（Tonkin 等，2010；图 5.162）。其他类似尺寸范围的、以 *Thalassinoides* 为主的遗迹组构对油气藏和地下含水层的流体流动性质有决定性影响（Cunningham 和 Sukop，2012；Cunningham 等，2012）。

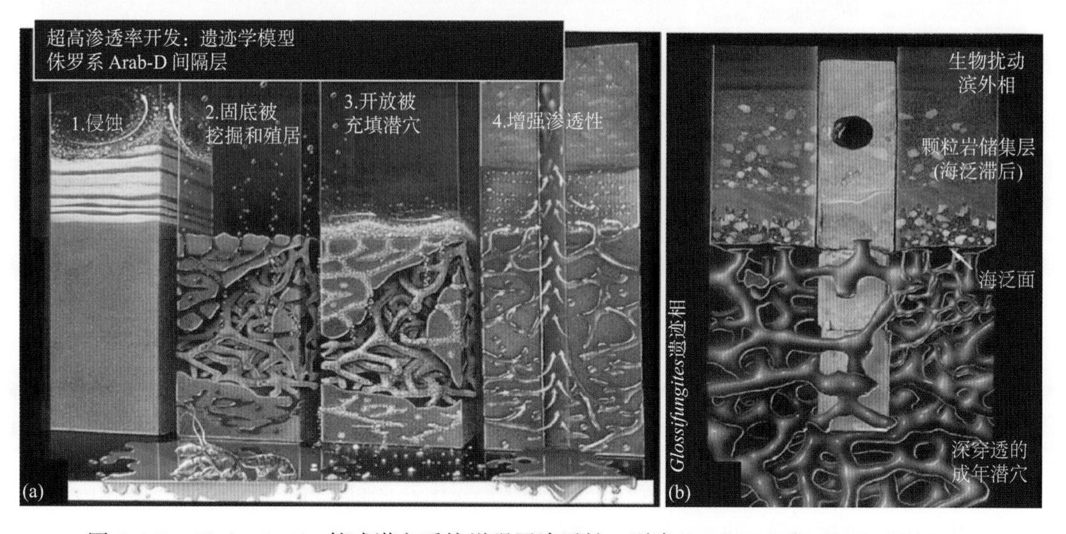

图 5.162　*Thalassinoides* 箱式潜穴系统增强了渗透性。引自 Pemberton 和 Gingras（2005），经 AAPG 许可转载，通过版权清算中心传递许可。（a）沙特 Ghawar 油田侏罗系 Arab - D 组 super - K 段的开发，是发育在区域性的海侵侵蚀面上沟蚀层的相互作用的函数。*Glossifungites* 遗迹相以坚硬基底 *Thalassinoides* 潜穴系统为代表，直径 1 ~ 2cm，在海侵侵蚀面之下穿透高达 7ft（2.1m）。在某些情况下，潜穴充填物由砂糖状白云石组成，基质由镶嵌状白云岩构成，导致渗透率差异大。这导致荷电效应而出问题，石油在基质被绕过，而从含水层中抽取水。（b）超渗透性形成于 *Glossifungites* 遗迹相聚集的地方，位于沟蚀层表面，上面被远滨生物扰动相覆盖。当它存在时，流量计显示 70% 的产量来自于这一个单元。

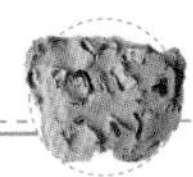

5. 33 *Tisoa* de Serres，1840

形态、充填物和大小：*Tisoa* 是指很长的、拉长的 U 形潜穴，具有近垂直、倾斜和近水平的取向。潜穴的两个分支位置彼此非常接近（图 5. 163），结果横截面具哑铃或数字“8”的形状（Gottis，1954）。*Tisoa* 潜穴是被动充填的，常具硫化物矿化，并常被包裹在碳酸盐岩结核中。有分支的记录但不常见。潜穴直径一般在 3 ~ 20mm 之间；由于不完整，潜穴的长度通常很难确定，但可以达到好几分米。

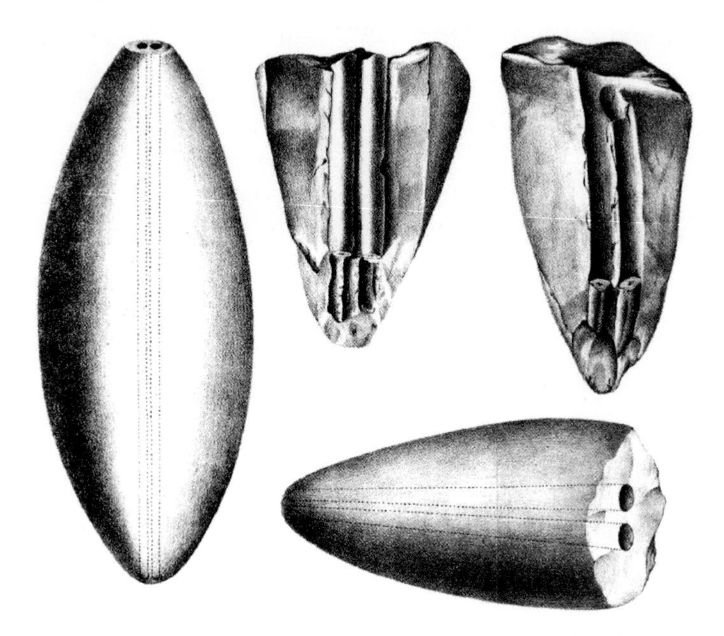

图 5. 163　*Tisoa* 典型种的历史图，*T. siphonalis* 包裹在结核石灰岩中，de Serres 最初的描述（1840）

遗迹分类学：*T. siphonalis* 是最常见的遗迹种（图 5. 164），但根据形态变异随后建立起其他一些遗迹种。

底质：据报道 *T. siphonalis* 常产自泥质底质，如黑色页岩。它也发生在再沉积的沉积物中，例如碎屑流和块体搬运沉积物以及煤炭。在露头中，*Tisoa* 通常根据其包裹进管状碳酸盐结核而识别。

岩芯中的形貌：出现耦合和被动砂质充填潜穴是岩芯中 *Tisoa* 的一个明确的指示（图 5. 165）。除此之外，拉长的斜向和圆形潜穴横截面关联出现。*Tisoa* 遗迹组构可能达到相对较高的密度，并可能被追踪到相当大的深度（几分米）。

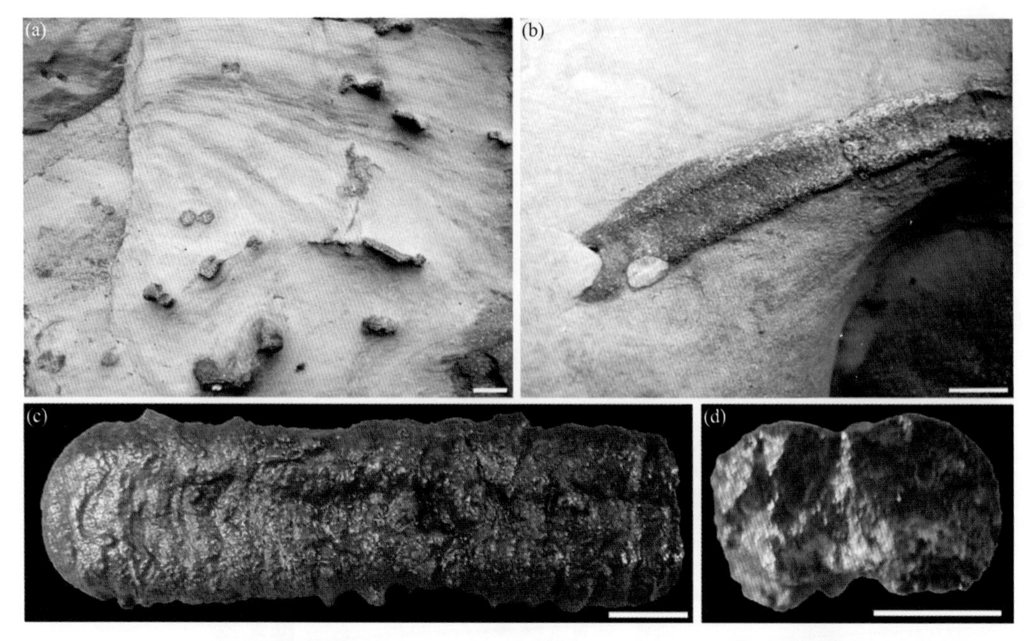

图 5.164　露头上的 *Tisoa siphonalis*。比例尺 = 1cm。(a) 大个砂岩碎屑含有被动充填的 *Tisoa siphonalis*，其横截面呈哑铃到 8 字形。晚中新世 Urerenui 组（深海相，陆坡），新西兰北岛新普利茅斯北 Waiau 海岸段。(b) 钙质胶结砂岩中拉长的 *T. siphonalis*。与（a）相同的地点。(c) 黄铁矿标本的底部碎片，U 形向左。下白垩统（Hauterivian 阶），乌里扬诺夫斯克区，伏尔加河（coll. Hecker，莫斯科古生物博物馆）。(d) 横截面。与（c）相同样本

相似的遗迹化石：考虑到潜穴极长，它们的 U 形拐弯很少被保存下来，这可能会给垂直方向的标本没有遗迹化石的印象，而是渗漏气体逸出的管道（ven de Schootbrugge 等，2010）。到目前为止，*Tisoa* 还没有岩芯中得到承认，但由于相似性而被认为是其他遗迹化石。例如，图 5.165 展示的材料最初被描述为大个 *Chondrites*（Knaust，2009 b）。*Diplocraterion* 是另一种特征与 *Tisoa* 相似的潜穴，尤其是当长潜穴的支臂相互非常接近且不能识别其间的蹼状层时。这种形式被描述为 *Diplocraterion* 和 *D. habichi*，但由于上述原因，其中一些可能属于 *T. siphonalis*，（Heinberg 和 Birkelund，1984；Bradley 和 Pemberton，1992；de Gibert 和 Martinell，1998；Bann 和 Fielding，2004；Bann 等，2004；Hubbard 和 Schultz，2008；Riahi 等，2014）。也可能与 *Rhizocorallium jenense* 产生混淆，其像 *Diplocraterion* 一样带着蹼足，且与 *Tisoa* 相比有低的多的的长宽比（Knaust，2013）。*Tisoa* 的 U 形转向类似于某些 *Arenicolites*，但它们的支臂也是彼此靠得更近而且长宽比更大。类似于 *Tisoa*，垂直取向的遗迹化石 *Paratisoa*（Gaillard，1972）（Macsotay 等，2003）和 *Bathichnus*（Bromley 等，1975）（Nygaard，1983）是成岩作用增强的（例如碳酸盐岩和燧石结核），可以很长，但与 *Tisoa* 不同的是只有一个管。

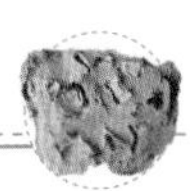

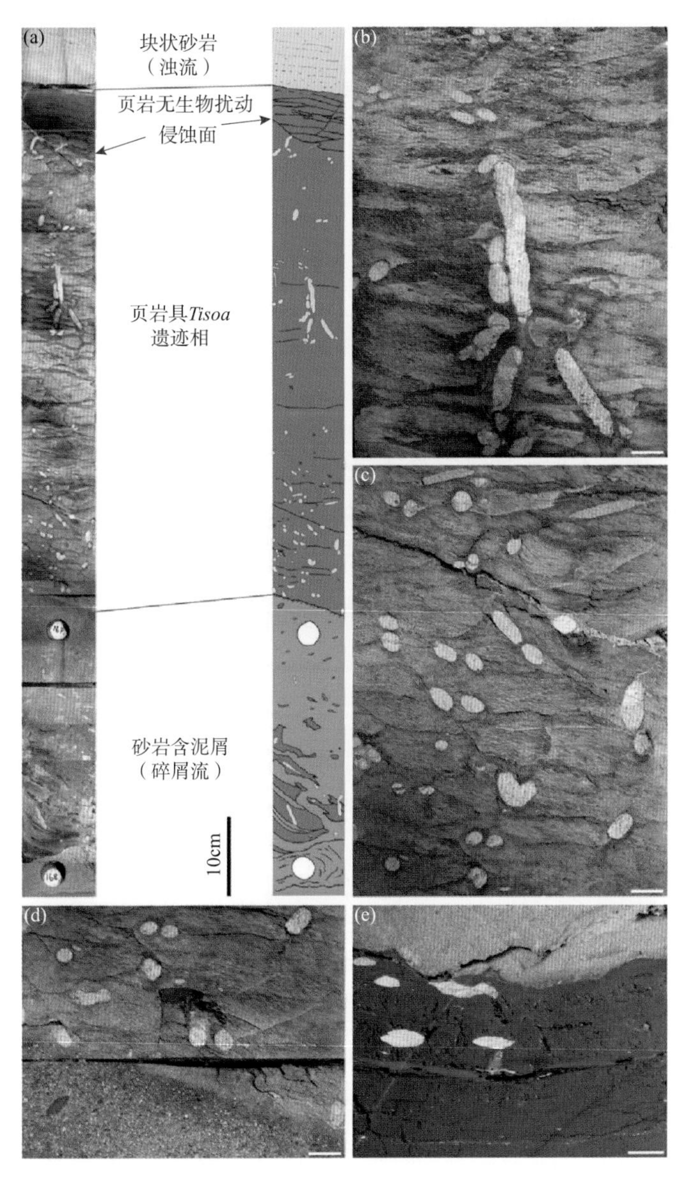

图5.165　剖切岩芯中的 *Tisoa*。比例尺 =1cm。（a）~（d）*Tisoa* 遗迹组构。上白垩统（Campanian 阶）碎屑流沉积（深海、扇复合体），挪威海 Aasta Hansteen 油田（6707/10 -1 井，3058.7 ~3059.9m）。引自 Knaust（2009 b），经爱思唯尔允许再版；通过版权清算中心传递许可。（a）*Tisoa* 遗迹组构图，照片（左）和素描（右），显示最大穿透深度约 1m。注意黄铁矿化潜穴（红色）的出现，还有砂质充填的潜穴（黄色）。遗迹组构的顶部处于剧烈的侵蚀表面，下面有潜穴以垂直或倾斜或水平的方式出现，偶尔有配对的巷道。某些潜穴穿透进入下伏的砂质碎屑流沉积，优先集中在大个改造的菱铁矿化泥屑中。（b）为（a）的特写片段，显示近垂直、倾斜和近水平的配对潜穴。（c）为（a）的特写片段，显示主要是成对的近水平潜穴。（d）为（a）的特写片段，显示主要是成对的近水平潜穴。（e）压实煤线顶部 *Tisoa* 的两对近水平和一个倾斜截面，全是从上覆层被动砂质充填。下侏罗统（Pliensbachian 阶）Åre 组（顶部），挪威海 Heidrun 油田（6507/7 - A -27 井，约 3235.5m）

造迹生物：基于现代类比，管居多毛虫类，如巨大的须腕虫 pogonophoran 蠕虫，可以产生 *Tisoa* 状的遗迹。在太平洋，1.5m 长的须腕虫 pogonophoran 角兽生长在温水喷口附近加热的、富含硫的水中（Ruppert 等，2004）。

行为学：可以推断 *Tisoa* 的造迹生物首选居住行为（domichnial 居住迹）。

沉积环境：*Tisoa* 的一个显著特征是频繁出现在碳酸盐岩结核的中部，与烃类渗漏沉积有关（Breton，2006），偏好发生在深海盆地和大陆斜坡。*Tisoa* 的造迹生物似乎对高有机含量的沉积物有亲和力，因此也可以在大规模搬运沉积中发现，甚至可在煤线中。Callow等（2013）发现了深度大于 1m 的丰富 U 形遗迹化石，发育在深海水道内的粘性泥岩中，这与 Knaust 报道的形式类似（2009 b，图 5.165）。

遗迹相：*Tisoa* 似乎不偏爱特定的遗迹相，原因是它与高有机物含量的沉积物密切相关。然而这种条件通常在深海盆地底部（*Nereites* 遗迹相）和大陆斜坡（*Zoophycos* 遗迹相）遇见，两者都是优选渗漏点。在许多情况下，沉积物在 *Tisoa* 的造迹生物深穿透前就已经固化了，因此造成的遗迹可以被划归为 *Glossifungites* 遗迹相。

年代：已知 *Tisoa* 产自早侏罗世（van de Schootbrugge 等，2010）到中新世（Frey 和 Cowles，1972）。

储层质量：被动充填（通常是沙），连同相对较大的管道，以及超常的穿透深度进入泥岩（非储层、源岩），使 *Tisoa* 非常适合克服给定储集体的薄障碍和挡板。

5.34 *Trichichnus* Frey，1970b

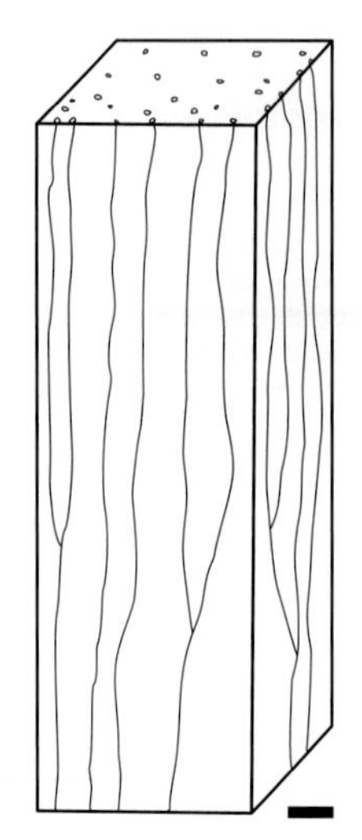

图 5.166 现代 *Trichichnus* 的示意图，挪威海 Vøring 高原，由 sipunculan 蠕虫形成。引自 Romero－Wetzel（1987），经施普林格许可转载

形态、充填物和大小：*Trichichnus* 是指稀疏分枝或不分枝的毛发状异常长的潜穴，或多或少具有垂直取向（图 5.166）。潜穴可以有衬壁，通常充填硫化矿物（如黄铁矿）。圆柱状潜穴的形态是直的或轻微弯曲到稍正弦形。潜穴直径径在 0.1～1.0mm 范围内，而完整潜穴的长度一般超过 20cm，可以达到几米。Scholle（1971）报道长度超过 6m 的标本。

遗迹分类学：*T. linearis* 似乎是 *Trichichnus* 唯一有效的遗迹种（图 5.167），*T. simplex* 作为一种保存的变体（Uchman，1999）。*T. appendicus*（Uchman，1999）指具短的侧面附属物的水平和倾斜潜穴，因而当然被排除在 *Trichichnus ichnogenus* 之外。

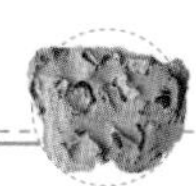

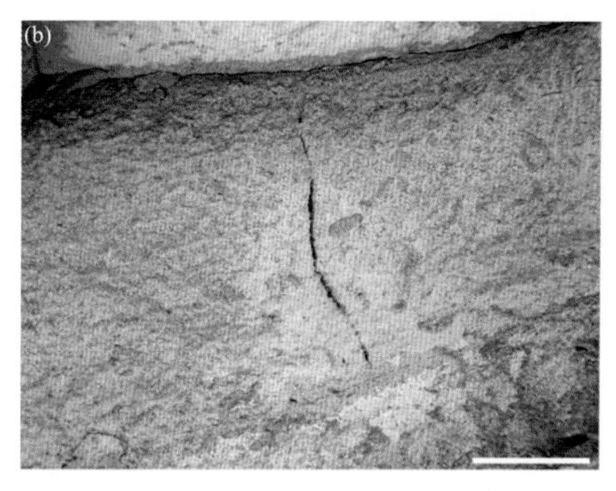

图 5.167 *Trichichnus linearis*，产自中新世 Marnoso－arenacea 组，意大利 Albignano roadcut (Santerno Valley)。比例尺＝1cm。半远洋背景沉积物（泥灰岩）被 *Trichichnus* 穿透，只保留了一部分。(a) 概览图，有大量的碎片化标本（箭头）。注意因硫化矿物转变为褐铁矿而染褐色。(b) 箭头处的特写镜头

底质：*Trichichnus* 常见于细粒岩石中，如泥岩、泥灰岩以及具有初始软到坚实致密的石灰岩，但也可能发生在砂质底质中。

岩芯中的形貌：根据其大小、形态和矿化染色，*Trichichnus* 在岩芯中容易识别（图 5.168）。只有部分直到略弯曲的小潜穴通常被保存下来，并表现为泥质充填或黄铁矿化管。

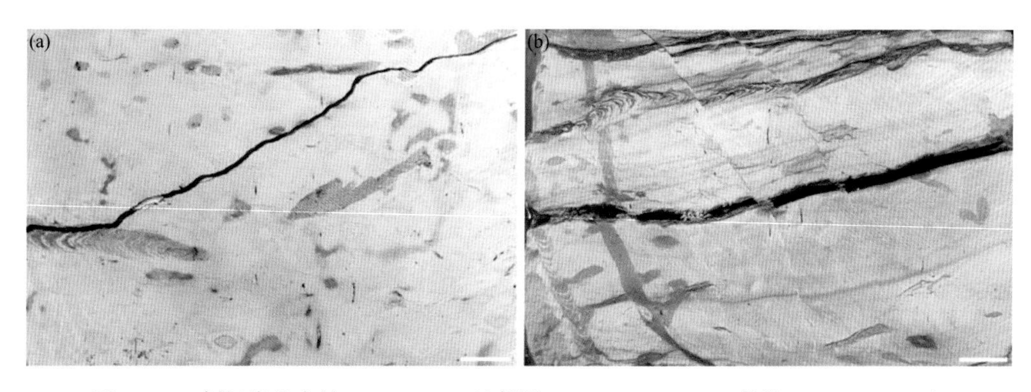

图 5.168 剖切岩芯中的 *Trichichnus*。比例尺＝1cm。*Trichichnus* 伴随 *Thalassinoides* 和 *Zoophycos*，产自下白垩统（Berriasian 阶）Åsgard 组（陆棚）的白垩，挪威北海 Sverdrup 油田。(a) 井号 16/3－4（约 1913.65m）。(b) 井号 16/5－2S 井（约 1956.95m）

相似的遗迹化石：*Trichichnus* 与 *Polykladichnus* 和 *Skolithos* 有紧密的相似性，但与它们不同的是具有小的多的长度/直径比。此外，*Polykladichnus* 有 Y－或者 U－形分叉，*Skolithos* 无分叉。

造迹生物：*Trichichnus* 是一个小型底栖生物的遗迹化石（直径＜1mm），其现代类似物由挪威陆坡的 sipunculan 蠕虫（*Golfingia*，*Nephasoma*）产生（Romero－Wetzel，1987；

Shields 和 Kedra，2009；图 5.166）。

行为学：*Trichichnus* 通常被解释为以食沉积物的化学共生生物的住所（domichnion 居住迹）。因其异常的长度和通常黄铁矿化，*Trichichnus* 也可认为是 chemichnion（Uchman，1995；Uchman 和 Wetzel，2012）。这些构造是由生物体进食化学共生微生物产生的；这些生物与含氧水保持联系，但会渗透到缺氧的的沉积物中，其富含微生物生长所必需的甲烷、硫化物或氨。

沉积环境：*Trichichnus* 常见于深海沉积（浊积岩和半深海岩；Wetzel，1981、1991；McBride 和 Picard，1991），且常与白垩沉积有关（陆架和深水；Frey，1970b；Savrda，2012）。它偏好发育在缺氧沉积物中（Monaco 等，2012）。

遗迹相：*Trichichnus* 与 *Cruziana*、*Zoophycos* 和 *Nereites* 遗迹相有关。

年代：早奥陶世就有 *Trichichnus*（Fillion 和 Pickerill，1990），直到全新世（Romero－Wetzel，1987）。

储层质量：在写给《自然》杂志的信中，Weaver 和 Schultheiss（1983）展示了深海沉积中开放潜穴（如 *Trichichnus*）“……对总体渗透性、由此也对响应于任何超额孔隙压力穿过它们的可能流动速率”的深刻影响。“潜穴的影响改变了从等效的黏土和粗砂计算的渗透率”。

5.35 *Virgaichnus* Knaust，2010a

形态、充填物和大小：*Virgaichnus* 是一种小型底栖动物建造的遗迹化石（潜穴直径小于 1mm；Knaust，2007a），具有复杂的三维结构（图 5.169）。不规则的潜穴系统由水平和倾斜的潜穴要素构成，具有 Y 形和/或 T 形的分支。潜穴截面收缩和膨胀，导致球茎扩大和交替的叶片状收缩（Knaust，2010；图 5.170）。潜穴壁光滑，且被动充填。潜穴的平均直径大约是 0.5mm，而潜穴长度和穿透深度可以达到几厘米。

遗迹分类学：*V. undulatus* 是迄今为止唯一发现的 *Virgaichnus* 遗迹属。

底质：*V. undulatus* 据描述发生于微晶或白垩灰岩，具有初始坚实的底质，尽管离散的潜穴片段也可以指示当地软底条件。它在沙质底质中也很常见。

岩芯中的形貌：*V. undulatus* 在岩芯中通常以密集箱式结构形式出现，具有相互连接的亚毫米直径的潜穴要素（图 5.171）。单个的潜穴片段的特征是球根和波浪形的外观，而其他形成对比的是强烈的收缩导致尺寸小于 0.1mm 刀刃状的潜穴。在更大的距离上，这一特性像一种香肠构造。因此，潜穴的横截面变化范围很大，从圆形到扁平椭圆形以及垂向延伸。

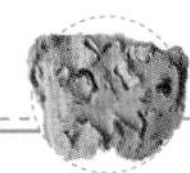

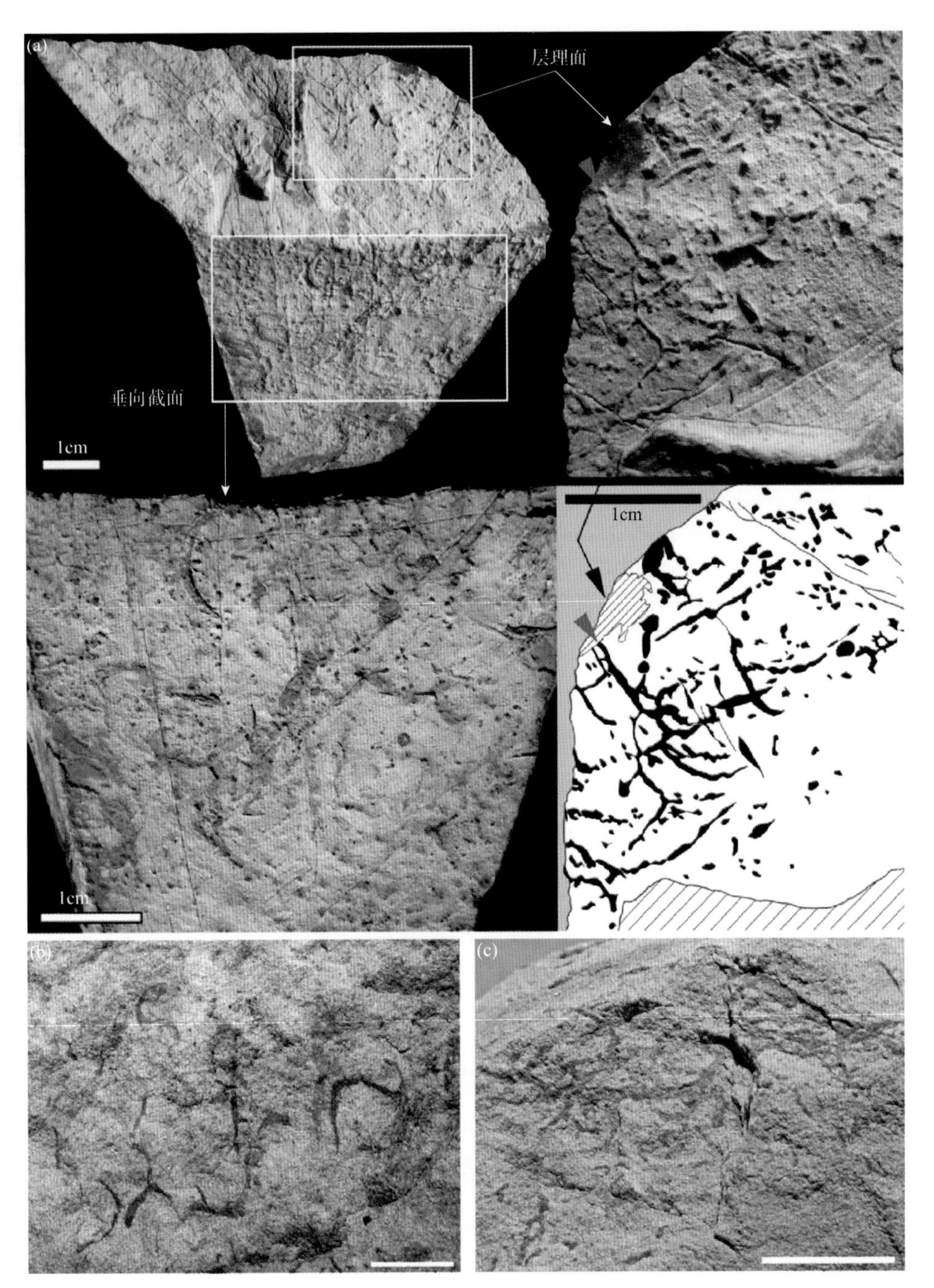

图 5.169 露头中的 *Virgaichnus undulatus*。(a) 全型样本平板，箭头指示有多个分支。上二叠统 Saiq 组（碳酸盐台地、开放潟湖），阿曼 Rustaq 附近的 Wadi Bani Awf。引自 Knaust (2010a)，转载经爱思唯尔的许可；通过版权清算中心传递许可。(b) *V. undulatus* isp. 未定种，平视图。海绿石质，完全生物扰动砂岩。古新世 Grumantbyen 组（临滨），斯瓦尔巴特群岛 Longyearbyen。(c) 石灰岩中强烈分叉的潜穴系统。石炭系 Honaker Trail 组（深至浅海），美国犹他州 Moab 北部

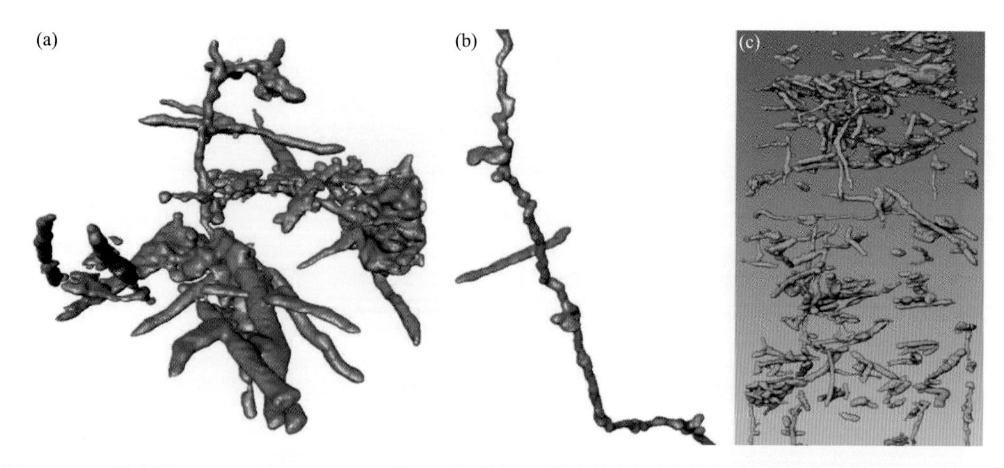

图 5.170　泥充填 *Virgaichnus undulatus* 的 CT 扫描图，产自海绿石质的完全生物扰动砂岩（全岩芯）。古新世 Grumantbyen 组（临滨），斯瓦尔巴特群岛 Longyearbyen 附近（BH 9－2006 经，约 389.7m）。主洞径在 0.3～0.6mm 之间。图片由 Lars Rennan（特隆赫姆）和 Ørjan Berge Øygard（卑尔根）提供。（a）一群向不同方向延伸的潜穴。（b）单个的近垂直的潜穴要素显示出波动的潜穴截面有球根状放大部分。短而平的近水平潜穴要素显示叶片状收缩。（c）遗迹组构的一部分由各种方向不同的潜穴组成。

相似的遗迹化石：形态学上 *Virgaichnus* 类似于 *Thalassinoides* 的一些遗迹种，但有所不同，前者潜穴小的多且潜穴直径不稳定（缩小和放大状特性）。*Virgaichnus* 显示与 *Chondrites* 和 *Pilichnus* 的某些相似之处，不同之处在于没有二歧分支，但是包括 T 形分叉和横穿管道。另一种小型底栖遗迹化石 *Bornichnus*，包括由拥挤纠结的衬壁构成的小潜穴，其有紧密而曲折的分支且直径恒定。最后，*Virgaichnus* 的树枝状形态可能与根迹（rootlets 支根）混淆，但它偏好向下分叉并可具有碳质物质卷入。

造迹生物：缩挤和膨胀的潜穴裂片与纽形动物类的蠕动一致，它们的身体不分断且高度变形（图 5.172）。

行为学：潜穴系统的被动充填表明一种开放式的潜穴箱式结构，适合于组合式住宅及其觅食遗迹（domichnion 居住迹和 fodinichnion 觅食迹），其由主要摄食沉积物和次要摄食悬浮物的动物造成。假设纽形动物作为造迹者，*V. undulatus* 的制造者也有可能采取掠夺的生活方式。

沉积环境：关于 *V. undulatus* 的稀少报道记录了它出现在陆架沉积中，具有相对平静的沉积状态，如在稳定内陆棚的浅海环境中（标本来自阿曼和挪威）、开放潟湖（标本来自伊朗）和深到浅海（标本来自犹他州）。

遗迹相：*Virgaichnus* 可以被视作 *Cruziana* 遗迹相的组成部分。

年代：少数报告的海洋 *Virgaichnus* 范围从石炭纪到古新世。

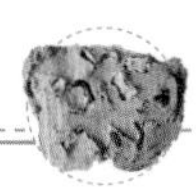

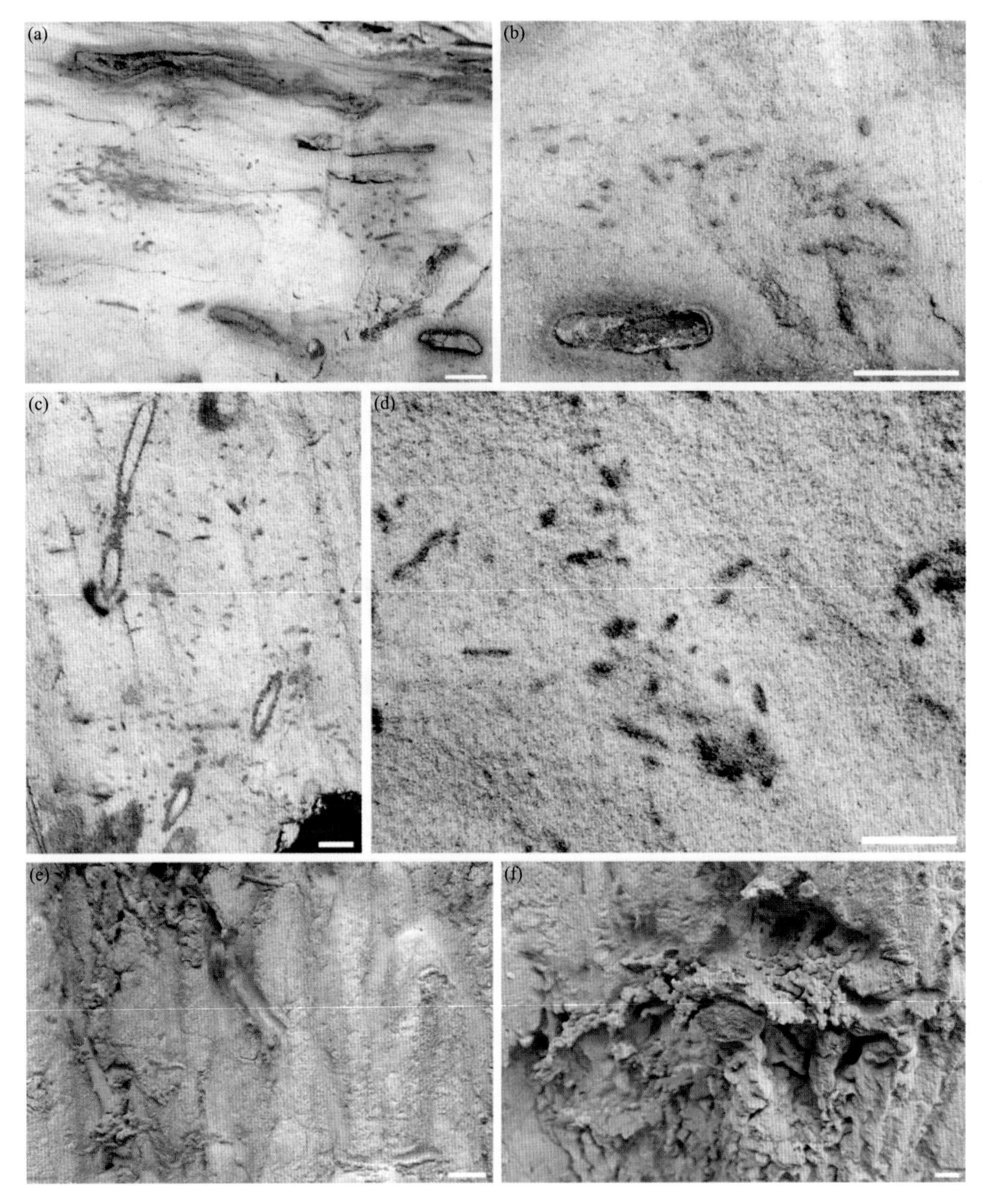

图 5.171 *Virgaichnus undulatus* 在剖切岩芯中［（a）~（f）］和全岩芯中（g）。比例尺 = 1cm。（a）白云石化石灰岩，含有 *Virgaichnus*（*V*）遗迹组构，伴有 *Asterosoma*（*A*）和 *Cylindrichnus*（*C*）。上二叠统 Khuff 组（开放潟湖），伊朗波斯湾 South Pars 油田（SP9 井，约 3084.4m）。据 Knaust（2014a），经 EAGE 许可再版。（b）~（d）*Virgaichnus* 遗迹组构在白垩石灰岩中。下白垩统（Berriasian 阶）Åsgard 组（大陆架），挪威北海（16/4 – 6S 井，1943.9 ~ 1949.6m）。（e）松散排列的管和聚集的潜穴，部分显示 T 状分支和二分支。上侏罗统（Oxfordian 阶）Heather 组（陆架浊积岩），挪威北海 Fram 油田（35/11 – 11 井，约 2583.5m）。（f）*Virgaichnus* 管密集聚集。上侏罗统（Oxfordian 阶）Heather 组（陆架浊积岩），挪威北海 H – Nord 油田（35/11 – 15ST2 井，约 2979 米）。（g）*Virgaichnus* isp. 未定种在含海绿石砂岩中。古新世 Grumantbyen 组（滨面），斯瓦尔巴特群岛 Longyearbyen 附近（BH10 – 2008 井，约 820.5m），与图 5.169（b）和 5.170 比较

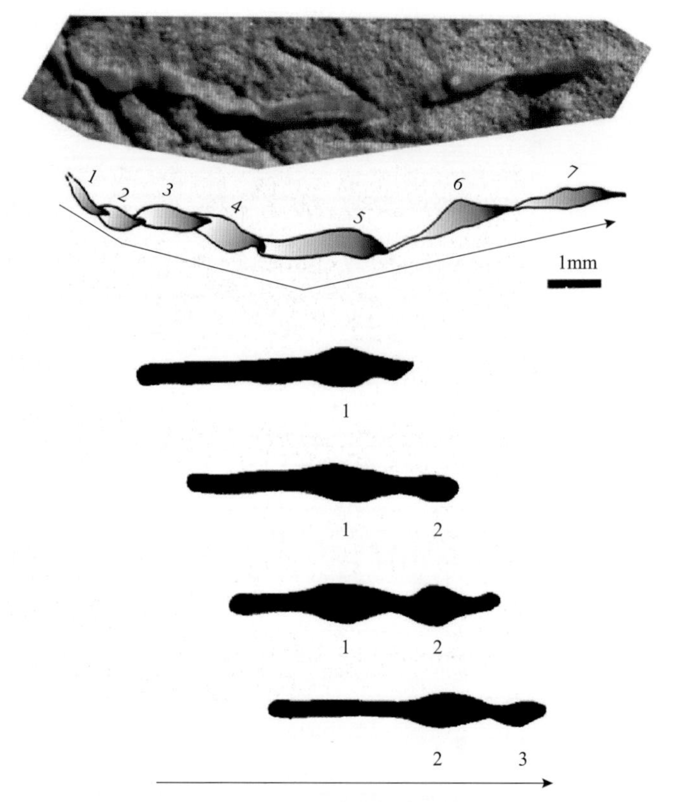

图 5.172 *Virgaichnus undulatus* 的选择分支，来自正模标本［图 5.169（a）］，具有诊断型的缩小－膨大状特性（照片），解释为不分段蠕虫状有机体蠕动的结果，如纽形动物（素描）。箭头指示移动方向和蠕动的编号，通过缩窄和伸出鼻子沿身体回传一波交替肿胀和收缩。引自 Knaust（2010a），经爱思唯尔允许再版，通过版权清算中心传递许可。下部素描画演示蠕动掘穴进入 *Carinoma tremaphoros*，此处当动物掘穴时，蠕动波（编号）向前发起和向后推进。据 Turbeville 和 Ruppert（1983）修改和重绘，经施普林格许可

储层质量： *Virgaichnus* 箱式系统可以作为连接的孔隙系统，条件是保持开放（例如不是被动充填或胶结的），从而显著增加孔隙度和渗透率，否则是致密岩石（如泥晶碳酸盐和白垩；Knaust，2014）。然而砂岩中充填泥的潜穴却降低了储层质量。

5.36 *Zoophycos* Massalongo，1855

形态、充填物和大小： *Zoophycos* 是一种复杂的遗迹化石，分布广泛且研究历史悠久。它是一种蹼状构造潜穴，具有巨大的形态变化（Bromley，1996），这在过去启发建立了大量的遗迹分类。*Zoophycos* 的一般特征如下（据 Olivero 和 Gaillard，2007；图 5.173）：

- *Marginal tube* 边缘管——一种管状结构，分界生物扰动沉积和被认为的隧道。
- *Lamina* 薄板——边缘管分界生物扰动沉积（也称为 sprite 蹼状构造）。

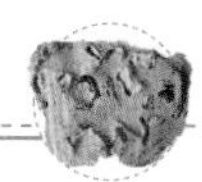

• *Primary Lamellae* 初级鳃片——有拱形沟槽和脊的特征的薄板，解释为在沉积物中侧向位移时边缘管随后的位置

Zoophycos 可以划分为两种主要类型：简单平面型和复杂螺旋盘绕形式（Olivero 和 Gaillard，2007；图 5.174、图 5.175）。许多 *Zoophycos* 展现具有叶片的薄板轮廓。*Zoophycos* 的另一个特点是大量出现小型椭球状粪便颗粒，约 1.5mm × 0.5mm 大小。完整的 *Zoophycos* 潜穴系统尺寸通常直径能达到几分米到超过 1m 以上，深度为几分米。

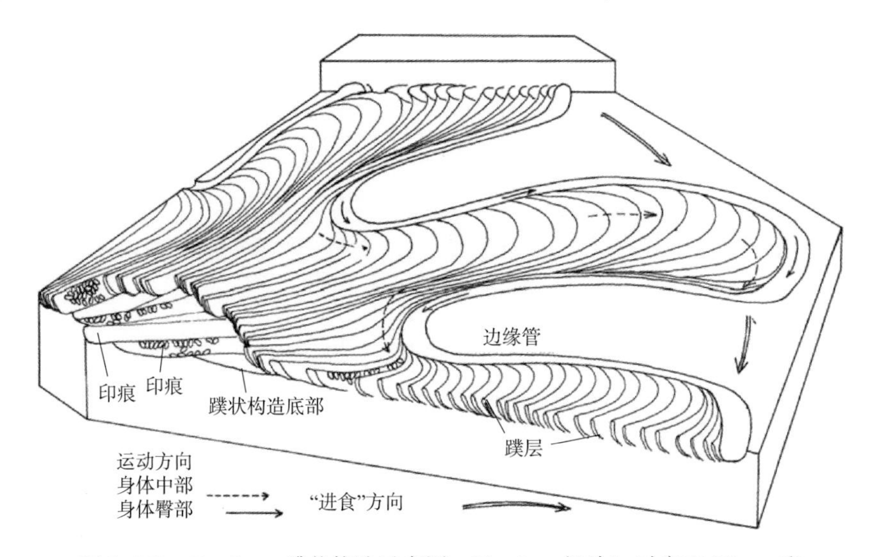

图 5.173 *Zoophycos* 蹼状构造示意图。"laminae 鳃片"对应于 Olivero 和 Gaillard（2007）术语的"初级鳃片"，而"impressions 印模"指的是粪球粒。引自 Bischoff（1968），© 古生物学协会，剑桥大学出版社出版，经许可可转载

遗迹学分类：*Zoophycos* 的遗迹分类学地位还远未稳健，当今涉及描述单个遗迹种时存在许多混乱。Olivero（2007）的研究证实 *Z. brianteus* 可以被当做模式遗迹种。*Z. brianteus* 包含了带有螺旋盘绕板片和略浅裂轮廓的 *Zoophycos*。*Z. villae* 也被视为有效，并由众多的弯曲和褶皱的薄层组成，长片层从一突起的顶点辐射出来。发现了描述了许多其他的形式（Zhang 和 Gong，2012），其中一些与模式遗迹种有相当大的差异，因此最好是适合其他以前建立遗迹属，如 *Taonurus*（von Fischer - Ooster，1858），*Cancellophycus*（de Saporta，1873）和 *Echinospira*（Girotti，1970）（Bromley 和 Hanken，2003）。一些工作者在处理这些形态多样的形式时参考"*Zoophycos* 类"（Uchman 和 Demircan，1999；图 5.175）。也可以称之为 *Alectoruridae*。

Zoophycos 的多种形态表现出普遍的进化趋势，从相对简单的古生代半椭圆叶片和多裂片和次圆形的蹼状构造，到中生代具有连续蹼状构造的螺旋形态，最后是新生代不连续的蹼状构造和腮片的复杂形式（Seilacher，1977、2007；Bottjer 等，1988；Olivero，1996；Chamberlain，2000；Knaust，2004b；Zhang 等，2015）。

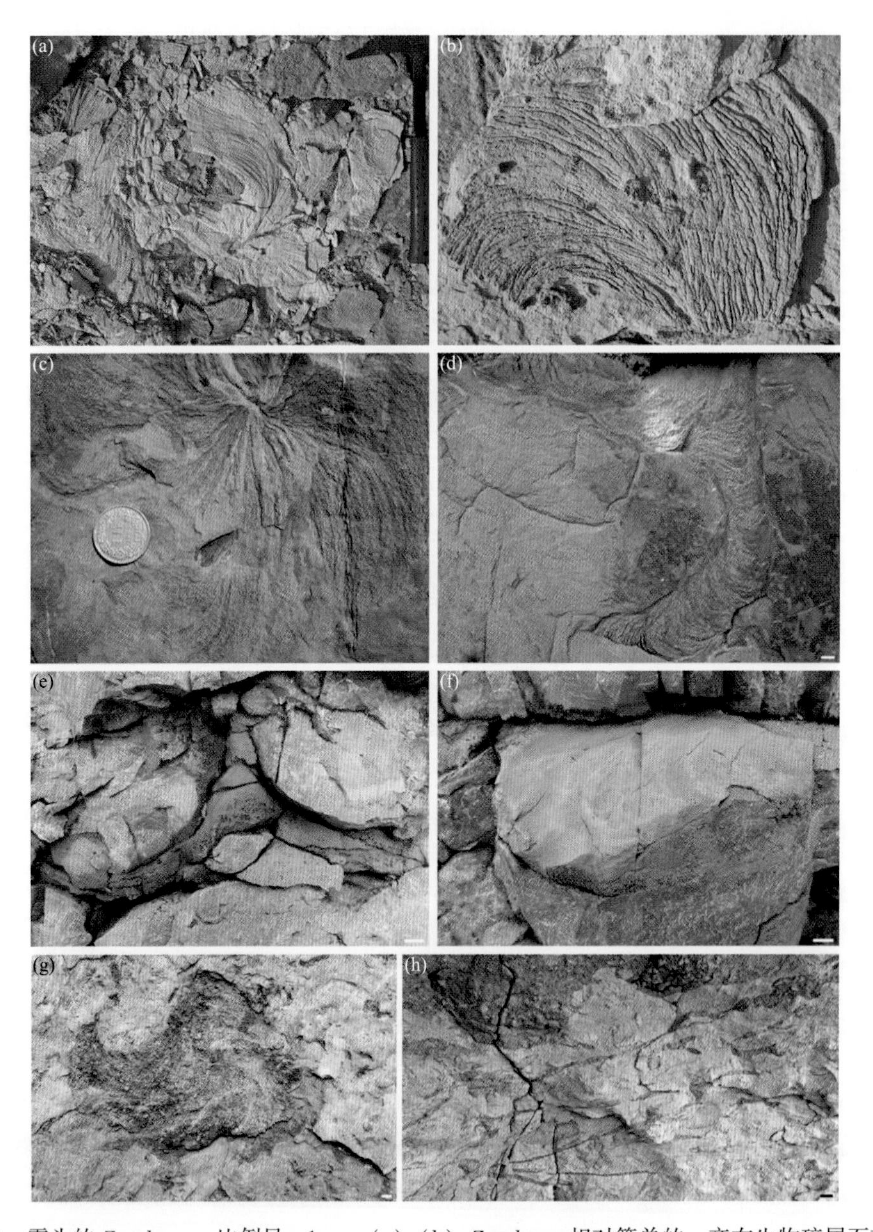

图5.174 露头的*Zoophycos*。比例尺=1cm。(a)(b)*Zoophycos*相对简单的，产在生物碎屑石灰岩中。中二叠统Khuff组（浅海、碳酸盐台地），阿曼Huqf-Haushi隆起。引自Knaust（2009c），经Wiley许可刊印；通过版权清算中心传达许可。(c）细粒碳酸盐中的螺旋形*Zoophycos*，中侏罗统（斜坡沉积），法国东南部。参见Olivero和Gaillard（1996），Olivero（2003）。(d）较大的*Zoophycos*系统的叶片部，保存在始新统Grès d'Annot组（深海，浊积岩）的砂岩层面，法国东南部。引自Knaust（2013）和Knaust等（2014），经Elsevier和Wiley的许可刊印；通过Copyright Clearance Center，Inc. 传递许可。(e）*Zoophycos*接近螺旋的垂向截面。中二叠统Kapp Starostin组（混合硅质碎屑碳酸盐斜坡），斯瓦尔巴特群岛Akseløya。(f）斜截面上的板形蹼状构造部分。与（e）同一个。(g）板形蹼状构造在碳酸盐岩层面上。上侏罗统（Kimmeridgian阶）Alcobaça组（受限潟湖），葡萄牙西部萨尔加多的海岸悬崖。(h）与（g）相同，众多叠加蹼足的横截面

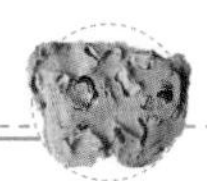

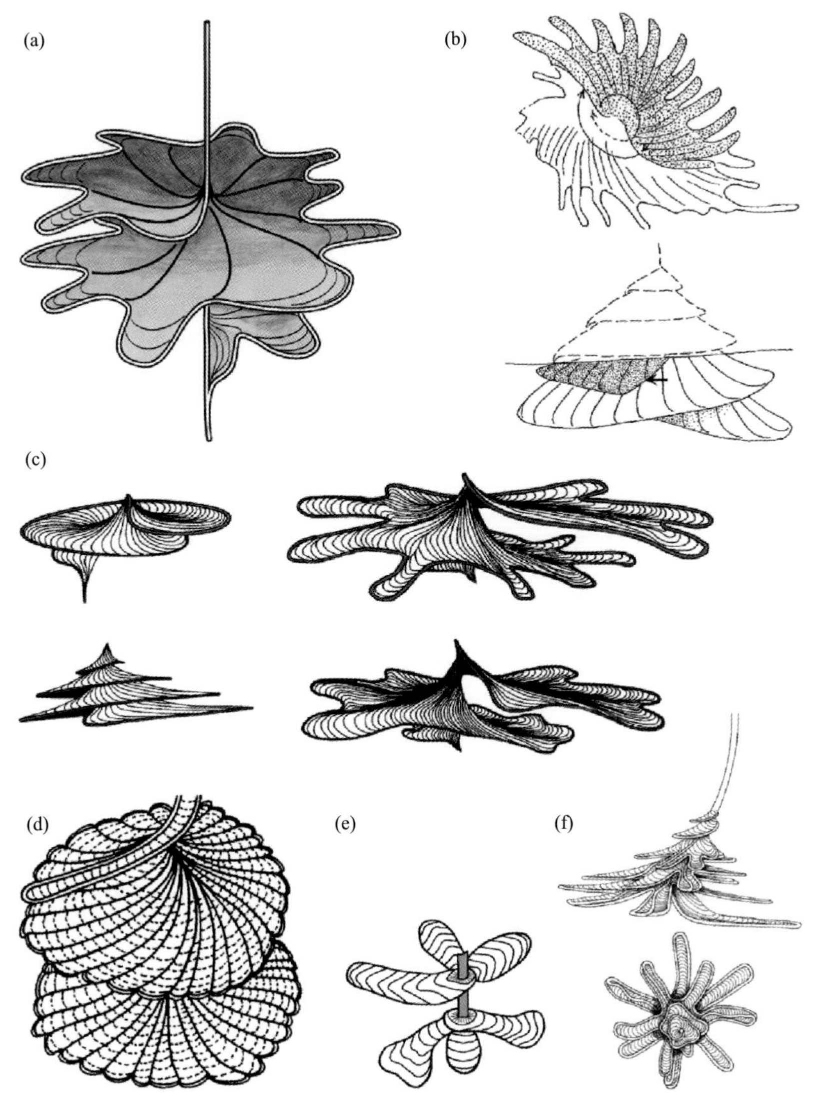

图 5.175　文献中描述的 *Zoophycos* 典型样板示意图在。不按比例。（a）螺旋状盘绕形式，具有半圆形到高度板片状的蹼足，提示向上结构。晚第四纪（深海），Celebes 海。Löwemark 等（2004）。（b）*Z. rhodensis*，一种包含蹼状构造裙形区域的大螺旋形式，被许多边缘裂片组成的区域包围的。平面视图（顶部）和侧视图（底部）。上新世碳酸盐岩（深海），希腊罗兹。据 Bromley 和 Hanken（2003），经 Elsevier 许可刊印；通过版权清算中心传递许可。（c）*Zoophycos* 的四种形态，复杂性增加。下侏罗统至上白垩统（陆棚至盆地石灰岩），法国东南部。据 Olivero（2003），经 Elsevier 许可刊印；通过 Copyright Clearance Center，Inc. 传递版权。（d）螺旋后退型蹼形潜穴，由连续重叠的 U 形潜建造穴。相似的形式被命名为 *Echinospira* 遗迹属（Girotti 1970）。新西兰上白垩统至中新世石灰岩（深海）。据 Ekdale 和 Lewis（1991），刊印经出版商（Taylor & Francis Ltd.，http：//www.tandfonline.com）许可。（e）简单、叶状的形式，有从垂直轴管延伸出的平面蹼状构造。中三叠统石灰岩（碳酸盐缓坡），德国图林根。据 Knaust（2004b），刊印经 Wiley 许可；通过 Copyright Clearance Center，Inc. 传递许可。（f）盘绕突出的蹼形潜穴，具卷曲的边缘和长裂片。蹼状构造被管状结构切割。侧视图（顶部）和面视图（底部）。上白垩统白垩（陆架），丹麦和瑞典南部。据 Bromley 等（1999）

底质：*Zoophycos* 已知产自起初软到坚实稠度的硅质碎屑岩和碳酸盐岩。它偏好发生在细粒沉积物中。

岩芯中的形貌：*Zoophycos* 蹼状潜穴在岩芯上相对易识别，但要识别到遗迹种的层次需要关于三维洞穴体系结构的知识。假设 *Zoophycos* 用螺旋盘绕的椎板作为 *Z. brianteus* 类型遗迹种的诊断标准，穿过这样一个潜穴系统的垂向岩芯截面可以轴向切割它（相对稀少的）或切在边缘（常见的）。在轴向表现中，具有圆锥形外观的蹼状潜穴垂向交替［图5.176（a）（b）］。在边缘表达中，可见到个体和或多或少水平取向的蹼状构造，并可垂直堆叠［图5.176（c）~（h）；另请参阅图5.39（b）、图5.132（d）和图5.168］。蹼状潜穴通常为几毫米到约1cm厚，并显示特征性的内部片层，其由不同成分的沉积物包交错组成。片层个体之间的距离可以很短，导致片层的高/宽比大于1［图5.176（d）（g）］，或可能在水平方向更拉伸，这导致高/宽比小于1［图5.176（e）（f）］。某些 *Zoophycos* 的遗迹种含有椭圆形粪球（长约1.5mm，长约0.5mm）（直径），其属于 *Coprulus oblongus*，且可以在岩芯中识别［图5.176（c）］。由于后续蚀变（如再钻孔、成岩过程），部分蹼状构造或者整个潜穴可能缺乏它们的腮片［图5.35（b）（d）~（f）］，因而呈现沉积物均匀充填［图5.176（h）］。

相似的遗迹化石：几乎没有其他生物潜穴可与 *Zoophycos* 混淆。*Rhizocorallium* 是另一种U形形态的蹼状潜穴，水平到倾斜的 *R. commune* 构成通常充填粪球粒的蹼状构造（Knaust，2013）。然而它并没有发展出螺旋卷曲的椎板，因此横向受限。此外，*R. commune* 的蹼状层普遍厚于 *Zoophycos*，并以一个大比例的边缘管为界。其他更宽泛的“*Zoophycos* 群”的组成部分可能类似狭义的 *Zoophycos*，包括 *Spirophyton* 和 *Echinospira*。螺旋状 *Spirophyton* 由紧密排列的绕轴缠绕螺纹构成，边缘无朵叶、无边缘管，具有向上弯曲的边缘（Miller 1991；Gaillard 等，1999；Seilacher，2007）。*Echinospira* 的特征是半圆形的轮廓，有大量长而窄的U形蹼状潜穴，与中心圆柱形结构有关的。*Echinospira* 常见于上白垩统至中新世的深海沉积中。*Zoophycos* 的单个蹼状鳃片对区分圆柱形和新月形回填潜穴 *Taenidium* 的拉长截面很关键，这种情况下多个观察角度对辨别两者是必要的。

造迹生物：最初解释为海藻（Massalongo，1855；Olivero，2007），后来是定居海洋蠕虫的遗留物（Plička，1968），现在大多数工作者同意蹼状潜穴 *Zoophycos* 是由蚓状动物（Wetzel 和 Werner，1981）的摄食活动造成的。但是哪一种蠕虫产生 *Zoophycos* 仍有争议，关于这种复杂遗迹化石的特殊形式，必须考虑不同动物门的可能性。在它们当中，多毛虫类（Bischoff，1968，Knaust，2009c）、棘尾类 echiurans（Kotake，1992）和星虫类（Wetzel 和 Werner，1981；Olivero 和 Gaillard，2007）是很好的对象。

行为学：很长时间将蚓形动物取食沉积物的行为 *Zoophycos* 的首选解释，直到某些形式的特定特征提出其他解释，包括通过不同流程从海底汲取沉积物进入潜穴（Lowemark，2012）。*Zoophycos* 宽泛的形态变异性很可能是对比行为学的反映。

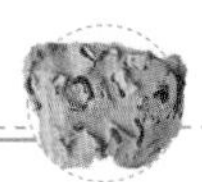

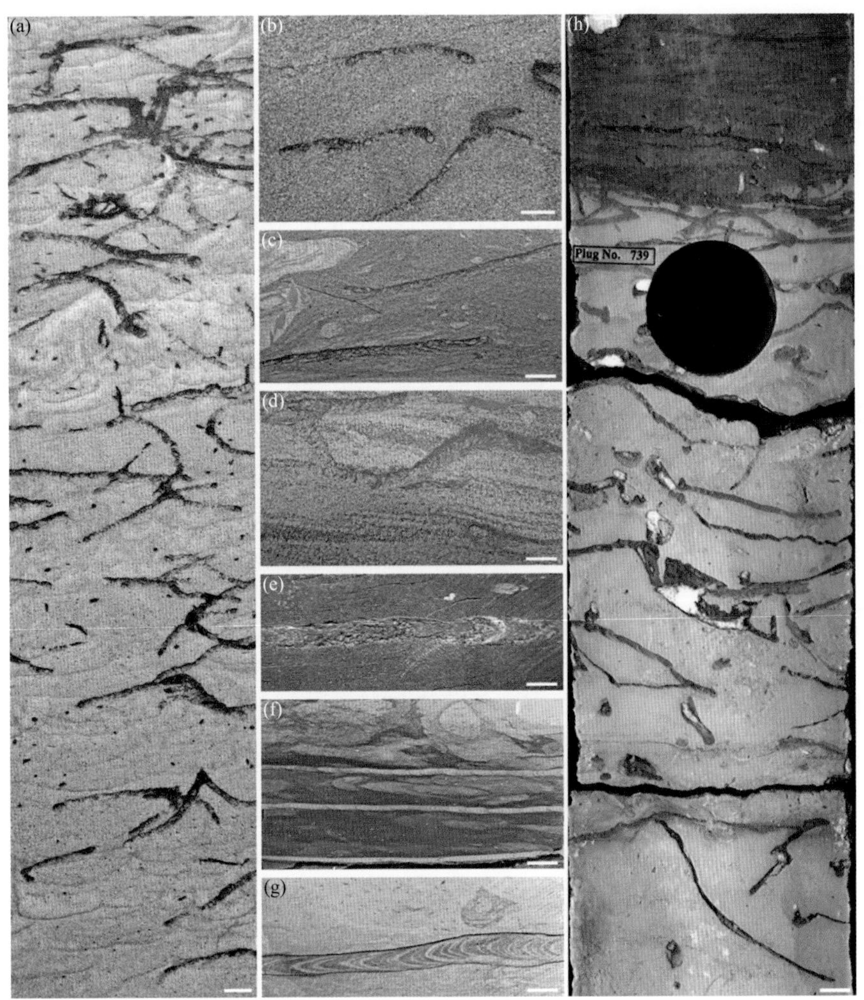

图 5.176 剖切岩芯中的 *Zoophycos*。比例尺 = 1cm。(a) 均质砂岩，由于快速脱水形成碟—柱构造。蹼状构造很容易看见，因为它们部分被黑泥充填，造成的颜色与白色到灰色的砂岩形成颜色对比。某些圆锥形的蹼足表示靠近 *Zoophycos* 潜穴系统的轴。下白垩统（Albian 阶，深海，水道系统），坦桑尼亚近海。(b) 均质砂岩，有锥形和平面的蹼状构造，后者在右侧显示边缘管。下白垩统（Albian 阶，深海，水道系统），坦桑尼亚近海。(c) 含两个平面蹼状构造的砂质碎屑，由泥和砂薄层交替形成，混入海绿石颗粒和沙质粪球粒。上白垩统（Maastrichtian）Springar 组（深海，扇体系），挪威海 Gro Discovery（6603/12 - 1 井，约 3724.5m）。(d) 波纹状海绿石砂岩，含起伏的蹼状构造，其可见性由于成岩铁染色而增强。上白垩统（Campanian 阶）Nise 组（深海，水道—天然堤系统），挪威海 Aasta Hansteen 油田（6707/10 - 1 井，约 3050.1m）。(e) 显示离散片层的蹼状构造细节，有不同的组成，主要是泥和海绿石砂交替。上白垩统（Maastrichtian）Springar 组（深海、扇体系），挪威海 6604/10 - 1 井，约 3628.5m）。(f) 泥灰岩，含有三个连续的水平蹼状潜穴，覆盖广泛的生物扰动背景沉积物。下白垩统（Berriasian）Åsgard 组（碳酸盐陆棚），挪威北海 Johan Sverdrup 油田（16/5 - 2S 井，约 1951.5m）。(g) 砂质石灰岩，有一个厚的蹼状层截面，由深灰色和浅灰色的片层交替组成。下白垩统（Berriasian）Åsgard 组（碳酸盐陆棚），挪威北海 Johan Sverdrup 油田（16/5 - 2S 井，约 1945.5m）。(h) 微晶灰岩构成 *Zoophycos* 化石组构，具有蹼状潜穴，部分被硬石膏（白色）成岩交代。顶部被侵蚀截断并覆盖着颗粒岩，也包含 *Zoophycos*。上二叠统 Khuff 组（碳酸盐台地，具开放潟湖），伊朗波斯湾南帕尔斯油田（SP - 9 井，3097.3 ~ 3097.6m），据 Knaust（2009a，2014a），经 GulfPetroLink 和 EAGE 许可刊印

沉积环境：*Zoophycos* 可视为海洋遗迹化石。*Zoophycos*（广义的）已经被证明是具有显生宙进化历史的遗迹化石（Seilacher，1977、2007；Bottjer 等，1988；Olivero，1996；Neto de Carvalho 和 Rodrigues，2003）。古生代的 *Zoophycos* 出现在近岸沉积物中，中生代的形式在陆架上常见，后期也有向深海环境移动的，新生代似乎仅限于深海。除了其典型赋存于斜坡上的 *Zoophycos* 遗迹相，*Zoophycos* 在潟湖环境也是常见的［图 5. 176（h）］。

遗迹相：*Zoophycos* 与由 Seilacher（1967）提出的 *Zoophycos* 遗迹相同名，处于大陆斜坡上，界于浅海 *Cruziana* 遗迹相和深海 *Nereites* 遗迹相之间。在许多盆地中，*Zoophycos* 也是这两个相邻的遗迹相的组成部分。

年代：广义上的 *Zoophycos* 是一种世界范围内分布的时间跨度很长的遗迹化石，寒武纪可能有（Alpert，1977；Jensen，1997），奥陶纪到全新世是确定的（Wetzels，2008）。关于早寒武世最古老 *Zoophycos* 的报道（Sappenfield 等，2012）可能不可信，原因是它可能是无机成因的。

储层质量：*Zoophycos* 是一种以泥为主的相的常见组成部分，如潟湖沉积［例如 Khuff 地层，见图 5. 176（h）］，其可被复杂的蹼状潜穴强烈穿孔。这些潜穴引入外部颗粒质（球粒状和鲕状）物质而主动充填。这一现象与 *Zoophycos* 的造迹者有关，据说是一种蠕虫状动物，在底质中挖泥输送到海底，并用表面的颗粒状物质充填它的潜穴。这模型被 Kotake（1989）、Bromley（1991）和 Löwemark 等（2004）讨论，以及由此产生的颗粒状物质引入宿主岩石中，由 Pemberton 和 Gingras（2005）以及 Knaust（2009a）进行了识别。在给定的例子中，渗透性是由 *Zoophycos* 造迹者的主动建造的，这把致密泥岩转化为储层（Knaust，2009a、2014a；图 5. 177）。相似的情况也发生在北海的某些白垩油藏。

5. 37　离散的生物扰动结构

形态、充填物和大小：生物扰动的过程不仅产生或多或少定义明确的离散形遗迹化石，通常也会导致强烈的或完全改造的沉积物，其带有离散纹层（如斑驳的组构），或者甚至在重复生物扰动作用后底质完全均匀化。在这种情况下，生成物岩石包含了一种离散的生物扰动结构（Richter，1952；Frey，1973；Frey 和 Pemberton，1990、1991b）。虽然某些潜穴仍然可辨识，但它们很难在遗迹分类基础上鉴定（图 5. 178）。如果这些潜穴的遗骸保存下来，它们的大小可能对应所有主要造迹生物的尺寸，将分为两个与过程相关的类别，大生物扰动（潜穴直径或宽度 > 1mm）和微生物扰动（洞穴直径或宽度在 0. 06 ~ 1mm 之间）。具有较差可辨性潜穴的离散的生物扰动结构（通常尺寸较小且是钻洞方法的结果）和表现良好的物理沉积构造也可指隐蔽的生物扰动结构，其由隐蔽的生物扰动造成（Howard 和 Frey，1975、1985；Pemberton 等，2001、2008）。

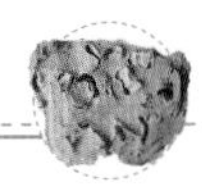

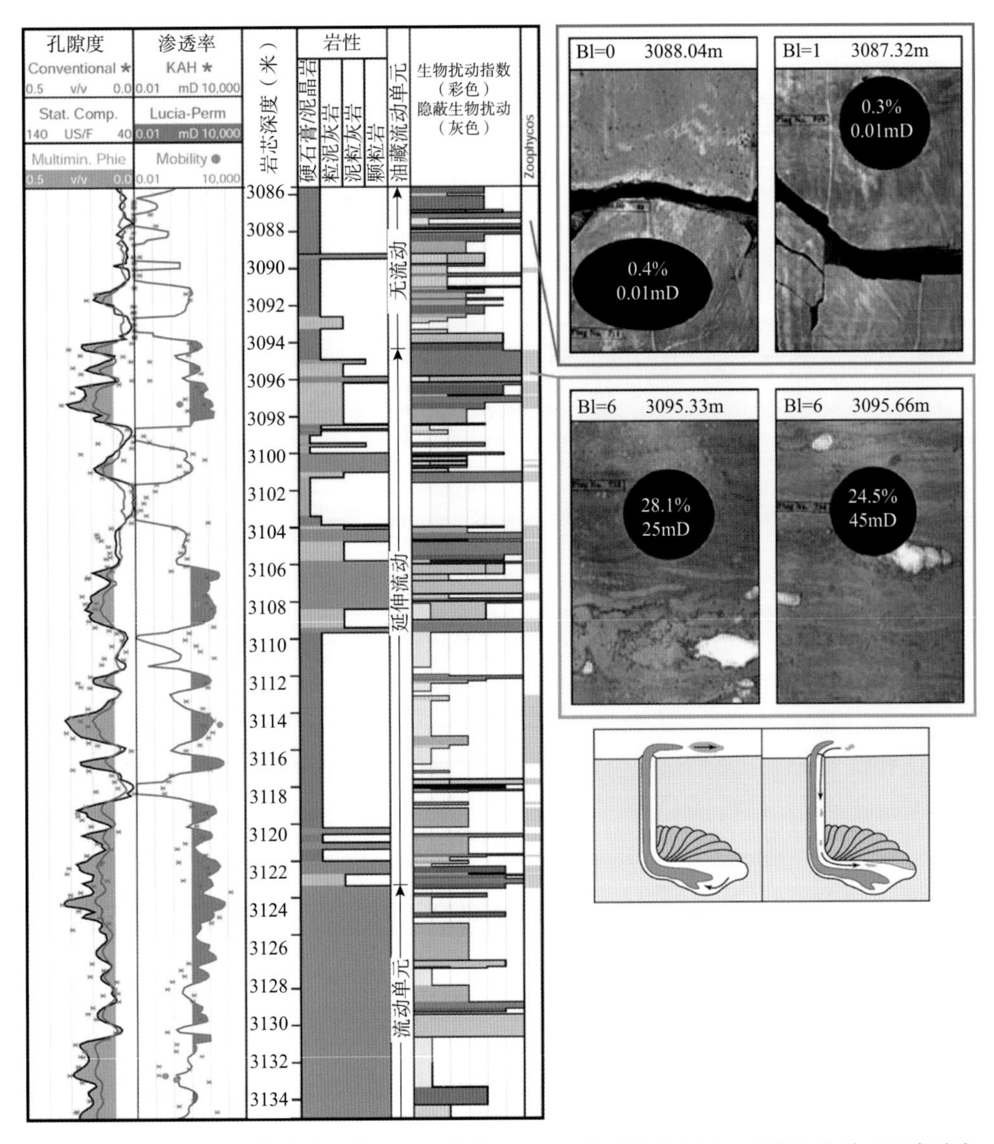

图 5.177　*Zoophycos* 生物扰动对储层质量的影响。如果没有生物扰动，潟湖泥岩单元通常致密（上部图像，岩芯图像宽度为 9.8cm）。然而，深层的完全生物扰动作用和离散的 *Zoophycos* 潜穴搬运泥岩进入泥岩—泥粒岩流动单元的屏障（中间的图片，岩芯图像宽度为 9.8cm）。这其中原因是 *Zoophycos* 造迹者的行为，推断为蠕虫状动物，其挖掘海底的泥土并进食，在海底排便并以颗粒质（鲕状）物质充填它的潜穴（下方为垃圾堆模型；据 Löwemark 等，2004）。在这种特别情况下，颗粒岩相内现有的的流动单元向上延伸约 30m。上二叠统 Khuff 组（碳酸盐台地带开放潟湖），伊朗波斯湾南帕尔斯油田。据 Knaust（2009），经 GulfPetroLink 许可刊印

遗迹学分类：即使高度生物扰动的沉积岩石有时也显露潜穴的部分，其可以归属于特定的遗迹类别。完全均匀化的底质可以经历底栖生物的反复殖居，这反过来又造成了所谓的精英遗迹化石（Bromley，1996），这可能叠置已存在的生物扰动结构。更有组织样式的生物扰动构造（例如分层，弥散的遗迹化石）揭示了对底质殖居过程的洞察，这常作为遗

迹组构处理（Ekdale 等，2012）。

底质：生物扰动构造在软底中常见，还有松底，偶尔有各种岩性的固底，此处沉积物稠度高度灵活，从而允许多种结构重组。

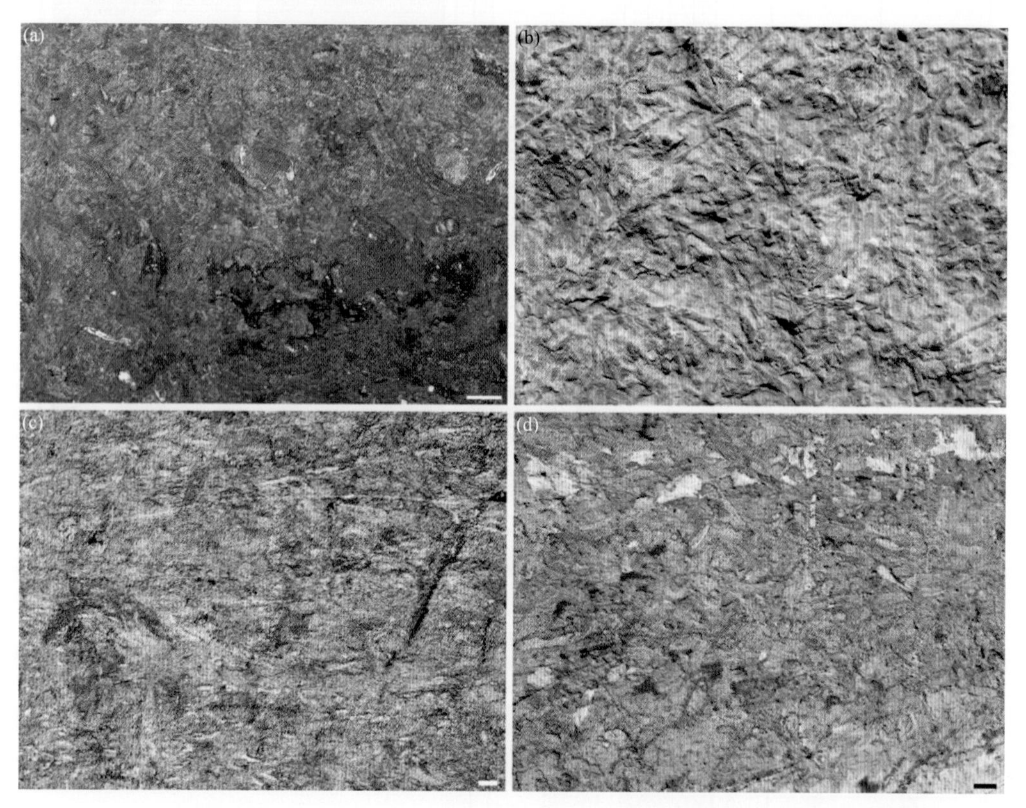

图 5.178　露头的生物扰动结构。比例尺 = 1cm。（a）斜截面含有一些可辨识的潜穴，产自杂砂岩—粉砂岩（浅海），其中弥散的 *Scalichnus* 和 *Schaubcylindrichnus* 是可见的。上侏罗统（早 Kimmeridgian 阶），英国苏格兰 Brora（Lothberg Point 地区）。（b）泥晶灰岩（碳酸盐台地）的层理平面视图，富含类似 *Planolites* 的铅笔状潜穴。中三叠统（Anisian 期）Muschelkalk 群，西班牙南部罗达以南。（c）完全生物扰动的海绿石质砂（陆棚）的纵断面，有一些水平管状可见潜穴，可能属于 *Macaronichnus segregatis*。上白垩统（Cenomanian 阶）Arnager Gresand 组，丹麦博恩霍尔姆，靠近 Rønne 的阿纳格。（d）砂岩垂向截面，有高数量生物扰动作用叠印部分保留的交错层理（下部）。可见一些弥散的 *Teichichnus rectus* 和 *Ophiomorpha nodosa* 是的。下白垩统（Berriasian 阶）Robbedale 组（浅海），丹麦博恩霍尔姆 Rønne 附近的 Madsegrav。参见 Nielsen 等（1996）

岩芯中的形貌：生物扰动结构这一术语通常适用于中度到完全生物扰动的岩石，这不允许对单个遗迹化石组分的系统描述和解释。而在某些案例中，弥散潜穴的特征仍然完整和可见［图 4.5、图 5.121（c）］，而在其他例子中沉积物遭受反复生物扰动，这样的结果是均质结构（图 5.179）。而另一个例子含隐蔽的生物扰动结构，其中原始层理特征仍部分完整，但受到穴居动物扰动［图 5.179（d）（e）、图 5.180］。

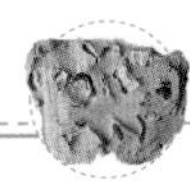

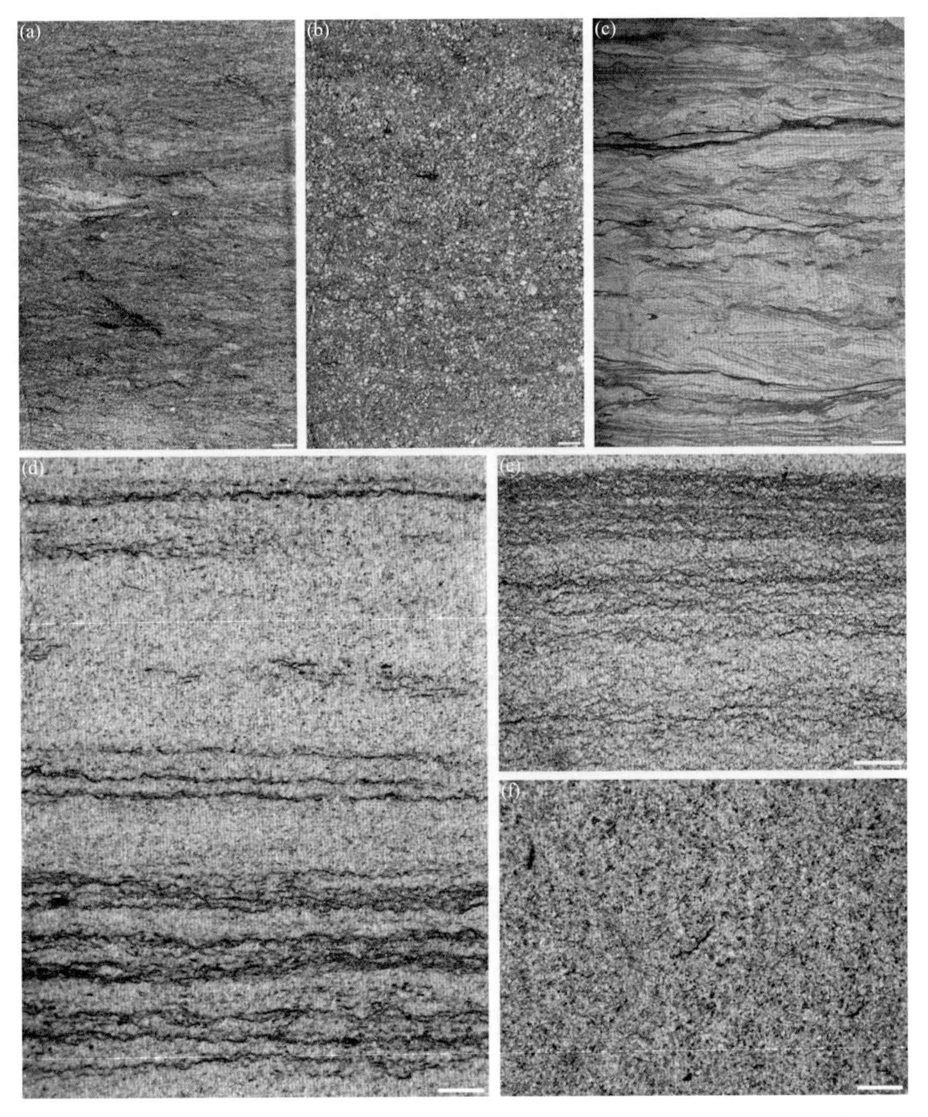

图 5.179 岩芯切片中的生物扰动结构。比例尺 = 1cm。(a) 完全生物扰动的泥质砂岩，含有 *Teichichnus* 和 *Phycosiphon*。上侏罗统 (Oxfordian – Kimmeridgian 阶) Spekk 组 (大陆架)，挪威海 (井号 6406/12 – 1S，约 3629.9m)。(b) 强烈的生物扰动砂岩 (含 *Planolites*?)，其中原始层理的遗留保存得很差。上侏罗统 (Oxfordian – Kimmeridgian 阶) Rogn 组 (远滨砂坝)，挪威海 (6406/12 – 1S 井，约 3622.9m)。(c) 中等生物扰动交错层理砂岩。中侏罗统 (Callovian 阶) Fensfjord 组 (潮控三角洲)，挪威北海 Gjøa 油田 (36/7 – 1 井，约 2393.1 米)。(d) 泥质砂岩含有隐蔽生物扰动结构，其中泥纹看起来是完整的，但实际上被大量充填沙的潜穴 (*Planolites*) 扰动。砂岩包含了垂向的填沙的 *Skolithos* (微弱可见)。上侏罗统 (Oxfordian 阶) Heather 组 (陆架浊积岩)，挪威北海 Fram 油田 (35/11 – 11 井，约 2586.5m)。(e) 泥质砂岩含有许多隐蔽生物扰动结构，被许多小 (meiobenthic 小型底栖) 潜穴揭露。上侏罗统 (Oxfordian – Kimmeridgian 阶) Sognefjord 组 (边缘海相、三角洲)，挪威北海 Vega 油田 (35/11 – 6 号井，约 3184.2m)。(f) 整体性生物扰动的均匀化砂岩，含有弥漫性潜穴构造。上侏罗统 (Oxfordian – Kimmeridgian 阶) Heather 组 (海底扇三角洲)，挪威北海 Fram H – Nord 油田 (35/11 – 15ST2 井，约 2975.0m)

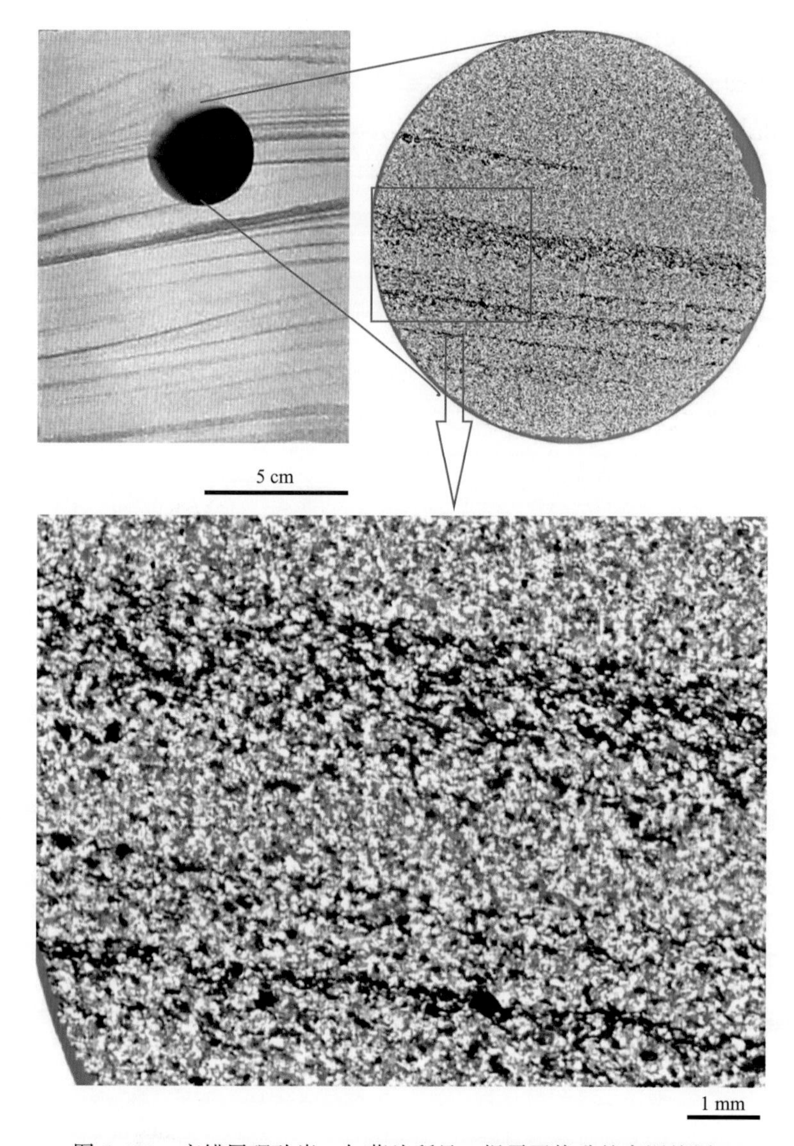

图 5.180　交错层理砂岩，如薄片所见，揭露了扰乱的富泥纹层，
归因于隐蔽生物扰动作用过程。这种现象造成储层质量的提高。
上白垩统（Maastrichtian）Springar 组（深海相，扇体系），挪威海（6604/10－1 井）

沉积环境：生物扰动结构一般与具有有利殖居条件的环境有关，如良好的氧合作用，食物的可获得性和沉积物匮乏（如远滨环境、洪水事件），但也可能与受压环境一起发生，那里发生数量有限的物种快速而广泛的殖居（如潟湖沉积）。

遗迹相：生物扰动结构可能分布在范围很广的遗迹相中，尤其是海洋领域内的 *Nereites*、*Cruziana* 和 *Skolithos* 遗迹相（如 piperock 管状石）。大陆 *Scoyenia* 遗迹相内的古土壤也显示生物扰动结构。

年代：生物扰动结构贯穿显生宙。

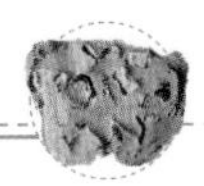

储层质量：生物扰动结构可能对储层质量有强烈影响（Knaust，2014a）。由于强烈生物扰动导致细粒物质以泥质点和粪球的形式掺入，在大多数情况下可能使储层质量降低。然而在某些情况下，如果粗粒度颗粒与致密基质搅拌并增加垂直方向的连通性，则会产生对比效果（如隐蔽的生物扰动结构，图 5.180）。

5.38 植物根系及其遗迹

形态、充填物和大小：石化植物根系及其遗迹可以以宽泛的形态和大小出现，这反映了它们的造迹者在形状、大小和行为上的变化（Retallack，1988；图 5.181）。丝状的或管状的根和根迹的直径范围从毫米到米级大小，向下逐渐变细为几个厘米至几米（图 5.182）。成岩历史和根面级古土壤的历史和成熟度产生了不同的保存方式，从躯体保存或矿化以偏转层理面（Pfefferkorn 和 Fuchs，1991）。Rhizoconcretions（或 rhizoliths 根石）是成岩结壳的根系，具有较高的保存潜力（Owen 等，2008）。

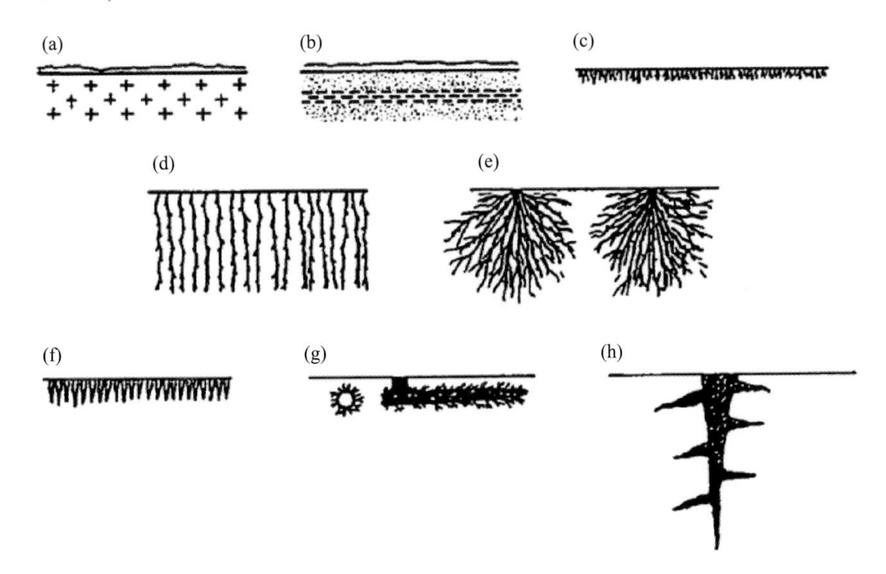

图 5.181 基于外观的生根结构类型。据 Pfefferkorn 和 Fuchs（1991），经 Schweizerbart（www. schweizerbart. de /journal/ njgpa）许可刊印。（a）岩石上的毫米薄壳。（b）沉积物上的毫米薄壳。（c）受 rhizoids 影响的薄层。（d）须根系，有或多或少的平行或不规则的根。（e）须根系统具放射状根排列。（f）来自表面根的垂直或斜侧侧根，例如支撑加固。（g）浅的水平根或 rhizomes 根状茎具有侧根。（h）旋塞状锥形根系

遗迹学分类：石化植物根被“国际藻类、真菌和植物命名规范”覆盖，可以独立于植物其他部分命名（Uchman 等，2012）。植物根化石（体化石）和根迹化石（遗迹化石）两者之间有一个过渡。石化根的遗迹是生物的化石化内容，因此受“国际动物命名规则”的保护，但到目前为止只收到几个名字，如 *Rhizoichnus*（D'alessandro 和 Iannone，1982）。

对石化根植物及其遗迹进行分类的尝试由 Klappa（1980）、Pfefferkorn 和 Fuchs（1991）、Bockelie（1994）、Wright 等（1995）以及 White 和 Curran（1997）提出。Bockelie（1994）提出的分类方案主要以挪威北海的中生代岩芯材料为主。该提案的层次结构涉及沉积物充填、分支的存在和复杂性、尺寸、取向和形貌。

图 5.182　露头上的植物根迹。(a) 砂岩层面，有分支的大管状根系。始新世 Aspelintoppen 组（河流），斯瓦尔巴 Van Keulenfjorden 的 Bronniartfjellet。(b) 煤泥岩（沼泽）的垂直剖面，覆盖洁净砂岩（滨面），有深穿透的根迹。中侏罗统 Scarborough 组（边缘海相），英国约克郡 Scarborough 附近的海岸悬崖。(c) 砂岩层理面（古土壤）具有垂直的根迹，被成岩晕修饰。与 (a) 地点相同，比例尺 =1cm。(d) 晚更新世海退风成岩中密集分布根状菌索 rhizomorphs。巴哈马群岛 North Eleuthera 附近的 Whale Point。据 Knaust 等（2012），经 Elsevier 许可刊印；通过 Copyright Clearance Center，Inc. 传递许可。(e) 大型圆柱状垂直的根石，产自钙化（土壤化）白云岩，保存和随后环绕根构造以方解石胶结（rhizoconcretion 根瘤?）。上三叠统 Kågeröd 组（河流相），丹麦博恩霍尔姆。比例尺 =1cm。据 Knaust（2015 b）。(f) 风呈砂内钙化的根系。更新世，摩洛哥西部的 Cap Ghir 海岸悬崖。比例尺 =5cm

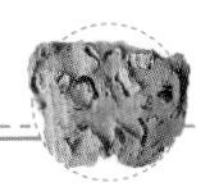

底质：植物可以生长在不同的底质上，包括不同性质的软岩和硬岩，不管是硅质碎屑岩还是碳酸盐岩。究其本性而言，植物的根通常与各种古土壤相联系，包括碳酸盐岩中的钙质层。

岩芯中的形貌：根和岩石中根迹的分散外观取决于岩石的年龄（进化学方面）、古环境（植物种类、底质）和成岩作用（保存方面）（图5.181）。在岩芯中，许多根表现形式为不分枝或向下分枝，不规则分布的特征［图5.183、图5.28（b）（d）］。它们的充填物可以是煤、碳质、砂质或是这些的组合。典型的保存是具薄碳质衬里的砂质充填根迹。其他根可以通过成岩作用增强形成根结核，有些在它们的中心几乎看不到剩下的根构造。

相似的遗迹化石：植物根的遗迹通常遭遇与形态相似的动物潜穴相混淆，特别是在它们渗入海底的情况下（Curran，2015）。简单的垂直穴居生物 *Skolithos* 是与根迹混淆的一个很好的对象，有些 *Skolithos* 实际上来源于根的穿透（Gregory 等，2006；Knaust，2014a），而小细根可能被误认为小潜穴（如 *Chondrites*，*Bornichnus* 和 *Virgaichnus*）。更复杂的根迹，例如那些从树干上辐射出来的，可能类似于复杂的潜穴系统，如 *Phoebichnus*（Gregory 等，2004）。

造迹生物：各同植物群落都是潜在的根迹建造者（Bockelie，1994），但某些复合的遗迹化石和古土壤可由植物和动物（如昆虫）的相互作用形成（Gregory 等，2004；Strullu－Derrien 等，2012）。

行为学：被根穿透的底质起到植物稳定化、生存和取水以及营养的用途。

沉积环境：植物通常定植在陆地上以及陆地上的水生环境，比如冲积的、河流的、湖泊的和风成的沉积物（Glennie 和 Evamy，1968；Kraus 和 Hasiotis，2006；Knaust，2015（b）。红树林和其他根也出现在海洋边缘（近海）环境，包括沼泽、潟湖和潮坪（Whybrow 和 Mcclure，1980；Knaust，2009a）。根土层是大气暴露的重要指标，因此可用于圈定层序边界（Husinec 和 Read 2011 年）以及不整合［图2.6（a）］。

遗迹相：广泛的大陆和边缘海遗迹相通常包含植物根，例如 *Scoyenia* 相和 *Psilonichnus* 遗迹相。

年代：原始植物最古老的记录来自奥陶系，但从志留纪到泥盆纪逐渐增加了多样化和复杂化。从泥盆纪至今，根的痕迹已经是岩石记录的常见成分。

储层质量：植物根的不同保存方式会对储层质量和性能造成迥异的表现。例如，致密基质中大个砂质充填的根显著增强了储集体内的垂向联系（Knaust，2014a），而相似形状和大小的碳质根则以反向作用影响储集体。

图5.183　岩芯切片中的植物根迹。比例尺 = 1cm。(a) 分枝状根系有来源于薄煤线的煤质基质，以海相潜穴穿透异质砂岩。下侏罗统（Rhaetian – Pliensbachian 阶）Åre 组（潮坪），挪威海 Skuld 油田（井号 6608/10 – 14S，约 2689.5m）。(b) 根迹大碎片（部分填沙，部分含煤）穿透波纹状砂岩。下侏罗统（Hettangian – Sinemurian 阶）Nansen 组（边缘海相），挪威北海（25/10 – 11T2 井，约 4317.5m）。(c) 根迹密集系统，在形状、大小和充填上有变化。上三叠统（Rhaetian）Tubåen 组（边缘海相），挪威巴伦支海 Skavl Discovery（井号 7220/7 – 2S，约 1152m）。(d) 古土壤带有大型分叉和填沙根系。中侏罗统（Bajoian – Bathonian 阶）Hugin 组（边缘海相），挪威北海（15/6 – 4 井，约 10631ft）。(e) 大型垂直根迹穿透倾斜的具有海洋生物扰动的纹层状砂岩。上三叠统（Rhaetian 阶）Tubåen 组（边缘海相），挪威巴伦支海 Skavl Discovery（7220/7 – 2S 井，约 1152m）。(f) 个体垂直的根部分充沙（像 *Skolithos*），部分含有碳质材料。上三叠统（Rhaetian 阶）Tubåen 组（边缘海相），挪威巴伦支海 Skavl Discovery（7220/7 – 2S 井，约 1152m）

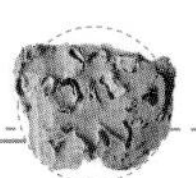

5.39 钻孔

形态、充填物和大小：钻孔属于一组由生物在坚硬的底质中挖掘而成的遗迹化石，这与起源为柔软或坚实底质的潜穴相反。它们以不同的形状和破坏程度出现，包括不规则的形态、网络、袋、凹槽，以及纺锤状、球根状、管状和棒状形式（图5.184、图5.185）。钻孔的边缘，它可能是有衬里的，通常是清晰和明确的，在宿主围岩和充填体之间形成了强烈的对比。钻孔被动地充满了不同于宿主岩石的沉积物，以开放的孔洞形式出现，或被胶结。已知钻孔尺寸范围是宽泛的，通常从微米到厘米大小，以1mm为任意阈值大小区别微孔和大孔。

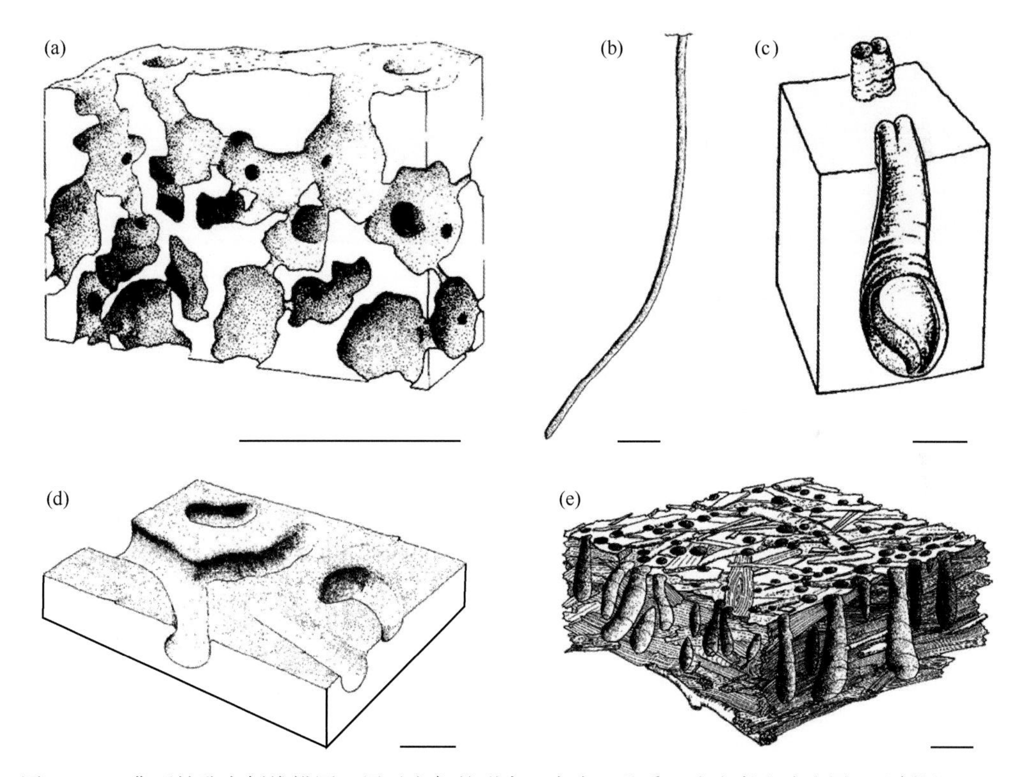

图5.184 典型钻孔实例线描图，展示它们的形态、大小、基质、造迹者和遗迹属。比例尺 =1cm，除了（d）=10cm。据 Bromley［1978，(a)(b) 和 (d)］修改，经 Elsevier 许可刊印；通过 Copyright Clearance Center, Inc. 传递许可；Kelly 和 Bromley［1984 (c)］，经 Wiley 许可刊印；通过 Copyright Clearance Center, Inc. 传递许可；以及 Bromley 等［1984 (e)］，© 古生物学会，由剑桥大学出版社，经许可刊印。(a) 珊瑚中钻孔具有大个圆形腔室以及 *Cliona vermiifera* 海绵的相互连接（*Entobia* 遗迹属）。(b) 拉长的狭窄钻孔，由珊瑚（*Trypanites* 遗迹属）中 *Hypsicomus elegans* 多毛目线虫产生。(c) 石灰岩中 *Gastrochaena dubia*（有显示造迹者）双壳类的棒状钻孔（*Gastrochaenolites* 遗迹属）。(d) Echinometra lucunter 海胆在石灰岩中凿出的沟槽（*Ericichnus* 遗迹属）。(e) 林地中 Martesia 双壳类的纺锤状钻孔（*Teredolites* 遗迹属）

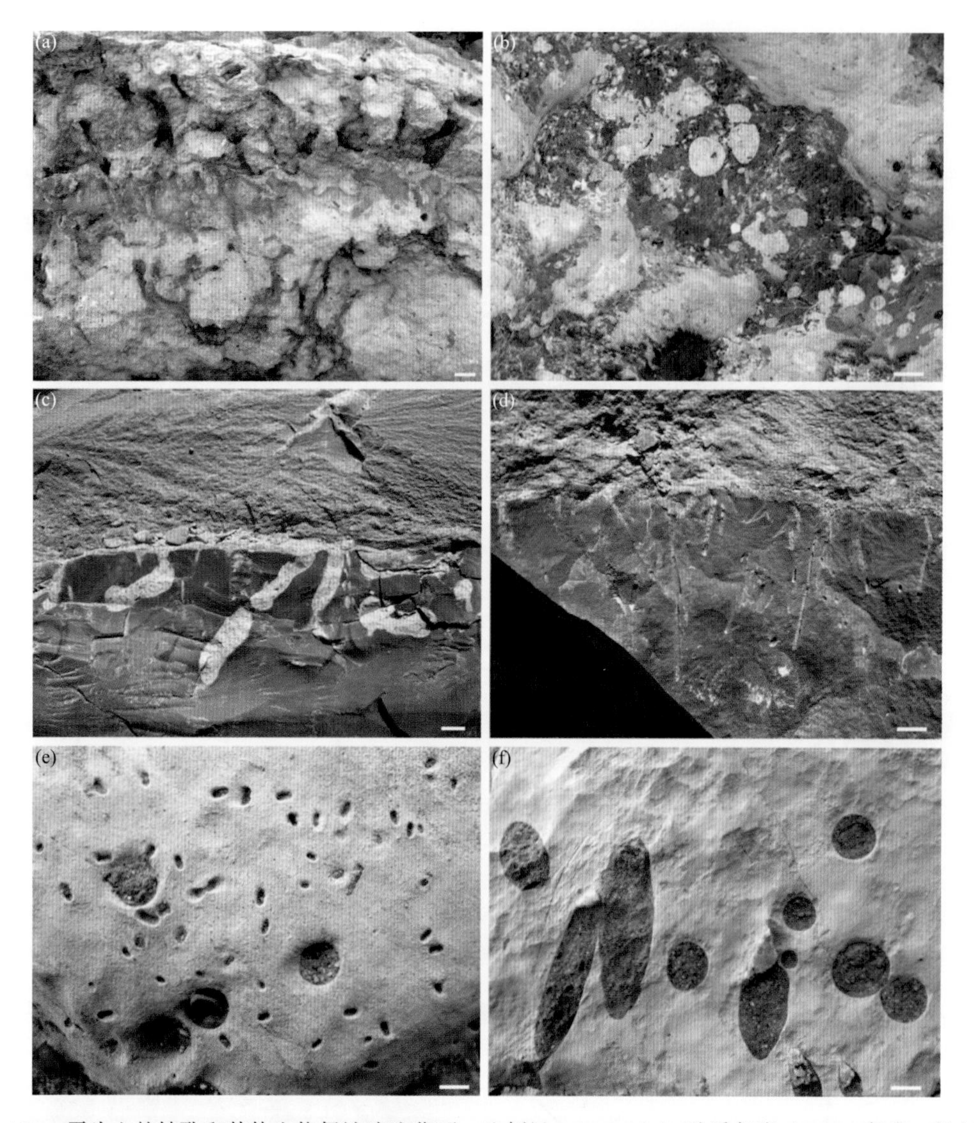

图 5.185　露头上的钻孔和其他生物侵蚀遗迹化石。比例尺 = 1cm。(a) 砂质灰岩（Dikari 灰岩，粉灰色）垂向剖面的薄硬底层（Zhelty 层，赭石色），具有复杂的 *Balanoglossites triadicus* 遗迹组构，包括不同殖居阶段的潜穴和钻孔。中奥陶统（Dapingian 阶）冷水碳酸盐岩，俄罗斯西北圣彼得堡地区。摘自 Knaust 等（2012），经 Elsevier 许可刊印，通过版权结算中心传递许可；Knaust 和 Dronov（2013），经 Springer 许可刊印。(b) 微晶灰岩（深蓝色）层面含 *Entobia* isp. 未定种（大的圆形腔室）和 *Trypanites weisei*（小的圆形截面），均充填白云石（赭石色）。白垩系（Albian to Cenomanian 阶）Natih 组（碳酸盐台地），阿曼 Hajar 山脉的 Misfah。(c) 垂直剖面的泥晶硬底（下部），含有大的 *B. triadicus* 和针状 *T. weisei*。顶部表面受侵蚀并被砂质灰岩（上部）覆盖。中三叠统（Anisian 阶）Jena 组（碳酸盐岩缓坡），德国图林根。(d) 与 (c) 相同的硬底，含有深穿透的 *T. weisei* 和一个 *T. fosteryeomani* 标本（邻近左边缘）。(e) 泥晶灰岩碎屑的表面，有 *Caulostrepsis* isp. 未定种（小个）和 *Gastrochaenolites* isp.（大个）的开口。始新世砾石含有改造的白垩系石灰岩碎屑，法国东南部。(f) 另一个带有大个 *G. torpedo* 的碎屑，其由于碎屑运动而反复殖居而具有不同的取向（纵向的和横截面的）。与 (e) 相同的地点

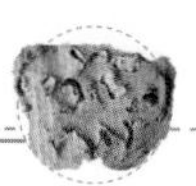

遗迹学分类：生物侵蚀遗迹化石（包括钻孔）由超过百种遗迹属构成，其对应所有无脊椎动物遗迹化石的约17%（Knaust，2012a）。最常见和广泛分布的大钻孔是 *Entobia*（钻孔有网状的腔室和由海绵造成的管），*Gastrochaenolites*（棒状双壳类钻孔进入岩化的底质），*Teredolites*（棒状双壳类钻孔进入岩化的底质），*Trypanites* 和 *Palaeosabella*（蠕虫建造的管状钻孔），*Rogerella*（cirripeds 制造的袋），以及 *Talpina*（phoronid 蠕虫的网络）（Taylor 和 Wilson，2003；Bromley，2004；图5.184、图5.185）。

底质：钻孔发生在坚硬的底质里，可以是石质的（例如岩石；骨骼材料如贝壳，珊瑚，叠层石等）、木质的（即木材），或骨质的（即骨骼）（Taylor 和 Wilson，2003）。岩化底质可以由挖掘深埋的沉积物或由沉积物同沉积岩化形成（Savrda，2012）。

岩芯中的形貌：钻孔在岩芯上比较容易识别，但命名它给特定的遗迹属经常存在模棱两可，原因是其完整形态不清楚。然而锯齿状的表面、清晰的边界、横切颗粒和被动充填是证明生物侵蚀本质的独特性征（图5.186）。硬底的生物侵蚀表面通常是不连续的表面（如缺失面和不整合），并表现为上下方具有鲜明对比岩性的边界。由于这样的表面经常变成随后长时间水流改造的目标，它们通常被改变、染色、破坏或侵蚀。因此，再加工的岩石和生物碎屑也可能展示反复侵蚀阶段的证据，以一代或多代钻孔的形式。

相似的遗迹化石：在粘性（牢固）和坚硬的底质之间存在一个连续的过渡，且牢固底质也可能含有初期钻孔，其特征是清晰的边界和被动充填（Knaust，2008；Knaust 和 Dronov，2013）。因此，两个遗迹化石种类（例如坚固底质中的潜穴和硬底中的钻孔）并不总是能明显区别的。这在化石形状相似和/或由类似的造迹生物生产的情况下是尤其如此，其既能挖洞也能生物侵蚀（例如一些多毛虫类和双壳类）。

造迹生物：许多生物群体都包含生物侵蚀种，其中蓝细菌和藻类、海绵、多毛虫类、轮虫类、双壳类、棘皮类、轮足类、苔藓虫与钻孔的起源最为相关（Warme，1970；Gibert 等，2012；Tapanila 和 Hutchings，2012）。

行为学：大多数侵蚀生物为居住（住所）产生钻孔，以机械或化学生物侵蚀或者两者结合的方式。

沉积环境：钻孔和其他生物侵蚀遗迹的发生取决于是否有适合殖居的硬底。因此，首选的位点为强化的生物侵蚀包括珊瑚礁、生物礁和生物层（Tapanila 和 Hutchings，2012），岩石海岸线（de Gibert 等，2012；图5.187）以及浅海碳酸盐台地（Knaust 等，2012；图5.188），但由于同沉积胶结作用（例如三角洲前缘或深海环境）造成的局部硬底也必须考虑。生物侵蚀表面可以作为挖掘或同沉积岩化作用的指示面，其长期少或无沉积。因此，钻孔在识别缺失面不整合面中是有价值的指标［图2.6（a）］。已知大陆环境的钻孔来源于活的和死的木头、种子及其他植物材料（Sutherland，2003；Feng 等，2010；Genise 等，2012）。

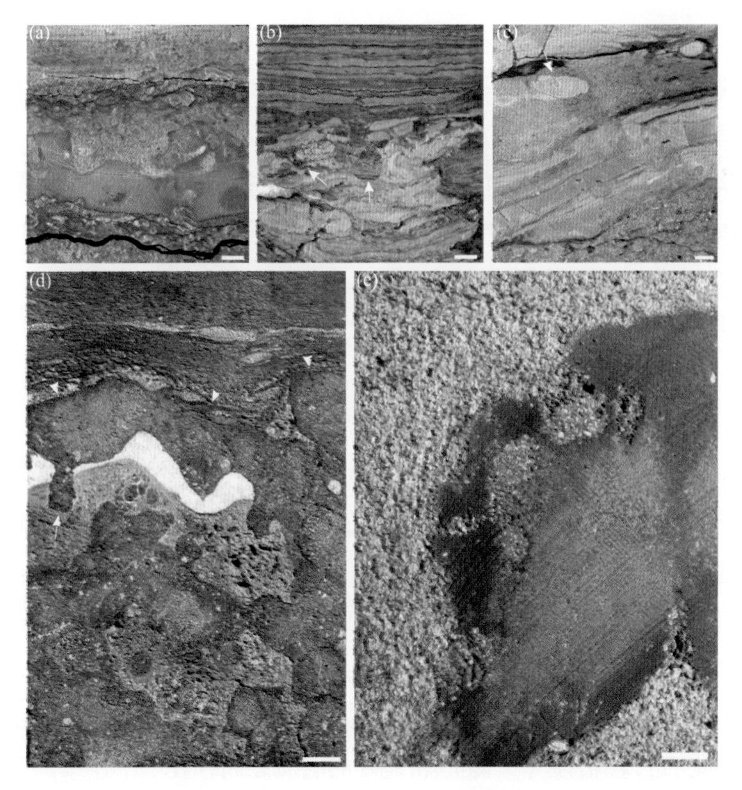

图5.186　岩芯切片中的钻孔。比例尺=1cm。(a) 和 (b) 经 Wiley 和 EAGE 许可刊印；通过版权清算中心公司传达许可。(a) 颗粒状底质内的再造的和生物侵蚀的石灰岩碎屑。注意碎屑的上、下表面的生物侵蚀。下三叠统 Khuff 组（风暴改造的沙洲和沙波，碳酸盐岩内到外缓坡），伊朗波斯湾 South Pars 油田（SP9 井，约 2918.3m）。引自 Knaust（2010b，2014a）。(b) 生物纹层白云质石灰岩（叠层石），其有生物侵蚀表面和 *Gastrochaenolites*（箭头）。下三叠统 Khuff 组（潮坪、碳酸盐内缓坡），伊朗波斯湾 South Pars 油田（SP9 井，约 2909.8m）。引自 Knaust（2010 b，2014）。(c) 含薄层泥岩的浊积砂岩，其经历了同沉积的岩化和生物侵蚀。改造碎屑主要集中在泥岩层之上的浊积岩层中，一个碎屑（箭头）显示环绕的微小钻孔（*Entobia*）以及一个更大的轴。下白垩统（Albian 阶，深海水道—溢岸），坦桑尼亚近海。(d) 缺失面（箭头），有经过改造的磷化（棕色）卵石和生物侵蚀（例如 *Gastrochaenolites*，箭头）。上侏罗统（Tithonian 阶）Draupne 组（浅海），挪威北海（25/10-12ST2 井，约 2123m）。(e) 砂岩基质中再造的菱铁矿质碎屑具有强烈的生物侵蚀作用边缘。中侏罗统（Callovian 阶）Fensfjord 组（三角洲前缘），挪威北海 Gjøa 油田（36/7-1 井，约 2373.5m）

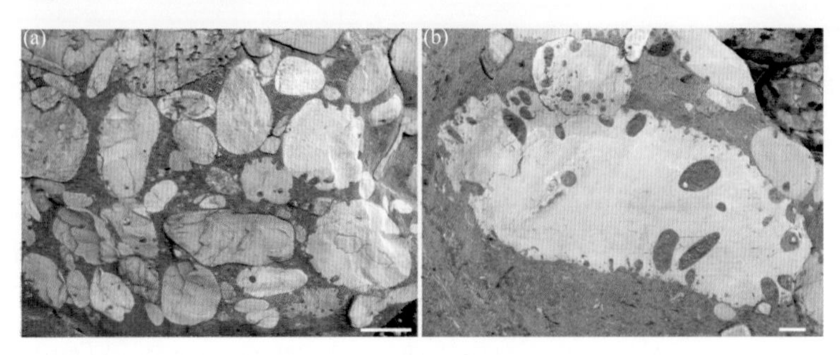

图5.187　岩石质海岸线沉积。始新世，法国东南部。比例尺=10cm (a) 和 1cm (b)。(a) 圆润的白垩纪石灰岩碎屑，具有较好的生物侵蚀，嵌入浅海相起源的中—粗粒砂岩。(b) 有浅钻孔（如 *Caulostrepsis*）和更深穿透（如 *Gastrochaenolites*）碎屑的特写镜头，两者有明显的被动砂质充填对比

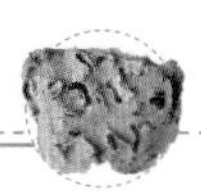

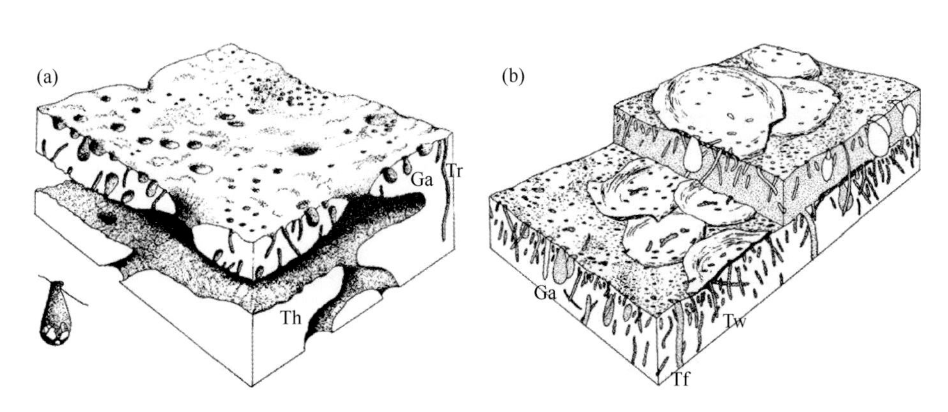

图 5.188 两个硬底的缺失化石带组合。引自 Bromley (1975)，刊印经 Springer 许可。(a) 相对浅海环境中的白垩纪白垩。岩化前 *Thalassinoides* (*Th*) 普遍存在，并伴有岩化后的 *Gastrochaenolites* (*Ga*) 和 *Trypanites* (*Tr*)。钻孔部分受限于内碎屑和碎片，否则是不保存的（见扩大 *Gastrochaenolites*)。上白垩统（Campanian－Maastrichtian 过渡），比利时。砌块高度约 8cm。(b) 石灰岩中的两个硬底面，有牡蛎粘贴，含有三种类型钻孔，*Gastrochaenolites* isp. (*Ga*)，*Trypanites weisei* (*Tw*) 和 *Trypanites fosteryeomani* (*Tf*)。石炭系/中侏罗统不整合，英国英格兰。砌块高度约 4cm

遗迹相：海相、生物侵蚀、岩石质或骨骼的硬底通常与底质控制的 *Trypanites* 遗迹相相关（Frey 和 Seilacher，1980），但向固底的 *Glossifungites* 遗迹相（Seilacher 1967）过渡也可发生。Bromley 和 Asgaard (1993) 建议取代或细分 *Trypanites* 遗迹相，分配 *Entobia* 遗迹相给深层钻孔，而 *Gnathichnus* 遗迹相包括了浅浮雕，这是个至今仍有争议的概念（MacEachern 等，2012；de Gibert 等，2012；Knaust 等，2012)。海相木底中的钻孔是 *Teredolites* 遗迹相的特征 (Bromley 等，1984)。在大陆环境中，钻孔见于各种未确定的遗迹相。

年代：已知钻孔发生从寒武纪早期（James 等，1977）到全新世（Tapanila 和 Hutchings，2012)。

储层质量：由于其紧密性，硬底通常作为流体流动的屏障和挡板，可以有助于层状油藏。类似于结构元件如裂缝、钻孔也有穿透这种致密层的，增强了流体流动的垂向连通。被动充填沉积物颗粒或即使是开放式的钻孔也会增强这种效果，可与 *Glossifungites* 遗迹相的固底潜穴相媲美 (Gingras 等，2012b)。

5.40 假遗迹化石

遗迹化石与物理、成岩和沉积构造的区分并不总是一目了然，很多情况下在做出判断之前需要仔细分析（图 5.189)。这些构造可以是沉积过程中的同沉积起源，在底质成岩的早期阶段，要么是在岩化过程中，还是在埋藏后和和受构造影响的晚期阶段 (Boyd，1975；Hantzschel，1975；Seilacher，2007)。

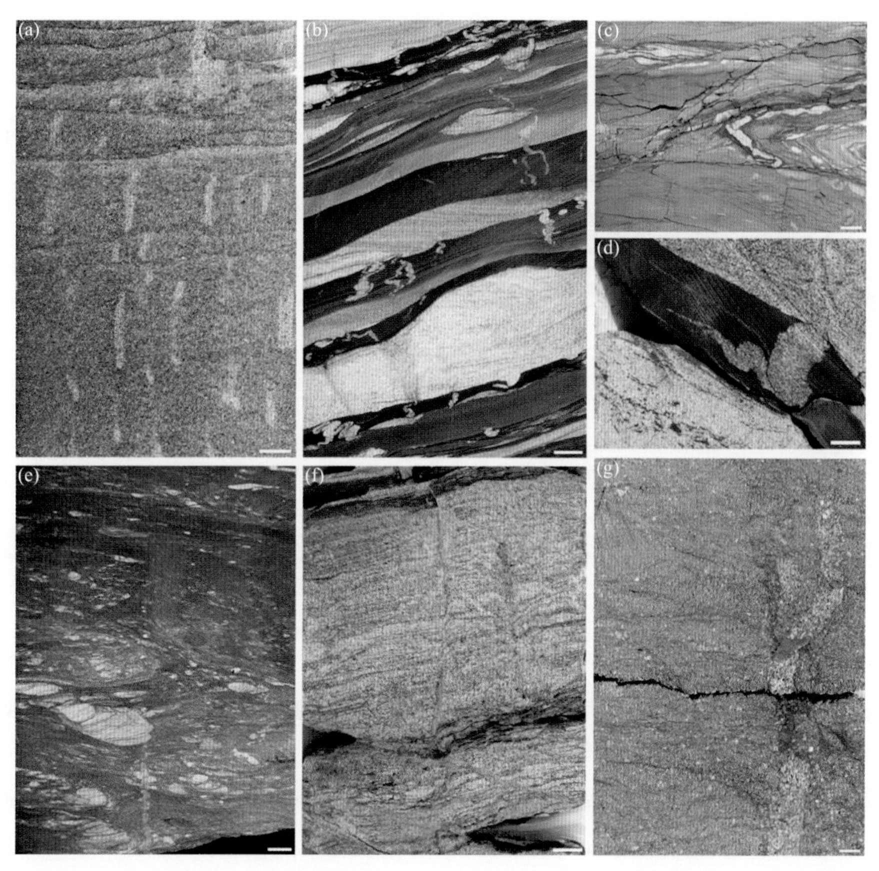

图 5.189　剖切岩芯中常见的假遗迹化石实例。比例尺 = 1cm。(a) 砂岩具有浅表脱水构造（管），类似于 *Skolithos* 遗迹属。上侏罗统（Kimmeridgian – Tithonian 阶）Kimmeridgian Clay 组（深海 – 扇体系），英国北海 Kingfisher 油田（16/8a – 4 井，约 13515.6ft）。(b) 砂岩 – 泥岩交替，具有脱水收缩裂隙，可能会被误认为是潜穴。中侏罗统（Bajoian – Bathonian 阶）Tarbert 组（边缘海相，潮坪），挪威北海 Valemon 油田（34/11 – B – 13 井，约 4619.4m）。(c) 小型滑塌褶皱（平卧褶皱），产在交替泥岩—砂岩中，并伴有其他变形构造，有点类似于新月形潜穴，如 *Taenidium*。始新世（深海，水道—溢岸体系），坦桑尼亚近海。(d) 薄泥岩层内的小砂岩岩脉（注入岩）。上侏罗统（Tithonian 阶）Draupne 组（深海，水道 – 溢岸体系），挪威北海 Gudrun 油田（15/3 – 9T2 井，约 4131.55 米）。(e) 泥质碎屑流沉积（debrite 碎屑流岩?），含有漂浮的和固化不良的砂碎屑，模拟部分生物扰动结构。上白垩统（Maastrichtian 阶）Springar 组（深海，扇体系），挪威海 Gro Discovery I（井号 6603/12 – 1，约 3724.5m）。(f) 砂岩带有类似垂直潜穴（比如 *Skolithos*）的微断层。上三叠统（Rhaetian 阶）Statfjord 群（河流相），挪威北海 Johan Sverdrup 油田。(g) 分支管结构充填粗砂，初步解释为源自甲烷或碳氢化合物在浅层地下位置的渗漏（冷渗漏）。如果孤立地看这种构造，很容易被误认为是大型潜穴如 *Thalassinoides* 系统的竖井。上侏罗统（Tithonian 阶）Rogn 组（下临滨），挪威海，6406/12 – 1S 井，约 3631.9m

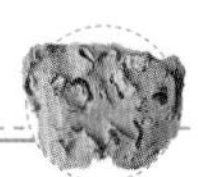

参考文献

[1] Abad M, Ruiz F, Pendón JG et al (2006) Escape and equilibrium trace fossils in association with *Conichnus* conicus as indicators of variable sedimentation rates in Tortonian littoral environments of SW Spain. Geobios 39: 1 – 11 [In Spanish].

[2] AceñolazaGF, AlonsoRN (2001) Ichno – associations of the Precambrian/ Cambrian transition in the north – west Argentina. J Iberian Geol 27: 11 – 22 [In Spanish].

[3] Ager DV, Wallace P (1970) The distribution and significance of trace fossils in the uppermost Jurassic rocks of the Boulonnais, northern France. In: Crimes TP, Harper JC (eds) Trace fossils. Geol J 3 (Special Issue): 1 – 18.

[4] Ahn SY, Babcock LE (2012) Microorganism – mediated preservation of *Planolites*, a common trace fossil from the Harkless Formation, Cambrian of Nevada, USA. Sed Geol 263 – 264: 30 – 35.

[5] Alpert SP (1973) Bergaueria Prantl (Cambrian and Ordovician), a probable actinian trace fossil. J Paleontol 47: 919 – 924.

[6] Alpert SP (1974) Systematic review of the genus *Skolithos*. J Paleontol 48: 661 – 669.

[7] Alpert SP (1975) Planolites and Skolithos from the Upper PrecambrianLower Cambrian, White – Inyo Mountains, California. J Paleontol 49: 508 – 521.

[8] Alpert SP (1977) Trace fossils and the basal Cambrian boundary. In: Crimes TP, Harper JC (eds) Trace fossils 2. Geol J 9 (Special Issue): 1 – 8.

[9] Anderson BG, Droser ML (1998) Ichnofabrics and geometric configurations of *Ophiomorpha* within a sequence stratigraphic framework: an example from the Upper Cretaceous US Western Interior. Sedimentology 45: 379 – 396.

[10] Angulo S, Buatois LA (2012) Ichnology of a Late Devonian – Early Carboniferous low – energy seaway: the Bakken Formation of subsurface Saskatchewan, Canada: assessing paleoenvironmental controls and biotic responses. Palaeogeogr Palaeoclimatol Palaeoecol 315 – 316: 46 – 60.

[11] AyranciK, DashtgardSE (2013) Infaunalholothuriandistributionsandtheir traces in the Fraser River delta front and prodelta, British Columbia, Canada. Palaeogeogr Palaeoclimatol Palaeoecol 392: 232 – 246.

[12] Ayranci K, Dashtgard SE, MacEachern JA (2014) A quantitative assessment of the neoichnology and biology of a delta front and prodelta, and implications for delta ichnology. Palaeogeogr Palaeoclimatol Palaeoecol 409: 114 – 134.

[13] Bann KL, Fielding CR (2004) An integrated ichnological and sedimentological comparison of non – deltaic shoreface and subaqueous delta deposits in Permian reservoir units of Australia. In: McIlroy D (ed) The application of ichnology to palaeoenvironmental and stratigraphic analysis, vol 228. Geological Society of London (Special Publications), pp 273 – 310.

[14] Bann KL, Fielding CR, MacEachern JA et al (2004) Differentiation of estuarine and offshore marine deposits using integrated ichnology and sedimentology: Permian Pebbley Beach Formation, Sydney Basin, Australia. In: McIlroy D (ed) The application of ichnology to palaeoenvironmental and stratigraphic analysis, vol 228. Geological Society of London (Special Publications), pp 179 – 211.

[15] Basan PB, Scott RW (1979) Morphology of *Rhizocorallium* and associated traces from the lower Cretaceous Purgatoire Formation, Colorado. Palaeogeogr Palaeoclimatol Palaeoecol 28: 5 – 23.

[16] Baucon A, Felletti F (2013) Neoichnology of a barrier – island system: the Mula di Muggia (Grado lagoon, Italy). Palaeogeogr Palaeoclimatol Palaeoecol 375: 112 – 124.

[17] Baucon A, Ronchi A, Felletti F et al (2014) Evolution of crustaceans at the edge of the end – Permian crisis: ichnonetwork analysis of the fluvial succession of Nurra (Permian – Triassic, Sardinia, Italy). Palaeogeogr Palaeoclimatol Palaeoecol 410: 74 – 103.

[18] Bedatou E, Melchor RN, Bellosi E et al (2008) Crayfish burrows from Late Jurassic – Late Cretaceous continental deposits of Patagonia: Argentina. Their palaeoecological, palaeoclimatic and palaeobiogeographical significance. Palaeogeogr Palaeoclimatol Palaeoecol 257: 169 – 184.

[19] Bedatou E, Melchor RN, Genise JF (2009) Complex palaeosol ichnofabrics from Late Jurassic – Early Cretaceous volcaniclastic successions of central Patagonia, Argentina. Sed Geol 218: 74 – 102.

[20] Bednarz M (2014) 3D ichnofabrics in shale gas reservoirs. PhD Thesis, University of St. John's, 230 pp. http: //research. library. mun. ca/ 8190/1/thesis. pdf Bednarz M, .

[21] McIlroy D (2009) Three – dimensional reconstruction of "phycosiphoniform" burrows: implications for identification of trace fossils in core. Palaeontol Electr 12 (13A): 15.

[22] Bednarz M, McIlroy D (2012) Effect of phycosiphoniform burrows on shale hydrocarbon reservoir quality. AAPG Bull 96: 1957 – 1980.

[23] Bednarz M, McIlroy D (2015) Organism – sediment interactions in shale – hydrocarbon reservoir facies—three – dimensional reconstruction of complex ichnofabric geometries and pore – networks. Int J Coal Geol 150 – 151: 238 – 251.

[24] Belaústegui Z, de Gibert JM (2013) Bow – shaped, concentrically laminated polychaete burrows: a Cylindrichnus concentricus ichnofabric from the Miocene of Tarragona, NE Spain. Palaeogeogr Palaeoclimatol Palaeoecol 381 – 382: 119 – 127.

[25] Belaústegui Z, de Gibert JM, Domènech R et al (2011) Taphonomy and palaeoenvironmental setting of cetacean remains from the Middle Miocene of Tarragona (NE Spain). Geobios 44: 19 – 31 [In Spanish, with English summary].

[26] Belaústegui Z, Ekdale AA, Domènech R et al (2016a) Paleobiology of firmground burrowers and cryptobionts at a Miocene omission surface, Alcoi, SE Spain. J Paleontol 90: 721 – 733.

[27] Belaústegui Z, Muñiz F, Mángano MG et al (2016b) *Lepeichnus giberti* igen. nov. isp. nov. from the upper Miocene of Lepe (Huelva, SW Spain): evidence for its origin and development with proposal of a new

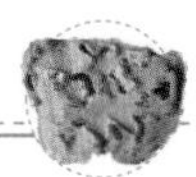

concept, ichnogeny. Palaeogeogr Palaeoclimatol Palaeoecol 452: 80 – 89.

[28] Benton MJ, Gray DI (1981) Lower Silurian distal shelf storm – induced turbidites in the Welsh borders: sediments, tool marks and trace fossils. J Geol Soc Lond 138: 675 – 694.

[29] Bertling M, Braddy SJ, Bromley RG et al (2006) Names for trace fossils: a uniform approach. Lethaia 39: 265 – 286 Bischoff B (1968) *Zoophycos*, a polychæte annelid, Eocene of Greece. J Paleontol 42: 1439 – 1443.

[30] Bjerstedt TW (1988) Trace fossils from the early Mississippian Price Delta, southeast West Virginia. J Paleontol 62: 506 – 519.

[31] Bockelie JF (1994) Plant roots in core. In: Donovan SK (ed) The palaeobiology of trace fossils. Wiley, Chichester, pp 177 – 199.

[32] Bottjer DJ, Droser ML, Jablonski D (1988) Palaeoenvironmental trends in the history of trace fossils. Nature 333: 252 – 255 Bourgeois J (1980) A transgressive shelf sequence exhibiting hummocky stratification: the Cape Sebastian Sandstone (Upper Cretaceous), southwestern Oregon. J Sediment Petrol 50: 681 – 702.

[33] Boyd DW (1975) False or misleading traces. In: Frey RW (ed) The study of trace fossils: a synthesis of principles, problems and procedures in ichnology. Springer, New York, pp 65 – 83.

[34] Bradley TL, Pemberton SG (1992) Examples of ichnofossil assemblages in the lower Cretaceous Wabiskaw Member and the Clearwater Formation of the Marten Hills gas field, north – central Alberta, Canada. In: Pemberton SG (ed) Applications of ichnology to petroleum exploration. A core workshop. SEPM Core Workshop, vol 17, pp 383 – 399.

[35] Bradshaw MA (2002) A new ichnogenus *Catenarichnus* from the Devonian of the Ohio Range, Antarctica. Antarct Sci 14: 422 – 424.

[36] Bradshaw MA (2010) Devonian trace fossils of the Horlick Formation, Ohio Range, Antarctica: systematic description and palaeoenvironmental interpretation. Ichnos 17: 58 – 114.

[37] Breton G (2006) Paramoudras ··· and other concretions around a burrow. Bulletin d'Information Géologues du Bassin Paris 43: 18 – 43.

[38] Bromley RG (1967) Some observations on burrows of thalassinidean Crustacea in chalk hardgrounds. Q J Geol Soc 123: 157 – 177.

[39] Bromley RG (1978) Bioerosion of Bermuda reefs. Palaeogeogr Palaeoclimatol Palaeoecol 23: 169 – 197 Bromley RG (1991) Zoophycos: strip mine, refuse dump, cache or sewage farm? Lethaia 24: 460 – 462.

[40] Bromley RG (1996) Trace fossils: biology, taphonomy and applications. Chapman and Hall, London, 361 pp.

[41] Bromley RG (2004) A stratigraphy of marine bioerosion. In: McIlroy D (ed) The application of ichnology to palaeoenvironmental and stratigraphic analysis, vol 228. Geol Soc Lond (Special Publications), pp 455 – 479.

[42] Bromley RG, Asgaard U (1972) Notes on Greenland trace fossils, 1. Freshwater *Cruziana* from the Upper Triassic of Jameson Land, East Greenland. Grønlands Geologiske Undersøgelse, Rapport 49: 7 – 13.

[43] Bromley RG, Asgaard U (1975) Sediment structures produced by a spatangoid echinoid: a problem of preservation. Bull Geol Soc Denm 24: 261 – 281.

[44] Bromley RG, Asgaard U (1979) Triassic freshwater ichnocoenoses from Carlsberg Fjord, East Greenland. Palaeogeogr Palaeoclimatol Palaeoecol 28: 39 – 80.

[45] Bromley RG, Asgaard U (1991) Ichnofacies: a mixture of taphofacies and biofacies. Lethaia 24: 153 – 163.

[46] Bromley RG, Asgaard U (1993) Two bioerosion ichnofacies produced by early and late burial associated with sea – level change. Geol Rundsch 82: 276 – 280.

[47] Bromley RG, Ekdale AA (1984) *Chondrites*: a trace fossil indicator of anoxia in sediments. Science 224: 872 – 874.

[48] Bromley RG, Frey RW (1974) Redescription of the trace fossil *Gyrolithes* and taxonomic evaluation of *Thalassinoides*, *Ophiomorpha* and *Spongeliomorpha*. Bull Geol Soc Denm 23: 311 – 335.

[49] Bromley RG, Hanken N – M (1991) The growth vector in trace fossils: examples from the Lower Cambrian of Norway. Ichnos 1: 261 – 276.

[50] Bromley RG, Hanken N – M (2003) Structure and function of large, lobed *Zoophycos*, Pliocene of Rhodes, Greece. Palaeogeogr Palaeoclimatol Palaeoecol 192: 79 – 100.

[51] Bromley RG, Mørk A (2000) The trace fossil *Phoebichnus trochoides* in the condensed Triassic – Jurassic – boundary strata of Svalbard. In: Bachmann GH, Lerche I (eds) Epicontinental Triassic, vol 2. Zentralblatt für Geologie und Paläontologie, Teil 1, 1998, pp 1431 – 1439.

[52] Bromley RG, Uchman A (2003) Trace fossils from the Lower and Middle Jurassic marginal marine deposits of the Sorthat Formation, Bornholm, Denmark. Bull Geol Soc Denm 50: 185 – 208.

[53] Bromley RG, Schulz M – G, Peake NB (1975) Paramoudras: giant flints, long burrows and the early diagenesis of chalks. Det Kongelige Danske Videnskabers Selskab, Biologiske Skrifter 20, 31 pp.

[54] Bromley RG, Pemberton SG, Rahmani RA (1984) A Cretaceous woodground: the *Teredolites* ichnofacies. J Paleontol 58: 488 – 498.

[55] Bromley RG, Ekdale AA, Richter B (1999) New *Taenidium* (trace fossil) in the Upper Cretaceous chalk of northwestern Europe. Bull Geol Soc Denm 46: 47 – 51.

[56] Bromley RG, Uchman A, Gregory MR et al (2003) *Hillichnus lobosensis* igen. et isp. nov., a complex trace fossil produced by tellinacean bivalves, Paleocene, Monterey, California, USA. Palaeogeogr Palaeoclimatol Palaeoecol 192: 157 – 186.

[57] Bromley RG, Uchman A, Milàn J et al (2009) Rheotactic *Macaronichnus*, and human and cattle trackways in Holocene beachrock, Greece: reconstruction of paleoshoreline orientation. Ichnos 16: 103 – 117.

[58] Buatois LA, Mángano MG (2004) Terminal Proterozoic – Early Cambrian ecosystems: ichnology of the

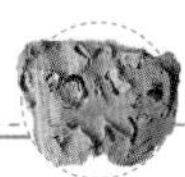

Puncoviscana Formation, northwest Argentina. Fossils Strata 51: 1 – 16.

[59] Buatois LA, Mángano MG (2011) Ichnology. Organism – substrate interactions in space and time. Cambridge University Press, Cambridge, pp 347.

[60] Buatois LA, Mángano MG, Alissa A et al. (2002) Sequence stratigraphic and sedimentologic significance of biogenic structures from a late Paleozoic marginal – to open – marine reservoir, Morrow Sandstone, subsurface of southwest Kansas, USA. Sedimentary Geology 152: 99 – 132.

[61] Buatois LA, Gingras MK, MacEachern J et al (2005) Colonization of brackish – water systems through time: evidence from the trace – fossil record. Palaios 20: 321 – 347.

[62] Buatois LA, Saccavino LL, Zavala C (2011) Ichnologic signatures of hyperpycnal flow deposits in Cretaceous river – dominated deltas, Austral Basin, southern Argentina. In: Slatt RM, Zavala C (eds) Sediment transfer from shelf to deep water—revisiting the delivery system. AAPG Stud Geol 61: 153 – 170.

[63] Buck SG, Goldring R (2003) Conical sedimentary structures, trace fossils or not? Observations, experiments, and review. J Sediment Res 73: 338 – 353.

[64] Buckman JO (1992) Palaeoenvironment of a Lower Carboniferous sandstone succession northwest Ireland: ichnological and sedimentological studies. In: Parnell J (ed) Basins on the Atlantic seaboard: petroleum sedimentology and basin evolution, vol 62. Geological Society of London (Special Publications), pp 217 – 241.

[65] Buckman JO (1996) An example of ‘deep’tier level *Teichichnus* with vertical entrance shafts, from the Carboniferous of Ireland. Ichnos 4: 241 – 248.

[66] Callow RHT, McIlroy D (2011) Ichnofabrics and ichnofabric – forming trace fossils in Phanerozoic turbidites. Bull Can Pet Geol 59: 103 – 111.

[67] Callow RHT, McIlroy D, Kneller B et al (2013) Integrated ichnological and sedimentological analysis of a Late Cretaceous submarine channel – levee system: the Rosario Formation, Baja California, Mexico. Mar Pet Geol 41: 277 – 294.

[68] Campbell KA, Nesbitt EA, Bourgeois J (2006) Signatures of storms, oceanic floods and forearc tectonism in marine shelf strata of the Quinault Formation (Pliocene), Washington. Sedimentology 53: 945 – 969.

[69] Campbell SG, Botterill SE, Gingras MK et al (2016) Event sedimentation, deposition rate, and paleoenvironment using crowded assemblages of the Bluesky Formation, Alberta, Canada. J Sediment Res 86: 380 – 393.

[70] Carmona NB, Buatois LA, Mángano MG (2004) The trace fossil record of burrowing decapod crustaceans: evaluating evolutionary radiations and behavioural convergence. Fossils Strata 51: 141 – 153.

[71] Carmona NB, Buatois LA, Mángano MG et al (2008) Ichnology of the Lower Miocene Chenque Formation, Patagonia, Argentina: animal —substrate interactions and the modern evolutionary fauna. Ameghiniana 45: 93 – 122.

[72] Carmona NB, Buatois LA, Ponce JJ et al (2009) Ichnology and sedimentology of a tide – influenced delta, lower Miocene Chenque Formation, Patagonia, Argentina: trace – fossil distribution and response to envi-

ronmental stresses. Palaeogeogr Palaeoclimatol Palaeoecol 273: 75 – 86.

[73] Chakraborty A, Bhattacharya HN (2013) Spreiten burrows: a model based study on Diplocraterion parallelum. In: Mukhopadhyay S, Ray D, Kundu A (eds) Geospectrum, pp 296 – 299.

[74] Chamberlain CK (1971) Morphology and ethology of trace fossils from the Ouachita Mountains, southeast Oklahoma. J Paleontol 45: 212 – 246.

[75] Chamberlain CK (2000) Prologue to the study of *Zoophycos*. Ichnol Newslett 22: 13 – 23.

[76] Chamberlain CK, Baer JL (1973) Ophiomorpha and a new thalassinid burrow from the Permian of Utah. Geol Stud 20: 79 – 94.

[77] Chen Y, Wang J, Bai P et al (2005) Trace fossils of the Middle Devonian Mazongling Formation at Wudang Guiyang Guizhou Province. Guizhou Geol 22: 273 – 279.

[78] Chen Z – Q, Tong J, Fraiser ML (2011) Trace fossil evidence for restoration of marine ecosystems following the end – Permian mass extinction in the Lower Yangtze region, South China. Palaeogeogr Palaeoclimatol Palaeoecol 299: 449 – 474.

[79] Cherns L, Wheeley JR, Karis L (2006) Tunneling trilobites: Habitual infaunalism in an Ordovician carbonate seafloor. Geology 34: 657 – 660.

[80] Chlupáč I (1987) Ordovician ichnofossils in the metamorphic mantle of the Central Bohemian Pluton. Časopis pro Meineralogii a Geologii 32: 249 – 260.

[81] Clausen CK, Vilhjálmsson M (1986) Substrate control of Lower Cambrian trace fossils from Bornholm, Denmark. Palaeogeogr Palaeoclimatol Palaeoecol 56: 51 – 68.

[82] Clemmensen LB, Bromley RG, Holm PM (2011) Glauconitic deposits at Julegård on the south coast of Bornholm, Denmark dated to the Cambrian. Bull Geol Soc Denm 59: 1 – 12.

[83] Clifton HE, Thompson JK (1978) *Macaronichnus segregatis*: a feeding structure of shallow marine polychaetes. J Sediment Petrol 48: 1293 – 1302.

[84] Corner GD, Fjalstad A (1993) Spreite trace fossils (Teichichnus) in a raised Holocene fjord – delta, Breidvikeidet, Norway. Ichnos 2: 155 – 164.

[85] Cornish FG (1986) The trace – fossil *Diplocraterion*: evidence of animal – sediment interactions in Cambrian tidal deposits. Palaios 1: 478 – 491.

[86] Cotillon P (2010) Sea bottom current activity recorded on the southern margin of the Vocontian Basin (southeastern France) during the Lower Aptian. Evidence for a climate signal. Bulletin de la Société Géologique de France 181: 3 – 18.

[87] Crimes TP, Legg I, Marcos A et al (1977)? Late Precambrian – Lower Cambrian trace fossils from Spain. In: Crimes TP, Harper JC (eds) Trace fossils 2. Geol J 9 (Special Issue): 91 – 138.

[88] Crimes TP, Goldring R, Homewood P et al (1981) Trace fossil assemblages of deep – sea fan deposits, Gurnigel and Schlieren flysch (Cretaceous – Eocene), Switzerland. Eclogae Geol Helv 74: 953 – 995.

[89] Cummings JP, Hodgson DM (2011) Assessing controls on the distribution of ichnotaxa in submarine fan en-

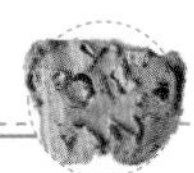

vironments, the Basque Basin, northern Spain. Sed Geol 239: 162 – 187.

[90] Cunningham KJ, Sukop MC (2012) Megaporosity and permeability of *Thalassionoides* – dominated ichnofabrics in the Cretaceous karst – carbonate Edwards – Trinity Aquifer System, Texas. U. S. Geological survey, Open – file report 2012 – 1021, 4 pp.

[91] Cunningham KJ, Sukop MC, Huang H et al (2009) Prominence of ichnologically influenced macroporosity in the karst Biscayne aquifer: Stratiform "super – K" zones. GSA Bull 121: 164 – 186.

[92] Cunningham KJ, Sukop MC, Curran HA (2012) Carbonate aquifers. In: Knaust D, Bromley RG (eds), Trace fossils as indicators of sedimentary environments. Developments in Sedimentology, vol 164, pp 869 – 896.

[93] Curran HA (1976) A trace fossil brood structure of probable callianassid origin. J Paleontol 50: 249 – 259.

[94] Curran HA (2015) Sinuous rhizoliths mimic invertebrate trace fossils on Upper Pleistocene caliche surfaces, San Salvador Island, Bahamas. In: McIlroy D (ed) Ichnology: Papers from ICHNIA III, vol 9. Geological Association of Canada, Miscellaneous Publication, pp 63 – 72.

[95] Curran HA, Frey RW (1977) Pleistocene trace fossils from North Carolina (U. S. A.), and their Holocene analogues. In: Crimes TP, Harper JC (eds) Trace fossils 2. Geol J 9 (Special Issue): 139 – 162.

[96] D'Alessandro A, Iannone A (1982) Pleistocene carbonate deposits in the area of Monopoli (Bari Province): sedimentology and palaeoecology. Geol Romana 21: 603 – 653.

[97] da Silva ID, Jensen S, González – Clavijo E (2014) Trace fossils from the Desejosa Formation (Schist and Greywacke Complex, Douro Group, NE Portugal): new Cambrian age constraints. Geol Acta 12: 109 – 120.

[98] Dafoe LT, Gingras MK, Pemberton SG (2008a) Determinating Euzonus mucronata burrowing rates with application to ancient *Macaronichnus segregatis* tracemakers. Ichnos 15: 78 – 90.

[99] Dafoe LT, Gingras MK, Pemberton SG (2008b) Analysis of mineral segregation in Euzonus mucronata burrow structures: one possible method in the construction of ancient *Macaronichnus segregates*. Ichnos 15: 91 – 102.

[100] Dafoe LT, Gingras MK, Pemberton SG (2010) Wave – influenced deltaic bodies and offshore deposits in the Viking Formation, Hamilton Lake area, south – central Alberta, Canada. Bull Can Pet Geol 58: 173 – 201.

[101] Dahmer G (1937) Lebensspuren aus dem Taunusquarzit und aus den Siegener Schichten (Unterdevon). Jahrbuch der Preußisch Geologischen Landesanstalt 57: 523 – 539.

[102] D'Alessandro A, Bromley RG (1986) Trace fossils in Pleistocene sandy deposits from Gravina area, southern Italy. Rivista Italiana di Paleontologia e Stratigrafia 92: 67 – 102.

[103] D'Alessandro A, Bromley RG (1987) Meniscate trace fossils and the Muensteria – *Taenidium* problem. Palaeontology 30: 743 – 763.

[104] D'Alessandro A, Fürsich FT (2005) *Tursia*—a new ichnogenus from Pleistocene shallow water settings in

southern Italy. Ichnos 12: 65 – 73.

[105] D'Alessandro A, Bromley RG, Stemmerik L (1987) *Rutichnus*: a new ichnogenus for branched, walled, meniscate trace fossils. J Paleontol 61: 1112 – 1119.

[106] Dam G (1990) Taxonomy of trace fossils from the shallow marine Lower Jurassic Neill Klinter Formation, East Greenland. Bull Geol Soc Denm 38: 119 – 144.

[107] Dando PR, Southward AJ (1986) Chemoautotrophy in bivalve molluscs of the genus *Thyasira*. J Mar Biol Assoc UK 66: 915 – 929.

[108] Dashtgard SE, Gingras MK (2012) Marine invertebrate neoichnology. In: Knaust D, Bromley RG (eds) Trace fossils as indicators of Sedimentary environments. Developments in Sedimentology, vol 64, pp 273 – 295.

[109] Dashtgard SE, Gingras MK, Pemberton SG (2008) Grain – size controls on the occurrence of bioturbation. Palaeogeogr Palaeoclimatol Palaeoecol 257: 224 – 243.

[110] Dawson WC (1981) Secondary burrow porosity in quartzose biocalcarenites, Upper Cretaceous, Texas: U. S. A. VIII Congreso Geológico Argentino, San Luis (20 – 26 Setiembre, 1981), Actas II, pp 637 – 649.

[111] de Gibert JM, Martinell J (1998) Ichnofabric analysis of the Pliocene marine sediments of the Var Basin (Nice, SE France). Geobios 31: 271 – 281.

[112] de Gibert JM, Netto RG, Tognoli FMW et al (2006) Commensal worm traces and possible juvenile thalassinidean burrows associated with Ophiomorpha nodosa, Pleistocene, southern Brazil. Palaeogeogr Palaeoclimatol Palaeoecol 230: 70 – 84.

[113] de Gibert JM, Domènech R, Martinell J (2012) Rocky shorelines. In: Knaust D, Bromley RG (eds) Trace fossils as indicators of sedimentary environments. Developments in Sedimentology, vol 64, pp 441 – 462.

[114] de Quatrefages MA (1849) Note sur la Scolicia prisca (A. de Q.) annélide fossile de la Craie. Annales des Sciences Naturalles, 3s érie. Zoologie 12: 265 – 266.

[115] de Saporta G (1873) Plantes Jurassiques, tome I, Algues, Equisétaceés, Characées, Fougères. Paléontologie Française ou Description des Fossiles de la France, Serie 2, Végétaux. Masson, Paris de Serres M (1840) Description de quelques mollusques fossiles nouveaux des terrains infra – liassiques et de la craie compacte inférieure du Midi de la France, Annales des sciences naturelles, Zoologie 14: 5 – 26 (pl 1).

[116] Demírcan H, Uchman A (2012) The miniature echinoid trace fossil *Bichordites kuzunensis* isp. nov. from early Oligocene prodelta sediments of the Mezardere Formation, Gökçeada Island, NW Turkey. Acta Geol Polonica 62: 205 – 215.

[117] Desai BG, Shukla R, Saklani RD (2010) Ichnology of the Early Cambrian Tal Group, Nigalidhar Syncline, Lesser Himalaya, India. Ichnos 17: 233 – 245.

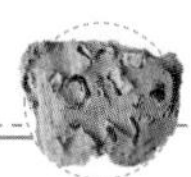

[118] Desjardins PR, Mángano MG, Buatois LA et al (2010) *Skolithos* pipe rock and associated ichnofabrics from the southern Rocky Mountains, Canada: colonization trends and environmental controls in an early Cambrian sand-sheet complex. Lethaia 43: 507 – 528.

[119] Desjardins PR, Buatois LA, Mángano MG (2012) Tidal flats and subtidal sand bodies. In: Knaust D, Bromley RG (eds) Trace fossils as indicators of sedimentary environments. Developments in Sedimentology, vol 64, pp 529 – 561.

[120] Dronov A, Mikuláš R (2010) Paleozoic ichnology of St. Petersburg region. In: Excursion guidebook. 4th Workshop on Ichnotaxonomy, Moscow, St. Petersburg, vol 596. Transactions of the Geological Institute, pp 1 – 70.

[121] Dronov A, Tolmacheva T, Raevskaya E et al (2005) Cambrian and Ordovician of St. Petersburg region. In: 6th Baltic Stratigraphical Conference, IGCP 503 Meeting, Guidebook of the pre – conference field trip, 64 pp.

[122] Droser ML (1991) Ichnofabric of the Paleozoic *Skolithos* Ichnofacies and the nature and distribution of Skolithos piperock. Palaios 6: 316 – 325.

[123] Dufour SC, Feldbeck H (2003) Sulphide mining by the superextensile foot of symbiotic thyasirid bivalves. Nature 426: 65 – 67.

[124] Ehrenberg K (1944) Ergänzende Bemerkungen zu den seinerzeit aus dem Miozän von Burgschleinitz beschriebenen Gangkernen und Bauten dekapoder Krebse. Paläontologische Zeitschrift 23: 354 – 359.

[125] Ekdale AA, Bromley RG (1991) Analysis of composite ichnofabrics: an example in the uppermost Cretaceous chalk of Denmark. Palaios 6: 232 – 249.

[126] Ekdale AA, Bromley RG (2003) Paleoethologic interpretation of complex *Thalassinoides* in shallow – marine limestones, Lower Ordovician, southern Sweden. Palaeogeogr Palaeoclimatol Palaeoecol 192: 221 – 227.

[127] Ekdale AA, Harding SC (2015) *Cylindrichnus concentricus* Toots in Howard, 1966 (trace fossil) in its type locality, Upper Cretaceous, Wyoming. Ann Soc Geol Pol 85: 427 – 432.

[128] Ekdale AA, Lewis DW (1991) The New Zealand *Zoophycos* revisited: morphology, ethology and paleoecology. Ichnos 1: 183 – 194.

[129] Ekdale AA, Bromley RG, Knaust D (2012) The ichnofabric concept. In: Knaust D, Bromley RG (eds) Trace fossils as indicators of sedimentary environments. Developments in Sedimentology, vol 64. Elsevier, Amsterdam, pp 139 – 155.

[130] Ekdale AA, Bromley RG, Pemberton SG (1984) Ichnology: the use of trace fossils in sedimentology and stratigraphy. SEPM Short Course Notes 15: 1 – 317.

[131] Emig CC (1982) The biology of Phoronida. Adv Mar Biol 19: 1 – 89.

[132] Emig CC, Gall J – C, Pajaud D et al (1978) Réfexions critiques sur l'écologie et la systématique des lingules actuelles et fossils. Geobios 11: 573 – 609.

[133] Evans JN, McIlroy D (2015) Ichnology and palaeobiology of *Phoebichnus trochoides* from the Middle Jurassic of north – east England. Papers Palaeontol 2015: 1 – 16.

[134] Evans JN, McIlroy D (2016) Palaeobiology of *Schaubcylindrichnus heberti* comb. nov. from the Lower Jurassic of Northeast England. Palaeogeogr Palaeoclimatol Palaeoecol 449: 246 – 254.

[135] Farrow GE (1966) Bathymetric zonation of Jurassic trace fossils from the coast of Yorkshire, England. Palaeogeogr Palaeoclimatol Palaeoecol 2: 103 – 151.

[136] Fedonkin MA (1981) White Sea biota of the Vendian (Precambrian non – skeletalfaunaoftheRussianPlatformnorth). Transactions of the Geological Institute, vol342. Nauka, Moscow, pp 1 – 100 [inRussian].

[137] Feng Z, Wang J, Liu L – J (2010) First report of oribatid mite (arthropod) borings and coprolites in Permian woods from the Helan Mountains of northernChina. Palaeogeogr PalaeoclimatolPalaeoecol 288: 54 – 61.

[138] Fenton MA, Fenton CL (1934) *Scolithus* as a fossil phoronid. Pan – American Geologist 61: 341 – 348, 1 pl.

[139] Fillion D, Pickerill RK (1990) Ichnology of the Upper Cambrian? to Lower Ordovician Bell Island and Wabana groups of eastern Newfoundland, Canada. Palaeontogr Canadiana 7: 1 – 119.

[140] Fiorillo AR, McCarthy PL, Hasiotis ST (2016) Crayfish burrows from the latest Cretaceous lower Cantwell Formation (Denali National Park, Alaska): their morphology and paleoclimatic significance. Palaeogeogr Palaeoclimatol Palaeoecol 441: 352 – 359.

[141] Fischer – Ooster C (1858) Die fossilen Fucoiden der Schweizer Alpen, nebst Erörterungen über deren geologisches Alter.

[142] Huber, Bern Forbes AT (1973) An unusual abbreviated larval life in the estuarine burrowing prawn Callianassa kraussi (Crustacea: Decapoda: Thalassinidea). Mar Biol 22: 361 – 365.

[143] Frébourg G, Davaud E, Gaillot J et al (2010) An aeolianite in the Upper Dalan Member (Khuff Formation), South Pars Field, Iran. J Petroleum Geol 33: 41 – 154.

[144] Frey RW (1970a) The lebensspuren of some common marine invertebrates near Beaufort, North Carolina. II. Anemone burrows. J Paleontol 44: 308 – 311.

[145] Frey RW (1970b) Trace fossils of Fort Hays Limestone Member of Niobrara Chalk (Upper Cretaceous), west-central Kansas. University of Kansas Paleontological Contributions 53: 1 – 41, 10 pl.

[146] Frey RW (1973) Concepts in the study of biogenic sedimentary structures. J Sediment Petrol 43: 6 – 19.

[147] Frey RW (1990) Trace fossils and hummocky cross – stratification, Upper Cretaceous of Utah. Palaios 5: 203 – 218.

[148] Frey RW, Bromley RG (1985) Ichnology of American chalks: the Selma Group (Upper Cretaceous), western Alabama. Can J Earth Sci 22: 801 – 828.

[149] Frey RW, Cowles JG (1972) The trace fossil *Tisoa* in Washington and Oregon. Oregon Department of Ge-

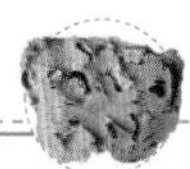

ology and Mineral Industries, The Ore Bin, 34: 113 – 119.

[150] Frey RW, Howard JD (1981) Conichnus and Schaubcylindrichnus: redefined trace fossils from the Upper Cretaceous of the Western Interior. J Paleontol 55: 800 – 804.

[151] Frey RW, Howard JD (1985) Trace fossils from the Panther Member, Star Point Formation (Upper Cretaceous), Coal Creek Canyon, Utah. J Paleontol 59: 370 – 404.

[152] Frey RW, Howard JD (1990) Trace fossils and depositional sequences in a clastic shelf setting, Upper Cretaceous of Utah. J Paleontol 64: 803 – 820.

[153] Frey RW, Pemberton SG (1990) Bioturbate texture or ichnofabric? Palaios 5: 385 – 386.

[154] Frey RW, Pemberton SG (1991a) The ichnogenus *Schaubcylindrichnus*: morphological, temporal, and environmental significance. Geol Mag 128: 595 – 602.

[155] Frey RW, Pemberton SG (1991b) Or, is it 'bioturbate texture'? Ichnos 1: 327 – 329.

[156] Frey RW, Howard JD, Pryor WA (1978) *Ophiomorpha*: its morphologic, taxonomic, and environmental significance. Palaeogeogr Palaeoclimatol Palaeoecol 23: 199 – 229.

[157] Frey RW, Seilacher A (1980) Uniformity in marine invertebrate ichnology. Lethaia 13: 183 – 207.

[158] Frey RW, Pemberton SG, Fagerstrom JA (1984) Morphological, ethological, and environmental significance of the ichnogenera Scoyenia and Ancorichnus. J Paleontol 58: 511 – 528.

[159] Frieling D (2007) Rosselia socialis in the Upper Marine Molasse of southwestern Germany. Facies 53: 479 – 492.

[160] Fu S (1991) Funktion, Verhalten und Einteilung fucoider und lophocteniider Lebensspuren. Courier Forschungs – Institut Senckenberg 135: 1 – 79.

[161] Fu S, Werner F (2000) Distribution, ecology and taphonomy of the organism trace, Scolicia, in northeast Atlantic deep – sea sediments. Palaeogeogr Palaeoclimatol Palaeoecol 156: 289 – 300.

[162] Fürsich FT (1973) *Thalassinoides* and the origin of nodular limestone in the Corallian Beds (Upper Jurassic) of Southern England. Neues Jahrbuch für Geologie und Paläontologie, Abhandlungen 140: 33 – 48.

[163] Fürsich FT (1974a) Corallian (Upper Jurassic) trace fossils from England and Normandy. Stuttgarter Beiträge zur Naturkunde Serie B (Geologie und Paläontologie) 13: 1 – 52.

[164] Fürsich FT (1974b) On *Diplocraterion* Torell 1870 and the significance of morphological features in vertical, spreiten – bearing, U – shaped trace fossils. J Paleontol 48: 952 – 962.

[165] Fürsich FT (1974c) Ichnogenus *Rhizocorallium*. Paläontologische Zeitschrift 48: 16 – 28.

[166] Fürsich FT, Mayr H (1981) Non – marine *Rhizocorallium* (trace fossil) from the Upper Freshwater Molasses (Upper Miocene) of southern Germany. Neues Jahrbuch für Geologie und Paläontologie, Monatshefte 6: 321 – 333.

[167] Fürsich FT, Wilmsen M, Seyed – Emami K (2006) Ichnology of Lower Jurassic beach deposits in the Shemshak Formation at Shahmirzad, southeastern Alborz Mountains, Iran. Facies 52: 599 – 610.

[168] Gaillard C (1972) Paratisoa contorta n. gen., n. sp., trace fossil nouvelle de l'Oxfordian du Jura: Ar-

chives des Sciences de Gènéve 25: 149 – 160.

[169] Gaillard C, Hennebert M, Olivero D (1999) Lower Carboniferous *Zoophycos* from the Tournai area (Belgium): environmental and ethologic significance. Geobios 32: 513 – 524.

[170] Gaillard C, Racheboeuf PR (2006) Trace fossils from nearshore to offshore environments: Lower Devonian of Bolivia. J Paleontol 80: 1205 – 1226.

[171] Gámez Vintaned JA, Liñán E, Mayoral E et al (2006) Trace and soft body fossils from the Pedroche Formation Ovetian, Lower Cambrian of the Sierra de Córdoba, S Spain) and their relation to the Pedroche event. Geobios 39: 443 – 468.

[172] Gani MR, Bhattacharya JP, MacEachern JA (2007) Using ichnology to determine relative influence of waves, storms, tides, and rivers in deltaic deposits: examples from Cretaceous Western Interior Seaway, U. S. A. In: MacEachern JA, Bann KL, Gingras MK et al (eds) Applied ichnology. SEPM Short Course Notes, vol 52, pp 209 – 225.

[173] Genise JF, Garrouste R, Nel P et al (2012) Asthenopodichnium in fossil wood: different trace makers as indicators of different terrestrial palaeoenvironments. PalaeogeogrPalaeoclimatolPalaeoecol365 – 366: 184 – 191.

[174] Gerard JRF, Bromley RG (2008) Ichnofabrics in clastic sediments— application to sedimentological core studies: a practical guide. Jean R. F. Gerard, Madrid, pp 97.

[175] Gingras MK, MacEachern JA (2012) Tidal ichnology of shallow – water clastic settings. In: Davis RA Jr, Dalrymple RW (eds) Principles of tidal sedimentology. Springer Science + Business Media, Berlin, pp 57 – 77.

[176] Gingras MK, Pemberton SG, Saunders T (2001) Bathymetry, sediment texture, and substrate cohesiveness; their impact on modern *Glossifungites* trace assemblages at Willapa Bay, Washington. Palaeogeogr Palaeoclimatol Palaeoecol 169: 1 – 21.

[177] Gingras MK, MacEachern JA, Dashtgard SE et al (2012a) Estuaries. In: Knaust D, Bromley RG (eds) Trace fossils as indicators of sedimentary environments. Developments in Sedimentology, vol 64, pp 463 – 505.

[178] Gingras MK, Baniak G, Gordon J et al (2012b) Porosity and permeability in bioturbated sediments. In: Knaust D, Bromley RG (eds) Trace fossils as indicators of sedimentary environments. Developments in Sedimentology, vol 64, pp 837 – 868.

[179] Gingras MK, MacEachern JA, Dashtgard SE (2012c) The potential of trace fossils as tidal indicators in bays and estuaries. Sedimentary Geology 279: 97 – 106.

[180] Gingras MK, McMillan B, Balcom BJ et al (2002) Using magnetic resonance imaging and petrographic techniques to understand the textural attributes and porosity distribution in *Macaronichnus* burrowed sandstone. J Sediment Res 72: 552 – 558.

[181] Gingras MK, Dashtgard SE, MacEachern JA et al (2008) Biology of shallow – marine ichnology: a mod-

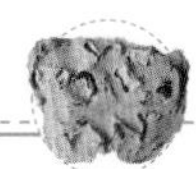

ern perspective. Aquatic Biol 2: 255 – 268.

[182] Girotti O (1970) Echinospira pauciradiata g. n., sp. n., ichnofossil from the Serravallian – Tortonian of Ascoli Piceno (central Italy). Geol Romana 9: 59 – 62.

[183] Glennie KW, Evamy BD (1968) Dikaka: plants and plant – root structures associated with aeolian sand. Palaeogeogr Palaeoclimatol Palaeoecol 4: 77 – 87.

[184] Głuszek A (1998) Trace fossils from Late Carboniferous storm deposits, Upper Silesia Coal Basin, Poland. Acta Palaeontol Pol 43: 517 – 546.

[185] Goldring R (1962) The trace fossils of the Baggy Beds (Upper Devonian) of North Devon, England. Paläontologische Zeitschrift 36: 232 – 251.

[186] Goldring R (1964) Trace fossils and the sedimentary surface in shallow water marine sediments. Dev Sedimentol 1: 136 – 143.

[187] Goldring R (1996) The sedimentological significance of concentrically laminated burrows from Lower Cretaceous Ca – bentonites, Oxfordshire. J Geol Soc London 53: 255 – 263.

[188] Goldring R, Pollard JE (1995) A re – evaluation of *Ophiomorpha* burrows in the Wealden Group (Lower Cretaceous) of southern England. Cretac Res 16: 665 – 680.

[189] Goldring R, Pollard JE, Taylor AM (1991) *Anconichnus horizontalis*: a pervasive ichnofabric – forming trace fossil in post – Paleozoic offshore siliciclastic facies. Palaios 6: 250 – 263.

[190] Goldring R, Gruszczynski M, Gatt PA (2002) A bow – form burrow and its sedimentological and paleoecological significance. Palaios 17: 622 – 630.

[191] Goldring R, Taylor AM, Hughes GW (2005) The application of ichnofabrics towards bridging the dichotomy between siliciclastic and carbonate shelf facies: examples from the Upper Jurassic Fulmar Formation (UK) and Jubaila Formation (Saudi Arabia). Proc Geol Assoc 116: 235 – 249.

[192] Goldring R, Layer MG, Magyari A et al (1998) Facies variation in the Corallian Group (U. Jurassic) of the Faringdon – Shellingford area (Oxfordshire) and the rockground base to the Faringdon Sponge Gravels (L. Cretaceous). Proc Geol Assoc 109: 115 – 125.

[193] Gordon JB, Pemberton SG, Gingras MK et al (2010) Biogenically enhanced permeability: a petrographic analysis of Macaronichnus segregatus in the Lower Cretaceous Bluesky Formation, Alberta, Canada. AAPG Bull 94: 1779 – 1795.

[194] Gottis C (1954) Sur un Tisoa très abondants dans le Numidien de Tunisie, Bull Soc Sci Nat Tunisie 7: 184 – 195.

[195] Gowland S (1996) Facies characteristics and depositional models of highly bioturbated shallow marine siliciclastic strata: an example from the Fulmar Formation (Late Jurassic), UK Central Graben. In: Hurst A, Johnson HD, Urley DB et al (eds) Geology of the Humber Group: Central Graben and Moray Firth, UKCS, vol 114. Geological Society of London (Special Publications), pp 185 – 214.

[196] Greb SF, Chesnut DR (1994) Paleoecology of an estuarine sequence in the Breathitt Formation (Pennsyl-

vanian), central Appalachian Basin. Palaios 9: 388 – 402.

[197] Gregory MR (1985) Taniwha footprints or fossilised starfish impressions? A reinterpretation: the fodinichnial trace fossil Asterosoma. Newslett Geol Soc N Z 70: 61 – 64.

[198] Gregory MR, Campbell KA (2003) A '*Phoebichnus* look – alike': a fossilised root system from Quaternary coastal dune sediments, New Zealand. Palaeogeogr Palaeoclimatol Palaeoecol 192: 247 – 258.

[199] Gregory MR, Martin AJ, Campbell KA (2004) Compound trace fossils formed by plant and animal interactions: Quaternary of northern New Zealand and Sapelo Island, Georgia (USA). Fossils Strata 51: 88 – 105.

[200] Gregory MR, Campbell KA, Zuraida R et al (2006) Plant traces resembling *Skolithos*. Ichnos 13: 205 – 216 Griffis RB, Suchanek TH (1991) A model of burrow architecture and trophic modes in thalassinidean shrimp (Decapoda: Thalassinidea). Mar Ecol Prog Ser 79: 171 – 183.

[201] Hakes WG (1976) Trace fossils and depositional environment of four clastic units, Upper Pennsylvanian megacyclothems, northeast Kansas, vol 63. University of Kansas Paleontological Contributions, pp 1 – 60.

[202] Haldeman SS (1840) Supplement to number one of "A monograph of the Limniades, and other freshwater univalve shells of North America," containing descriptions of apparently new animals in different classes, and the names and characters of the subgenera in Paludina and Anculosa. J. Dobson, Philadelphia, 3 pp.

[203] Hall J (1847) Palaeontology of New – York, vol 1. C. Van Benthuysen, Albany Häntzschel W (1960) Spreitenbauten (*Zoophycos* Massal.) im Septarienton Nordwest – Deutschlands. Mitteilungen aus dem Geologischen Staatsinstitut in Hamburg 29: 95 – 100.

[204] Häntzschel W (1975) Trace fossils and problematica. In: Teichert C (ed) Treatise on invertebrate paleontology (Part W, Miscellanea Supplement 1). Geological Society of America/University of Kansas Press, Boulder/Lawrence, pp W1 – W269.

[205] HasiotisST (2008) Replytothe comments byBromley etal. of the paper "Reconnaissance of the Upper Jurassic Morrison Formationichnofossils, Rocky Mountain Region, USA: paleoenvironmental, stratigraphic, and paleoclimatic significance of terrestrial and freshwater ichnocoenoses" by Stephen T. Hasiotis. Sediment Geol 208: 61 – 68.

[206] Hasiotis ST (2010) Continental trace fossils. SEPM Short Course Notes 51: 1 – 132.

[207] Hasiotis ST, Honey JG (2000) Paleohydrologic and stratigraphic significance of crayfish burrows in continental deposits: examples from several Paleocene Laramide basins in the Rocky Mountains. J Sediment Res 70: 127 – 139.

[208] Hasiotis ST, Mitchell CE (1993) A comparison of crayfish burrow morphologies: Triassic and Holocene fossil, paleo – and neo – ichnological evidence, and the identification of their burrowing signatures. Ichnos 2: 291 – 314.

[209] Heard TG, Pickering KT (2008) Trace fossils as diagnostic indicators of deep – marine environments,

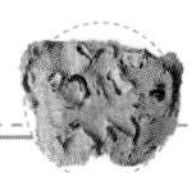

Middle Eocene Ainsa – Jaca Basin, Spanish Pyrenees. Sedimentology 55: 809 – 844.

[210] Heer O (1877) Flora fossilis Helvetiae. Die vorweltliche Flora der Schweiz. J. Würster & Co., Zurich, 182 pp, LXX pl.

[211] Heinberg C, Birkelund T (1984) Trace – fossil assemblages and basin evolution of the Vardekløft Formation (Middle Jurassic, central East Greenland). J Paleontol 58: 362 – 397.

[212] Hembree DI, Hasiotis ST (2008) Miocene vertebrate and invertebrate burrows defining compound paleosols in the Pawnee Creek Formation, Colorado, U. S. A. Palaeogeogr Palaeoclimatol Palaeoecol 270: 349 – 365.

[213] Hertweck G (1972) Georgia coastal region, Sapelo Island, U. S. A.: sedimentology and biology. Senckenb Marit 4: 125 – 167.

[214] Hertweck G, Wehrmann A, Liebezeit G (2007) Bioturbation structures of polychaetes in modern shallow marine environments and their analogues to Chondrites group traces. Palaeogeogr Palaeoclimatol Palaeoecol 245: 382 – 389.

[215] HiggsKT, HiggsBM (2015) Newdiscoveries of Diplocraterion and tidal rhythmites in the Upper Devonian rocks of Grab – all Bay, Cork Harbour: palaeoenvironmental implications. IrishJEarthSci33: 35 – 54.

[216] Hobbs HH (1981) The crayfishes of Georgia. Smithson Contributions Zool 318: 1 – 549.

[217] Howard JD (1966) Characteristic trace fossils in Upper Cretaceous sandstones of the Book Cliffs and Wasatch Plateau. Bull Utah Geol Mineral Surv 80: 35 – 53.

[218] Howard JD (1972) Trace fossils as criteria for recognizing shorelines in stratigraphic record. In: Rigby JK, Hamblin WK (eds) Recognition of ancient sedimentary environments. SEPM Special Publications 16: 215 – 225.

[219] Howard JD, Frey RW (1975) Estuaries of the Georgia coast, U. S. A.: sedimentology and biology. II. Regional animal – sediment characteristics of Georgia estuaries. Senckenb Marit 7: 33 – 103.

[220] Howard JD, Frey RW (1984) Characteristic trace fossils in nearshore to offshore sequences, Upper Cretaceous of east – central Utah. Can J Earth Sci 21: 200 – 219.

[221] Howard JD, Frey RW (1985) Physical and biogenic aspects of backbarrier sedimentary sequences, Georgia coast, U. S. A. Marine Geology 63: 77 – 127.

[222] Hu B, Wang G, Goldring R (1998) *Nereites* (or *Neonereites*) from Lower Jurassic lacustrine turbidites of Henan, central China. Ichnos 6: 203 – 209.

[223] Hubbard SM, Gingras MK, Pemberton SG (2004) Palaeoenvironmental implications of trace fossils in estuarine deposits of the Cretaceous Bluesky Formation, Cadotte region, Alberta, Canada. Fossils Strata 51: 68 – 87.

[224] Hubbard SM, Shultz MR (2008) Deep burrows in submarine fan – channel deposits of the Cerro Toro Formation (Cretaceous), Chilean Patagonia: implications for firmground development and colonization in the deep sea. Palaios 23: 223 – 232.

[225] Hubbard SM, MacEachern JA, Bann KL (2012) Slopes. In: Knaust D, Bromley RG (eds) Trace fossils as indicators of sedimentary environments. Developments in Sedimentology, vol 64, pp 607 – 642.

[226] Hubert JF, Dutcher JA (2010) *Scoyenia* escape burrows in fluvial pebbly sand: Upper Triassic Sugarloaf Arkose, Deerfield Rift Basin, Massachusetts, USA. Ichnos 17: 20 – 24.

[227] Husinec A, Read JF (2011) Microbial laminite versus rooted and burrowed caps on peritidal cycles: Salinity control on parasequence development, Early Cretaceous isolated carbonate platform, Croatia. GSA Bull 123: 1896 – 1907.

[228] Hyman LH (1959) The invertebrates: smaller Coelomate groups Chaetognatha, Hemichordata, Pogonophora, Phoronida, Ectoprocta, Brachiopoda, Sipunculida. In: The Coelomate Bilateria, vol 5. McGraw – Hill Book Company, New York, pp 1 – 51.

[229] Izumi K (2012) Formation process of the trace fossil Phymatoderma granulata in the Lower Jurassic black shale (Posidonia Shale, southern Germany) and its paleoecological implications. Palaeogeogr Palaeoclimatol Palaeoecol 353 – 355: 116 – 122.

[230] Izumi K (2014) Utility of geochemical analysis of trace fossils: case studies using *Phycosiphon incertum* from the Lower Jurassic shallow – marine (Higashinagano Formation, southwest Japan) and Pliocene deep – marine deposits (Shiramazu Formation, central Japan). Ichnos 21: 62 – 72.

[231] James NP, Kobluk DR, Pemberton SG (1977) The oldest macroborers: Lower Cambrian of Labrador. Science 197: 980 – 983.

[232] Jensen S (1997) Trace fossils from the Lower Cambrian Mickwitzia Sandstone, south – central Sweden. Fossils Strata 42: 1 – 110.

[233] Jessen W (1950) "Augenschiefer" – Grabgänge, ein Merkmal für Faunenschiefer – Nähe im westfälischen Oberkarbon. Zeitschrift der Deutschen Geologischen Gesellschaft 101: 23 – 43.

[234] Joeckel RM, Korus JT (2012) Bayhead delta interpretation of an Upper Pennsylvanian sheetlike sandbody and the broader understanding of transgressive deposits in cyclothems. Sed Geol 275 – 276: 22 – 37.

[235] Jordan DW (1985) Trace fossils and depositional environments of Upper Devonian black shales, east – central Kentucky, U. S. A. In: Curran HA (ed) Biogenic structures: their use in interpreting depositional environments, vol 35 (SEPM Special Publication), pp 279 – 298.

[236] Joseph JK, Patel SJ, Bhatt NY (2012) Trace fossil assemblages in mixed siliciclastic – carbonate sediments of the Kaladongar Formation (Middle Jurassic), Patcham Island, Kachchh, Western India. J Geol Soc India 80: 189 – 214.

[237] Keighley DG, Pickerill RK (1994) The ichnogenus *Beaconites* and its distinction from *Ancorichnus* and *Taenidium*. Palaeontology 37: 305 – 337.

[238] Keighley DG, Pickerill RK (1995) The ichnotaxa *Palaeophycus* and *Planolites*: historical perspectives and recommendations. Ichnos 3: 301 – 309.

[239] Kelly SRA, Bromley RG (1984) Ichnological nomenclature of clavate borings. Palaeontology 27:

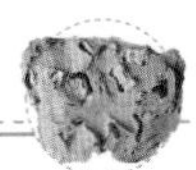

793 – 807.

[240] Kennedy WJ (1967) Burrows and surface traces from the Lower Chalk of Southern England. Bull Br Mus (Nat Hist) Geol 15: 125 – 167.

[241] Kikuchi K, Kotake N, Furukawa N (2016) Mechanism and process of construction of tubes of the trace fossil Schaubcylindrichnus coronus Frey and Howard, 1981. Palaeogeogr Palaeoclimatol Palaeoecol 443: 1 – 9.

[242] Kim J – Y, Paik IS (1997) Nonmarine *Diplocraterion luniforme* (Blanckenhorn 1916) from the Hasandong Formation (Cretaceous) of the Jinju area, Korea. Ichnos 5: 131 – 138.

[243] Klappa CF (1980) Rhizoliths in terrestrial carbonates: classification, recognition, genesis and significance. Sedimentology 27: 613 – 629.

[244] Knaust D (1998) Trace fossils and ichnofabrics on the Lower Muschelkalk carbonate ramp (Triassic) of Germany: tool for high – resolution sequence stratigraphy. Geol Rundsch 87: 21 – 31.

[245] Knaust D (2004a) Cambro – Ordovician trace fossils from the SW – Norwegian Caledonides. Geol J 39: 1 – 24 Knaust D (2004b) The oldest Mesozoic nearshore *Zoophycos*: evidence from the German Triassic. Lethaia 37: 297 – 306.

[246] Knaust D (2007a) Meiobenthic trace fossils as keys to the taphonomic history of shallow – marine epicontinental carbonates. In: Miller III W (ed) Trace fossils: concepts, problems, prospects. Elsevier, Amsterdam, pp 502 – 517.

[247] Knaust D (2007b) Invertebrate trace fossils and ichnodiversity in shallow – marine carbonates of the German Middle Triassic (Muschelkalk) . In: Bromley RG, Buatois LA, Mángano G et al (eds) Sediment – organism interactions: a multifaceted ichnology, vol 88. SEPM Special Publication, pp 221 – 238.

[248] Knaust D (2008) *Balanoglossites* Mägdefrau, 1932 from the Middle Triassic of Germany: part of a complex trace fossil probably produced by boring and burrowing polychaetes. Paläontologische Zeitschrift 82: 347 – 372.

[249] Knaust D (2009a) Ichnology as a tool in carbonate reservoir characterization: a case study from the Permian—Triassic Khuff Formation in the Middle East. GeoArabia 14: 17 – 38.

[250] Knaust D (2009b) Characterisation of a Campanian deep – sea fan system in the Norwegian Sea by means of ichnofabrics. Mar Pet Geol 26: 1199 – 1211.

[251] Knaust D (2009c) Complex behavioural pattern as an aid to identify the producer of *Zoophycos* from the Middle Permian of Oman. Lethaia 42: 146 – 154.

[252] Knaust D (2010a) Meiobenthic trace fossils comprising a miniature ichnofabric from Late Permian carbonates of the Oman Mountains. Palaeogeogr Palaeoclimatol Palaeoecol 286: 81 – 87.

[253] Knaust D (2010b) The end – Permian mass extinction and its aftermath on an equatorial carbonate platform: insights from ichnology. Terra Nova 22: 195 – 202.

[254] Knaust D (2012a) Trace – fossil systematics. In: Knaust D, Bromley RG (eds) Trace fossils as indica-

tors of sedimentary environments. Developments in Sedimentology, vol 64, pp 79 – 101.

[255] Knaust D (2012b) Methodology and techniques. In: Knaust D, Bromley RG (eds) Trace fossils as indicators of sedimentary environments. Developments in Sedimentology, vol 64, pp 245 – 271.

[256] Knaust D (2013) The ichnogenus *Rhizocorallium*: classification, trace makers, palaeoenvironments and evolution. Earth Sci Rev 126: 1 – 47.

[257] Knaust D (2014a) Classification of bioturbation – related reservoir quality in the Khuff Formation (Middle East): towards a genetic approach. In: Pöppelreiter MC (ed) Permo – Triassic Sequence of the Arabian Plate. EAGE, pp 247 – 267.

[258] Knaust D (2014b) Case 3662: *Siphonichnus* Stanistreet, le Blanc Smith and Cadle, 1980 (trace fossil): proposed conservation by granting precedence over the senior subjective synonym Opthalmichnium Pfeiffer, 1968. Bull Zool Nomenclature 71: 147 – 152.

[259] Knaust D (2015a) *Siphonichnidae* (new ichnofamily) attributed to the burrowing activity of bivalves: ichnotaxonomy, behaviour and palaeoenvironmental implications. Earth Sci Rev 150: 497 – 519.

[260] Knaust D (2015b) Trace fossils from the continental Upper Triassic Kågeröd Formation of Bornholm, Denmark. Ann Soc Geol Pol 85: 481 – 492.

[261] Knaust D, Dronov A (2013) *Balanoglossites* ichnofabrics from the Middle Ordovician Volkhov Formation (St. Petersburg Region, Russia). Stratigr Geol Correl 21: 265 – 279.

[262] Knaust D, Curran HA, Dronov A (2012) Shallow – marine carbonates. In: KnaustD, BromleyRG (eds) *Tracefossilsasindicatorsofsedimentary* environments. Developments in Sedimentology, vol 64, pp705 – 750.

[263] Knaust D, Uchman A, Hagdorn H (2016) The probable isopod burrow *Sinusichnus seilacheri* isp. n. from the Middle Triassic of Germany: an example of behavioral convergence. Ichnos 23: 138 – 146.

[264] Knaust D, Warchoł M, Kane IA (2014) Ichnodiversity and ichnoabundance: revealing depositional trends in a confined turbidite system. Sedimentology 62: 2218 – 2267.

[265] Kotake N (1989) Paleoecology of the *Zoophycos* producers. Lethaia 22: 327 – 341.

[266] Kotake N (1991) Packing process for the filling material in Chondrites. Ichnos 1: 277 – 285.

[267] Kotake N (1992) Deep – sea echiurans: possible producers of Zoophycos. Lethaia 25: 311 – 316.

[268] Kotake N (2003) Ethologic and ecologic interpretation of complex stellate structures in Pleistocene deep – sea sediments (Otadai Formation), Boso Peninsula, central Japan. Palaeogeogr Palaeoclimatol Palaeoecol 192: 143 – 155.

[269] Kotlarczyk J, Uchman A (2012) Integrated ichnology and ichthyology of the Oligocene Menilite Formation, Skole and Subsilesian nappes, Polish Carpathians: a proxy to oxygenation history. Palaeogeogr Palaeoclimatol Palaeoecol 331 – 332: 104 – 118.

[270] Kowalewski M, Demko TM (1997) Trace fossils and population paleoecology: comparative analysis of size – frequency distributions derived from burrows. Lethaia 29: 113 – 124.

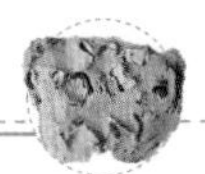

[271] Kowalewski M, Demko TM, Hasiotis ST et al (1998) Quantitative ichnology of Triassiccrayfishburrows (*Camborygma eumekenomos*): ichnofossils as linkages to population paleoecology. Ichnos 6: 5 – 21.

[272] Krapovickas V, Ciccioli PL, Mángano MG et al (2009) Paleobiology and paleoecology of an arid – semiarid Miocene South American ichnofauna in anastomosed fluvial deposits. Palaeogeogr Palaeoclimatol Palaeoecol 284: 129 – 152.

[273] Kraus MJ, Hasiotis ST (2006) Significance of different modes of rhizolith preservation to interpreting paleoenvironmental and paleohydrologic settings: examples from Paleogene paleosols, Bighorn Basin, Wyoming, U. S. A. J Sediment Res 76: 633 – 646.

[274] Ksiązkiewicz M (1977) Trace fossils in the flysch of the Polish Carpathians. Palaeontologia Polonica 36: 1 – 208.

[275] La Croix AD, Gingras MK, Pemberton SG et al (2013) Biogenically enhanced reservoir properties in the Medicine Hat gas field, Alberta, Canada. Mar Pet Geol 43: 464 – 477.

[276] Leaman M, McIlroy D (2016) Three – dimensional morphological permeability modelling of Diplocraterion. Ichnos, doi: 10. 1080/ 10420940. 2016. 1232650.

[277] Leaman M, McIlroy D, Herringshaw LG et al (2015) What does *Ophiomorpha irregulaire* really look like? Palaeogeogr Palaeoclimatol Palaeoecol 439: 38 – 49.

[278] Leszczyński S (2010) Coniacian – ? Santonian paralic sedimentation in the Rakowice Małe area of the North Sudetic Basin, SW Poland: sedimentary facies, ichnological record and palaeogeographical reconstruction of an evolving marine embayment. Ann Soc Geol Pol 80: 1 – 24.

[279] Leszczynski S, Uchman A, Bromley RG (1996) Trace fossils indicating bottom aeration changes: Folusz Limestone, Oligocene, Outer Carpathians, Poland. Palaeogeogr Palaeoclimatol Palaeoecol 121: 79 – 87.

[280] Li Y, Yuan J – L, Lin T – R (1999) Lower Cambrian trace fossils from the Mantou Formation of Huainan, Anhui. Acta Palaeontol Sin 38: 114 – 124, (pl 1 – 3) [In Chinese, with English summary].

[281] Linck O (1949) Lebens – Spuren aus dem Schilfsandstein (Mittl. Keuper km 2) NW – Württembergs und ihre Bedeutung für die BildungsGeschichte der Stufe. Jahreshefte des Vereins für vaterländische Naturkunde in Württemberg 97 – 101: 1 – 100.

[282] Loughlin NJD, Hillier RD (2010) Early Cambrian *Teichichnus* dominated ichnofabrics and palaeoenvironmental analysis of the Caerfai Group, Southwest Wales, UK. Palaeogeogr Palaeoclimatol Palaeoecol 297: 239 – 251.

[283] Löwemark L (2012) Ethological analysis of the trace fossil *Zoophycos*: hints from the Arctic Ocean. Lethaia 45: 290 – 298.

[284] Löwemark L, Hong E (2006) *Schaubcylindrichnus formosus* isp. nov. in Miocene sandstones from northeastern Taiwan. Ichnos 13: 267 – 276.

[285] Löwemark L, Nara M (2010) Morphology, ethology and taxonomy of the ichnogenus *Schaubcylindrichnus*: notes for clarification. Palaeogeogr Palaeoclimatol Palaeoecol 297: 184 – 187.

[286] Löwemark L, Nara M (2013) Morphological variability of the trace fossil *Schaubcylindrichnus* coronus as a response to environmental forcing. Palaeontol Electron 16: 14.

[287] Löwemark L, Lin I-T, Wang C-H et al. (2004) Ethology of the *Zoophycos*-producer: arguments against the gardening model from d13 Corg evidences of the spreiten material. TAO 15: 713-725.

[288] Lundgren B (1891) Studier öfver fossilförande lösa block. Geol Fören Stockh Förh 13: 111-121.

[289] MacEachern JA, Bann KL (2008) The role of ichnology in refining shallow marine facies models. In: Hampson GJ (ed) Recent advances in models of siliciclastic shallow-marine stratigraphy, vol 90 (SEPM Special Publication), pp 73-116.

[290] MacEachern JA, Gingras MK (2007) Recognition of brackish-water trace-fossil suites in the Cretaceous Western Interior Seaway of Alberta, Canada. In: Bromley RG, Buatois LA, Mángano G et al (eds) Sediment-organism interactions: a multifaceted ichnology, vol 88 (SEPM Special Publication), pp 149-193.

[291] MacEachern JA, Bann KL, Bhattacharya JP et al (2005) Ichnology of deltas: organisms responses to the dynamic interplay of rivers, waves, storms and tides. In: Giosan L, Bhattacharya JP (eds) River Deltas—Concepts, Models, and Examples, vol 83 (SEPM Special Publication), pp 49-85.

[292] MacEachern JA, Bann KL, Gingras MK et al (2012) The ichnofacies paradigm. In: Knaust D, Bromley RG (eds), Trace fossils as indicators of sedimentary environments. Developments in Sedimentology, vol 64, pp 103-138.

[293] MacSotay O, Erlich RN, Peraza T (2003) Sedimentary Structures of the La Luna, Navay and Querecual formations, Upper Cretaceous of Venezuela. Palaios 18: 334-348.

[294] Mángano MG, Buatois LA (2004) Ichnology of Carboniferous tide-influenced environments and tidal flat variability in the North American Midcontinent. In: McIlroyD (ed) The application of ichnology to palaeoenvironmental and stratigraphic analysis. Geological Society of London, vol 228 (Special Publications), pp 157-178.

[295] Mangano MG, Buatois LA, Maples CG et al (2000) A new ichnospecies of *Nereites* from Carboniferous tidal-flat facies of eastern Kansas, USA: implications for the Nereites-Neonereites debate. J Paleontol 74: 149-157.

[296] Männil RM (1966) O Vertikalnykh norkakh zaryvaniya v Ordovikskikh izvestinyakakh Pribaltiki [A small vertically excavated cavity in Baltic Ordovician limestone]. Organizm i Sreda v Geologischeskom Proshlom: Moscow, Akademiya Nauk SSSR, Paleontologischeskii Institut, pp 200-207 [In Russian].

[297] Marenco KN, Bottjer DJ (2008) The importance of *Planolites* in the Cambrian substrate revolution. Palaeogeogr Palaeoclimatol Palaeoecol 258: 189-199.

[298] Martin KD (2004) A re-evaluation of the relationship between trace fossils and dysoxia. In: McIlroy D (ed) The application of ichnology to palaeoenvironmental and stratigraphic analysis. Geological Society of London, vol 228 (Special Publications), pp 141-156.

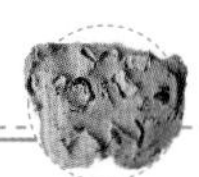

[299] Martin MA, Pollard JE (1996) The role of trace fossil (ichnofabric) analysis in the development of depositional models for the Upper Jurassic Fulmar Formation of the Kittiwake Field (Quadrant 21 UKCS) . In: Hurst A, Johnson HD, Urley DB et al (eds) Geology of the Humber Group: Central Graben and Moray Firth, UKCS, vol 114. Geological Society of London (Special Publications), pp 163 – 183.

[300] Martin AJ, Rindsberg AK (2007) Arthropod trace makers of *Nereites*? Neoichnological observations of juvenile limulids and their paleoichnological applications. In: Miller W III (ed) Trace fossils: concepts, problems, prospects. Elsevier, Amsterdam, pp 478 – 491.

[301] Martin AJ, Rich TH, Poore GCB et al (2008) Fossil evidence in Australia for oldest known freshwater crayfish of Gondwana. Gondwana Res 14: 287 – 296.

[302] Martin AJ, Blair M, Dattilo BF et al (2016) The ups and downs of *Diplocraterion* in the Glen Rose Formation (Lower Cretaceous), Dinosaur Valley State Park, Texas (USA) . Geodin Acta 28: 101 – 119.

[303] MartinssonA (1965) Aspectsofa Middle CambrianthanatotopeonÖland. GeologiskaFöreningen i Stockholm, Förhandlingar 87: 181 – 230.

[304] Mason TR, Christie ADM (1986) Palaeoenvironmental significance of ichnogenus Diplocraterion Torell from the Permian Vryheid Formation of the Karoo Supergroup, South Africa. Palaeogeogr Palaeoclimatol Palaeoecol 52: 249 – 265.

[305] Massalongo A (1855) Zoophycos, novum genus plantarum fossilium. Monographia, Typis Antonellianis, Veronae, pp 45 – 52.

[306] Mata SA, Corsetti CL, Corsetti FA et al (2012) Lower Cambrian anemone burrows from the Upper Member of the Wood Canyon Formation, Death Valley Region, United States: paleoecological and paleoenvironmental significance. Palaios 27: 594 – 606.

[307] Mayoral E (1986) *Ophiomorpha isabeli*; nov. icnosp. (Plioceno Marino) en el sector suroccidental del Valle del Guadalquivir (Palos de la Frontera, Huelva, España) . Estud Geol 42: 461 – 470.

[308] McBride EF, Picard MD (1991) Facies implications of *Trichichnus* and *Chondrites* in turbidites and hemipelagites, Marnoso – arenacea Formation (Miocene), northern Apennines, Italy. Palaios 6: 281 – 290.

[309] McCall GJH (2006) The Vendian (Ediacaran) in the geological record: Enigmas in geology's prelude to the Cambrian explosion. Earth Sci Rev 77: 1 – 229.

[310] McCarthy B (1979) Trace fossils from a Permian shoreface – foreshore environment, eastern Australia. J Paleontol 53: 345 – 366.

[311] McIlroy D (2004) Ichnofabrics and sedimentary facies of a tide – dominated delta: Jurassic Ile Formation of Kristin Field, Haltenbanken, Offshore Mid – Norway. In: McIlroy D (ed) The application of ichnology to palaeoenvironmental and stratigraphic analysis, vol 228. Geological Society of London (Special Publications), pp 237 – 272.

[312] McIlroy D (2007) Ichnology of a macrotidal tide – dominated deltaic depositional system: Lajas Formation,

Neuquén Province, Argentina. In: Bromley RG, Buatois LA, Mángano G et al (eds) Sediment - organism interactions: a multifaceted ichnology, vol 88. SEPM Special Publication, pp 195 - 211.

[313] Melchor RN, Genise JF, Farina JL et al (2010) Large striated burrows from fluvial deposits of the Neogene Vinchina Formation, La Rioja, Argentina: a crab origin suggested by neoichnology and sedimentology. Palaeogeogr Palaeoclimatol Palaeoecol 291: 400 - 418.

[314] Melchor RN, Genise JF, Buatois LA et al (2012) Fluvial environments. In: Knaust D, Bromley RG (eds), Trace fossils as indicators of sedimentary environments. Developments in Sedimentology, vol 64, pp 329 - 378.

[315] Michalík J, Šimo V (2010) A new spreite trace fossil from Lower Cretaceous limestone (Western Carpathians, Slovakia). Trans R Soc Edinb, Earth Sci 100: 417 - 427.

[316] Mikuláš R (1997) Ethological interpretation of the ichnogenus *Pragichnus* Chlupáč, 1987 (Ordovician, CzechRepublic). NeuesJahrbuchfür Geologie und Paläontologie, Monatshefte 1997: 93 - 108.

[317] Mikuláš R (2006) Trace fossils in the collections of the Czech Republic (with emphasis on type material). A special publication for the Workshop on Ichnotaxonomy—III, Prague and Moravia, Sept 2006, 137 pp.

[318] Miller MF (1991) Morphology and paleoenvironmental distribution of Paleozoic *Spirophyton* and *Zoophycos*: implications for the Zoophycos ichnofacies. Palaios 6: 410 - 425.

[319] Miller MF, Knox LW (1985) Biogenic structures and depositional environments of a Lower Pennsylvanian coal - bearing sequence, northern Cumberland Plateau, Tennessee, U. S. A. In: Curran HA (ed) Biogenic structures: their use in interpreting depositional environments, vol 35 (SEPM Special Publication), pp 67 - 97.

[320] Miller W (1995) Examples of Mesozoic and Cenozoic Bathysiphon (Foraminiferida) from the Pacific rim and the taxonomic status of Terebellina Ulrich, 1904. J Paleontol 69: 624 - 634.

[321] Miller W (2011) A stroll in the forest of the fucoids: Status of *Melatercichnus burkei* Miller, 1991, the doctrine of ichnotaxonomic conservatism and the behavioral ecology of trace fossil variation. Palaeogeogr Palaeoclimatol Palaeoecol 307: 109 - 116.

[322] Monaco P (2008) Taphonomic features of *Paleodictyon* and other graphoglyptid trace fossils in Oligo - Miocene thin - bedded turbidites, northern Apennines, Italy. Palaios 23: 668 - 683.

[323] Monaco P (2014) Taphonomic aspects of the radial backfill of asterosomids in Oligo - Miocene turbidites of central Italia (northern Appenines). Riv Ital Paleontol Stratigr 120: 215 - 224.

[324] Monaco P, Caracuel JE, Giannetti A et al (2009) *Thalassinoides* and *Ophiomorpha* as cross - facies trace fossils of crustaceans from shallow - to - deep - water environments: Mesozoic and Tertiary examples from Italy and Spain. In: Garassino A, Feldmann RM, Teruzzi G (eds) 3rd Symposium on Mesozoic and Cenozoic Decapod Crustaceans—Museo di Storia Naturale di Milano, May 23 - 25, 2007. Memorie della Società Italiana di Scienze Naturali e del Museo Civico di Storia Naturale di Milano, vol 35, pp 79 - 82.

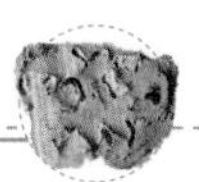

[325] Monaco P, Rodríguez – Tovar FJ, Uchman A (2012) Ichnological analysis of lateral environmental heterogeneity within the Bonarelli level (uppermost Cenomanian) in the classical localities near Gubbio, central Appenines, Italy. Palaios 27: 48 – 54.

[326] Morris JE, Hampson GJ, Johnson HD (2006) A sequence stratigraphic model for an intensely bioturbated shallow – marine sandstone: the Bridport Sand Formation, Wessex Basin, UK. Sedimentology 53: 1229 – 1263.

[327] Müller AH (1971) Zur Kenntnis von *Asterosoma* (Vestigia invertebratorum). Freiberger Forschungshefte C 267: 7 – 17.

[328] Murchison RI (1839) The Silurian system. John Murray, London, pp 768.

[329] Myrow PM (1995) *Thalassinoides* and the enigma of early Paleozoic open – framework burrow systems. Palaios 10: 58 – 74.

[330] Nara M (1995) *Rosselia socialis*: a dwelling structure of a probable terebellid polychaete. Lethaia 28: 171 – 178.

[331] Nara M (2002) Crowded *Rosselia socialis* in Pleistocene inner shelf deposits: benthic paleoecology during rapid sea – level rise. Palaios 17: 268 – 276.

[332] Nara M (2006) Reappraisal of *Schaubcylindrichnus*: a probable dwelling/feeding structure of a solitary funnel feeder. Palaeogeogr Palaeoclimatol Palaeoecol 240: 439 – 452.

[333] Nara M, Haga M (2007) The youngest record of trace fossil *Rosselia socialis*: occurrence in the Holocene shallow marine deposits of Japan. Paleontol Res 11: 21 – 27.

[334] Nara M, Seike K (2004) *Macaronichnus segregatis* – like traces found in the modern foreshore sediments of the Kujukurihama Coast, Japan. J Geol Soc Jpn 110: 545 – 551 [In Japanese, with English abstract].

[335] Narbonne GM, Hofmann HJ (1987) Ediacaran biota of the Wernecke Mountains, Yukon, Canada. Palaeontology 30: 647 – 676.

[336] Naruse H, Nifuku K (2008) Three – dimensional morphology of the ichnofossil *Phycosiphon incertum* and its implication for paleoslope inclination. Palaios 23: 270 – 279.

[337] Neto de Carvalho C, Baucon A (2010) *Nereites* trails and other sandflat trace fossils from Portas de Almourão geomonument (Lower Ordovician, Naturtejo Geopark). e – Terra 17: 1 – 4.

[338] Neto de Carvalho C, Baucon A, Bayet – Goll A (2016) The ichnological importance and interest of the Geological Museum of Lisbon collections: *Cladichnus lusitanicum* in continental facies from the Lower Cretaceous of the Lusitanian Basin (Portugal). Communicações Geológicas 103, Especial I: 7 – 12.

[339] Neto de Carvalho C, Rodrigues NPC (2003) Los *Zoophycos* del Bajociense – Bathoniense de la Praia da Mareta (Algarve, Portugal): Arquitectura y finalidades en régimen de dominancia ecológica (The Zoophycos from the Bajocian – Bathonian of Praia da Mareta (Algarve, Portugal): Architectureandpurposesinecologicaldominanceregime). RevistaEspañola de Paleontologia 18: 229 – 241 [In Portuguese].

[340] Neto de Carvalho C, Rodrigues NPC (2007) Compound *Asterosoma ludwigae* Schlirf, 2000 from the Jurassic of the Lusitanian Basin (Portugal): conditional strategies in the behaviour of Crustacea. J Iber Geol 33: 295 – 310.

[341] Neto de Carvalho C, Rodrigues NPC, Viegas PA et al (2010) Patterns of occurrence and distribution of crustacean ichnofossils in the Lower Jurassic – Upper Cretaceous of Atlantic occidental margin basins, Portugal. Acta Geol Pol 60: 19 – 28.

[342] Netto RG, Benner JS, Buatois LA et al (2012) Glacial environments. In: Knaust D, Bromley RG (eds), Trace fossils as indicators of sedimentary environments. Developments in Sedimentology, vol 64, pp 299 – 327.

[343] Netto RG, Tognoli FMW, Assine ML et al (2014) Crowded *Rosselia* ichnofabric in the early Devonian of Brazil: an example of strategic behaviour. Palaeogeogr Palaeocl Palaeoecol 395: 107 – 113.

[344] Nicholson HA (1873) Contributions to the study of the errant annelides of the older Palaeozoic rocks. R Soc Lond Proc 21: 288 – 290 (also Geological Magazine 10: 309 – 310).

[345] Nickel LA, Atkinson RJA (1995) Functional morphology of burrows and trophic modes of three thalassinidean shrimp species, and a new approach to the classification of thalassinidean burrow morphology. Mar Ecol Prog Ser 128: 181 – 197.

[346] Nielsen JK, Hansen KS, Simonsen L (1996) Sedimentology and ichnology of the Robbedale Formation (Lower Cretaceous), Bornholm, Denmark. Bull Geol Soc Denm 43: 115 – 131.

[347] Nilsen TH, Kerr DR (1978) Turbidites, redbeds, sedimentary structures, and trace fossils observed in DSDP Leg 38 cores and the sedimentary history of the Norwegian – Greenland Sea. Initial report of the deep sea drilling project, vol 38 (part 1), pp 259 – 288.

[348] Nygaard E (1983) *Bathichnus* and its significance in the trace fossil association of Upper Cretaceous chalk, Mors, Denmark. Danmarks Geologiske Undersøgelser, Årbog 1982: 107 – 137.

[349] Olariu C, Steel RJ, Dalrymple RW et al (2012) Tidal dunes versus tidal bars: the sedimentological and architectural characteristics of compound dunes in a tidal seaway, the lower Baronia Sandstone (Lower Eocene), Ager Basin, Spain. Sed Geol 279: 134 – 155.

[350] Olivero D (1996) *Zoophycos* distribution and sequence stratigraphy. Examples from the Jurassic and Cretaceous deposits of southeastern France. Palaeogeogr Palaeoclimatol Palaeoecol 123: 273 – 287.

[351] Olivero D (2003) Early Jurassic to Late Cretaceous evolution of Zoophycos in the French Subalpine Basin (southeastern France). Palaeogeogr Palaeoclimatol Palaeoecol 192: 59 – 78.

[352] Olivero D (2007) *Zoophycos* and the role of type specimens in ichnotaxonomy. In: Miller W III (ed) Trace fossils: concepts, problems, prospects. Elsevier, Amsterdam, pp 219 – 231.

[353] Olivero D, Gaillard C (1996) Paleoecology of Jurassic *Zoophycos* from south – eastern France. Ichnos 4: 249 – 260.

[354] Olivero D, Gaillard C (2007) A constructional model for *Zoophycos*. In: Miller W III (ed) Trace fossils:

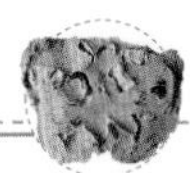

concepts, problems, prospects. Elsevier, Amsterdam, pp 466 – 477.

[355] Olivero EB, López Cabrera MI (2013) *Euflabella* n. igen. : Complex horizontal spreite burrows in Upper Cretaceous – Paleogene shallow – marine sandstones of Antarctica and Tierra del Fuego. J Paleontol 87: 413 – 426.

[356] Olivero EB, Buatois LA, Scasso RA (2004) *Paradictyodora* antarctica: a new complex vertical spreite trace fossil from the Upper Cretaceous – Paleogene of Antarctica and Tierra del Fuego, Argentina. J Paleontol 78: 783 – 789.

[357] Olóriz F, Rodríguez – Tovar FJ (2000) *Diplocraterion*: a useful marker for sequence stratigraphy and correlation in the Kimmeridgian, Jurassic (Prebetic Zone, Betic Cordillera, southern Spain). Palaios 15: 546 – 552.

[358] Orłowski S (1989) Trace fossils in the Lower Cambrian sequence in the Świętokrzyskie Mountains, Central Poland. Acta Palaeontol Pol 34: 211 – 231.

[359] Orłowski S, Radwański A (1986) Middle Devonian sea – anemone burrows, *Alpertia sanctacrucensis* ichnogen. et ichnosp. n., from the Holy Cross Mountains. Acta Geol Pol 36: 233 – 249.

[360] Osgood RG (1970) Trace fossils of the Cincinnati area. Palaeontogr Am 6: 281 – 444.

[361] Owen RA, Owen RB, Renaut RW et al (2008) Mineralogy and origin of rhizoliths on the margins of saline, alkaline Lake Bogoria, Kenya Rift Valley. Sed Geol 203: 143 – 163.

[362] Pacześna J (2010) Ichnological record of the activity of Anthozoa in the early Cambrian succession of the Upper Silesian Block (southern Poland). Acta Geol Pol 60: 93 – 103.

[363] Pazos PJ, Fernández DE (2010) Three – dimensionally integrated trace fossils from shallow – marine deposits in the Lower Cretaceous of the Neuquén Basin: *Hillichnus agrioensis* isp. nov. Acta Geol Pol 60: 105 – 118.

[364] Pearson NJ, Mángano GM, Buatois LA et al (2013) Environmental variability of Macaronichnus ichnofabrics in Eocenetidal – embayment deposits of southern Patagonia, Argentina. Lethaia 46: 341 – 354.

[365] Pemberton SG, Frey RW (1982) Trace fossil nomenclature and the *Planolites* – *Palaeophycus* dilemma. J Paleontol 56: 843 – 881.

[366] Pemberton SG, Frey RW (1984) Ichnology of storm – influenced shallow marine sequence: Cardium Formation (Upper Cretaceous) at Seebe, Alberta. In: Stott DF, Glass DJ (eds) The Mesozoic of Middle North America. Canadian Society of Petroleum Geologists, Memoir 9, pp 281 – 304.

[367] Pemberton SG, Gingras MK (2005) Classification and characterizations of biogenically enhanced permeability. AAPG Bull 89: 1493 – 1517.

[368] Pemberton SG, Wightman DM (1992) Ichnological characteristics of brackish water deposits. In: Pemberton SG (ed) Applications of ichnology to petroleum exploration. A core workshop. SEPM Core Workshop, vol 17, pp 141 – 167.

[369] Pemberton SG, Frey RW, Bromley RG (1988) The ichnotaxonomy of *Conostichus* and other plug – shaped

ichnofossils. Can J Earth Sci 25: 866 – 892.

[370] Pemberton SG, MacEachern JA, Ranger MJ (1992) Ichnology and event stratigraphy: the use of trace fossils in recognizing tempestites. In: Pemberton SG (ed) Applications of ichnology to petroleum exploration. A core workshop. SEPM Core Workshop, vol 17, pp 85 – 117.

[371] Pemberton SG, MacEachern JA, Dashtgard SE et al (2012) Shorefaces. In: Knaust D, Bromley RG (eds) Trace fossils as indicators of sedimentary environments. Developments in Sedimentology, vol 64, pp 563 – 604.

[372] Pemberton SG, MacEachern JA, Gingras MK et al (2008) Biogenic chaos: cryptobioturbation and the work of sedimentologically friendly organisms. Palaeogeogr Palaeoclimatol Palaeoecol 270: 273 – 279.

[373] Pemberton SG, Spila MV, Pulham AJ, et al (2001) Ichnology and sedimentology of shallow to marginal marine systems. Ben Nevis and Avalon Reservoirs, Jeanne d'Arc Basin. Geological Association of Canada, Short Course Notes, vol 15, 343 pp.

[374] Percival CJ (1981) Carboniferous quartz arenites and ganisters of the Northern Pennines. Durham Theses, Durham University, 353 pp http: //etheses. dur. ac. uk/1103/ Pfefferkorn HW, Fuchs K (1991) A field classification of fossil plant substrate interactions. Neues Jahrbuch für Geologie und Paläontologie, Abhandlungen 183: 17 – 36.

[375] Pickerill RK (1980) Phanerozoic flysch trace fossil diversity—observations based on Ordovician flysch ichnofauna from the Aroostook – Matapedia Carbonate Belt of northern New Brunswick. Can J Earth Sci 17: 1259 – 1270.

[376] Plička M (1968) *Zoophycos*, and a proposed classification of sabellid worms. J Paleontol 42: 836 – 849.

[377] Pollard JE, Goldring R, Buck SG (1993) Ichnofabrics containing Ophiomorpha: significance in shallow – water facies interpretation. J Geol Soc Lond 150: 149 – 164.

[378] Powichrowski LK (1989) Trace fossils from the Helminthoid Flysch (Upper Cretaceous – Paleocene) of the Ligurian Alps (Italy): development of deep marine ichnoassociations in fan and basin plain environments. Eclogae Geol Helv 82: 385 – 411.

[379] Prantl F (1946) Two new problematic trails from the Ordovician of Bohemia: Académie Tchèque des Sciences. Bull Int Classe des Sciences Mathématiques, Naturelles et de la Médecine 46: 49 – 59.

[380] Price S, McCann T (1990) Environmental significance of *Arenicolites* ichnosp. In Pliocene lake deposits of southwest Turkey. Neues Jahrbuch für Geologie und Paläontologie, Monatshefte 1990: 687 – 694.

[381] Quiroz LI, Buatois LA, Mángano MG et al (2010) Is the trace fossil *Macaronichnus segregatis* an indicator of temperate to cold waters? Exploring the paradox of its occurrence in tropical coasts. Geology 38: 651 – 654.

[382] Reineck H – E (1958) Wühlbau – Gefüge in Abhängigkeit von SedimentUmlagerungen. Senckenb Lethaea 39: 1 – 23, 54 – 56.

[383] Retallack GJ (1988) Field recognition of paleosols. Geol Soc Am Spec Pap 216: 1 – 20 Retallack GJ

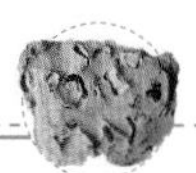

(2001) Scoyenia burrows from Ordovician palaeosols of the Juniata Formation in Pennsylvania. Palaeontology 44: 209 – 235.

[384] Riahi S, Uchman A, Stow D et al (2014) Deep – sea trace fossils of the Oligocene – Miocene Numidian Formation, northern Tunisia. Palaeogeogr Palaeoclimatol Palaeoecol 414: 155 – 177.

[385] Richter R (1928) Psychische Reaktionen fossiler Tiere. Palaeobiol 1: 225 – 244 (1 pl) Richter R (1931) Tierwelt und Umwelt im Hunsrückschiefer. Zur Entstehung eines schwarzen Schlammsteins. Senckenbergiana 13: 299 – 342.

[386] Richter R (1937) Marken und Spuren aus allen Zeiten. I – II. Senckenbergiana 19: 150 – 169.

[387] Richter R (1952) Fluidal – Textur in Sediment – Gesteinen und über Sedifluktion überhaupt. Notizblatt des Hessischen Landesamtes für Bodenforschung zu Wiesbaden 6: 67 – 81.

[388] Rindsberg AK (1994) Ichnology of the Upper Mississippian Hartselle Sandstone of Alabama, with notes on other Carboniferous formations. Geol Surv Alabama Bull 158: 1 – 107.

[389] Rindsberg AK, Kopaska – Merkel DC (2005) *Treptichnus* and *Arenicolites* from the Steven C. Minkin Paleozoic footprint site (Langsettian, Alabama, USA). In: Buta RJ, Rindsberg AK, Kopaska – Merkel DC (eds) Pennsylvanian footprints in the Black Warrior Basin of Alabama, vol 1. Alabama Paleontological Society Monograph, pp 121 – 141.

[390] Rindsberg AK, Martin AJ (2003) *Arthrophycus* in the Silurian of Alabama (USA) and the problem of compound trace fossils. Palaeogeogr Palaeoclimatol Palaeoecol 192: 187 – 219.

[391] Rodríguez – Tovar FJ, Aguirre J (2014) Is *Macaronichnus* an exclusively small, horizontal and unbranched structure? *Macaronichnus segregatis degiberti* isubsp. nov. Span J Palaeontol 29: 131 – 142.

[392] Rodríguez – Tovar FJ, Pérez – Valera F (2008) Trace fossil *Rhizocorallium* from the Middle Triassic of the Betic Cordillera, Southern Spain: characterization and environmental implications. Palaios 23: 78 – 86.

[393] Rodríguez – Tovar FJ, Pérez – Valera F (2013) Variations in population structure of *Diplocraterion parallelum*: hydrodynamic influence, food availability, or nursery settlement? Palaeogeogr Palaeoclimatol Palaeoecol 369: 501 – 509.

[394] Rodríguez – Tovar FJ, Pérez – Valera F, Pérez – López A (2007) Ichnological analysis in high – resolution sequence stratigraphy: the *Glossifungites* Ichnofacies in Triassic successions from the Betic Cordillera (southern Spain). Sed Geol 198: 293 – 307.

[395] Rodríguez – Tovar FJ, Alcalá L, Cobos A (2016) *Taenidium* at the lower Barremian El Hoyo dinosaur tracksite (Teruel, Spain): assessing palaeoenvironmental conditions for the invertebrate community. Cretac Res 65: 48 – 58.

[396] Romero – Wetzel MB (1987) Sipunculans as inhabitants of very deep, narrow burrows in deep – sea – sediments. Mar Biol 96: 87 – 91.

[397] RuppertEE, FoxRS (1988) Seashore Animals of the Southeast: AGuideto Common Shallow – Water Invertebrates of the Southeastern Atlantic Coast Columbia, SC: University of South Carolina Press, 429 pp.

[398] Ruppert EE, Fox RS, Barnes RD (2004) Invertebrate zoology. A functional evolutionary approach. Brooks Cole, Belmont, pp xvii + 989 Salter JW (1857) On annelide – burrows and surface – markings from the Cambrian rocks of the Longmynd, No. 2. Q J Geol Soc Lond 13: 199 – 206, Pl V.

[399] Sappenfield A, Droser M, Kennedy M et al (2012) The oldest *Zoophycos* and implications for early Cambrian deposit feeding. Geol Mag 149: 1118 – 1123.

[400] Savrda CE (2002) Equilibrium responses reflected in a large *Conichnus* (Upper Cretaceous Eutaw Formation, Alabama, USA). Ichnos 9: 33 – 40.

[401] Savrda CE (2012) Chalk and related deep – marine carbonates. In: Knaust D, Bromley RG (eds) Trace fossils as indicators of Sedimentary environments. Developments in Sedimentology, vol 64, pp 245 – 271.

[402] Savrda CE, Bottjer DJ (1991) Oxygen – related biofacies in marine strata: an overview and update. In: Tyson RV, Pearson TH (eds) Modern and ancient continental shelf anoxia, vol 58. Geological Society of London (Special Publications), pp 201 – 219.

[403] Savrda CE, Uddin A (2005) Large *Macaronichnus* and their behavioral implications (Cretaceous Eutaw Formation, Alabama, USA). Ichnos 12: 1 – 9.

[404] Savrda CE, Blanton – Hooks AD, Collier JW et al (2000) *Taenidium* and associated ichnofossils in fluvial deposits, Cretaceous Tuscaloosa Formation, eastern Alabama, southeastern USA. Ichnos 7: 777 – 806.

[405] Savrda CE, Krawinkel H, McCarthy FMG et al (2001) Ichnofabrics of a Pleistocene slope succession, New Jersey margin: relations to climate and sea – level dynamics. Palaeogeogr Palaeoclimatol Palaeoecol 171: 41 – 61.

[406] Schäfer W (1962) Aktuo – Paläontologie nach Studien in der Nordsee. Kramer, Frankfurt am Main, pp VIII + 666 Schieber J (1999) Distribution and deposition of mudstone facies in the Upper Devonian Sonyea Group of New York. J Sediment Res 69: 909 – 925.

[407] Schieber J (2003) Simple gifts and buried treasures—implications of finding bioturbation and erosion surfaces in black shales. Sediment Rec 1: 4 – 8.

[408] Schlirf M (2000) Upper Jurassic trace fossils from the Boulonnais (northern France). Geol Paleontol 34: 145 – 213.

[409] Schlirf M (2003) Palaeoecologic significance of Late Jurassic trace fossils from the Boulonnais, N France. Acta Geol Pol 53: 123 – 142.

[410] Schlirf M (2011) A new classification concept for U – shaped spreite trace fossils. Neues Jahrbuch für Geologie und Paläontologie, Abhandlungen 260: 33 – 54.

[411] Schlirf M, Uchman A (2005) Revision of the ichnogenus *Sabellarifex* Richter, 1921 and its relationship to *Skolithos* Haldeman, 1840 and *Polykladichnus* Fürsich, 1981. J Syst Paleontol 3: 115 – 131.

[412] Scholle PA (1971) Sedimentology of fine – grained deep – water carbonate turbidites, Monte Antola Flysch (Upper Cretaceous), northern Apennines Italy. Geol Soc Am Bull 82: 629 – 658.

[413] Schweigert G (1998) Die Spurenfauna des Nusplinger Plattenkalks (Oberjura, Schwäbische Alb). Stutt-

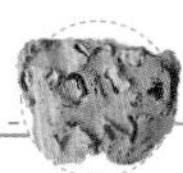

garter Beiträge zur Naturkunde Serie B (Geologie und Paläontologie) 262: 1 –47.

[414] Seike K (2007) Palaeoenvironmental and palaeogeographical implications of modern *Macaronichnus segregatis* – like traces in foreshore sediments on the Pacific coast of central Japan. Palaeogeogr Palaeoclimatol Palaeoecol 252: 497 –502.

[415] Seike K (2008) Burrowing behaviour inferred from feeding traces of the opheliid polychaete Euzonus sp. as response to beach morphodynamics. Mar Biol 153: 1199 –1206.

[416] Seike K, Yanagishima S, Nara M et al (2011) Large *Macaronichnus* in modern shoreface sediments: Identification of the producer, the mode of formation, and paleoenvironmental implications. Palaeogeogr Palaeoclimatol Palaeoecol 311: 224 –229.

[417] Seilacher A (1955) Spuren und Fazies im Unterkambrium. In: Schindewolf OH, Seilacher A (eds), Beiträge zur Kenntnis des Kambriums in der Salt Range (Pakistan) . Akademie der Wissenschaften und der Literatur zu Mainz, Abhandlung MathematischNaturwissenschaftliche Klasse 1955, pp 373 –399.

[418] Seilacher A (1957) An – aktualistisches Wattenmeer? Paläontologische Zeitschrift 31: 198 –206.

[419] Seilacher A (1967) Bathymetry of trace fossils. Mar Geol 5: 413 –428.

[420] Seilacher A (1977) Evolution of trace fossil communities. In: Hallam A (ed) Patterns of evolution. Elsevier, Amsterdam, pp 359 –376.

[421] Seilacher A (1986) Evolution of behavior as expressed in marine trace fossils. In: Nitecki MH, Kitchell JA (eds) Evolution of animal behavior. Paleontological and field approaches. Oxford University Press, Oxford, pp 62 –87.

[422] Seilacher A (1990) Aberration in bivalve evolution related to photoand chemosymbiosis. Hist Biol 3: 289 –311.

[423] Seilacher A (2007) Trace fossil analysis. Springer, Berlin, pp 226 Serpagli E, Serventi P, Monegatti P (2008) The ichnofossil genus Paradictyodora Olivero, Buatois and Scasso (2004) from the Pleistocene of the northern Apennines, Italy. Rivista Italiana Paleontologia e Stratigrafia 114: 161 –167.

[424] Shields MA, Kedra M (2009) A deep burrowing sipunculan of ecological and geochemical importance. Deep Sea Res I 56: 2057 – 2064.

[425] Shinn EA (1968) Burrowing in recent lime sediments of Florida and the Bahamas. J Paleontol 42: 879 – 894.

[426] Shuto T, Shiraishi S (1979) A Lower Miocene ichnofauna of the middle Ashiya Group, North Kyushu—ichnological study of the Ashiya Group – I. Trans Proc Palaeontol Soc Jpn New Ser 115: 109 –134.

[427] Simpson S (1956) On the trace fossil *Chondrites*. Q J Geol Soc 112: 475 –499.

[428] Smilek KR, Hembree DI (2012) Neoichnology of Thyonella gemmata: a case study for understanding holothurian ichnofossils. Open Paleontol J 4: 1 –10.

[429] Smith JJ (2007) Ichnofossils of the Paleogene Willwood Formation and the Paleocene – Eocene thermal maximum (PETM): response of an ancient soil ecosystem to transient global warming. PhD Thesis, Uni-

versity of Kansas, 184 pp. http: //search. proquest. com/docview/ 304858899? accountid = 142725.

[430] Smith JJ, Hasiotis ST, Kraus MJ et al (2008) *Naktodemasis bowni*: new ichnogenus and ichnospecies for adhesive meniscate burrows (AMB), and paleoenvironmental implications, Paleogene Willwood Formation, Bighorn Basin, Wyoming. J Paleontol 82: 267 – 278.

[431] Stanistreet IG, Le Blanc Smith G, Cadle AB (1980) Trace fossils as sedimentological and palaeoenvironmental indices in the Ecca Group (Lower Permian) of the Transvaal. Trans Geol Soc S Afr 83: 333 – 344.

[432] Stanley DCA, Pickerill RK (1994) *Planolites constriannulatus* isp. nov. from the Late Ordovician Georgian Bay Formation of southern Ontario, eastern Canada. Ichnos 3: 119 – 123.

[433] Stanley DCA, Pickerill RK (1998) Systematic ichnology of the Late Ordovician Georgian Bay Formation of southern Ontario, eastern Canada, vol 162. Royal Ontario Museum Life Sciences Contributions, pp 1 – 55.

[434] Staub M (1899) Über die *Chondrites* benannten fossilen Algen. Földt Közl 29: 110 – 121 [Hungarian 16 – 32] Steinmann G (1907) Einführung in die Paläontologie. Wilhelm Engelmann, Leipzig, pp XII + 542.

[435] Strullu – Derrien C, McLoughlin S, Philippe M et al (2012) Arthropod interactions with bennettitalean roots in a Triassic permineralized peat from Hopen, Svalbard Archipelago (Arctic) . Palaeogeogr Palaeoclimatol Palaeoecol 348 – 349: 45 – 58.

[436] Sundberg FA (1983) *Skolithos linearis* Haldeman from the Carrara Formation (Cambrian) of California. J Paleontol 57: 145 – 149.

[437] Sutherland JI (2003) Miocene petrified wood and associated borings and termite faecal pellets from Hukatere Peninsula, Kaipara Harbour, North Auckland, New Zealand. J R Soc N Z 33: 395 – 414.

[438] Swinbanks DD, Luternauer JL (1987) Burrow distribution of thalassinidean shrimp on a Fraser Delta tidal flat, British Columbia. J Paleontol 61: 315 – 332.

[439] Tapanila L, Hutchings P (2012) Reefs and mounds. In: Knaust D, Bromley RG (eds) Trace fossils as indicators of sedimentary environments. Developments in Sedimentology, vol 64, pp 751 – 775.

[440] Tauber AF (1949) Paläobiologische Analyse von *Chondrites furcatus* Sternberg. Jahrbuch der Geologischen Bundesanstalt 93: 141 – 154.

[441] Taylor AM, Gawthorpe RL (1993) Application of sequence stratigraphy and trace fossil analysis to reservoir description: examples from the Jurassic of the North Sea. In: Parker JR (ed) Petroleum geology of Northwest Europe, Proceedings of the 4th Conference. Geological Society of London, pp 317 – 335.

[442] Taylor PD, Wilson MA (2003) Palaeoecology and evolution of marine hard substrate communities. Earth Sci Rev 62: 1 – 103 Taylor A, Goldring R, Gowland S (2003) Analysis and application of ichnofabrics. Earth Sci Rev 60: 227 – 259.

[443] Tchoumatchenco P, Uchman A (2001) The oldest deep – sea *Ophiomorpha* and *Scolicia* and associated trace fossils from the Upper Jurassic – Lower Cretaceous deep – water turbidite deposits of SW Bulgaria.

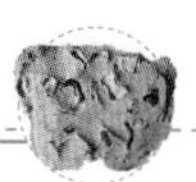

Palaeogeogr Palaeoclimatol Palaeoecol 169：85 –99.

[444] Thayer CW，Steele – Petrović HM（1975）Burrowing of the lingulid brachiopod Glottidia pyramidata：its ecologic and paleoecologic significance. Lethaia 8：209 –221.

[445] Tonkin NS（2012）Deltas. In：Knaust D，Bromley RG（eds）Trace fossils as indicators of sedimentary environments. Developments in Sedimentology，vol 64，pp 507 –528.

[446] Tonkin NS，McIlroy D，Meyer R et al（2010）Bioturbation influence on reservoir quality：a case study from the Cretaceous Ben Nevis Formation，Jeanne d'Arc Basin，offshore Newfoundland，Canada. AAPG Bull 94：1059 –1078.

[447] TorelI O（1870）Petrificata suecana formationis Cambricæ. Lunds Universitets Årsskrift 6（Afdelningen 2）8：1 –14.

[448] Tunis G，Uchman A（1996）Ichnology of Eocene flysch deposits of the Istria Peninsula，Croatia and Slovenia. Ichnos 5：1 –22.

[449] Turbeville JM，Ruppert EE（1983）Epidermal muscles and peristaltic burrowingin Carinoma tremaphoros（Nemertini）：correlates of effective burrowing without segmentation. Zoomorphology 103：103 –120.

[450] Uchman A（1995）Taxonomy and palaeoecology offlysch trace fossils：the Marnoso – arenacea Formation and associated facies（Miocene，Northern Apennines，Italy）. Beringeria 15：3 –115.

[451] Uchman A（1998）Taxonomy and ethology of flysch trace fossils：a revision of the Marian Książkiewicz collection and studies of complementary material. Ann Soc Geol Pol 68：105 –218.

[452] Uchman A（1999）Ichnology of the Rhenodanubian flysch（Lower Cretaceous – Eocene）in Austria and Germany. Beringeria 25：65 –171.

[453] Uchman A（2009）The *Ophiomorpha rudis* ichnosubfacies of the *Nereites* ichnofacies：characteristics and constraints. Palaeogeogr Palaeoclimatol Palaeoecol 276：107 –119.

[454] Uchman A（2010）A new ichnogenus for *Chondrites hoernesii* Ettingshausen，1863，a deep – sea radial trace fossil from the Upper Cretaceous of the Polish Flysch Carpathians：its taxonomy and palaeoecological interpretation as a deep – tier chemichnion. Cretac Res 31：515 –523.

[455] Uchman A，Demírcan H（1999）A *Zoophycos* group trace fossil from Miocene flysch in southern Turkey：evidence for a U – shaped causative burrow. Ichnos 6：251 –259.

[456] Uchman A，Krenmayr HG（1995）Trace fossils from lower Miocene（Ottnangian）Molasse deposits of Upper Austria. Paläontologische Zeitschrift 69：503 –524.

[457] Uchman A，Rattazzi B（2016）*Rhizocorallium hamatum*（FischerOoster 1858），a *Zoophycos* – like trace fossil from deep – sea Cretaceous – Neogene sediments. Hist Biol. doi：10.1080/08912963.2016.1167481.

[458] Uchman A，Wetzel A（2011）Deep – sea ichnology：the relationships between depositional environment and endobenthic organisms. In：Hüneke H，Mulder T（eds）Deep – sea sediments. Developments in Sedimentology，vol 63，pp 517 –556.

[459] Uchman A, Wetzel A (2012) Deep - sea fans. In: Knaust D, Bromley RG (eds) Trace fossils as indicators of sedimentary environments. Developments in Sedimentology, vol 64, pp 643 - 671.

[460] Uchman A, Ślączka A, Renda P (2012) Probable root structures and associated trace fossils from the lower Pleistocene calcarenites of Favignana Island, southern Italy: dilemmas of interpretation. Geol Q 56: 745 - 756.

[461] Uchman A, Johnson ME, Rebelo AC et al (2016) Vertically - oriented trace fossil *Macaronichnus segregatis* from Neogene of Santa Maria Island (Azores; NE Atlantic) records vertical fluctuations of the coastal groundwater mixing zone on a small oceanic island. Geobios 49: 229 - 241.

[462] van de Schootbrugge B, Harazim D, Sorichter K et al (2010) The enigmatic ichnofossil *Tisoa siphonalis* and widespread authigenic seep carbonate formation during the Late Pliensbachian in southern France. Biogeosciences 7: 3123 - 3138.

[463] Verde M, Martínez S (2004) A new ichnogenus for crustacean trace fossils from the Upper Miocene Camacho Formation of Uruguay. Palaeontology 47: 39 - 49.

[464] Sternberg KM Graf von (1833 - 1838) Versuch einer geognostisch - botanischen Darstellung der Flora der Vorwelt. Fr. Fleischer, Leipzig, Prague, vol 5 - 8.

[465] von Otto E (1854) Additamente zur Flora des Quadergebirges in Sachsen. II. Heft, Gustav Mayer, Leipzig Ward JE, Shumway SE (2004) Separating the grain from the chaff: particle selection in suspension - and deposit - feeding bivalves. J Exp Mar Biol Ecol 300: 83 - 130.

[466] Warme JE (1970) Traces and significance of marine rock borers. In: Crimes TP, Harper JC (eds) Trace fossils. Seel House Press, Liverpool, pp 515 - 526.

[467] Weaver PPE, Schultheiss PJ (1983) Vertical open burrows in deep - sea sediments 2 m in length. Nature 301: 329 - 331.

[468] Webby BD (1984) Precambrian - Cambrian trace fossils from western New South Wales. Aust J Earth Sci 31: 427 - 437.

[469] Werner F (2002) Bioturbation structures in marine Holocene sediments of Kiel Bay (western Baltic). Meyniana 54: 41 - 72.

[470] Wetzel A (1981) Ökologische und stratigraphische Bedeutung biogener Gefüge in quartären Sedimenten am NW - afrikanischen Kontinentalrand. "Meteor" Forschungs - Ergebnisse C34: 1 - 47.

[471] Wetzel A (1991) Ecologic interpretation of deep - sea trace fossil communities. Palaeogeogr Palaeoclimatol Palaeoecol 85: 47 - 69.

[472] Wetzel A (2002) Modern Nereites in the South China Sea—ecological association with redox conditions in the sediment. Palaios17: 507 - 515.

[473] Wetzel A (2008) Recent bioturbation in the deep South China Sea: a uniformitarian ichnologic approach. Palaios 23: 601 - 615.

[474] WetzelA (2010) Deep - seaichnology: observations in modern sediments to interpret fossil counterparts.

Acta Geol Pol 60: 125 – 138.

[475] Wetzel A, Bromley RG (1994) *Phycosiphon incertum* revisited: Anconichnus horizontalis is its junior subjective synonym. J Paleontol 68: 1396 – 1402.

[476] Wetzel A, Uchman A (2001) Sequential colonization of muddy turbidites in the Eocene Beloveža Formation, Carpathians, Poland. Palaeogeogr Palaeoclimatol Palaeoecol 168: 171 – 186.

[477] Wetzel A, Uchman A (2012) Hemipelagic and pelagic basin plains. In: Knaust D, Bromley RG (eds) Trace fossils as indicators of sedimentary environments. Developments in Sedimentology, vol 64, pp 673 – 701.

[478] Wetzel A, Werner F (1981) Morphology and ecological significance of *Zoophycos* in deep – sea sediments off NW Africa. Palaeogeogr Palaeoclimatol Palaeoecol 32: 185 – 212.

[479] Wetzel A, Werner F, Stow DAV (2008) Bioturbation and biogenic sedimentary structures in contourites. In: Rebesco M, Camerlenghi A (eds) Contourites. Developments in sedimentolgy, vol 60, pp 183 – 202.

[480] White CD (1929) Flora of the Hermit Shale, Grand Canyon, Arizona, vol 405. Publications of the Carnegie Institution of Washington, 221 pp.

[481] White B, Curran HA (1997) Are the plant – related features in Bahamian quaternary limestones trace fossils? Discussion, answers, and a new classification system. In: Curran HA (ed) Guide to Bahamian ichnology: Pleistocene, Holocene and modern environments. Bahamian Field Station, San Salvador, pp 47 – 54.

[482] Whybrow PJ, McClure HA (1980) Fossil mangrove roots and palaeoenvironments of the Miocene of the eastern Arabian Peninsula. Palaeogeogr Palaeoclimatol Palaeoecol 32: 213 – 225.

[483] Wignall PB (1991) Dysaerobic trace fossils and ichnofabrics in the Upper Jurassic Kimmeridge Clay of southern England. Palaios 6: 264 – 270.

[484] Wikander PB (1980) Biometry and behaviour in Abra nitida (Müller) and A. longicallus (Scacchi) (Bivalvia, Tellinacea). Sarsia 65: 255 – 268.

[485] Winn K (2006) Bioturbation structures in marine Holocene sediments of the Great Belt (western Baltic). Meyniana 58: 157 – 178.

[486] Worsley D, Mørk A (2001) The environmental significance of the trace fossil *Rhizocorallium jenense* in the Lower Triassic of western Spitsbergen. Polar Res 20: 37 – 48.

[487] Wright VP, Platt NH, Marriott SB et al (1995) A classification of rhizogenic (root – formed) calcretes, with examples from the Upper Jurassic – Lower Cretaceous of Spain and Upper Cretaceous of southern France. Sed Geol 100: 143 – 158.

[488] Xing L, Marty D, You H et al (2016) Complex in – substrate dinosaur (Sauropoda, Ornithopoda) foot pathways revealed by deep natural track casts from the Lower Cretaceous Xiagou and Zhonggou formations, Gansu Province, China. Ichnos, doi: 10.1080/10420940.2016.1244054.

[489] Yang S, Zhang J, Yang M (2004) Trace fossils of China. Science Press, Beijing, 353 pp Zenker JC (1836) Historisch – topographisches Taschenbuch von Jena und seiner Umgebung. Friedrich Frommann, Jena, pp 338.

[490] Zhang L, Gong Y (2012) Systematic revision and ichnotaxonomy of *Zoophycos*. Earth Sc J China Univ Geosci 37: 60 – 79.

[491] Zhang G, Uchman A, Chodyn R et al (2008) Trace fossil *Artichnus pholeoides* igen. nov. isp. nov. in Eocene turbidites, Polish Carpathians: possible ascription to holothurians. Acta Geol Pol 58: 75 – 86.

[492] Zhang L, Fan R, Gong Y (2015) *Zoophycos* macroevolution since 541 Ma. Scientific Reports, vol 5, 14954.

[493] Zhang L, Knaust D, Zhao Z (2016) Palaeoenvironmental and ecological interpretation of the trace fossil Rhizocorallium based on contained iron framoboids (Upper Devonian, South China) . Palaeogeogr Palaeoclimatol Palaeoecol 446: 144 – 151.

[494] Zonneveld J – P, Gingras MK (2013) The ichnotaxonomy of vertically oriented bivalve – generated equilibrichnia. J Paleontol 87: 243 – 253.

[495] Zonneveld J – P, Pemberton SG (2003) Ichnotaxonomy and behavioral implications of lingulide – derived trace fossils from the Lower and Middle Triassic of western Canada. Ichnos 10: 25 – 39.

[496] Zonneveld J – P, Beatty TW, Pemberton SG (2007) Lingulide brachiopods and the trace fossil Lingulichnus from the Triassic of western Canada: implications for faunal recovery after the end – Permian mass extinction. Palaios 22: 74 – 97.

[497] Zorn ME, Muehlenbachs K, Gingras MK et al (2007) Stable isotopic analysis reveals evidence for groundwater – sediment – animal interactions in a marginal – marine setting. Palaios 22: 546 – 553.

索 引

A

Aerobic（需氧的）

Alcobaça Formation（地层组名）

Almargem Formation（地层组名）

Amundsen Formation（地层组名）

Anaerobic（厌氧的）

Ancorichnus（遗迹属名：锚形迹）

Annelid（环节动物）

Aquifer（含水层）

Arachnid（蛛形纲动物）

Åre Formation（地层组名）

Arenicolites（遗迹属名：沙蠋迹）

Arthropod（节肢动物）

Artichnus（遗迹属名）

Åsgard Formation（地层组名）

Aspelintoppen Formation（地层组名）

Asterosoma（遗迹属名：星瓣迹）

B

Balanoglossites（遗迹属名）

Bathichnus（遗迹属名）

Battfjellet Formation（地层组名）

Beach Formation（地层组名）

Bearpaw – Horseshoe Canyon Formation（地层组名）

Ben Nevis Formation（地层组名）

Bergaueria（遗迹属名：贝尔高尼亚迹）

Bichordites（遗迹属名：双虹迹）

Bioerosion（生物侵蚀）

Bioerosion trace fossil（生物侵蚀遗迹化石）

Biogenic sedimentary structure（生物成因沉积构造）

Bioturbate texture（生物扰动结构）

Bioturbation（生物扰动）

Bivalve（双壳类）

Boring（钻孔）

Bornichnus（遗迹属名）

Brachiopod（腕足类）

Buntsandstein（地层名称）

C

Camborygma（遗迹属名：虾爬迹?）

Capayanichnus（遗迹属名）

Carbonate（碳酸盐岩）

Cardium Formation（地层组名）

Catenarichnus（遗迹属名）

Catenichnus（遗迹属名：链状迹）

Caulostrepsis（遗迹属名）

Chenque Formation（地层组名）

Chondrites（遗迹属名：丛藻迹）

Clay Formation（地层组名）

Colonization（殖居）

Complex trace fossi（复杂遗迹化石）

Composite trace fossi（组合遗迹化石）

Compound trace fossil（混合遗迹化石）

Conglomerate（砾岩）

Conichnus（遗迹属名）

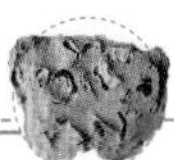

Conostichus（遗迹属名）

Cook Formation（地层组名）

Coprolite（粪化石）

Coprulus（遗迹属名）

Core logging（岩芯测录井）

Crayfish（小龙虾）

Crustacean（甲壳类动物）

Cruziana Ichnofacies（二叶石迹/克鲁兹遗迹相）

Cryptic bioturbate texture（隐蔽性生物扰动结构）

Cryptobioturbation（隐蔽性生物扰动作用）

Cutler Formation（地层组名）

Cylindrichnus（遗迹属名：圆锥迹）

Cylindricum（遗迹属名：柱形迹）

D

Dictyodora（遗迹属名：网锥迹）

Diplocraterion（遗迹属名：双杯迹）

Draupne Formation（地层组名）

E

Echinoid（海胆）

Echinospira（遗迹属名：刺圈迹）

Echiuran（螠虫）

Elite trace fossil（精英遗迹化石）

Enteropneust（肠鳃纲）

Entobia（海绵钻孔）

Ericichnus（遗迹属名）

Euflabella（遗迹属名）

F

Fecal pellet（粪球粒）

Fensfjord Formation（地层组名）

Firkanten Formation（地层组名）

Footprint（足迹）

Fruholmen Formation（地层组名）

G

Gastrochaenolites（遗迹属名）

Glossifungites（遗迹属名：舌菌迹）

Glossifungites Ichnofacies（舌菌迹遗迹相）

Glyphichnus（遗迹属名）

Gordia（遗迹属名：线形迹）

Greensand Formation（地层组名）

Grès d'Annot Formation（地层组名）

Grumantbyen Formation（地层组名）

Gyrolithes（遗迹属名：螺环迹）

H

Hardeberga Formation（地层组名）

Hartsellea（遗迹属名）

Heather Formation（地层组名）

Heimdallia（遗迹属名）

Hillichnus（遗迹属名）

Höganäs Formation（地层组名）

Holothurian（海参）

Honaker Trail Formation（地层组名）

Hugin Formation（地层组名）

Hydrocarbon（碳氢化合物）

I

Ichnoabundance（遗迹丰度）

Ichnodiversity（遗迹歧异度）

Ichnocoenosis [Ichnocoenoses]（遗迹群落）

Ichnofacies（遗迹相）

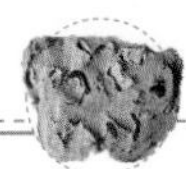

Ichnofabric（遗迹组构）
Ichnology（遗迹学）
Ile Formation（地层组名）
Insect（昆虫）

J

Jena Formation（地层组名）

K

Kågeröd Formation（地层组名）
Kapp Starostin Formation（地层组名）
Keupe（三叠纪阶名）
Khuff Formation（地层组名）
Kvitnos Formation（地层组名）

L

Læså Formation（地层组名）
Laevicyclus（遗迹属名）
Lange Formation（地层组名）
Letná Formation（地层组名）
Limestone（石灰岩）
Lingulichnus（遗迹属名）
Loloichnus（遗迹属名）
Lophoctenium（遗迹属名：发梳迹）
Lunde Formation（地层组名）

M

Macrobioturbation（宏观生物扰动）
Macroboring（大钻孔）
Macaronichnus（遗迹属名：通心粉管迹）
Marnoso – arenacea Formation（地层组名）
Meiobenthic（半底栖?）

Meiobioturbation（中度生物扰动）
Meissner Formation（地层组名）
Microboring（微钻孔）
Mineralization（矿化作用）
Mount Messenger Formation（地层组名）
Mudstone（泥岩，泥晶灰岩）
Muschelkalk（中三叠统介壳灰岩）

N

Nansen Formation（地层组名）
Natih Formation（地层组名）
Neill Klinter Formation（地层组名）
Nemertean（纽形虫）
Nereites（遗迹属名：类砂蚕迹）
Nereites Ichnofacies（类砂蚕迹遗迹相）
Neslen Formation（地层组名）
Ness Formation（地层组名）
Nise Formation（地层组名）
Nordmela Formation（地层组名）

O

Ophiomorpha（遗迹属名：蛇形迹）
Oxygen（氧）

P

Palaeophycus（遗迹属名：古藻迹）
Paleosol（古土壤）
Palaeosabella（遗迹属名：古萨贝拉迹）
Paleontology（古生物学）
Paradictyodora（遗迹属名）
Parahaentzschelinia（遗迹属名）
Paratisoa（遗迹属名）

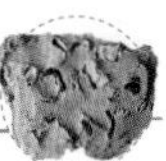

Parmaichnus（遗迹属名）
Phoebichnus（遗迹属名：辐射迹）
Pholeus（遗迹属名：枝穴迹）
Phycodes（遗迹属名：拟藻迹）
Phycosiphon（遗迹属名：藻管迹）
Phymatoderma（遗迹属名）
Pilichnus（遗迹属名）
Piscichnus（遗迹属名）
Planolites（遗迹属名：漫游迹）
Plant root（植物根）
Polychaete（多毛虫类虫）
Polykladichnus（遗迹属名）
Pragichnus（遗迹属名）
Pseudo – trace fossil（假遗迹化石）
Psilonichnus（遗迹属名：螃蟹迹）
Psilonichnus Ichnofacies（螃蟹迹遗迹相）

R

Reservoir characterization（储层表征）
Rhizoconcretion（根状结核）
Rhizocorallium（遗迹属名：根珊瑚迹）
Rhizolith（遗迹属名：根迹?）
Rhizomorph（根状菌索）
Robbedale Formation（地层组名）
Rogerella（遗迹属名）
Rogn Formation（地层组名）
Ror Formation（地层组名）
Rosselia（遗迹属名：柱塞迹）
Rutichnus（遗迹属名）

S

Saiq Formation（地层组名）

San Antonio/San Juan Formation（地层组名）

Sandstone（砂岩）

Scalichnus（遗迹属名）

Scarborough Formation（地层组名）

Schaubcylindrichnus（遗迹属名）

Scolicia（遗迹属名：蠕形迹）

Scoyenia（遗迹属名：斯柯茵迹）

Scoyenia Ichnofacies（斯柯茵遗迹相）

Sea anemone（海葵）

Sedimentology（沉积学）

Sego Formation（地层组名）

Siltstone（粉砂岩）

Siphonichnus（遗迹属名：虹吸迹）

Sipunculan（星虫）

Skagerrak Formation（地层组名）

Skolichnus（遗迹属名）

Skolithos（遗迹属名：石针迹）

Skolithos Ichnofacies（石针迹遗迹相）

Sognefjord Formation（地层组名）

Sorthat Formation（地层组名）

Spekk Formation（地层组名）

Spirophyton（遗迹属名：螺旋迹）

Spongeliomorpha（遗迹属名：海绵形迹）

Spreite（蹼状构造）

Springar Formation（地层组名）

Statfjord Formation（地层组名）

Stellavelum（遗迹属名）

Stelloglyphus（遗迹属名）

Stø Formation（地层组名）

Stratigraphy（地层学）

T

Taenidium（遗迹属名：条带迹）
Talpina（遗迹属名）
Tarbert Formation（地层组名）
Tatsukushi Formation（地层组名）
Teichichnus（遗迹属名：墙迹）
Teredolites（遗迹属名：船蛆迹）
Teredolites Ichnofacies（船蛆迹遗迹相）
Thalassinoides（遗迹属名：海生迹）
Tier（层级）
Tiering（阶层）
Tilje Formation（地层组名）
Tisoa（遗迹属名：蒂索迹）
Tofte Formation（地层组名）
Tosna Formation（地层组名）
Trace – fossil association（遗迹化石组合）
Trichichnus（遗迹属名：发丛迹）
Trichophycus（遗迹属名：毛发藻迹）
Trypanites（遗迹属名：蛀木虫迹）
Trypanites Ichnofacies（蛀木虫遗迹相）
Tubåen Formation（地层组名）

U

Udelfangen Formation（地层组名）
Unconformity [unconformities]（不整合）
Urenui Formation（地层组名）

V

Virgaichnus（遗迹属名）

W

Worm（蠕虫）

Z